HISTORIA NATURAL

HISTORIA NATURAL

VOLUMEN
3

Los vertebrados terrestres

OCEANO

Es una obra de

OCEANO
GRUPO EDITORIAL

EQUIPO EDITORIAL

Dirección	Carlos Gispert
Dirección de Producción y Subdirección	José Gay
Dirección de edición	José A. Vidal
	***
Coordinación	Aurelio Martins Sebastián Puigserver
Edición	Rosina Balboa José Gárriz Antonio Gil Daniel Torras María Villalba
Edición gráfica	Esther Amigó María Balsells Mercè Clarós Álvaro Elizalde Victoria Grasa
Sobrecubiertas:	Enrique Iborra
Preimpresión	Didac Puigcerver
Producción	Antonio Aguirre Antonio Corpas Daniel Gómez Alex Llimona Ramón Reñé Antonio Surís
Sistemas de cómputo	Mª Teresa Jané Gonzalo Ruiz

EQUIPO CIENTÍFICO

Redacción y Coordinación de área

Josep Anton Ferrer
Licenciado en Biología

Aurelio Martins
Licenciado en Geología y Antropología

Manuel Pijoan Rotgé
Especialista en Ciencias Químicas y Ecología

***

Montserrat Aguasca
Licenciada en Biología

José Mª Asensi
Especialista en Biología Submarina

Agustín Barreiro
Especialista en Zoología

Cándido Bolívar Pieltain
Catedrático de Entomología

Ángel Cabrera Latorre
Especialista en Mastozoología

Antonio M. Calafat
Licenciado en Geología

Miguel Canals
Profesor de Geología

Rafael Candel Vila
Catedrático de Cristalografía

Gonzalo Ceballos
Profesor de Zoología

José Cuerda
Périto agrónomo

Ambrosio Fernández
Especialista en Zoología

Lucas Fernández Navarro
Especialista en Geología

Javier Font
Profesor de Botánica

Pío Font y Quer
Profesor de Botánica

Romualdo González-Fragoso
Especialista en Botánica

Andrés de Haro
Catedrático de Zoología

Eduardo Hernández-Pacheco
Catedrático de Geología

Francisco Hernández-Pacheco
Especialista en Geología

Jaime Llistosella
Licenciado en Biología

Noel Llopis Lladó
Catedrático de Estratigrafía

Gustavo Llorente
Profesor de Biología

Luis Lozano Rey
Catedrático de Zoología

Alfonso Luisier
Especialista en Botánica

Joaquín Maluquer
Especialista en Herpetología

José Mª Mestres
Licenciado en Biología

Jacinto Nadal Puigdefábregas
Catedrático de Zoología

José Mª Ninot
Profesor de Biología

Javier Palaus
Especialista en Zoología

Salvador Reguant
Catedrático de Geología

Enrique Rioja Lo-Bianco
Catedrático en Biología

Javier Ruiz
Profesor de Biología

Mª Teresa Sebastiá
Licenciada en Biología

José Serra
Doctor en Geología

Jorge Sierra
Profesor de Geología

Javier Turón
Especialista en Biología

Alejandro Verdaguer
Profesor de Geología

OCEANO GRUPO EDITORIAL, S.A.
Milanesat, 21-23
EDIFICIO OCEANO
08017 Barcelona (España)
Tel.: 932 802 020*
Fax: 932 041 073
www.oceano.com

Impreso en España - Printed in Spain

ISBN 84-494-1935-2 (Obra completa)
ISBN 84-494-1938-7 (Volumen 3)

Depósito Legal: B-18028-XLIV
9000728010701

SUMARIO

CLASE ANFIBIOS

EL PASO DEL MEDIO ACUÁTICO AL TERRESTRE

CARACTERÍSTICAS GENERALES

El nombre de «anfibios» que se aplica a esta clase de vertebrados se justifica porque la mayoría de las especies gozan de la facultad de vivir indistintamente dentro o fuera del agua, y sobre todo porque muchos de ellos atraviesan una fase durante la cual son por completo acuáticos, aunque después, cuando llegan a adultos, sean animales terrestres. Ofrecen, por lo tanto, dos características importantes: la facultad de cambiar de medio y la metamorfosis.

Ambas cosas se observan a la perfección en las ranas, que son quizás los anfibios actuales más estudiados. Una rana adulta es capaz de estar largas horas en tierra, con frecuencia inmóvil, acechando a sus presas, o corriendo y saltando con tal agilidad que pocos vertebrados genuinamente terrestres la aventajan. A pesar de tan perfecta adaptación a la vida terrestre, las ranas pueden buscar refugio dentro del agua, en la que se zambullen de un salto. Nadan en ella con extrema facilidad y rapidez, permaneciendo sumergidas durante largo tiempo.

Mas no todos los anfibios muestran tan desarrollada la facultad de la doble adaptación. En este sentido puede observarse una amplia escala de gradaciones, existiendo casos extremos de anfibios que durante la mayor parte de su vida son de costumbres terrestres, al tiempo que otros no salen nunca del medio acuático.

ANATOMÍA DE UN ANFIBIO (RANA) ▼

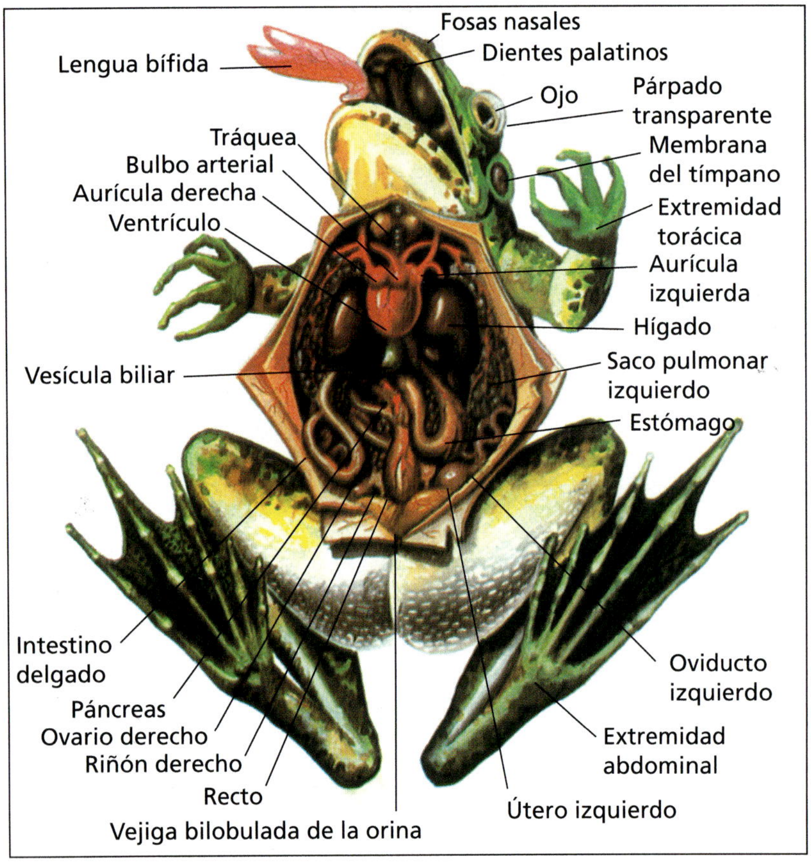

Desarrollo

Las ranas y muchos otros anfibios parecidos también destacan por las notables metamorfosis que experimentan durante su desarrollo. En efecto, cuando nacen ofrecen el aspecto de pequeños animales pisciformes que viven en el agua, en la que nadan gracias a los movimientos ondulatorios de su región caudal, que es alargada y comprimida, en contraste con la región cefalotorácica, siempre gruesa. Su adaptación al agua es perfecta, porque disponen de un aparato branquial que les permite no tener que subir a la superficie para respirar.

Al cabo de algún tiempo, los renacuajos comienzan a transformarse de modo gradual. No sólo cambia su forma, sino que también varía mucho su organización al convertirse en adultos, pasando a ser animales sobre todo terrestres que respiran aire atmosférico por medio de pulmones. Así mismo, pierden la cola y les crecen dos pares de extremidades bien desarrolladas, sobre todo las posteriores, adaptadas para el salto. Estos adultos pueden sumergirse en el agua, pero carecen de branquias y por ello se ven obligados a subir a la superficie de vez en cuando para respirar. Algunas especies de ranas han sido incluso capaces de invernar bajo el agua; esto, junto con su capacidad de inmersión, parece indicar que su respiración continúa en parte dentro de este elemento. Y en cuanto a la natación, la realizan por medio de sus extremidades pectorales y abdominales, las cuales, para actuar con más eficacia, poseen los dedos unidos por membranas, en particular los de las extremidades posteriores, que son las que en mayor medida intervienen en la progresión dentro del agua, de manera semejante a como lo hacen en tierra.

Los anuros son los anfibios más característicos. Perfectamente adaptados a la vida terrestre, pueden buscar refugio en el agua. Los cojinetes adhesivos y un dispositivo que obliga a éstos a presionar sobre la superficie del sustrato permiten a la ranita de san Antón (Hyla arborea) *trepar y mantenerse en el medio arborícola con facilidad, si bien este anuro tiene que acudir al agua para reproducirse.*

Clase anfibios

Mientras que algunos anfibios muestran una lengua claramente protráctil, otros, como este ejemplar de ranita de San Antón (Hyla arborea), *se abalanzan saltando y con la boca abierta para capturar a su víctima. En la acción también interviene la lengua, a la que se adhiere la presa, pero aquélla no es empleada a modo de proyectil.*

El renacuajo constituye en los anfibios anuros la fase de transición desde la vida acuática hacia la terrestre.

Diferencias con los reptiles

A continuación se describen las diferencias más importantes que separan a la clase anfibios de la clase reptiles. Los anfibios tienen el cráneo provisto de dos cóndilos para la articulación con la columna vertebral, en tanto que los reptiles actuales sólo poseen uno, lo que les permite una movilidad mucho mayor de la cabeza. En casi todas las especies de anfibios hay metamorfosis mientras que en los reptiles no. Los anfibios actuales presentan la piel desnuda y, además, muy rica en glándulas, de modo que siempre está húmeda, mientras que la de los reptiles es seca y pobre en glándulas, pero está fortalecida por formaciones de origen epidérmico, que adoptan la forma de escamas o de placas córneas, debajo de las cuales pueden existir aún placas óseas. No obstante, escamas y placas de análoga naturaleza se encuentran en los fósiles de anfibios que existieron en remotas épocas geológicas.

A diferencia de los reptiles, la mayoría de los anfibios no se acoplan para reproducirse (salvo los ápodos), ya que el macho se limita a fecundar los huevos de la hembra a medida que ésta los pone: la fecundación es externa y no interna como en los demás tetrápodos «no peces». Otra gran divergencia, fundamental para determinar su posición en el árbol evolutivo, es el hecho de que los anfibios, contrariamente a los tetrápodos más evolucionados, no son amniotas; sus huevos, que carecen de concha, todavía no han desarrollado el *amnios* o membrana protectora que permite al huevo de los restantes vertebrados disponer del agua necesaria para el desarrollo sin necesidad de efectuar la puesta en el medio acuático.

Alimentación

Todos los anfibios adultos son carnívoros y se alimentan de insectos, crustáceos, moluscos y otros invertebrados, y algunos también de peces, de anfibios (en ocasiones los de su propia especie de menor edad) o incluso de vertebrados homeotermos. Los renacuajos son herbívoros, pero también consumen sustancias animales.

Especies inofensivas y venenosas

La inmensa mayoría de los anfibios son animales completamente inofensivos, ya que, además de su pequeño tamaño, carecen de órganos de ataque. Sólo podrían ocasionar algún hipotético accidente por la toxicidad, más o menos acentuada, de sus secreciones cutáneas. Por eso no conviene tocarse los ojos después de haber manejado algún anfibio, ya que se podría sufrir una irritación intensa. De otro modo es difícil recibir el veneno cutáneo de los anfibios, pues carecen de órganos para lanzarlo o inyectarlo. Sólo en algún caso, como en las salamandras y los sapos, puede llegar a contraerse alguna glándula, por la presión o cualquier otro estimulante mecánico, lanzando al exterior algo de veneno, aunque en pequeña cantidad y a muy corta distancia. No es cierto que los sapos escupan su veneno; lo que sí suele ocurrir es que, al verse perseguidos o capturados, arrojen con cierta fuerza su secreción urinaria a modo disuasorio.

A decir verdad, la única especie de anfibio realmente peligrosa para el hombre es una pequeña rana del Chocó colombiano *(Phyllobates terribilis)*, cuya secreción cutánea contiene una elevada concentración de batracoxina, uno de los venenos más fuertes que se conocen. Los indios chocós o emberás utilizan estas ranas para untar sus dardos de cerbatana y cobrar venados y otras piezas de caza.

Todos los demás anfibios, incluidas las otras ranas venenosas de los géneros *Phyllobates*, *Dendrobates* y *Epipedobates*, cuyas toxinas únicamente son peligrosas si entra una cierta cantidad en el torrente sanguíneo, no sólo resultan inofensivos para el hombre sino que además son utilísimos. Los anfibios, en efecto, son unos notables depredadores y, por la cantidad de insectos y otros invertebrados que consumen —entre ellos los mosquitos *Anopheles* portadores de la malaria—, desempeñan un papel primordial en el equilibrio de los ecosistemas naturales. Por desgracia, la lista de los males que azotan a estos animales es muy elevada. Además de los agentes naturales tales como cambios climáticos, inundaciones, sequías prolongadas, etc., existen numerosas causas de origen humano que provocan la mortalidad y el declive de las poblaciones de anfibios, entre las cuales se encuentran los insecticidas, herbicidas y otros biocidas utilizados en la agricultura que, resistentes a los sistemas enzimáticos de eliminación natural, se acumulan en las reservas lipídicas del anfibio hasta afectar gravemente su metabolismo; la desecación de las zonas húmedas —imprescindibles para la reproducción de la mayoría de las especies— destinadas a tierras urbanizables o de cultivo, y la destrucción acelerada de las pluviselvas y otros bosques tropicales en Asia, África y América, es la causa principal del empobrecimiento de la fauna batracológica, ya que la mayoría de las especies de anfibios se hallan tan adaptados a este tipo de ecosistemas que, cuando éstos se destruyen, desaparecen sin remedio.

Reproducción

Salvo raras excepciones, los anfibios son ovíparos. Los huevos son muy diminutos, de uno a dos milímetros de diámetro, y muy numerosos en algunas especies para contrarrestar con tal abundancia las frecuentes destrucciones en masa de que pueden ser objeto las puestas y, sobre todo, los ejemplares jóvenes, como sucede por ejemplo en los charcos, cuya rápida desecación provoca una mortalidad masiva. Otras especies que cuentan con medios apropiados para asegurar la vida de la prole son bastante menos prolíficas. En estos casos sería superflua una fecundidad excesiva.

Debido a su especial anatomía y a su forma de reproducirse, los anfibios necesitan una humedad ambiental elevada y temperaturas no demasiado altas, o, en el caso de la mayoría de las especies tropicales, una combinación de temperaturas más altas con aguas permanentes y noches más húmedas. Tan sólo algunas especies de anfibios son capaces de vivir en zonas muy áridas. En muchos casos, los adultos han tenido que adaptarse a entrar en un largo estado de letargo estival mientras dura la estación seca; tan pronto caen las primeras lluvias tienden a reproducirse frenéticamente y a producir larvas de crecimiento muy rápido, capaces de realizar la metamorfosis en charcas temporales. En los países de la zona templada, los anfibios suelen pasar el invierno en escondrijos o bajo el fango, en un estado de inactividad casi absoluta, durante el cual la respiración pulmonar cesa, quedando sólo la cutánea. A la vez, la circulación sanguínea mengua e incluso se interrumpe, dejando el corazón de latir, hasta que con la venida del buen tiempo se renueven las actividades fisiológicas. Entonces su vida recupera la normalidad y se produce la puesta y la fecundación de los huevos.

Clasificación

Los anfibios actuales se clasifican en tres órdenes: ápodos, urodelos o caudados y anuros.

El necturo (Necturus maculosus) *es un urodelo conocido también como perro o muñeca de barro. La hemoglobina tiñe de rojo intenso sus branquias.*

FAMILIAS DEL ORDEN ÁPODOS

CECILIAS
Y SALAMANDRAS

Los ápodos o cecilias son anfibios que, junto a rasgos muy primitivos, presentan otros que evidencian una notable adaptación a unas particulares condiciones de vida. Abajo, un ejemplar de Dermophis mexicanus *en el que puede apreciarse la indiferenciación general del cuerpo, la estructura anillada y la aparente carencia de ojos, que están ocultos y son sustituidos con ventaja por unos tentáculos.*

Los ápodos tienen aspecto de gusanos, pues no sólo carecen de patas como indica su nombre, sino que su cuerpo es largo y cilíndrico, con el mismo grosor en toda su extensión y con sus extremos tan semejantes que a primera vista no se distingue el cefálico del caudal. Todo el cuerpo, excepto la región cefálica, presenta la piel replegada en forma de anillos, lo que acentúa la semejanza de estos animales con las lombrices de tierra. Muchas especies poseen diminutas escamas embutidas en la piel. La presencia de éstas, inexistentes en el resto de los anfibios vivientes, puede interpretarse como una herencia que los ápodos han recibido de los arcaicos anfibios estegocéfalos. La piel de los ápodos o anfibios vermiformes está siempre humedecida por una secreción mucosa. Otro aspecto notable es la fecundación interna. Ésta se lleva a cabo cuando el macho evagina la parte posterior de la cloaca y la inserta en el ano de la hembra.

Orden ápodos
- Familia rinatremátidos
- Familia ictiófidos
- Familia ureotíflidos
- Familia scolemórfidos
- Familia ceciliidos
- Familia tiflonéctidos

La boca está provista de dientes de talla y agudeza variables, según las especies. En el extremo del hocico se hallan las aberturas nasales. Los ojos son poco aparentes, ya que, además de ser pequeños, están cubiertos de piel. En algunas especies ni siquiera son visibles, porque están ocultos bajo los huesos del cráneo que crecen sobre estos órganos.

ORDEN ÁPODOS (GYMNOPHIONA)

Se conocen 162 especies de ápodos, repartidas en 34 géneros y todas ellas propias de zonas tropicales: América Central, parte de Sudamérica y de África, las Seychelles, la India, Sri Lanka y Sudeste Asiático. No los hay en Madagascar ni en Australia.

FAMILIA RINATREMÁTIDOS

Esta familia comprende nueve especies agrupadas en dos géneros. Todas ellas viven en Sudamérica tropical.

Los rinatremátidos tienen varios anillos en cada segmento del cuerpo (en lugar de uno o dos), vértebras que se extienden más allá del ano y un número relativamente bajo de huesos craneales. Son ovíparos y sus larvas tienen una vida libre.

FAMILIA ICTIÓFIDOS

Los ictiófidos, que engloban 35 especies repartidas en 2 géneros, presentan también varios anillos en cada segmento del cuerpo (en lugar de uno o dos) y vértebras que se extienden más allá del ano, formando una falsa cola, pero, a diferencia de los anteriores, cuentan con numerosos huesos craneales. Todas las especies son ovíparas y sus larvas llevan una vida libre. Viven en la India, Sri Lanka, Sudeste Asiático, la parte occidental de Indonesia y Filipinas.

Durante la reproducción, algunos anfibios urodelos experimentan vistosos cambios. Así, en la época de celo, los machos de los tritones visten una elegante librea y, en muchas especies, una cresta dorsal muy desarrollada tal y como puede apreciarse en la fotografía de este macho de tritón del Cáucaso (Triturus vittatus).

La hembra de *Ichthyophis glutinosus* pone una veintena de huevos. Éstos, esféricos y con un cordón albuminoso que les sirve para unirse unos a otros, forman una pelota alrededor de la cual se enrosca la hembra, que así los defiende contra los ataques de otros animales mientras permanece escondida, para mayor seguridad, en una cámara subterránea preparada con anticipación.

Mientras los embriones están en el huevo presentan tres pares de branquias externas, extremadamente largas, que ofrecen el aspecto de delicadísimas plumas rojas. Los jóvenes nacen en forma de larvas acuáticas, que nadan por medio de amplios movimientos ondulatorios, utilizando un repliegue dérmico vertical situado en la parte posterior del cuerpo y que constituye una especie de aleta caudal. A pesar de su vida acuática, estas larvas carecen de branquias. A falta de órganos especiales para la respiración en el agua, la larva se ve obligada a subir a la superficie a respirar el aire atmosférico. Durante este período de su vida presenta unos órganos sensoriales epidérmicos, distribuidos por la superficie de la cabeza y del cuerpo, que recuerdan a los órganos de la línea lateral de los peces óseos. Pasado algún tiempo, las larvas adquieren la forma del adulto, pierden su aleta caudal y sus aberturas branquiales externas, y salen finalmente del agua para emprender su vida subterránea.

Familia ureotíflidos

Aunque comparten muchos rasgos en común con los ictiófidos, los ureotíflidos están más emparentados con los cecilíidos y los tiflonéctidos. Son de pequeñas dimensiones, poseen una verdadera cola y su boca está muy atrofiada. Las cuatro especies conocidas, todas ellas del género *Uraeotyphlus*, viven en el sur de la India.

Familia scolemórfidos

Los scolemórfidos sólo tienen un anillo por cada segmento y un número reducido de huesos craneales. Carecen de estribo —el hueso del oído medio— y son vivíparos. La familia comprende un único género y siete especies, todas ellas de África subsahariana.

Familia cecilíidos

Los cecilíidos solamente tienen uno o dos anillos por segmento, carecen de «falsa cola» (sus vértebras no se extienden más allá del ano) y poseen menos huesos craneales que los rinatremátidos y ureotíflidos. Es la familia más numerosa del orden, ya que comprende 24 géneros y 88 especies, distribuidas por América Central y del Sur, África subsahariana, las islas Seychelles y el subcontinente indio.

Los cecilíidos pueden ser ovíparos o vivíparos. En este último caso, el desarrollo de los jóvenes se produce en los oviductos de la hembra, donde también se realiza la metamorfosis. Durante el desarrollo, los jóvenes, una vez agotadas las reservas de su saco vitelino, se alimentan de «leche uterina», una rica secreción de las glándulas de los oviductos. Este mecanismo de reproducción se encuentra en otras familias de ápodos, pero es muy raro entre los anuros y los urodelos.

La neotenia, consistente en alcanzar la capacidad reproductora cuando el animal se encuentra todavía en fase de larva, se da en varias familias de urodelos. El ajolote tigrino (Ambystoma tigrinum) *es neoténico facultativo, metamorfoseándose cuando su charca se seca para transformarse entonces en una salamandra de brillante y contrastada librea. Esta especie vive en Estados Unidos, en el extremo meridional de Canadá y en el norte de México.*

Una de las especies más conocidas de la familia cecilíidos es *Caecilia gracilis,* que, como las demás de su género, vive en lugares húmedos del norte de Sudamérica. Alcanza 45 cm de largo y tiene el grosor de un gusano. Su color es pardusco y presenta el cuerpo anillado en la parte posterior. Suele vivir en el interior de los hormigueros, donde no causa ningún daño a sus habitantes.

Otra de las especies de este género, *Caecilia thompsoni* de Colombia, es el gigante del orden con sus 120 cm de longitud. Existen otras especies de menor longitud pero más robustas, como *Caecilia nigricans*.

Familia tiflonéctidos

Los tiflonéctidos poseen un anillo único por cada segmento y una «aleta» dorsal característica, como resultado de su adaptación a la vida acuática. En efecto, viven en el agua incluso cuando son adultos. Se trata, por lo tanto, de los únicos ápodos que no son excavadores terrestres. La familia de los tiflonéctidos cuenta con 19 especies agrupadas en cuatro géneros, que habitan en ríos y arroyos de las tierras bajas de América del Sur (en las cuencas del Amazonas, Orinoco y Magdalena y unas pocas en la cuenca del Río de la Plata).

ORDEN URODELOS (CAUDATA)

Las especies del orden urodelos se caracterizan por tener una cola bien desarrollada y uno o dos pares de extremidades. La forma del cuerpo es muy parecida a la de los lagartos, motivo por el cual algunos urodelos que viven en el agua y tienen ese aspecto reciben la impropia designación de lagartijas de agua. Pero no todos poseen esa forma, pues hay especies cuyo cuerpo se alarga, pareciéndose más o menos al de las anguilas; la semejanza se acentúa, además, porque en esos casos las extremidades se acortan hasta ser poco aparentes, llegando a atrofiarse el par posterior o abdominal, como ocurre con los sirénidos.

En los urodelos se producen metamorfosis, pero éstas son menos complicadas que las de los anfibios anuros. Las larvas son muy parecidas a los adultos por su forma y organización. En los casos de mayor diversidad, la larva se distingue por su vida acuática, por poseer a cada lado del cuello tres pares de branquias externas, por presentar bajo esas branquias unas aberturas que comunican con unas cámaras semejantes a las de las branquias internas de los peces, por tener la cola comprimida en forma de aleta y por ser incapaces para la reproducción.

Los urodelos nadan mediante movimientos ondulatorios del cuerpo, utilizando la región caudal como órgano propulsor; las extremidades suelen apoyarse sobre los costados del cuerpo y sólo participan en la natación cuando ésta se reduce a evoluciones lentas. Por lo general, en tierra andan con torpeza, flexionando el cuerpo alternativamente de un lado a otro, si bien algunas especies, como por ejemplo la salamandra rabilarga (*Chioglossa lusitanica*, especie endémica del noroeste de la península Ibérica), son capaces de moverse con gran agilidad.

Actualmente se conocen más de 300 especies de urodelos, casi todos propios del hemisferio norte.

FAMILIAS DEL ORDEN URODELOS

Orden urodelos
- Familia sirénidos
- Familia hinobíidos
- Familia criptobránquidos
- Familia proteidos
- Familia dicamptodóntidos
- Familia anfiúmidos
- Familia salamándridos
- Familia ambistomátidos
- Familia pletodóntidos

FAMILIA SIRÉNIDOS

A diferencia de otros urodelos, los sirénidos están desprovistos del par de extremidades posteriores; también muestran varios rasgos característicos de la fase larval cuando son adultos, tales como la ausencia de membranas y la presencia de branquias externas,

El tritón sirena grande (Siren lacertina), *al que algunos denominan «salamandra de dos patas», carece de las extremidades posteriores, contando sólo con dos pequeñas patas anteriores. En Estados Unidos también se conoce como anguila de fango («mud-eel»). Todavía no se sabe a ciencia cierta si la fecundación de los huevos de estos particularísimos animales es externa. Las hembras carecen de espermateca, lo que sugiere que es externa, pero la disposición de la puesta es la típica de especies con fecundación interna: los huevos se depositan uno a uno adheridos a las raíces de plantas acuáticas.*

En la imagen, proteo (Proteus anguinus). *Este tritón despigmentado y ciego se encuentra sólo en la región adriática oriental o región del Karst, y en la gruta de Moulis, en el Pirineo francés, donde fue introducido. Vive en cuevas sin ver jamás la luz y siempre sumergido en el agua. Se ha comprobado que si las larvas son expuestas a medios luminosos, desarrollan pigmentación y ojos normales. Por lo general son ovíparos, pero en ocasiones la hembra pare una o dos crías totalmente desarrolladas.*

lo que no necesariamente implica primitivismo, ya que algunos de estos caracteres son derivados.

El tritón sirena grande *(Siren lacertina)* vive en el este y el sudeste de Estados Unidos, donde también recibe el nombre de anguila de fango («mud-eel») por su porte anguiliforme y porque con mucha frecuencia se guarece en el fango de las charcas o estanques donde vive. Puede alcanzar 98 cm de longitud y tiene el cuerpo muy alargado, como el de una anguila, cilíndrico en la región del tronco y comprimido en la región caudal, que presenta en la línea dorsal y en la ventral sendos repliegues dérmicos. Los ojos, muy diminutos, son funcionales y están cubiertos por la piel. Las mandíbulas de este curioso urodelo carecen de dientes, pero en los adultos están provistas de un borde córneo. El tritón sirena posee, además, tres pares de aberturas branquiales y, al igual que otros sirénidos, conserva durante toda su vida tres branquias externas a cada lado del cuello.

El carácter morfológico más notable es la ausencia de las dos extremidades posteriores o pelvianas. Sólo tiene un par de débiles patas anteriores, cada una de ellas con cuatro dedos. Esta circunstancia hace que también se le conozca con el nombre de «salamandra de dos patas». El color general del tritón sirena es negruzco, con una tonalidad algo más clara en la región ventral.

Otro sirénido es el tritón sirena enano *(Pseudobranchus striatus)*, que se diferencia del anterior por su menor tamaño y por tener un par de branquias y tres dedos en cada pata. Vive en el sudeste de Estados Unidos.

Familia hinobíidos

Los hinobíidos presentan una metamorfosis completa. Los adultos poseen párpados y carecen de hendiduras branquiales. Contrariamente a la gran mayoría de los tritones y salamandras, la fecundación es externa y de ahí que esta familia se incluya entre los urodelos primitivos. Los 9 géneros y 33 especies que se conocen en la actualidad se distribuyen por gran parte de Asia, desde los montes Urales hasta el este de Siberia y, por el sur, hasta Turquestán, Afganistán, Irán, China, Corea y Japón.

Una de estas especies, la salamandra siberiana *(Sallamandrella keyserlingii)*, extiende su área de distribución desde el extremo oriental de Siberia, el norte de China y de Mongolia hasta la Rusia europea.

Familia criptobránquidos

Se trata de una familia de anfibios de grandes dimensiones, que presentan un cuerpo cilíndrico y deprimido. La salamandra gigante de Japón y de China *(Megalobatrachus japonicus)* es el mayor anfibio conocido, ya que la subespecie que habita en el centro de China (*M. j. davidianus*) alcanza 1,8 m de longitud. Este anfibio tiene la cabeza aplastada, el cuerpo rechoncho, y su cola carnosa y corta. Los ojos son diminutos, las patas muy pequeñas y la piel verrugosa y de coloración oscura.

La salamandra gigante de Japón y de China es muy semejante a las salamandras gigantes que existieron en Europa desde el Oligoceno hasta el Plioceno superior y cuyo esqueleto se creyó que pertenecía a una especie de hombre fósil; por esta razón, varios autores la clasifican en el mismo género que estas últimas, *Andrias*.

En los ríos de la región de los montes Apalaches, al este de Estados Unidos, existe un anfibio acuático parecido a la salamandra gigante de Japón y que se denomina hellbender *(Cryptobranchus alleganiensis)*.

Familia proteidos

Los proteidos se distribuyen por la mitad este de Estados Unidos y por el sur de Europa. Conservan las branquias externas durante toda su vida y llevan una vida exclusivamente acuática. Difieren de los anfiúmidos y de los salamándridos por tener la mandíbula superior desprovista de huesos maxilares.

El proteo *(Proteus anguinus)* se encuentra sólo en el extremo nordeste de Italia, en la costa adriática de la ex Yugoslavia y en la gruta de Moulis, en el Pirineo francés, la única localidad fuera de su distribución original donde ha sido introducido con éxito. Su hábitat exclusivo son las aguas subterráneas tranquilas, limpias y bien oxigenadas, y la zona de salida de éstas. El cuerpo es largo y delgado, perteneciendo la mayor longitud al tronco. La cabeza es deprimida. La cola, por el contrario, es comprimida y posee un repliegue dérmico ventral y otro dorsal. La altura del cuerpo se mantiene casi uniforme en toda la longitud, que puede alcanzar unos 25 o 30 cm, correspondiendo a la cola no mucho más de un tercio. Las patas son diminutas y débiles, y ambos pares están muy separados el uno del otro.

Los ojos, atrofiados, no son visibles por estar cubiertos por la piel o apenas si se ven como dos puntitos negros. A cada lado del cuello hay tres branquias largas y plumiformes que, como en la demás especies de la familia, poseen durante toda su vida.

Los proteidos del género *Necturus* son propios del este y sudeste de Estados Unidos y de los lagos del Canadá. Entre éstos destaca el necturo norteño *(Necturus maculosus)*, análogo a la especie anterior, aunque tiene el cuerpo bastante más grueso y corto, la cola más larga y las patas más robustas, las cuatro con cuatro dedos cada una.

Familia dicamptodóntidos

Esta familia se distribuye sólo por la costa oeste de Estados Unidos, desde el estado de Washington (y algunas localidades adyacentes de Canadá) hasta el norte de California, y por el norte de las Montañas Rocosas en Idaho. Comprende tres especies repartidas en tres géneros, todas ellas predominantemente acuáticas, aunque los adultos también viven en tierra.

Familia anfiúmidos

Estos urodelos se caracterizan por tener ojos diminutos, desprovistos de párpados, cuatro extremidades pequeñas y dientes en ambas mandíbulas. Los adultos no poseen branquias externas. Algunos están dotados de un par de aberturas branquiales. La talla es mediana o grande. Se conoce un solo género, *Amphiuma*, que comprende tres especies, todas ellas estadounidenses.

La especie más extendida es la salamandra de dos dedos *(Amphiuma means)*, de cuerpo alargado, anguiliforme, y con dos

La salamandra de dos dedos (Amphiuma means)*es la especie más extendida entre la familia anfiúmidos. Es típica de las aguas estancadas de la región sudoriental de Estados Unidos, desde Virginia hasta Florida por el sur y Louisiana por el oeste. Gusta de vivir en fondos cenagosos, donde es difícil distinguir su larguísimo cuerpo, de extremidades muy reducidas. Sus apéndices torácicos se encuentran muy separados de los abdominales, situados en la parte posterior del cuerpo, de manera que la cola es bastante corta. Además, su color es bastante negruzco. Los ojos son pequeños y carecen de párpados.*

La salamandra común (Salamandra salamandra) *es el urodelo más ampliamente distribuido por Europa. Es fácilmente reconocible por su brillante coloración aposemática negra, con manchas amarillas o anaranjadas repartidas por todo el cuerpo. Al llegar a la fase adulta, este anfibio se convierte en un animal de costumbres terrestres.*

pares de patas muy pequeñas, provistas sólo de dos dedos. El par de patas abdominales está muy alejado del torácico, relegado a la parte posterior del cuerpo, de modo que la cola es bastante corta. El color general es negruzco y la longitud total puede alcanzar 1,16 m. Vive en el agua dulce, en charcas fangosas y campos de arroz, donde se alimenta de pequeños animales acuáticos. Las larvas tienen branquias externas. Este anfibio habita en la llanura costera del este de Estados Unidos, desde Virginia hasta Florida por el sur y Louisiana por el oeste. Las otras dos especies del género abarcan un área todavía más restringida: *Amphiuma tridactylum*, que tiene tres dedos en cada pie, vive en Alabama, Texas, Missouri y Kentucky; y *Amphiuma pholeter*, que sólo posee un dedo en cada una de sus diminutas patas, habita únicamente en el noroeste de Florida y en la zona adyacente de Georgia.

Familia salamándridos

Esta familia está constituida por 53 especies muy variadas en cuanto a tamaño y apariencia, aunque todas tienen en común la presencia de secreciones tóxicas y de extremidades bien desarrolladas.

Son propias del hemisferio norte y están distribuidas en tres regiones geográficas distintas: Paleártico occidental, Asia oriental y América del Norte, incluido México.

Salamandras

La salamandra común *(Salamandra salamandra)* es el urodelo más ampliamente distribuido y conocido de Europa. Se le reconoce por su brillante coloración aposemática negra y con manchas amarillas o anaranjadas, a veces repartidas de manera irregular por el cuerpo.

Las crías de las salamandras nacen dentro del agua, donde acuden las hembras para llevar a cabo la puesta. Por lo general, el lugar de nacimiento es un manantial o un arroyuelo de agua fresca y limpia. Cada puesta se compone de unas diez hasta unas cincuenta pequeñas salamandras, que son muy parecidas a la madre, aunque difieren de ella por tener, a cada lado del cuello, tres branquias externas alargadas y la cola comprimida en forma de aleta, y por carecer de las manchas amarillas características de la especie.

Cuando tienen esta edad se las puede ver en los manantiales o en los remansos de los arroyos, reposando en el fondo, inmóviles, con sus patitas extendidas en espera de sus diminutas presas, de las que se apoderan lanzándose sobre ellas con rapidez y agilidad. Alcanzan hasta unos 3 cm de longitud. Al convertirse en individuos adultos pierden las branquias externas, adquieren las manchas amarillentas del cuerpo y cambian la forma de su apéndice caudal, que deja de ser comprimido.

El tritón jaspeado (Triturus marmoratus) *habita en gran parte de Francia y en la península Ibérica. En la reproducción, los machos y hembras del tritón jaspeado son fácilmente distinguibles: aquéllos por su cresta dorsal bien desarrollada y éstas por la línea vertebral naranja. Provisto el macho de esta brillante librea elige una hembra y la hace objeto de un apasionado cortejo.*

En esta fase de su desarrollo las salamandras abandonan el agua y se convierten en animales de costumbres terrestres, hasta el punto de que deben acercarse al agua con precaución, para no ahogarse.

Las salamandras adultas, que en ocasiones sobrepasan los 20 cm de longitud, permanecen casi siempre escondidas; por lo común salen de noche, aunque sólo durante el buen tiempo. Sus presas preferidas son animales diminutos.

En primavera se reproducen. La fecundación se realiza, en tierra o cerca del agua, mediante un espermatóforo (masa de elementos fecundantes masculinos) que pone el macho y del que se apodera la hembra. Ésta posee en el oviducto un receptáculo donde los espermatozoides pueden permanecer de un año para otro.

La salamandra negra o salamandra alpina *(Salamandra atra)* es propia de los Alpes y vive en los bosques y praderas, pero por lo general en altitudes que a veces alcanzan los 2 700 m.

La salamandra negra carece de vida larvaria, es decir, los individuos nacen con una forma igual a la de los adultos, con la cola de sección redondeada y sin branquias. Además, los recién nacidos de esta especie tienen un tamaño bastante considerable, unos 4,5 cm como media, siendo muchísimo mayores que los de la salamandra común, a pesar de que ésta alcanza doble talla.

La hembra de la salamandra negra pone en un principio un gran número de huevos, pero normalmente sólo dos de ellos llegan a convertirse en embriones; los restantes están destinados a servir de alimento a los que logran nacer. Estos embriones pasan por una fase semejante a la de la larva de la salamandra común, ya que tienen la cola comprimida y poseen branquias externas, si bien éstas sólo se encargan de absorber el líquido nutricio que fluye del útero materno y que constituye el alimento final del embrión, después que éste ha dado cuenta de los demás huevos.

A un género distinto pertenece la salamandra rabilarga *(Chioglossa lusitanica)*, endemismo ibérico que sólo se encuentra en el noroeste de esta península, cuyo comportamiento de defensa recuerda curiosamente a las lagartijas: además de moverse con suma agilidad, puede desprenderse de la cola en caso de peligro y ésta sigue moviéndose durante algunos minutos para despistar al atacante.

Tritones

En la mayor parte del hemisferio norte viven diversas especies de urodelos llamados tritones y que, a veces, reciben el impropio nombre de lagartijas de agua, porque se encuentran en los arroyos durante su juventud y también durante la época de la reproducción, cuando son adultos. Son parecidos a las salamandras, pero difieren por tener la cola comprimida durante toda la vida, en forma apropiada para nadar, lo que denota una adaptación al medio acuático más perfecta que en las salamandras, cuyas costumbres son predominantemente terrestres.

En el agua se los ve casi siempre inmóviles sobre las piedras, sumergidos en el fondo o entre las plantas acuáticas, aguardando a los invertebrados y larvas de anfibios (incluidas las suyas) que constituyen sus presas. Cuando nadan, lo hacen con bastante facilidad. En cambio, en tierra se mueven con torpeza y suelen permanecer escondidos, sobre todo durante el invierno, y algunos en la época de los grandes calores. Los tritones viven en lugares montañosos cubiertos de vegetación, donde la temperatura es fresca y el ambiente es húmedo. En tierra, su alimento preferido son las lombrices de tierra y otros gusanos, así como los insectos y otros artrópodos. En la época de la reproducción, los machos suelen experimentar modificaciones que afectan a la forma y al color, el cual suele abrillantarse notablemente. El cambio morfológico principal

El tritón ibérico (Triturus boscai) *se halla aquí en presencia de su muda, que se produce al igual que en las serpientes, pues se desprende toda la piel, comenzando por la cabeza.*

La familia salamándridos, que está constituida por más de cincuenta especies muy variadas en cuanto a su aspecto y su tamaño, presenta una distribución exclusivamete holártica, excepto en el este de Asia, donde llegan a latitudes tropicales, gran parte de Eurasia, noroeste de África y América del Norte, incluido México. A la derecha, fotografía de un bello ejemplar de tritón salamandrino asiático, perteneciente al género Tylototriton.

Con la excepción de una especie, los pletodóntidos viven exclusivamente en el Nuevo Continente. Además, se trata de la única familia de urodelos presente en América Central y del Sur, donde algunos de sus géneros están muy

La salamandra roja (Pseudotriton ruber), *que pertenece al grupo de los pletodóntidos americanos, llega a alcanzar 17 cm de longitud. Es propia de los arroyos, ciénagas y marjales, montanos del nordeste de Estados Unidos.*

consiste en que sobre la cola y la línea media del dorso se desarrolla una cresta dérmica de bordes enteros, dentados o festoneados.

Provisto el macho de esta brillante librea, elige una hembra y la hace objeto de un apasionado cortejo que en ciertas especies, como por ejemplo el tritón ibérico, reviste gran complejidad. El macho pone los espermatozoides en una masa o espermatóforo en forma de cinta, que es recogido por la hembra para la fecundación de los huevos. La época de la reproducción suele ser la primavera, pero en el sur de Europa puede empezar en enero, o incluso en noviembre en el caso del tritón ibérico o del jaspeado.

Todas las especies son ovíparas. De los huevos, que se adhieren a las plantas acuáticas y a otros objetos sumergidos, salen las larvas, casi translúcidas y con tres branquias externas alargadas a cada lado de la cabeza. Al final del verano termina la evolución larvaria y los jóvenes adquieren la forma del adulto. En general, abandonan entonces el agua para hacer su vida terrestre y prepararse para pasar el invierno en cualquier escondrijo abrigado.

Los tritones suelen ser de talla pequeña, de 8 a 12 cm por término medio, y ocupan una amplia área de distribución. La mayoría habita en Eurasia, pero también los hay en América del Norte y en el noroeste de África. En Norteamérica viven 6 especies pertenecientes a los géneros *Notophthalmus* y *Taricha*. Cuatro son exclusivas de Estados Unidos y dos especies de *Notophthalmus* también se encuentran en México.

En Europa viven numerosas especies, entre las que destacan el tritón crestado *(Triturus cristatus)*, que se encuentra en casi toda Europa, al norte de una línea que se extiende desde la Gironda (oeste de Francia) hasta el norte del mar Negro; el tritón jaspeado *(Triturus marmoratus)*, que vive en gran parte de Francia y de la península Ibérica, y el tritón palmeado *(Triturus helveticus)*, que habita en Gran Bretaña, Alemania, Suiza, Países Bajos, Francia, norte de la península Ibérica y Portugal.

Especies propias de la fauna ibérica son el tritón ibérico *(Triturus boscai)*, que se encuentra en Portugal y en la mitad oeste de España, el tritón pirenaico *(Euproctus asper)*, endémico de la cordillera pirenaica, y el gallipato *(Pleurodeles waltl)*. Este último no sólo habita en España y Portugal (excepto en el noroeste de la península Ibérica) sino también en el noroeste de Marruecos. El color del dorso es oscuro, pardusco u oliváceo, con manchas negruzcas; las partes ventrales son blanquecinas o amarillentas. El borde inferior de la cola es amarillo o anaranjado y el macho carece de crestas en la época del celo. Presenta la curiosa particularidad de tener las costillas tan largas y agudas que en ciertas ocasiones llega a perforarle la piel, asomando al exterior por la punta. Habita en los grandes charcos y sobre todo en albercas de riego y en los estanques de los jardines. Es más acuático que los otros tritones. En ciertas localidades del centro y sur de la península Ibérica es todavía bastante abundante.

En el noroeste de África habita otra especie similar al gallipato, el tritón argelino *(Pleurodeles poireti)*, mientras que en la región oriental pueden encontrase los curiosos tritones salamandrinos pertenecientes al género *Tylototriton*.

diversificados. Entre los americanos figuran los Pseudotriton *y de éstos destaca la salamandra roja* (Pseudotriton ruber), *así llamada por el color rojo intenso de su piel, salpicada de manchas negras redondeadas.*

Familia ambistomátidos

Las especies de esta familia se distribuyen por América del Norte, desde el sur de Alaska y el Labrador hasta el límite sur del Altiplano mexicano. El ajolote mexicano o axolotl *(Ambystoma mexicanum)* es el miembro más conocido de la familia, porque su neotenia ha sido estudiada o utilizada en innumerables trabajos experimentales de embriología y endocrinología. La neotenia es un fenómeno que consiste en alcanzar la madurez reproductiva cuando el animal todavía conserva la forma externa de la larva y algunos de sus órganos, como las branquias. Para entender la importancia que reviste este fenómeno en los estudios evolutivos, basta recordar que, según una de las teorías sobre los orígenes de nuestra especie, no seríamos otra cosa que primates neoténicos, lo que explicaría que en nuestro físico conservemos rasgos que en otros primates solamente se encuentran en las crías o en los fetos.

El axolotl sólo puede reproducirse en estadio de larva, es decir, sin perder sus branquias y su respiración acuática.

Otras especies del mismo género, en cambio, son neoténicas facultativas: algunas de sus poblaciones se metamorfosean normalmente en la naturaleza mientras que otras no lo hacen a menos que su hábitat acuático se seque o se vuelva inhabitable. En total, existen cuatro especies de *Ambystoma* que son neoténicas facultativas, de las cuales la más conocida y difundida es la salamandra tigre o ajolote tigrino *(A. tigrinum)* de Estados Unidos, sur de Canadá y norte de México, y cinco que son neoténicas obligadas. La mayor de estas últimas es *A. dumerilii*, que vive en el lago de Pátzcuaro y en otros lagos del Altiplano mexicano, distribución que coincide con la del ajolote mexicano, aunque esta especie es más adaptable, ya que vive en el hiperalcalino lago Texcoco.

La neotenia, común a todas las especies de ambistomátidos, ha sido documentada también en todas las familias de urodelos, incluso en especies tan conocidas en Europa como los tritones alpino, crestado y palmeado. Así, la presentan las especies de las familias sirénidos y proteidos, lo que explica que el proteo y los tritones sirena no pierdan nunca sus branquias.

Familia pletodóntidos

A excepción del género *Speleomantes*, que consta de seis especies reliquias del Terciario —entre ellas la *S. cavernicola* francesa, *S. ambrosii*, y las salamandras cavernícolas de Cerdeña, *S. flavus*, *S. imperialis* y *S. genei*— la familia pletodóntidos habita exclusivamente en el Nuevo Continente. La salamandrita glutinosa *(Plethodon glutinosus)*, así como la salamandrita zigzag *(Plethodon dorsalis)* son urodelos propios de América del Norte.

El tritón ciego *(Typhlomolge rathbuni)* es, como el proteo, una especie cavernícola y neoténica. Fue descubierto en un pozo artesiano de 50 m de profundidad en San Marcos (Texas); posteriormente se comprobó que vivía en todas las aguas subterráneas de esta zona. Hace apenas tres lustros se descubrió una segunda especie del mismo género en otra cuenca de aguas subterráneas de Texas. Como el tritón ciego, esta especie vive en un hábitat frágil y ocupa un área de distribución muy limitada, lo que la convierte en una especie amenazada de extinción.

Pletodóntidos es la única familia de urodelos presente en América Central y del Sur —en México se encuentran unas cuantas especies de ambistomátidos, aunque ninguna de ellas vive más al sur del Altiplano mexicano—, donde algunos de sus géneros están muy diversificados. *Bolitoglossa* comprende 67 especies que se distribuyen desde México hasta el este de Brasil y el centro de Bolivia; *Dendrotriton* consta de cinco especies propias del sudoeste de Chiapas (México) y de Guatemala; *Nototriton* incluye seis especies repartidas desde Guatemala hasta Costa Rica; *Oedipina* comprende 16 especies que ocupan diversas regiones desde Chiapas hasta Ecuador. La mayoría de estas especies viven en hábitats de difícil acceso, tienen costumbres discretas y coloraciones crípticas, lo que dificulta en gran medida su estudio.

Los pletodóntidos son urodelos que carecen de pulmones y de branquias, por lo que respiran únicamente a través de la piel y del epitelio faríngeo. El estudio de estos animales, incluso el conocimiento de su existencia, resulta a veces problemático, porque la mayoría de las especies habitan en lugares de difícil acceso y presentan coloraciones crípticas. En la ilustración, Gyrinophilus porphyriticus *de Canadá y Estados Unidos.*

FAMILIAS DEL ORDEN ANUROS ▼

La clasificación de los anuros empleada aquí es la que utilizan Andreas y Christel Nöllert en su obra *Die Amphibien Europas Bestimmung-Gefährdung-Schutz* (1992) y que está basada en la obra *Biology of Amphibians* (1986) de Duellman y Trueb.

SAPOS Y RANAS

Orden anuros
- Familia leiopelmátidos
- Familia discoglósidos
- Familia pípidos
- Familia rinofrínidos
- Familia pelobátidos
- Familia pelodítidos
- Familia miobatráquidos
- Familia heleofrínidos
- Familia leptodactílidos
- Familia bufónidos
- Familia braquiocefálidos
- Familia rinodermátidos
- Familia dendrobátidos
- Familia pséudidos
- Familia hílidos
- Familia centrolénidos
- Familia microhílidos
- Familia sooglósidos
- Familia ránidos
- Familia hiperolíidos
- Familia racofóridos

En el cuadro de esta página se ha omitido la subdivisión en subórdenes y superfamilias, pero puede decirse que las seis primeras familias (de leiopelmátidos a pelodítidos) pertenecen al suborden *Archeobatrachia*, es decir, a los «batracios antiguos», mientras que las restantes se clasifican en el suborden *Neobatrachia* o «batracios modernos».

ORDEN ANUROS (ANURA)

Los anfibios de este orden se llaman anuros porque carecen de cola, pero también reciben el nombre de anfibios saltadores porque todas las especies están conformadas para saltar, lo que no excluye la existencia de otros medios de locomoción; de hecho, muchos están capacitados para correr, trepar y andar.

El renacuajo es la larva típica de los anuros. Se caracteriza por su gran cabeza globosa y su cola muscular y aplanada lateralmente. Los renacuajos de una semana de edad se distinguen por sus branquias externas, que luego son recubiertas por unos pliegues de piel que las ocultan en una cámara branquial. Más tarde, se desarrollan las extremidades inferiores y cae la cola, apareciendo una forma adulta. Abajo, metamorfosis de una rana bermeja (Rana temporaria).

En la mayoría de las especies la puesta se realiza en el agua. De los huevos salen nuevos seres en forma de larvas de aspecto distinto del de los adultos. Son los renacuajos: animales pisciformes de cabeza gruesa, provistos de pico córneo, sin extremidades pares hasta el final de la fase larvaria, con región caudal larga en forma de aleta y con aberturas branquiales y branquias, que primero son externas y luego se modifican y se fijan a unos soportes que existen en la región faríngea (arcos branquiales), funcionando como verdaderas branquias internas.

FAMILIA LEIOPELMÁTIDOS

La familia leiopelmátidos muestra una distribución geográfica muy curiosa, ya que uno de sus géneros —*Ascaphus*— vive únicamente en el noroeste de Estados Unidos y zonas adyacentes de Canadá, mientras que el otro —*Leiopelma*— sólo se encuentra en Nueva Zelanda.

Ascaphus truei, la única especie de este género norteamericano, no tiene parangón en el mundo de los anuros porque los machos presentan un órgano copulador formado por una extensión de la cloaca que, de un modo similar al pene de los mamíferos, permite la fecundación interna de la hembra. En

Los anuros de la familia hílidos están distribuidos por casi todo el mundo, aunque la mayoría de las especies se distribuye por América tropical y Australasia. Están adaptados a la vida arborícola y suelen tener libreas muy crípticas, como esta ranita de San Antón (Hyla arborea), *que se emplaza sobre tallos de plantas acuáticas, ramas de árboles y arbustos, donde pasa perfectamente inadvertida.*

un principio se creyó que este órgano copulador era una cola rudimentaria, lo que era, obviamente, erróneo; sin embargo, los naturalistas que hicieron esta observación no iban tan desencaminados, ya que los leiopelmátidos son los únicos anuros actuales que poseen vestigios de músculos caudales.

Familia discoglósidos

El nombre de esta familia proviene del hecho de que sus especies tienen la lengua en forma de disco, adherida a la boca por casi toda su base, de modo que no es protráctil. Como los leiopelmátidos y los pípidos, presentan costillas en las vértebras presacrales segunda, tercera y cuarta, un rasgo que les diferencia de las restantes familias de anuros. La familia comprende cuatro géneros y 16 especies distribuidas por Europa, Asia y noroeste de África. El género que da nombre a la familia, *Discoglossus*, comprende cuatro especies europeas, la más extendida de las cuales es el sapillo pintojo ibérico *(D. galganoi)*.

El sapo partero común *(Alytes obstetricans)* es una especie de pequeño tamaño que no supera los 5,5 cm de longitud. Es de costumbres terrestres, pues sólo se acerca al agua en la época de la reproducción; el resto de su vida lo pasa en tierra firme, guarecido en un escondrijo subterráneo, sobre todo durante el día, ya que sólo al anochecer emprende su vida activa. En las noches de primavera y verano deja oír su canto, que recuerda al sonido de una campanita de dos notas.

En esta especie el macho cuida la puesta hasta el nacimiento de los renacuajos. La hembra pone hasta 77 huevos por puesta,

En la imagen, sapo de vientre amarillo (Bombina variegata). *Este pequeño sapo de hábitos acuáticos, que vive en el centro y sur de Europa (aunque no se encuentra en la península Ibérica), pertenece a la familia discoglósidos, así denominada porque las especies que la integran tienen la lengua en forma de disco, adherida a la boca por toda su base, de manera que no es protráctil. Esta especie y el sapo de vientre rojo ofrecen un curioso ejemplo de utilización del color de la piel con fines defensivos; en tierra, y sobre todo cuando el tiempo es frío, arquean la columna vertebral, alzan la cabeza y la parte posterior del cuerpo, al tiempo que giran hacia el lado las extremidades; de esta forma quedan a la vista las manchas amarillas o rojas, en las palmas de manos y pies, así como el contrastado dibujo de la garganta.*

que el macho fecunda inmediatamente después. Luego, éste se hace cargo de ellos, separándose de su compañera. Los huevos se aglutinan entre sí formando dos masas en las que el macho mete las patas posteriores. Entonces se retira a su escondrijo y hace su vida ordinaria, sin que la carga que lleva entorpezca sus movimientos. A veces sucede que el macho se aparea también con otra u otras hembras (hasta cuatro hembras), haciéndose cargo igualmente de sus puestas, por lo que puede llegar a transportar 120 huevos. Con todo, nunca alcanza a llevar la cantidad máxima teóricamente posible de huevos (4 x 77 = 308) porque las hembras que se aparean con un macho que ya porta huevos siempre tienen menores puestas. Cuando el desarrollo de los embriones toca a su fin, el sapo partero se acerca al agua y los renacuajos quedan en libertad al romperse la cubierta de los huevos.

En la península Ibérica existe otra especie del mismo género, el sapo partero ibérico *(Alytes cisternasii)*. En 1979 se descubrió en la Serra de Tramuntana de Mallorca una tercera especie de sapo partero, *Alytes muletensis*, que había sido descrita previamente como fósil y a la que se consideraba como extinguida desde hace miles de años. La población total del sapo partero de Mallorca se calcula entre 300 y 700 parejas, lo que, unido a su distribución limitadísima en un hábitat muy expuesto a la contaminación agraria y a otros peligros humanos, la convierte en una especie seriamente amenazada de extinción.

A la misma familia pertenecen el sapo de vientre rojo *(Bombina bombina)* y el sapo de vientre amarillo *(Bombina variegata)*, ambos de costumbres acuáticas, y notables por el vivo color de su superficie ventral. El sapo de vientre rojo vive en tierras bajas del centro y este de Europa, y el de vientre amarillo en las zonas de colinas del centro y el sur de Europa, pero no en la península Ibérica ni en el sur de Francia. Otras especies de este género viven en el este de Asia, incluidos Corea y Vietnam.

Familia pípidos

Las 26 especies de esta familia se clasifican en 4 géneros, *Pipa, Xenopus, Hymenochirus* y *Pseudohymenochirus*. Todas son estrictamente acuáticas y se distribuyen por Sudamérica tropical y África subsahariana.

En la imagen, pipa de Surinam (Pipa pipa). *La hembra de esta especie destaca por la protección que ofrece a sus crías. Durante la puesta, el macho, sin dejar de abrazar a la hembra y mientras realiza su curioso cortejo nupcial, coloca los huevos en la espalda de ésta; ello estimula el crecimiento de la piel, que acaba por recubrir los huevos totalmente, cada uno en una cápsula provista de una pequeña tapa. Dentro de las cápsulas así formadas, los huevos permanecen hasta que se desarrollan los embriones y adquieren la forma de ranitas.*

Pipas

El pipa de Surinam *(Pipa pipa)*, la más conocida de las siete especies del género, vive en las Guayanas y en la zona brasileña contigua a la desembocadura del Amazonas. El cuerpo del pipa de Surinam es muy aplastado, en particular la cabeza, que tiene el perfil anterior angular.

En ésta y en otras especies del género, a pesar de tener costumbres totalmente acuáticas, ha desaparecido por completo la fase larvaria, ya que del interior de los huevos salen ranitas semejantes a los adultos. En realidad, la fase de renacuajo la pasan en el interior del huevo, pudiendo observarse que poseen branquias externas y una región caudal larga y comprimida durante un período que a veces dura cuatro meses.

Como en las demás especies de la familia, en el pipa de Surinam es notable la actividad de cortejo del macho, encaminada a situar los huevos en el dorso de la hembra. Tras abrazar a la hembra por las ingles, nada en esta posición durante un rato hasta que ambos se posan en el fondo. A continuación, ambos sexos suben hacia la superficie, giran longitudinalmente sobre sí mismos sin dejar de abrazarse y la hembra pone sus primeros huevos que quedan adheridos al vientre del macho. Acto seguido, ambos sexos giran otra vez sobre sí mismos y, sin dejar de abrazar a la hembra, el macho se desliza hacia adelante y fertiliza los huevos. En el último momento de esta secuencia, macho y hembra se dejan caer al fondo; entonces el macho aprieta los huevos contra el dorso de la hembra, donde se adhieren y se implantan. Esta secuencia se repite sucesivamente hasta que se completa la puesta y todos los huevos han sido adheridos al dorso de la hembra. La implantación de los huevos supone una intensa reorganización de la dermis y la epidermis de dicho dorso; al poco tiempo, los huevos quedan alojados en una especie de cápsula dérmica que se cierra con una pequeña tapa. Allí permanecen hasta que se desarrollan los embriones y alcanzan la forma de ranitas, con sus cuatro extremidades y sin cola. En algunas especies del mismo género, como por ejemplo *Pipa carvalhoi*, de los huevos que la hembra lleva en el dorso no salen pequeños adultos sino renacuajos filtradores.

Ranas de uñas

La rana de uñas *(Xenopus laevis)* se parece a los pipas por sus patas posteriores robustas, por su cabeza pequeña y por la amplitud de las membranas interdigitales de los pies. Sin embargo, ofrece respecto a ellos notables diferencias: tiene dientes en la mandíbula superior, los dedos anteriores carecen de apéndices en el extremo y los tres dedos externos de las extremidades posteriores están provistos de uñas, rasgo singular entre los anuros, presente también, además de en las otras 13 especies de *Xenopus*, en las 4 de *Hymenochirus* y en la única especie de *Pseudohymenochirus* que también pertenecen a esta familia.

La especie, como todas las de su género, es africana y se encuentra desde Etiopía hasta la región de El Cabo, o sea, en casi toda la región etiópica. La rana de uñas menor *(Xenopus calcaratus)* es propia del África occidental.

Otra especie de la familia es la rana de uñas del Ituri *(Hymenochirus boettgeri)*, cuyos huevos, junto con los de la diminuta ranita de San Antón, *Limnaoedus ocularis*, son los más pequeños de entre todos los anfibios. El género *Hymenochirus* presenta caracteres intermedios entre los géneros *Pipa* y *Xenopus*, que antiguamente se clasificaban en familias diferentes; si bien posee uñas en los dedos del pie como el segundo, también presenta un cortejo sexual elaborado y complejo, a base de piruetas acuáticas, comparable al del *Pipa*.

Familia rinofrínidos

Consta de una única especie, *Rhinophrynus dorsalis*, cuya área de distribución se extiende desde el sur de Texas y el estado mexicano de Michoacán hasta Costa Rica. Este curioso anuro vive la mayor parte de su vida adulta bajo tierra y sólo sale a la superficie después de las grandes lluvias para reproducirse en charcas temporales. Los renacuajos, filtradores obligados y muy nadadores, tienen once bárbulas en torno a la boca. Los adultos se alimentan únicamente de termitas y, cuando se les asusta, inflan el cuerpo al máximo hasta que éste parece una pelota.

La rana de uñas (Xenopus laevis) *es, junto con el pipa de Surinam, un representante de la familia pípidos, los cuales, entre otros rasgos, carecen de lengua. Son característicos de esta rana los tres dedos externos de las extremidades posteriores, que están provistos de uñas, mientras que los dedos anteriores no tienen apéndices en el extremo. Se trata de una especie muy conocida, porque con ella se practicaba la prueba del embarazo, ya que al inyectarle orina con progestágenos se provocaba un espectacular desarrollo de sus ovarios.*

En la imagen, rana cornuda (Megophrys nasuta). *Los pelobátidos tienen dientes en la mandíbula superior y presentan una lengua oval despegada del suelo de la boca por detrás, lo que les permite, si la doblan hacia adelante, sacarla fuera para emplearla como órgano prensil. Este pelobátido del Sudeste Asiático ofrece una morfología externa muy particular. Tiene la cabeza ancha, algo deprimida y con afilados apéndices sobre los párpados, a modo de cuernos. La piel de los costados presenta abundantes verruguillas y sobre el dorso aparecen formaciones calcáreas con apariencia de estrella. Existen otras veinte especies más del género* Megophrys *que presentan una configuración similar y se encuentran desde la India hasta China, Filipinas, Sumatra, Borneo y Java.*

FAMILIA PELOBÁTIDOS

Estos anuros poseen lengua oval, algo escotada y despegada del suelo de la boca por detrás, de modo que, si la doblan hacia adelante, pueden sacarla fuera para utilizarla como órgano prensil. Tienen dientes en la mandíbula superior. La familia comprende 10 géneros y 86 especies, que se distribuyen por el Paleártico occidental, por la Región Oriental y por América del Norte hasta el sur de México. El sapo de espuelas *(Pelobates cultripes)* es un anfibio de cuerpo rechoncho, como el de los sapos verdaderos, pero de piel lisa o casi lisa, excepto en la parte superior de la cabeza, donde es rugosa y está endurecida. En la planta del pie, en la base del dedo menor, tiene una formación córnea alargada que destaca por su dureza y su color negro: es la espuela a que hace referencia el nombre vulgar de la especie. El sapo de espuelas, que sólo vive en el sur de Francia y en algunas localidades del centro y en varias áreas disjuntas de la península Ibérica, es fácil de reconocer por estos espolones negros. Alcanzan 10 cm de longitud total. Es de costumbres terrestres y utiliza los espolones como órganos cavadores. En la época de reproducción, que varía mucho según las localidades y suele coincidir con la existencia de noches lluviosas templadas, abandona su hábitat terrestre para meterse

El cuerpo del sapillo moteado (Pelodytes punctatus), *propia de Europa sudoccidental, es esbelto, semejante al de las ranas. Como ellas, acostumbra buscar refugio bajo el fango. Los ejemplares de esta especie miden entre tres y cinco centímetros de longitud. Presentan una parte dorsal grisácea o verdosa, mientras que la ventral es blanquecina o rosácea. Durante la reproducción aparecen varios pares de verrugas rugosas a ambos lados del pecho, en los brazos y en algunos dedos de la mano.*

en el agua, dentro de la cual los machos, que llegan antes que las hembras, emiten sus llamadas monótonas que recuerdan el cloqueo de una gallina.

Los huevos, numerosos y de diámetro reducido, forman largos cordones gelatinosos que se enredan en las plantas acuáticas. Los renacuajos del sapo de espuelas nacen en un estado de desarrollo muy elemental, sin branquias ni cola, pero pueden compensar la escasez de materiales nutricios del huevo gracias a su gran voracidad.

Los renacuajos del sapo de espuelas son los mayores que existen en España, ya que a menudo superan los 10 cm de longitud total y tienen un grosor considerable. Son notables también por la fortaleza de su pico córneo, que destaca muy bien por su tamaño y color negro. Como ocurre en una especie parecida que se encuentra en el centro de Eurasia, el sapo de espuelas pardo *(Pelobates fuscus)*, algunos renacuajos que prolongan su estancia en el agua pueden adquirir una talla desmesurada, de hasta 20 cm o más. Las especies más curiosas de esta familia en cuanto a su morfología externa son, sin duda, las del género *Megophrys*, que presentan encima de los ojos dos excrecencias alargadas, enhiestas y puntiagudas, a modo de cuernos. Las 21 especies de este género se distribuyen por el Sudeste Asiático, desde la India hasta China, Filipinas, Sumatra, Borneo y Java. En Norteamérica, la familia pelobátidos está representada por el género *Scaphiopus*, muy similar a *Pelobates* —hasta el punto de que también allí les llaman sapos de espuelas—; cuatro de sus seis especies extienden su área de distribución por gran parte de México.

Familia pelodítidos

El sapillo moteado *(Pelodytes punctatus)* de Francia, noroeste de Italia y península Ibérica solía clasificarse en la familia de los pelobátidos, pero hoy la mayoría de los autores prefieren clasificar el género *Pelodytes* en una familia distinta, pelodítidos. Tiene la lengua libre por detrás y la mandíbula superior provista de dientes, pero difiere del sapo de espuelas por su cuerpo esbelto, parecido al de una rana, y por carecer de espolones. Vive en las cercanías del agua, donde se zambulle de un salto, y busca refugio en el fango, como lo hace la rana común.

El macho tiene sacos vocales internos que le sirven para reforzar la voz. En la época de la reproducción, presenta cinco pares de verrugas de color negruzco en los lados del pecho, en la parte inferior de los brazos y en los dedos primero y segundo de la mano.

Familias miobatráquidos y heleofrínidos

La primera de estas dos familias comprende 20 géneros y 99 especies distribuidos únicamente por Australia, Tasmania y Nueva Guinea. Estas especies tienen formas y tamaños muy variables. Así, mientras géneros como *Limnodynastes* y sobre todo *Myxophis* ofrecen el aspecto de típicas ranas, otros como *Notaden* no sólo presentan las formas rechonchas propias de los sapos —incluidas las patas posteriores cortas—, sino también su piel gruesa, rugosa y cubierta de verrugas.

La segunda familia, heleofrínidos, es muy reducida y las pocas especies que la constituyen son escasamente conocidas. Está formada por un solo género, *Heleophryne*, que

a su vez comprende tres especies, todas ellas del extremo sur de África. Los renacuajos de las especies pertenecientes a esta familia están muy bien adaptados a la vida en los torrentes y presentan grandes bocas con tres hileras de dientes.

Familia leptodactílidos

Esta familia, muy numerosa, se distribuye por casi toda Sudamérica, Centroamérica, el sur de Norteamérica y las Antillas. La variación morfológica de sus miembros es todavía mayor que la de los miobatráquidos. Entre los 51 géneros y 710 especies de leptodactílidos existe una gran variedad de formas y aspectos, desde las que tienen el cuerpo pesado como los sapos *(Odontophrynus)*, hasta las que son esbeltas y ágiles como las ranas verdaderas o las que presentan incluso discos adhesivos en los dedos como las ranitas o hílidos, pasando por las formas carnívoras de cabeza grande *(Ceratophrys, Lepidobatrachus)* y por otras estrictamente acuáticas.

Género *Leptodactylus*

Las 50 especies del género *Leptodactylus* se caracterizan por su aspecto raniforme aunque macizo y pesado, sus ojos muy saltones y su dorso aplanado, con rebordes laterales más o menos pronunciados. Su coloración presenta diferencias según las especies, pero, en general, abundan las manchas brillantes en los lados de la boca y cuartos traseros. Además, todas ellas son notables por sus costumbres muy depredadoras —muchas especies cazan presas de gran tamaño, a veces mayores que ellas—, por la construcción de nidos de espuma en los que eclosionan las larvas, y a menudo por su canto sonoro y a veces modulado que se oye por la noche en muchas selvas sudamericanas. Muchas especies de esta familia tienen, como los sapos propiamente dichos *(Bufo sp.)*, un comportamiento defensivo que consiste en hinchar los pulmones y levantar el cuerpo del suelo para hacer creer al agresor que poseen mayores dimensiones. Entre las especies más conocidas están: la rana comestible de montaña *(Leptodactylus fallax)*, propia de la isla Dominica, en las Pequeñas Antillas; la rana de la selva *(L. pentadactylus)* y la rana toro sudamericana *(L. ocellatus)*.

Género *Eleuterodactylus*

El coqui *(Eleuterodactylus coqui)* es una rana de formas esbeltas que vive en Puerto

Los leptodactílidos, que forman una familia de más de cincuenta géneros y setecientas especies distribuidos por el Nuevo Mundo, presentan una gran variedad morfológica y de hábitos de vida, con especies esbeltas, parecidas a las ranas verdaderas, y otras más pesadas, similares a los sapos, incluyendo algunas de cabeza grande, como este escuerzo cornudo de Argentina (Ceratophrys cornuta) *que aparece en la ilustración.*

El escuerzo americano (Ceratophrys ornata), *especie propia de las zonas boscosas del sudeste de Brasil, Paraguay y Uruguay y este de Argentina, tiene las prolongaciones superiores de los párpados mucho menos pronunciadas que el escuerzo cornudo. Tiene un cuerpo polícromo, rechoncho y voluminoso y una cabeza enorme y elevada. Es una especie muy agresiva que se alimenta de otros anuros, incluidos los de su propia especie, de reptiles, pequeños mamíferos y grandes insectos, y que, incluso, planta cara y muerde a los seres humanos si se siente acorralado.*

Rico y otras islas vecinas. El nombre de coqui proviene de su reclamo bifásico: las hembras emiten un «co» que provoca la respuesta de los machos; éstos profieren un «qui» que estimula, a su vez, la respuesta de las hembras. Con sus dedos provistos de minúsculos discos adhesivos, esta pequeña rana, que apenas alcanza los 4 cm de longitud, se parece a las pequeñas especies de la familia hílidos. Como las otras 397 especies de este género, el coqui se reproduce fuera del agua y de los huevos terrestres salen pequeñas ranas de formas similares al adulto. El diversificado género *Eleutherodactylus* se distribuye por toda América tropical, desde México y América Central hasta el norte de Argentina y el sudeste de Brasil.

Género *Ceratophrys*

El escuerzo cornudo del nordeste de Brasil, Guayanas y oeste de Ecuador *(Ceratophrys cornuta)* es de cuerpo voluminoso y rechoncho. Por su apariencia es comparable a un sapo verdadero, aunque tiene la cabeza enorme y elevada. La especie debe su nombre a que posee sobre cada ojo una prolongación parecida a un cuerno —pero de consistencia blanda—, cuya longitud iguala a la del diámetro del ojo.

Análoga a esta especie, pero con los cuernos mucho menos pronunciados, es el escuerzo americano *(Ceratophrys ornata)*, que vive en el sudeste de Brasil, Uruguay, Paraguay y parte de Argentina, y destaca por su brillante coloración. Este sapo inspira temor a la gente porque, cuando se siente acorralado, planta cara incluso a los seres humanos y se defiende mordiendo con sus mandíbulas. La potencia de sus mandíbulas, combinada con el gran tamaño de la cabeza, le permite alimentarse de presas tan grandes como aves, tortugas, pequeños mamíferos, serpientes y otros anuros. Incluso los renacuajos (no sólo de ésta, sino también de otras especies de *Ceratophrys*) son carnívoros y, contrariamente a la mayoría de las larvas de anuros, tienen ambas mandíbulas tapizadas con varias hileras de dientes afilados como si fueran tiburones. Las otras cuatro especies de este género tienen, como el escuerzo cornudo, el párpado superior de cada ojo transformado en una especie de cuerno.

Otros géneros

Pueden citarse las 29 especies de *Telmatobius* propias de las regiones andinas (desde Ecuador hasta el centro de Chile y Argentina) que, del mismo modo que *Batrachoprhynus macrostomus* de los lagos andinos del centro de Perú, son completamente acuáticas.

Familia bufónidos

Los bufónidos o verdaderos sapos tienen la pupila horizontal y la mayoría de sus especies presentan una piel gruesa y verrugosa, a menudo con glándulas de gran tamaño, muy aparentes en las parótidas (género *Bufo*) o en las extremidades. Aunque suelen ser característicos de los sapos la piel verrugosa y el cuerpo rechoncho, no todos los bufónidos son así, ya que algunos tienen el cuerpo esbelto y la piel lisa como las ranas. Tampoco son en su totalidad de costumbres terrestres y cavadoras, sino que los hay acuáticos e incluso arborícolas. El tamaño de los bufónidos oscila entre los escasos 2 cm de longitud de los negros sapos *Oreophrynella* de los cerros y tepuís del sur de Venezuela y de las Guayanas y los 25 cm del gigantesco y relativamente contrastado —su dorso es de color café con leche y resto del cuerpo marrón chocolate— *Bufo blombergi*, el sapo gigante de las selvas subandinas de Colombia.

La familia comprende 340 especies que se reparten en 25 géneros y se distribuyen por gran parte de Eurasia, toda África excepto las zonas más desérticas, toda América del Sur y del Centro y gran parte de Norteamérica.

El género más numeroso es *Bufo*, el de los sapos propiamente dichos, cuyas 206 especies ocupan casi toda el área de distribución de la familia. En la actualidad, el área de distribución de este género es todavía mayor, ya que una de sus especies, el sapo marino *(Bufo marinus)* también se encuentra en Nueva Guinea, Australia y muchas otras islas tropicales en las que ha sido introducido por el hombre.

Sapo común

En el Paleártico occidental la especie más difundida es el sapo común *(Bufo bufo)*, anuro de tamaño bastante grande (hasta 15 cm las hembras y 10 cm los machos), piel muy verrugosa y grandes parótidas.

El sapo común (Bufo bufo) *tiene una amplia distribución, ya que se le encuentra en todo el Paleártico continental, incluido Japón. Falta sin embargo en Irlanda, Baleares, Córcega, Cerdeña, Malta, Creta y otras islas menores. De día vive oculto en escondrijos subterráneos, que pueden ser hoyos cavados por el mismo, regueras de huertos y jardines, piedras con orificios, raíces de árboles o hendiduras de muros, y de noche sale a capturar a sus presas. Se alimenta principalmente de insectos, arañas y miriápodos a los que caza con velocísimos movimientos de su lengua protráctil.*

El sapo verde (Bufo viridis) *presenta un dibujo de manchas verdes sobre un fondo claro y mide unos 9 cm de longitud. Vive en el norte de África y en Eurasia templada, preferentemente en zonas esteparias,*

La piel gruesa y rugosa del sapo común (Bufo bufo) *le permite vivir completamente alejado del agua, excepto durante la reproducción. Es habitual hallarlo en bosques umbríos, aunque a veces frecuenta zonas mucho más áridas, donde se construye una profunda madriguera para pasar el día a cubierto de los rayos solares y del ambiente desfavorable, y salir durante la noche en busca de alimento.*

El sapo común pasa el día oculto en escondrijos subterráneos, debajo de piedras o de troncos caídos y en las regueras cubiertas de las huertas y jardines. Durante el buen tiempo, en cuanto anochece sale de caza en busca de su alimento: lombrices de tierra, miriápodos e insectos. Para atrapar a sus presas suele permanecer inmóvil, en apariencia indiferente a lo que ocurre a su alrededor. Pero en cuanto un insecto pasa cerca de él, el sapo se apercibe inmediatamente de su presencia. No es necesario que lo vea, basta con que oiga sus movimientos. Al instante, el animal se vuelve para situarse frente a su futura presa. Si ésta no se halla a su alcance, la deja moverse hasta que se detiene o queda fuera de su vista. Entonces, el sapo avanza con pasos largos y pasa al ataque, rápido y brusco, capturando a la víctima con la lengua, protráctil, que con un veloz movimiento envuelve al insecto, haciéndolo desaparecer en la boca. El sapo, entonces, se afirma sobre sus cuartos traseros, deprime sus ojos y queda como paralizado por un espasmo, mientras traga el insecto. Con frecuencia la captura es más sencilla. Esto sucede cuando la presa se detiene o pasa junto al anfibio, que por su inmovilidad y su coloración críptica («de camuflaje») no inspira desconfianza, porque parece una piedra o cualquier otro objeto inerte. En este caso se limita a lanzar la lengua sobre la presa, sin volver siquiera la cabeza. Luego permanece de nuevo quieto, esperando el paso de nuevas presas.

Después de hibernar en sus respectivos escondrijos terrestres —la hibernación en agua es poco frecuente—, los sapos vuelven a la vida activa, reuniéndose en charcas y estanques para reproducirse. Los machos, que llegan primero, se entregan a enconadas luchas para la conquista de las hembras —en especial cuando su número supera al de éstas—; se aparean con ellas sujetándolas por las axilas (*amplexus* o abrazo axilar) durante seis o siete días, al final de los cuales se efectúa la puesta. Ésta consiste en varios miles de diminutos huevos de 1,5 a 2 mm de diáme-

Las ranas marsupiales, que tienen una estructura semejante a la de las especies del género Hyla, *se caracterizan por presentar en su espalda una especie de saco, donde guardan los huevos hasta que los embriones se convierten en renacuajos. Los huevos son menos numerosos que los de las ranas o los sapos verdaderos y también de mayor tamaño porque deben contener el alimento suficiente para el desarrollo del embrión.*

rior del cuerpo, que sirve para guardar los huevos el tiempo necesario para que los embriones se desarrollen hasta convertirse en renacuajos o hasta adquirir la forma de los adultos, como sucede en los casos de desarrollo directo. A diferencia de los hoyos temporales de los pipas, la bolsa de las ranas marsupiales es una estructura permanente que aumenta al aproximarse la época de la reproducción.

Estas especies ponen un reducido número de huevos. Nunca hacen puestas tan numerosas como los sapos y las ranas verdaderas, cuyos renacuajos se desarrollan en el agua, donde ellos mismos se buscan el alimento. A diferencia de éstos, las ranas marsupiales liberan a su prole en un estadio muy avanzado de desarrollo, como sucede en la rana marsupial común *(Gastrotheca marsupiatum)*, o ya convertidas en ranitas, como es el caso de la rana marsupial enana *(Gastrotheca pygmaeum)* de Venezuela. Ello significa que los embriones tienen que encontrar dentro del huevo los materiales nutritivos suficientes para su desarrollo. Por eso los huevos son tan grandes.

Las ranas marsupiales sólo se encuentran en Panamá y Sudamérica. La especie única del género *Amphignathodon* vive en las laderas andinas de Ecuador y del sur de Colombia. Las 37 especies de *Gastrotheca* se distribuyen por Panamá, por toda la región andina, desde Venezuela hasta el norte de Argentina, y por el este de Brasil. Las tres especies de *Fritziana* viven en el sudeste de Brasil, y las dos de *Flectonotus* en el norte de Venezuela, Trinidad y Tobago.

En otras especies de la misma subfamilia a la que pertenecen las ranas marsupiales —*Hemiphractinae*— las hembras llevan los huevos simplemente adheridos al dorso en una masa pegajosa, sin una bolsa que pueda protegerlos. Estas ranas «no del todo marsupiales» pertenecen a los géneros *Hemiphractus, Cryptobranchus* y *Stefania,* que también se encuentran sólo en América tropical: las cinco especies del primer género habitan en Panamá y el noroeste de Sudamérica, las tres de *Cryptobranchus* en las laderas andinas de Colombia y las siete de *Stefania* en las tierras altas de Guayana.

En la región australiana, los hílidos están representados por la subfamilia *Pelodryadinae*, cuyos géneros más notables son *Cyclorana* y *Litoria*. Al primer género pertenece el sapo odre *(Cyclorana platicephalus)*, que vive en el centro de Australia. A pesar de su nombre, el sapo odre tiene aspecto de rana y alcanza unos 5 centímetros de longitud total. Habita en lugares áridos y arcillosos, muy afectados por épocas de largas sequías, durante las cuales el animal se entierra, permaneciendo en una guarida construida por él mismo. Su presencia en estas regiones secas es posible debido a que son capaces de almacenar una gran cantidad de agua en sus bolsas linfáticas subcutáneas. Esta capacidad de acumulación la superan, no obstante, los «sapos» *Notaden* de la familia miobatráquidos, los cuales, para poder resistir a las condiciones de aridez del desierto australiano, acumulan hasta el cincuenta por ciento de su peso en agua.

El género Litoria, *que forma parte de la subfamilia* Pelodryadinae, *es uno de los representantes más característicos de los hílidos en Australia. Algunas de sus especies segregan una sustancia que parece ser eficaz contra la bacteria de la ostiomelitis y contra el virus del herpes simple. Entre los aspectos más destacados de estas ranas está el modo de reproducción de algunas especies, que consiste en depositar los huevos sobre la vegetación existente en las charcas o en los arroyos, para que al eclosionar caigan al agua. A la derecha, pueden contemplarse dos ejemplares de* Litoria aurea.

La familia microhílidos comprende numerosas especies propias de las regiones cálidas y húmedas. Generalmente de pequeño tamaño, presentan aspectos variados: algunas tienen formas esbeltas, mientras que otras tienen formas más rechonchas y globulares, como esta rana roja de Madagascar (Dyscophus antongili).

Por lo que se refiere al género *Litoria*, es notable por el modo de reproducción de algunas de sus especies, similar al de las ranitas de hojas: las hembras depositan sus huevos en la vegetación que se extiende sobre charcas o arroyos, en los que caen los renacuajos al eclosionar. Otro aspecto a destacar es que algunas de sus especies, sobre todo la rana arborícola gigante de los bosques del oeste de Australia *(Litoria splendida)*, segregan una sustancia activa contra la bacteria de la ostiomelitis y contra el virus del herpes simple, lo que puede llegar a tener grandes aplicaciones farmacológicas y médicas.

FAMILIA CENTROLÉNIDOS

Las 65 especies de centrolénidos se distribuyen por toda América tropical, desde México hasta Bolivia y el nordeste de Argentina. Uno de los dos géneros de esta familia, *Centrolenella*, está muy diversificado y cuenta con 64 especies. El otro, *Centrolene*, es uniespecífico y se encuentra únicamente en las laderas andinas de Colombia y Ecuador.

La mayoría de los centrolénidos son de pequeño tamaño (3 cm como media) y tienen la piel del vientre translúcida, lo que les ha valido el nombre vulgar de ranas de cristal. Por sus formas y sus costumbres arborícolas son muy parecidos a los hílidos; de un modo similar a algunos de estos últimos, las hembras depositan sus huevos sobre hojas que cuelgan encima de corrientes de agua o sobre rocas del lecho del río. En algunas especies, los machos se ocupan de estas puestas hasta que de ellas eclosionan unos renacuajos alargados que se desarrollan entre la grava del torrente o en detritos arrastrados por el agua.

FAMILIA MICROHÍLIDOS

Esta familia contiene 61 géneros y 279 especies que se distribuyen por la región oriental de Oceanía (norte de Queensland, Nueva Guinea y las islas indonesias de Wallace), África subsahariana, gran parte de América del Sur, América Central, México y cuadrante sudoeste de Estados Unidos. Casi todas las es-

El albinismo es la manifestación externa de un gen recesivo que también puede darse en los anfibios, como en el caso de este ejemplar de Rana utricularia. *Para distinguir a un animal blanco de uno albino hay que fijarse en los ojos; si éstos carecen de pigmentación (albinismo) se presentan de color rojo intenso, ya que dejan transparentar la hemoglobina que contienen los vasos sanguíneos oculares.*

pecies son de pequeñas dimensiones, aunque algunas llegan a 10 cm de longitud. Por lo que se refiere a su aspecto, varían desde las formas rechonchas, globulares y tipo sapo (*Dyscophus* de Madagascar, *Phrynomantis* de Nueva Guinea y las Molucas) hasta las formas esbeltas tipo hílido —incluyendo las ventosas digitales— de *Platypelis* (Madagascar) o *Cophixalus* (Nueva Guinea, las Molucas, nordeste de Queensland en Australia). En América del Sur existen algunas especies de apariencias no menos singulares, como por ejemplo *Elachistocleis ovale* de Venezuela, extraño anuro de cabeza pequeña y cuerpo muy aplanado, con un contorno en forma de óvalo.

En Sudáfrica también viven una serie de especies notables por su extraño aspecto, como las del género *Breviceps* o sapos minadores, que parecen masas globulosas cubiertas de verrugas con patas tan cortas y deformes que apenas se distingue la forma del dorso.

Todavía se desconoce por completo la biología de muchas de las especies de esta familia. De las especies conocidas, unas cuantas se desarrollan directamente —sin metamorfosis—, a partir de huevos terrestres; otras ponen en nidos terrestres huevos de los que salen renacuajos que no se alimentan hasta la metamorfosis; y, por último, algunas especies tienen renacuajos acuáticos nadadores, al «modo convencional».

En América tropical y en el cono sur, los microhílidos están representados por los géneros *Arcovomer*, *Chiasmocleis*, *Ctenophryne*, *Dasypops*, *Dermatonotus*, el ya citado *Elastichocleis* y otros, todos ellos pertenecientes a la subfamilia *Microhylinae*, la más diversificada de la familia. Muchas de estas especies viven en las pluviselvas de llanura y en las selvas o bosques nubosos de las laderas andinas, en hábitats que corren el riesgo de desaparecer por completo, incluso antes de que puedan adquirirse las primeras nociones sobre estos anuros.

La destrucción de las selvas tropicales americanas supondrá la desaparición de un gran número de especies de anuros, dado que este orden está muchísimo más diversificado allí que en cualquier otro lugar del mundo.

Familia sooglósidos

Las tres especies que componen la familia sooglósidos se reparten en dos géneros que viven únicamente en las islas Mahé y Silhouette, en el archipiélago de las Seychelles. Los sooglósidos ponen huevos terrestres de los que salen pequeños adultos (caso de *Sooglossus gardineri*) o renacuajos que el adulto lleva al dorso (caso de *Sooglossus seychellensis)*. Los renacuajos de este último tipo no se alimentan y carecen de espiráculo, de branquias internas y de piezas bucales.

Familia ránidos

La familia ránidos es compleja y numerosa, ya que comprende 609 especies repartidas en 39 géneros. Los ránidos se encuentran en casi todo el mundo, excepto en gran parte de América del Sur y en prácticamente toda la región australiana. Sus formas y sus costumbres son muy diversas; si bien la mayoría de las especies son ribereñas y presentan, como la rana común, las patas largas y los pies palmeados, otras especies, como las *Pyxicephalus* y *Tomopterna* de África subsahariana, ofrecen aspecto de sapo. Algunos ránidos, como *Hemisus guttatum* de Sudáfrica, son excavadores y pueden hincharse como odres cuando se les molesta, mientras que otros, como *Mantella* de Madagascar, son diminutos y de colores brillantes, como los dendrobátidos.

El tamaño de las ranas también es muy variable, ya que se extiende desde los escasos 2 cm de algunas especies del género *Mantella* hasta los 30 centímetros de longitud de la rana goliat *(Conraua goliath)* del golfo de Guinea, el mayor anuro conocido del mundo. Además de esta última, en la zona de África ecuatorial viven otras ranas notables, como la rana del Congo *(Arthroleptis adolfifriederici)*, que habita en alturas cercanas a los 2 800 m, y, sobre todo, la rana peluda *(Trichobatrachus robustus)*, cuyos machos presentan en los muslos y en los lados del cuerpo unas largas excrecencias en forma de pelos. Estos «pelos» son, a decir verdad, unas vellosidades muy ricas en vasos sanguíneos que probablemente les ayudan a respirar cuando están bajo el agua; los machos de esta especie, en todo caso, viven en los fríos torrentes de montaña, mientras que las hembras, que están desprovistas de «pelos», son terrestres y habitan en cavidades del suelo.

La región etiópica es, por lo demás, la más diversificada del mundo en cuanto a especies de ránidos, ya que de los 47 géneros que pertenecen a esta familia, 31 se encuentran comprendidos en ella. En el Nuevo Continente, por el contrario, solamente se encuentran especies del género *Rana*, que, por otra parte, está ausente de la parte central y meridional de Sudamérica y en las Antillas.

Ranas europeas

En Europa son bien conocidas las ranas verdes, de las que existen media docena de especies muy difíciles de distinguir entre sí y cuya taxonomía se complica aún más por la existencia de híbridos. En la península Ibérica, no obstante, la clasificación de las ranas verdes es más sencilla que en el resto de Europa porque sólo existe una especie, la rana ibérica o rana de Pérez *(Rana perezi)*, considerada antiguamente como una mera subespecie de la rana verde común, *Rana ridibunda*, del centro de Europa. Al igual que todas las ranas verdes, la ibérica tiene costumbres acuáticas, permaneciendo durante casi todo el año en el agua o cerca de ella. Sólo en días

Esta rana verde comestible (Rana *cl.* esculenta) *presenta las características generales del género al que pertenece. Propia de Europa templada y ausente de Portugal, España y Grecia, es en realidad un híbrido de la rana verde europea* (R. lessone) *y la rana verde común* (R. ridibunda). *Tiene las patas posteriores largas, con los dedos unidos por una membrana; los machos alcanzan 9 cm de longitud y las hembras ocasionalmente 12 cm. Como indica su nombre, es una especie comestible y apreciada, además es muy utilizada en el laboratorio para pruebas científicas.*

La rana ibérica (Rana perezi) *es la rana verde típica de la península Ibérica. También se encuentra en el sur de Francia, zona en la que hibrida con la rana verde comestible* (Rana *cl.* esculenta) *para dar la rana híbrida de Graf. Esta última, que también se encuentra en algunos puntos del Pirineo occidental español, ha heredado muchos rasgos de la rana verde común* (R. ridibunda), *progenitora de la rana verde comestible.*

muy nublados se aleja algo más de la orilla, pero nunca a más de 80 m del agua.

Es frecuente en arrozales, marjales, aguas encharcadas y orillas de ríos y arroyos de curso lento, e incluso es posible encontrarla en aguas relativamente contaminadas.

Durante el buen tiempo las ranas verdes se sitúan en la orilla del agua o sobre hojas flotantes, donde permanecen quietas a la espera de sus presas, que suelen ser insectos, aunque también se alimentan de arañas, lombrices, moluscos, pequeños peces y otros anfibios, a los que persiguen y capturan a nado o con sus ágiles saltos.

Las ranas son, a su vez, capturadas por otros animales, como las garzas, algunos anseriformes y otras aves acuáticas, por las culebras de collar y viperina, y por peces de gran tamaño. Para eludir el peligro, están siempre alerta y, a la menor alarma, se lanzan al agua y nadan con rapidez para refugiarse en el fango, en la maraña de las plantas acuáticas o bajo las piedras sumergidas.

Las ranas macho suelen señalar su presencia por sus cantos sonoros, que emiten por el día y por la noche, en particular durante la época de la reproducción. La voz se ve reforzada por la existencia de un par de sacos vocales que al cantar se inflan y salen por una abertura en forma de ojal situada cerca de las comisuras bucales.

Las hembras son de una fecundidad extraordinaria, ya que llegan a poner 10 000 huevos por temporada. Cada uno de éstos

Uno de los caracteres que mejor ayuda a diferenciar a las ranas verdes de las ranas bermejas (Rana temporaria) *y patilargas* (R. iberica) *es la distancia entre los ojos, medida en la parte superior de la cabeza, mucho menor en las verdes que en estas últimas. En la imagen, rana ibérica* (Rana perezi).

apenas mide 1 o 2 mm de diámetro, pero está rodeado de una cubierta gelatinosa que, al contacto con el agua, se dilata formando una esfera transparente de unos 7 u 8 mm de diámetro, en cuyo interior se observa el punto negruzco del que nacerá el embrión.

Una de las ranas más difundidas en la Eurasia templada es la rana bermeja *(Rana temporaria)*, una especie de coloración muy variable, pero nunca verde, y que se distingue de otras ranas pardas europeas por sus formas rechonchas, sus patas más bien cortas y su hocico romo. En la península Ibérica sólo se la encuentra en la franja norte, donde coincide en parte con la rana patilarga *(Rana iberica)*, endemismo del noroeste del territorio peninsular.

Ranas americanas

Una de las especies de mayor tamaño del género es la rana toro *(Rana catesbiana)*, cuya cabeza y tronco pueden alcanzar 20 cm de longitud. Esta rana es originaria del este y centro de América del Norte, pero ha sido introducida en el oeste de Estados Unidos, Cuba, Hawaii, Jamaica, Bermudas, México, Japón y el norte de Italia, donde es objeto de cría intensiva. Sus costumbres son tan acuáticas como las de las ranas verdes y su canto, parecido al mugido de un toro y al que debe su nombre, se oye a larga distancia.

Otra rana común en Estados Unidos es la rana leopardo norteña *(Rana pipiens)*, cuya área de distribución se extiende por el norte y el oeste de este país (excepto la costa oeste), por el sur de Canadá y por el noroeste de México. Por la coloración de su piel, con manchas metálicas que recuerdan a una piel de leopardo, se cuenta entre las ranas más bellas de dicha región. En verano prefiere buscar refugio en las altas hierbas o en el césped de las proximidades de los cursos de agua, y no es raro hallarla a alguna distancia de éstos. Semejante a la rana leopardo es la rana moteada *(R. palustris)*, que se encuentra en toda la mitad este de Estados Unidos a excepción del extremo sudeste.

Más norteña es la rana forestal *(Rana sylvatica)*, que habita en las regiones de bosques del Canadá y el nordeste de Estados Unidos y es el único anuro americano que se encuentra al norte del Círculo Ártico.

En el extremo sur de Estados Unidos y en el norte de México, vive la rana tarahumara *(Rana tarahumarae)*. Una especie muy similar es la rana de piel áspera *(R. pustulosa)*, propia también del norte de México.

La fecundación de los anuros es externa, salvo en una excepción (Ascaphus truei), *ya que el macho no presenta órganos copuladores adecuados. En la fotografía de esta página, un amplexus (abrazo) del macho en posición superior a la hembra de una pareja de ranas bermejas* (Rana temporaria), *una de las especies más difundidas en la Eurasia templada. A medida que los huevos son puestos por la hembra, el macho los riega con abundante esperma para fecundarlos.*

Familia hiperolíidos

Los individuos de la familia hiperolíidos son, en su mayoría, ranas arborícolas de pequeño tamaño, provistas de ventosas en los pies y con la piel lisa. La mayoría de los 14 géneros de los que se compone esta familia de 206 especies viven en África subsahariana, pero uno de ellos, *Heterixalus*, es endémico de Madagascar, mientras que otro, *Tachynemis*, restringe su distribución a las islas Seychelles. Los modos de reproducción son casi tan variados como los de los hílidos. Así, hay algunas especies que ponen sus huevos en hojas plegadas que cuelgan sobre el agua, otras que los ponen en huecos de árbol dentro del agua y una que hace su puesta en un nido de espuma.

Una de las más bellas ranas norteamericanas es la rana leopardo norteña (Rana pipiens), *llamada así no por su agresividad, sino por el manchado dorso que presenta y que recuerda a la piel de aquel félido. Esta rana, que vive en el sur de Canadá, noroeste de Estados Unidos excepto la costa, y noroeste de México, se refugia durante el verano en las hierbas altas o en el césped próximos a los cursos de agua.*

Las que tienen una biología más extraña son, sin embargo, las especies del género *Leptoptelis*, que ponen huevos terrestres de los que salen renacuajos que se arrastran hasta el agua, o la única especie de *Tachycnemis* que realiza la puesta en tallos de plantas que se inundan antes de que eclosionen los renacuajos. Al igual que otras familias de anuros descritas anteriormente, los hiperolíidos ilustran una tendencia clave en la evolución de las ranas, consistente en el movimiento de huida del agua hacia la tierra.

FAMILIA RACOFÓRIDOS

La familia racofóridos está ampliamente distribuida por las regiones tropicales y subtropicales del Viejo Mundo. De los diez géneros que comprende esta familia, siete viven en Asia tropical —desde India y Sri Lanka hasta las islas de la Sonda, Filipinas y Japón—, dos son endémicos de Madagascar y uno se encuentra solamente en África tropical. La mayoría de los racofóridos son arbóreos y tienen los dedos terminados en ventosa.

Algunas especies del género *Racophorus*, las denominadas ranas voladoras, presentan los pies y las manos extensamente palmeados, lo que les permite, en los bosques donde habitan, saltar de una rama o de un árbol a otro salvando el espacio mediante un vuelo planeado. En América del Sur también existe una rana voladora, en concreto *Agalychnis spurreli*, pero esta especie pertenece a la familia de los hílidos, lo que demuestra una vez más el fenómeno de la convergencia evolutiva entre grupos de animales más o menos distantes. La rana voladora sudamericana es capaz de realizar cortos planeos de doce metros y de dirigirse hacia la derecha o hacia la izquierda desplegando o contrayendo unos y otros miembros.

Tanto las especies del género *Racophorus* como las de otros cuatro géneros más construyen nidos de espuma, por lo general en la vegetación que se extiende sobre la superficie del agua, aunque algunas especies los sitúan en galerías subterráneas que ellas mismas construyen, mientras que en otras los huevos se adhieren al vientre de la hembra. La espuma se obtiene a partir de una secreción del anfibio que éste bate rápidamente con sus patas posteriores como si montara una clara de huevo. Poco tiempo después, de los huevos de todas estas especies salen renacuajos acuáticos.

CLASE REPTILES

VERTEBRADOS DE SANGRE FRÍA

CLASE REPTILES

Los reptiles son vertebrados tetrápodos ectotermos que no sufren metamorfosis alguna, carecen de glándulas cutáneas y presentan un revestimiento externo de piel escamosa, coraza ósea, piezas córneas, piezas óseas o piel coriácea. Éste es impermeable al agua y a los gases, por lo que la respiración es siempre pulmonar. No obstante, las tortugas acuáticas también pueden respirar por la piel, por el recubrimiento de la garganta o mediante sacos de paredes delgadas de la cloaca; gracias a estas y otras adaptaciones, las tortugas toleran los niveles bajos de oxígeno y las especies que invernan aletargadas bajo el agua pueden sobrevivir durante semanas sin tener que salir a la superficie.

La dieta de los reptiles es muy variada, pues los hay sólo herbívoros, de dietas mixtas y carnívoros. Los dientes, que son numerosos y casi siempre mandibulares, no sirven para la masticación, sino para la retención de presas que, generalmente, engullen enteras; por ello, la digestión suele ser lenta. La lengua es muy variada: filiforme, larga y protráctil en las serpientes; corta y gruesa en las tortugas; carnosa y unida al fondo de la boca en los cocodrilos, etc. Algunos reptiles presentan en la boca unas glándulas que segregan veneno. A la derecha, un saurio asiático (Acanthosaura lepidogaster), *familia agámidos, devorando un lacértido* .

Características generales

El aspecto externo de los reptiles es muy variable. La cabeza, bien desarrollada, presenta forma oval o subglobular unas veces y triangular otras. El cuello, bien determinado en algunas especies, se confunde en otras con la base de la cabeza y el principio del cuerpo; puede ser corto e inmóvil o largo y flexible.

El tegumento, recubierto de escamas, por lo general de origen epidérmico, aunque en ocasiones hay algunas subyacentes de origen óseo, se caracteriza por estar siempre seco y ser impermeable. La epidermis tiene un estrato de células queratinizadas que se renueva periódicamente mediante la muda.

Escamas

Las escamas, de forma casi siempre triangular, pueden ser lisas, aquilladas o acanaladas y, por su disposición, imbricadas unas sobre otras. En algunos casos forman escudetes, que son mayores o menores que las escamas y presentan infinidad de aspectos: verdaderas placas óseas separadas entre sí, con cubierta cornificada en todo el espesor de la piel, como en los cocodrilos y numerosos lagartos; placas óseas con cubierta córnea, unidas a los huesos del esqueleto y juntas entre sí, como en la mayoría de las tortugas; y un mosaico de placas óseas, pequeñas y juntas, cubiertas todas ellas por una piel coriácea, como en una especie de tortugas.

La coloración de los reptiles es muy variable, pues por lo general depende del medio en que viven, ya que se adaptan a él por *homocromía* o semejanza cromática con el entorno. Otras formas varían de color casi de repente, a causa de la actividad de las células pigmentarias o *cromatóforos.*

Locomoción

Los reptiles suelen moverse con lentitud. Unos se arrastran por el suelo por medio de una serie de movimientos rectilíneos y/o laterales; otros trepan a los árboles enroscando en ellos su cuerpo, como las serpientes, o ayudándose con sus uñas curvas y afiladas, como algunos lagartos, o sirviéndose de sus dedos y cola prensiles, como los camaleones. Muchos nadan; otros corren; y algunos incluso hacen vuelos planeados, más o menos cortos, con ayuda de expansiones cutáneas

La morfología de las escamas de los reptiles puede variar según la región del cuerpo y también depende de los requerimientos de cada especie. Así mismo, el color de la piel suele depender del medio en que viven, aunque hay algunos casos de coloración aposemática como los coralillos y las culebras que los imitan. En la imagen, víbora arborícola africana (Atheris squamigera).

Clase reptiles

Los reptiles de actividad preferentemente crepuscular y nocturna suelen presentar pupilas verticales para proteger mejor de las radiaciones solares su sensible retina. La mayoría de ellos presentan párpados móviles y membrana nictitante, como bien se aprecia en este cocodrilo del Nilo (Crocodylus niloticus).

que actúan de paracaídas y mediante las cuales consiguen recorrer notables distancias. Algunas tortugas pueden andar sin tocar el suelo con el peto, sosteniéndose sobre sus extremidades. Las lagartijas son muy ágiles; lo mismo sucede con muchas serpientes, que, moviendo sus grandes escudos ventrales accionados por potentes músculos, se desplazan en línea recta y se agarran al suelo, al tiempo que adquieren velocidad ondulando lateralmente el cuerpo. Algunos saurios (los gecónidos) pueden moverse con gran rapidez por las paredes más lisas y verticales, e incluso por techos planos, con ayuda de las laminillas de la parte inferior de sus dedos.

Los sentidos

Los ojos suelen ser pequeños, aunque algunos lagartos se caracterizan por tenerlos grandes o muy grandes. En la mayoría de los reptiles los ojos son poco móviles, pero existen excepciones, como los camaleones, que los mueven en todas direcciones con independencia uno del otro. Salvo los ofidios, que tienen los párpados soldados y transparentes, en general el ojo de los reptiles presenta dos párpados de movimiento vertical y un tercero, de movimiento transversal, denominado membrana nictitante. La pupila muestra formas muy variadas: redonda, vertical y más o menos elíptica.

Carecen de oído externo; el oído medio lleva un huesecillo denominado columela o estribo, que conduce las vibraciones sonoras, y el oído interno incluye una membrana timpánica bien visible. Una de las excepciones son las serpientes, que no presentan tímpano ni oído medio, en tanto que el estribo está conectado a la mandíbula. Ello les permite oír sonidos de baja frecuencia pero no los más agudos; así, un crótalo no puede oír su propio cascabel. Los camaleones tampoco tienen oído medio, mientras que los tuátaras carecen de oído medio y tímpano.

El olfato es importante en la detección de presas y de enemigos, así como en la identificación de la pareja. Las fosas nasales se abren al exterior sobre el ápice del hocico. Otro órgano quimiorreceptor es el órgano de Jacobson, especialmente desarrollado en los escamosos, que recibe información química de las puntas de la lengua, las cuales se alojan en dos fosas situadas sobre la boca.

El tacto está poco desarrollado a causa de su grueso tegumento. Los que tienen lengua protráctil, como las serpientes, se sirven de ella para tal fin y, sobre todo, para obtener información química sobre la comida, las parejas, los territorios y los depredadores.

Algunas serpientes tienen detectores sensibles a los infrarrojos con los que detectan el calor que emiten las presas endotermas.

Esqueleto

El esqueleto está totalmente osificado. La cabeza se articula con la primera vértebra mediante un cóndilo occipital único, lo cual le confiere mucha movilidad. Las dos ramas de la mandíbula inferior pueden estar separadas por la parte anterior, como sucede con los ofidios; totalmente soldadas, como ocurre con los quelonios; o bien unidas mediante una simple sutura, como en el caso de los cocodrilos. En la columna vertebral se diferencian el atlas, articulado con el cráneo, el axis y las vértebras cervicales, dorsales, lumbares, sacras y caudales. Existen siempre costillas, aunque los quelonios las tienen fusionadas con el espaldar. El número de las vértebras oscila entre las casi 30 de las tortugas y las más de 400 de las serpientes. Las extremidades son típicamente pentadáctilas, aunque en algunos grupos existe una fuerte tendencia a la reducción. Las tortugas y cocodrilos tienen siempre extremidades, en tanto que algunos lagartos y todas las serpientes carecen parcial o totalmente de ellas.

Alimentación

Los reptiles presentan diversos tipos de lengua: filiforme, larga y protráctil en las serpientes; carnosa, unida con el fondo de la boca en toda su extensión en los cocodrilos; corta, gorda y carnosa en las tortugas, y otras formas diversas e intermedias entre las indicadas. Todos ellos poseen dientes, excepto las tortugas, cuyas mandíbulas están recubiertas por unas placas córneas cortantes. Los cocodrilos tienen dientes alojados en alvéolos, que forman una hilera regular. Los dientes, casi siempre prensiles, sirven sobre todo para retener a la presa durante la deglución; son numerosos y, la mayoría de las veces, mandibulares, aunque a menudo también se insertan en el paladar y el vómer.

Las glándulas salivales son poco voluminosas. No obstante, algunos ofidios presentan unas glándulas colocadas en la región temporal, muy desarrolladas, las cuales segregan venenos activísimos que salen al exterior a través de dientes perforados o acanalados. Las dos especies de lagartos venenosos (familia helodermátidos) tienen glándulas modificadas para la producción de veneno pero, a diferencia de las serpientes venenosas, dichas glándulas se sitúan en el lado externo de la mandíbula inferior. Las tortugas poseen bajo la lengua una glándula, de la que carecen otros reptiles.

El estómago lo tienen bien formado, en especial los quelonios y los cocodrilos. El intestino es más o menos largo, y la cloaca se abre al exterior por un conducto transversal en los lagartos y serpientes o longitudinal en los quelonios y cocodrilos.

La alimentación de los reptiles es básicamente de tipo carnívoro, si bien algunos saurios y quelonios son herbívoros y frugívoros. El tamaño de la presa está en relación con el del depredador, aun cuando en los ofidios es frecuente que capturen animales mucho mayores que ellos.

Reproducción

La fecundación es siempre interna. Por lo que se refiere a los órganos de inseminación del macho, faltan en los tuátaras; en cambio, hay dos penes (llamados hemipenes) en lagartos

ANATOMÍA DE UN REPTIL (COCODRILO) ▼

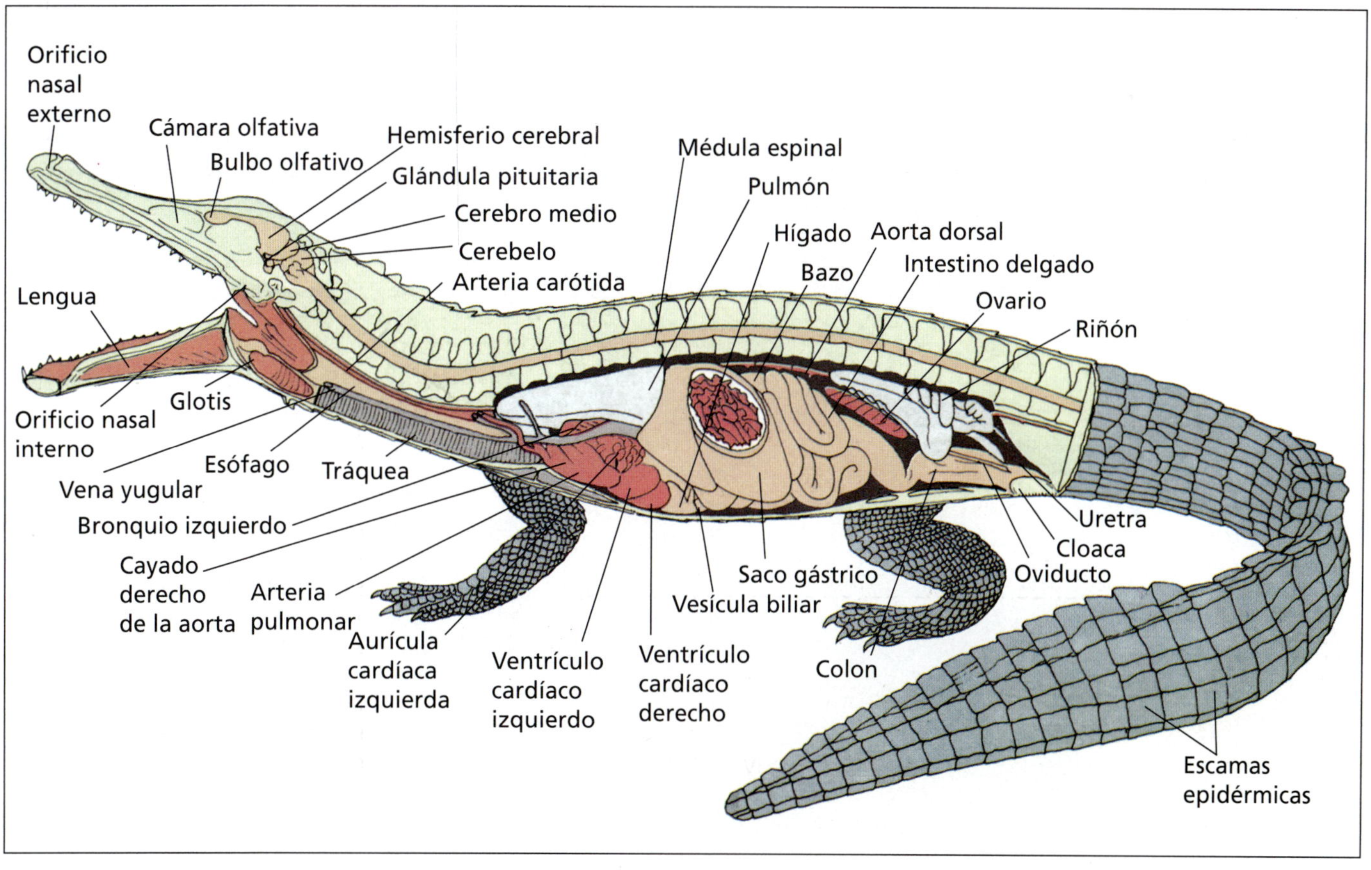

y serpientes y uno solo en cocodrilos y tortugas. Casi todos son ovíparos; unos cuantos son ovovivíparos, como las víboras, en las que el huevo se desarrolla en una dilatación del oviducto de la hembra hasta que el pequeño reptil rompe la cubierta y nace; en algunas serpientes existe incluso una placenta entre la madre y el hijo, que sirve para su nutrición. La cópula suele tener lugar en primavera (regiones templadas) o al principio de la estación lluviosa (trópicos), y a veces dura jornadas enteras.

En los reptiles aparece un nuevo tipo de huevo, el huevo amniota. Este huevo, que posee gran cantidad de vitelo, se forma tras la fecundación del óvulo, que se protege por membranas de origen embrionario (amnios, alantoide y corion) y por membranas de origen materno (la cáscara).

Algunos reptiles ponen los huevos en hoyos que excava la hembra en la tierra o arena y que luego son cubiertos con el mismo material excavado. La incubación suele ser solar, aunque ciertos reptiles incuban sus huevos. La mayoría de los cocodrilos construyen grandes nidos en los que ponen sus huevos, que cuidan las hembras en lugares especiales hasta el momento de la eclosión. Excepto en los cocodrilos, las crías se bastan a sí mismas desde que nacen.

Aunque el ejemplo mejor conocido de cambio de coloración es el del camaleón, ésta es una propiedad muy extendida entre los reptiles. En las dos ilustraciones, se observa el cambio de coloración de un iguánido americano (Anolis carolinensis). *La modificación de color puede desempeñar funciones diversas, desde el camuflaje hasta la expresión de emociones, y está controlada bien por el sistema nervioso, bien por hormonas.*

Entre los reptiles se dan casos de reproducción asexual mediante partenogénesis, como ocurre en algunas poblaciones de lagartijas del Cáucaso, compuestas sólo por hembras.

Regulación térmica

Los reptiles son ectotérmicos, es decir, no tienen mecanismos fisiológicos adecuados para controlar su temperatura corporal, sino que ésta se regula a través del comportamiento, es decir, intercambiando calor con el medio. De esta forma, los reptiles consiguen mantener constante su temperatura durante sus períodos de actividad, que, excepto en regiones ecuatoriales, presentan diferencias estacionales y dependen de la temperatura ambiente. A medida que ésta desciende, van cesando las funciones de relación de los reptiles, hasta caer en pleno letargo, período en el que la respiración y la circulación quedan amortiguadas. Entonces viven a expensas de las reservas acumuladas en su organismo en los períodos de actividad, ya que cesan las funciones de nutrición.

La vida activa de los reptiles se ve interrumpida por los períodos letárgicos, por eso muchos de ellos buscan con avidez los lugares soleados. Son muy numerosas las especies que sólo recobran su actividad bajo los ardores del sol de mediodía. Muchos lagartos cambian de color según sus necesidades térmicas, pero no todos los reptiles actúan de este modo.

Aparición y evolución de los reptiles

Según el registro fósil, los reptiles aparecieron en el Carbonífero superior hace unos 320 millones de años. El origen es aún desconocido, pero se cree que su antepasado directo debió de ser un anfibio labirintodonte.

En los reptiles más primitivos la gena o región temporal del cráneo, situada detrás de las órbitas, no presenta ninguna abertura, por lo que se los denomina anápsidos (sin orificios); sus representantes actuales son los quelonios. Durante el Pérmico (hace 280-225 millones de años) aparece un grupo de reptiles con dos aberturas temporales a cada lado de la cabeza, los diápsidos, que incluyen a la mayoría de los reptiles extinguidos (dinosaurios y pterosaurios) y al resto de los reptiles actuales (escamosos, rincocéfalos y cocodilios).

Los grandes reptiles marinos que vivieron en el Jurásico (hace unos 200-140 millones de años), ictiosaurios y plesiosaurios, poseían una sola abertura temporal, en posición superior, a cada lado de la cabeza, y se engloban en el grupo euriápsidos. Los sinápsidos, antecesores de los mamíferos actuales, son otro grupo de reptiles extintos que poseían también una única abertura temporal, aunque situada en posición inferior.

Distribución

Los reptiles actuales sólo representan una pequeña parte de los que existieron en la era secundaria, durante la cual dominaban la superficie de todos los continentes, así como todos los hábitats existentes.

ÓRDENES DE LA CLASE REPTILES

Clase reptiles
- Orden quelonios
- Orden escamosos
- Orden rincocéfalos
- Orden crocodilios

En la actualidad los reptiles no se encuentran repartidos de modo uniforme. Abundan mucho en la zona tropical y disminuyen al alejarse de ella, hasta faltar casi por completo en las regiones frías. Las especies más corpulentas habitan en las zonas ecuatoriales y las de menor volumen en las zonas templadas.

ÁRBOL FILOGENÉTICO DE LOS REPTILES

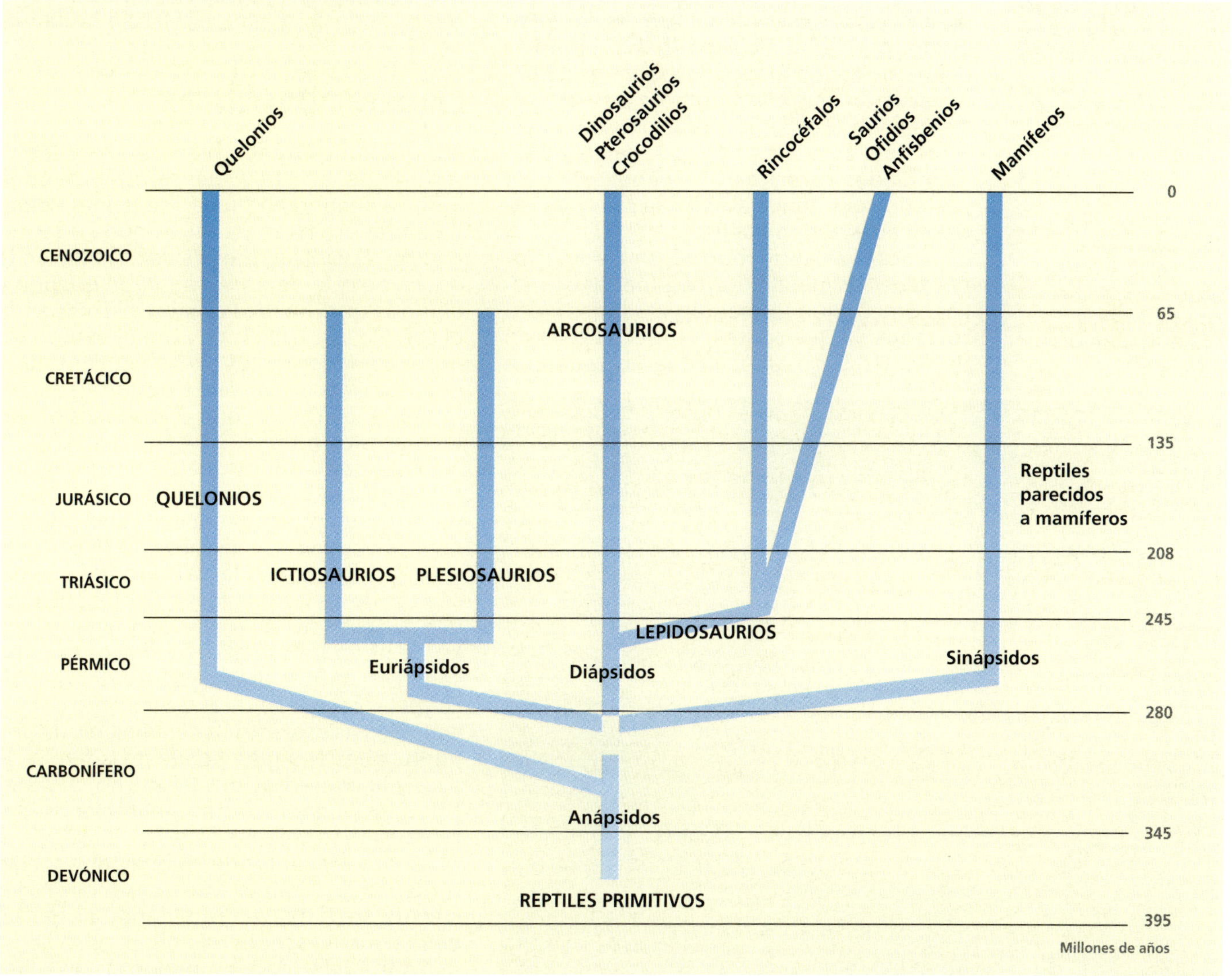

TORTUGAS Y GALÁPAGOS

Los quelonios o tortugas se distinguen no sólo de los demás reptiles, sino de todos los craneados, por su durísimo caparazón óseo, dentro del cual pueden esconder el cuello y las extremidades. La cabeza y la parte blanda de estas últimas están recubiertas de escamas. El caparazón está formado por el espaldar y el peto, siendo el primero de forma más o menos cóncava, con contorno redondeado, oval o cordiforme, y el segundo o parte ventral convexo, ovalado y más o menos plano. Ambos se hallan unidos por medio de expansiones laterales del peto, que en algunas especies es de naturaleza cartilaginosa y en otras se osifica. Quedan en el caparazón dos grandes aberturas: una anterior, por la que salen las extremidades torácicas y la cabeza, y otra posterior, por donde asoman la cola y las extremidades abdominales.

La cabeza, muy robusta, se caracteriza por tener las mandíbulas recubiertas de piezas córneas que forman un verdadero pico cortante, ya que todas las especies carecen de dientes. Los ojos son pequeños, redondos y de pupilas también esféricas; poseen dos párpados, el iris es oscuro en las formas terrestres y más brillante en las palustres y acuáticas. Las fosas nasales son dos pequeños agujeros en el extremo del hocico. El oído a veces está recubierto por la epidermis. La lengua es ancha, globular, blanda y verrugosa, y no puede sacarse fuera de la boca. El cuello, bien determinado, lo mueven con facilidad. Las extremidades, con cinco dedos, son aptas para andar o son remiformes (forma de remo) para nadar. La cola es corta y, a veces, termina en punta córnea. Entre su base y el peto se encuentra la cloaca, redondeada o longitudinal, que contiene, en los machos, el órgano copulador único.

La coloración suele ser apagada y críptica, parduscа, aunque algunas especies, como los galápagos palustres, presentan rayas o puntos de color amarillo o rojo brillante.

El caparazón de las tortugas está formado por la fusión de vértebras, costillas y cinturas pectoral y pélvica a placas óseas que rellenan los espacios entre ellas. Sobre este conjunto óseo se disponen las escamas córneas que lo recubren totalmente. Esta protección es efectiva, aunque confiere a sus poseedores una lentitud más o menos acusada. En la ilustración, Geomyda spinosa, *una tortuga de agua dulce con las placas marginales puntiagudas.*

ORDEN QUELONIOS

Los quelonios tienen bien desarrollado el sentido de la vista y cuentan con un buen oído; la membrana timpánica es más delgada en las especies acuáticas que en las terrestres. Suelen carecer de voz, si bien en la época de celo dejan oír un débil quejido y algunos testudínidos gigantes acompañan el cortejo y la cópula con bramidos tan sonoros como los de los elefantes. El olfato y el gusto están igualmente desarrollados, lo mismo que el tacto, que es más sensible en las partes blandas.

El tamaño de los quelonios es muy variado, oscilando entre los 10 cm de longitud de las tortugas terrestres de El Cabo, que son las más pequeñas, y los más de 185 cm de la tortuga laúd, que es la de mayor talla. A excepción de los testudínidos gigantes que pueden alcanzar los 140 cm de longitud y los 240 kg de peso, las especies de mayor tamaño son las acuáticas (hasta 680 kg de peso alcanza la tortuga laúd). El crecimiento es muy variable, incluso entre los ejemplares de una misma puesta, dependiendo de la temperatura y la alimentación. De hecho, algunas tortugas pueden continuar creciendo durante toda su vida.

Los movimientos de los quelonios suelen ser lentos y parsimoniosos. Las especies terrestres se desplazan caminando despacio, pero algunas especies marinas pueden llegar a nadar a velocidades superiores a 30 km/h.

La clasificación de las tortugas en los subórdenes pleurodiros y criptodiros atiende a la forma en que aquéllas pliegan el cuello para esconder la cabeza. Las primeras lo hacen lateralmente y las segundas lo pliegan en forma de «S» en un plano vertical, como este ejemplar del género Testudo, *al que pertenecen las tortugas de jardín.*

SUBÓRDENES DEL ORDEN QUELONIOS

Orden quelonios
- Suborden criptodiros
- Suborden pleurodiros

Los quelonios colonizan el medio terrestre y acuático, siendo la anatomía de sus patas un reflejo de su hábitat y medio de locomoción. Las tortugas terrestres suelen tener los miembros en forma de columna, con los dedos cortos y sin membranas interdigitales, adecuados para la locomoción sobre el suelo. Las acuáticas, con los dedos más largos y unidos por membranas interdigitales, se desplazan caminando sobre el fondo o nadando. Las tortugas marinas, cuyas patas anteriores están modificadas en forma de aletas, son las nadadoras más especializadas.

Independientemente de su hábitat, todos los quelonios tienen respiración pulmonar y han de depositar sus huevos en tierra, por lo que siempre dependen en mayor o menor grado del medio terrestre.

El letargo invernal depende de la región donde vivan. En los países templados empieza con los días fríos de otoño y termina con la llegada de la primavera, época durante la cual comienza la reproducción. En ocasiones, la cópula es complicada debido a la presencia del caparazón. En algunas especies el macho, para conseguir la penetración, ha de poner su cuerpo en vertical por detrás de la hembra. Los huevos suelen depositarse en nidos que las hembras excavan con sus patas y que, a veces, camuflan luego con grandes cuidados. En general la nidificación es estacional, aunque algunas hembras pueden no reproducirse cada año.

La tortuga verde (Chelonia mydas) *especie marina, que de adulta alcanza 300 kg de peso y mide más de 1,4 m de longitud, pesa al nacer menos de 30 g y su caparazón es blando. También ha de tenerse en cuenta que esta tortuga sólo anida cada tres años como promedio. El nacimiento constituye el momento más peligroso de la existencia de esta especie, por la posibilidad de que las crías sean devoradas por aves marinas, tiburones y toda clase de depredadores antes de alcanzar la relativa seguridad de alta mar.*

Las tortugas nacen bien formadas, pero con el caparazón algo blando, el cual no adquiere su típica dureza hasta después de varios años. Las crías son destruidas en gran número por las aves de rapiña y los grandes peces; cuando ya están bien desarrolladas, cuentan todavía con muchos enemigos, entre los que figuran muchos depredadores.

La alimentación de las tortugas es vegetariana en unas especies, carnívora en otras y mixta en las marinas. Por lo común, las formas terrestres son herbívoras; las palustres son carnívoras, constituyendo su principal alimento moluscos, peces y gusanos; y las marinas, si bien comen básicamente algas y otras plantas, persiguen y cazan medusas, crustáceos, peces y otros seres vivos.

SUBORDEN CRIPTODIROS

Los criptodiros son tortugas que pueden retraer el cuello (excepto los caretoquélidos y los platistérnidos) e introducirlo en el espacio que queda entre el espaldar y el peto, plegándolo en forma de «S» en un plano vertical. Tienen el peto formado por 8-9 huesos, recubiertos por 11-12 escudos córneos.

Familia caretoquélidos

La única especie que comprende la familia caretoquélidos es un quelonio con el caparazón cubierto de piel blanda en lugar de placas córneas, el cuello corto no retráctil y las extremidades en forma de remo. Es *Carettochelys insculpta*, conocida como tortuga boba papuana, que habita en ríos y lagos de Nueva Guinea y alcanza los 55 cm de longitud. La parte superior del animal es de color gris y la parte inferior de color blanco. Tiene el hocico prolongado en un corto morro y los miembros modificados a modo de remos para la natación. Su dieta es mixta y está compuesta por diversos invertebrados y plantas acuáticas. Para la puesta las hembras construyen un nido poco profundo en las orillas arenosas, en el que depositan unos 15-20 huevos esféricos de unos cuatro centímetros de diámetro.

Familia quelídridos

Familia de quelonios de cola larga, peto pequeño, puente de unión de éste con el espaldar muy estrecho y extremo del hocico o pico muy ganchudo. Los quelídridos son americanos y se distribuyen desde Canadá hasta el noroeste de Sudamérica. Comprenden dos géneros, cada uno con una sola especie.

La tortuga mordedora *(Chelydra serpentina)* se halla en los ríos de poca corriente y pantanos, desde el sur de Canadá hasta el nordeste de México. Es muy voraz y se alimenta de insectos, peces, tortugas, moluscos, vegetales y carroña. El nombre de tortuga mordedora le ha sido dado por su instinto agresivo, que se observa incluso en los ejemplares recién nacidos. Durante el verano pone de 25 a 50 huevos (como máximo puede llegar a 83).

La tortuga aligátor *(Macroclemys temminckii)*, propia de las cuencas del Mississippi y del Missouri, tiene un aspecto y unas costumbres similares a la especie anterior, pero es de mayor tamaño (con sus 66 cm de longitud máxima, es la mayor tortuga de agua dulce del mundo) y su puesta se compone de 10 a 40 huevos. Para capturar a sus presas, utiliza una proyección vermiforme de su lengua como señuelo; esta proyección adquiere un color rosa cuando se llena de sangre. Si la presa atrapada es pequeña se la traga entera, pero si es grande utiliza las mandíbulas para sujetarla mientras la descuartiza con las manos.

Suborden criptodiros

- Familia caretoquelíidos
- Familia quelídridos
- Familia dermatemíidos
- Familia quelónidos
- Familia dermoquelíidos
- Familia emídidos
- Familia quinosternidos
- Familia estaurotípidos
- Familia platisternidos
- Familia testudínidos
- Familia trioníquidos

◀ **FAMILIAS DEL SUBORDEN CRIPTODIROS**

En 1598, los marineros holandeses llegaron a la isla Mauricio y allí encontraron unas aves grandes, rasas y confiadas –los dodós– y tortugas gigantes a las que dieron caza sin cuartel. A la extinción de los dodós siguió la eliminación de las tortugas gigantes, que luego tuvieron que importarse de otras islas del Índico, como Diego Rodriguez, Reunión o Seychelles, que a la sazón contaban con otras especies hoy extinguidas, cuyas poblaciones comenzaron a disminuir con rapidez. A finales del siglo XIX *sólo quedaban tortugas gigantes en número suficiente para el mantenimiento de la población en la isla de Aldabra, alejada de las grandes rutas comerciales. La subespecie de Aldabra* (Megalochelys gigantea) *que se muestra en la imagen, es la única que ha subsistido hasta el presente, repoblándose con ella las Seychelles y otras islas del Índico. Por ello, aunque a veces recibe el nombre de tortuga de las Seychelles, dicho epónimo es incorrecto, porque evoca la extinguida* Megalochelys sumeirei.

La nidificación en masa es un fenómeno corriente entre las tortugas marinas, que buscan para ello playas recónditas y solitarias donde no puedan ser molestadas en el curso de este delicado proceso que las empuja fuera del mar. Obviamente, ello no impide que las tortugas sean descubiertas por los seres humanos que las persiguen por su carne (tortuga verde), por su concha (tortuga carey), por sus huevos, o por su piel. La tortuga olivácea (Lepidochelys olivacea), *que aquí aparece, es una de las especies más afectadas por esta persecución porque con ella se confecciona el apreciado cuero de tortuga. A resultas de ello, está gravemente amenazada de extinción.*

Familia dermatemíidos

La tortuga tabasco *(Dermatemys mawei)* es la única especie de esta familia. Habita en ríos y lagos de Centroamérica (de Veracruz a Honduras). Alcanzan una longitud de hasta 65 cm y el caparazón es hidrodinámico, cubierto de escudos finos que se fusionan completamente en los ejemplares de más edad. La cabeza es pequeña y tiene un hocico tubular dirigido hacia arriba. Los ejemplares jóvenes son de régimen omnívoro, mientras que los adultos se alimentan de frutas, hojas y plantas acuáticas. Las hembras realizan puestas de hasta veinte huevos oblongos.

Familia quelónidos

A esta familia pertenecen cuatro géneros de tortugas marinas, de distribución circumtropical, que se caracterizan por tener las extremidades aplanadas en forma de remo, el cuello corto y poco retráctil, y el armazón cordiforme y aplanado, cubierto de placas córneas. Los quelónidos son marinos y sólo van a tierra para poner los huevos en las playas arenosas y poco frecuentadas. Son especies que han sido objeto de capturas indiscriminadas, motivo por el cual, en la actualidad, cinco de las seis especies que componen la familia se encuentran amenazadas de extinción y la sexta, que es la tortuga boba, es una especie vulnerable.

La tortuga verde o tortuga franca *(Chelonia mydas)* se encuentra con frecuencia en todos los mares tropicales y subtropicales. Uno de los detalles característicos de esta especie es que la cubierta córnea de la mandíbula superior presenta cantos vivos algo denticulados. Nada muy bien, casi siempre a poca profundidad, o bien está quieta, flotando soñolienta por la superficie. Su alimentación es fitófaga. Es una especie muy prolífica, ya que pone hasta cuatrocientos huevos.

Una tortuga de grandes dimensiones que antaño era común en el Mediterráneo es la tortuga boba *(Caretta caretta)*, cuyas costumbres son similares a las de la especie anterior, pero a diferencia de ella, la tortuga boba, es zoófaga, ya que su alimentación se basa en peces y moluscos. Se encuentra en todos los mares templados y accidentalmente en el mar del Norte. Otras tres especies de esta familia, amenazadas de extinción, son la tortuga carey *(Eretmochelys imbricata)*, la tortuga olivácea del Atlántico o tortuga bastarda *(Lepidochelys kempi)*, la tortuga olivácea del Pacífico o lora *(Lepidochelys olivacea)* y la tortuga negra *(Chelonia agassizi)*, cuya única población importante se reproduce en una playa de Michoacán (costa pacífica de México) y apenas cuenta con 1 200 ejemplares.

La jicotea elegante (Trachemys scripta) *es muy sedentaria. Aunque en épocas de sequía pueden realizar migraciones notables. La subespecie* T. s. elegans, *criada en el sudeste de Estados Unidos para la exportación a Europa y Japón, se está convirtiendo en un verdadero problema ecológico en las charcas y pequeños cursos de agua del sudoeste de Europa, de los que desplaza a los emídidos locales.*

Familia dermoqueliídos

Comprende un solo género con una única especie de tortuga marina, que se distingue por carecer de cuello retráctil y tener el escudo dorsal y peto recubiertos por la piel coriácea. Es conocida con el nombre de tortuga laúd *(Dermochelys coriacea)*, a causa de su espaldar y de las cinco quillas longitudinales que posee, lo que le confiere el aspecto de aquel instrumento. Es el mayor quelonio viviente. La tortuga laúd se distribuye por los océanos Atlántico, Índico y Pacífico, y ocasionalmente por otros mares, aunque es raro encontrarla ya que está amenazada de extinción. Se alimenta de medusas, moluscos y crustáceos y la hembra realiza varias puestas en playas tropicales, depositando de 50 a 170 huevos a intervalos de unos diez días.

Familia emídidos

La familia emídidos comprende treinta y un géneros clasificados en dos subfamilias. La subfamilia batagúrinos se distribuye por Asia tropical y subtropical, norte de África, sur de Europa y América tropical. La subfamilia emidinos se distribuye por Norteamérica, Europa, oeste de Asia, noroeste de África y por la zona del Río de la Plata, en Argentina. Hay especies acuáticas, que viven en ríos, lagos o mares; otras que son semiacuáticas, que habitan en charcas y arroyos forestales; y algunas exclusivamente terrestres. Son tortugas de dimensiones y coloraciones variadas, de caparazón bien desarrollado y extremidades algo palmeadas. Pueden realizar dos o más puestas por año y en general tienen una dieta omnívora.

De las 85 especies que componen esta familia, seis se encuentran seriamente amenazadas de extinción según la UICN, entre las cuales cabe destacar las siguientes: el batagur fluvial *(Batagur baska)*, el galápago pintado de Borneo *(Callagur borneensis)* y la tortuga acuática de Mühlenberg *(Clemmys muhlenbergii)*.

La especie más conocida de la familia, por los millones de ejemplares que se crían en granjas del sudeste de Estados Unidos para su uso como animal de acuario, es la jicotea elegante *(Pseudemys scripta)*, que vive en el este de dicho país.

El galápago leproso *(Mauremys caspica)*, así denominado a causa del aspecto que presenta cuando se le gangrenan las placas (e incluso los huesos) después de ser atacado por un alga de agua dulce, es una especie acuática muy frecuente en casi todo el sur del continente europeo y el norte de África, incluidas muchas islas del Mediterráneo (excepto las Baleares), donde es posible encontrarlo incluso en los estanques de los parques y jardines urbanos.

Al género *Emys* pertenecen diversas especies de tortugas palustres, una de las cuales, el galápago europeo *(Emys orbicularis)*, es bien conocida en Europa Occidental. Una de las características de este género es la unión cartilaginosa entre el peto y el espaldar, que permite una cierta movilidad entre ambas partes del caparazón. Por otro lado, el peto tiene movilidad reducida en su línea media transversal. La cola es larga y está desprovista de uña terminal. El galápago europeo tiene una extensa

Pese a ser aún relativamente común en el Mediterráno, la tortuga boba (Caretta caretta) *ha sufrido un grave declive por culpa de las redes de arrastre y de deriva.*

tensa área de distribución que se extiende desde el noroeste de África hasta el sur y el centro de Europa y el oeste de Asia. El galápago tiene un modo de vida anfibio y pasa la mayor parte del tiempo en el agua. Es buen nadador y se alimenta de peces, renacuajos e insectos acuáticos, de los que come tan sólo la parte carnosa.

El género *Terrapene* se caracteriza por el espaldar muy convexo y por el peto oval, provisto de una charnela móvil de tal forma que, una vez encogidas la cabeza y las extremidades, pueden tocarse los extremos del peto con los del espaldar quedando como una caja. De aquí viene su nombre vulgar de tortugas caja. Una de las especies de este género es la tortuga de Carolina *(Terrapene carolina)*, que se encuentra en el este de Estados Unidos y el golfo de México. Terrestre y omnívora, desciende de ancestros acuáticos.

Familia quinostérnidos

Se encuentran en América, desde el este de Canadá hasta Argentina, donde habitan en cursos de agua permanentes o semipermanentes. Las veinte especies que componen la familia se engloban en dos géneros. Son de régimen alimentario omnívoro. Las hembras realizan puestas múltiples en diversos nidos (de 1 a 16), que excavan con manos y pies. Algunas especies reciben el nombre de tortugas almizcladas, ya que poseen unas glándulas olorosas productoras de secreciones malolientes. Un ejemplo es el terrapene asfixiante o tortuga almizclada común *(Sternotherus odoratus)*. También hay que destacar las tortugas de barro del género *Kinosternon*, abundantes en el sudeste de Estados Unidos.

Familia estaurotípidos

Está compuesta por tres especies agrupadas en dos géneros (*Staurotypus* y *Claudius*), que viven en aguas dulces del sur de México hasta Honduras. Tienen la cabeza voluminosa y el peto reducido con forma de cruz. Su régimen alimentario es básicamente carnívoro. Las especies más conocidas son la crucilla *(Staurotipus salvinii)* y el guau *(Staurotipus triporeatus)*.

Familia platistérnidos

Esta familia está formada por una única especie, la tortuga de cabeza grande o tortuga cabezuda *(Platysternon megacephalum)*. Habita en arroyos de montaña de China meridional, Indochina, Thailandia y sur de Birmania (Myanma). Mide unos 20 cm de longitud, posee la cola corta y musculosa, y poderosas mandíbulas ganchudas. La cabeza, grande y abovedada, no se puede retraer en el caparazón.

Familia testudínidos

Comprende 41 especies terrestres distribuidas por las regiones tropical y subtropical, excepto América Central y Australia. Tienen el caparazón siempre cubierto totalmente de placas córneas y muy abombado. Dentro de esta familia, 21 especies están amenazadas de extinción.

En el género *Xinixys* se agrupan unas cuantas especies de tortugas denominadas articuladas, que presentan la particularidad de tener el espaldar muy convexo, formado por dos partes unidas mediante cartílagos, lo que permite a la parte posterior del mismo cierta movilidad. Así, los cinixis del África tropical y Madagascar pueden acercar la parte posterior del espaldar al peto. Una de las especies más interesantes es la tortuga articu-

En la imagen, tortuga caja (Terrapene carolina). *Los terrapenes se caracterizan por el mecanismo de cierre hermético de su caparazón mediante dos placas móviles. Su nombre vulgar de tortugas caja alude precisamente a este hecho. El espaldar es muy convexo y el peto oval está provisto de una charnela móvil, de modo que cuando la cabeza y las extremidades se retraen, los bordes del peto tocan con los del espaldar quedando la tortuga como si fuese una caja.*

En la imagen, tortuga almizclada menor (Sternotherus minor) *del sudeste de Estados Unidos. Esta pequeña tortuga de agua dulce, perteneciente a la familia quinostérnidos, se caracteriza por el fuerte olor que despide.*

lada de África occidental *(Xinixys erosa)*. Es muy amante del agua, donde nada bien, de costumbres diurnas y se alimenta de frutas y sustancias vegetales. Sus movimientos son lentos; cuando anda, levanta el peto sobre el suelo y se apoya sobre las uñas. Cuando le amenaza algún peligro, encoge la cabeza y las patas dentro del caparazón y cierra la parte posterior articulada del espaldar.

Los quelonios del género *Testudo* tienen el peto rígido, a excepción de algunas especies como las dos tortugas de tierra ibéricas, cuya parte posterior es algo flexible. Son terrestres y herbívoras. El macho se distingue de la hembra por ser algo más pequeño y tener la cola un poco más larga y el peto más cóncavo.

Destacan la tortuga mora o tortuga griega *(Testudo graeca)*, la tortuga mediterránea *(Testudo hermanni)* y la tortuga jaboti *(Testudo tabulata)*, llamada también tortuga carbonaria. La primera tiene una distribución circunmediterránea, pero sus poblaciones, muy reducidas, ocupan unas pocas localidades dispersas. La tortuga mediterránea aparece en áreas muy dispersas de la costa mediterránea europea y es algo más abundante en el Mediterráneo oriental; existen unas pocas poblaciones reducidas en la península Ibérica y en las tres mayores islas Baleares. La tortuga jaboti se encuentra en gran parte de Sudamérica.

La tortuga estrellada *(Geochelone elegans)* es propia de la India meridional y Sri Lanka. Aunque es terrestre, se ha observado que algunas veces se sumerge en el agua, permaneciendo en ella cerca de una hora y bebiendo

La tortuga radiada (Asterochelys radiata) *es una tortuga de gran tamaño de la familia testudínidos, que vive en el sur de Madagascar. Es muy semejante en su coloración a la tortuga estrellada de la India meridional y Sri Lanka* (Geochelone elegans). *Está amenazada de extinción debido al activo consumo que de ella hacen los nativos y por el gran número de ejemplares que se exportan como exóticos animales de compañía.*

Las tortugas gigantes de las Galápagos fueron sometidas a una caza intensa durante mucho tiempo. Por ello, documentos como el presente resultan dramáticos testimonios de gran valor: en la fotografía, uno de los últimos ejemplares de la subespecie de Abingdon (Chelonoidis elephantopus abingdoni). *Los cuidados que han recibido estas tortugas no han sido suficientes para impedir que desaparecieran algunas subespecies y que las demás continúen amenazadas.*

gran cantidad de líquido. Muy parecida a esta especie por su coloración es la tortuga radiada *(Asterochelys radiata)*, que vive en Madagascar.

Particularmente interesantes son las tortugas gigantes, cuyas dos únicas especies sobrevivientes viven en el archipiélago ecuatoriano de las Galápagos (tortuga gigante de las Galápagos, *Chelonoidis elephantophus*) y en la isla de Aldabra, en las Seychelles *(Megalochelys gigantea)*. A consecuencia de la acción exterminadora del hombre en las Galápagos y en las islas del océano Índico, muchas especies y subespecies de tortugas gigantes desaparecieron por completo, no sólo por ser su carne muy sabrosa, sino también por la gran cantidad de aceite que se sacaba de su cuerpo.

Las dos especies sobrevivientes son objeto de grandes esfuerzos de conservación. La especie de Aldabra ha sido introducida en otras islas del archipiélago y en islas que, como Mauricio y Reunión, habían sido el feudo de varias especies extinguidas. Las tortugas de las islas Galápagos, por su parte, reciben grandes cuidados, entre ellos la reproducción asistida, pero aun así no ha podido evitarse que tres de sus subespecies se hayan extinguido y que las demás sigan estando en peligro de extinción. La correlación entre el aislamiento de esta última tortuga y su divergencia en tamaño y forma ayudaron a Charles Darwin a desarrollar su teoría sobre la evolución.

Familia trioníquidos

Está compuesta por 22 especies dulceacuícolas que se distribuyen por las zonas templadas y tropicales de América del Norte, África, Asia y el archipiélago indoaustraliano. Se caracterizan por presentar un caparazón muy plano, casi redondo, y cubierto con piel coriácea en lugar de placas córneas. Tienen, además, membranas interdigitales y la cabeza y el cuello completamente retráctiles. El hocico es una probóscide alargada. Su régimen alimentario es carnívoro, aunque algunas especies son omnívoras.

La tortuga de armazón blando *(Trionyx ferox)* es propia del Savannah, el Alabama y otros ríos que desembocan en el golfo de México. El trionix del Ganges *(Trionyx gangeticus)* se encuentra en la India.

Los géneros *Cycloderma*, *Cyclanorbis* y *Lissemys* poseen un par de pliegues cutáneos carnosos en la parte trasera del peto, que cubren las patas traseras cuando están retraídas.

Suborden pleurodiros

Las tortugas de este suborden esconden el cuello doblándolo hacia un lado, con lo que retraen la cabeza bajo el margen del caparazón. Tienen el peto formado por 9-11 huesos, cubiertos por 13 escudos córneos. La pelvis está fusionada al caparazón.

FAMILIAS DEL SUBORDEN PLEURODIROS

Suborden pleurodiros
- Familia quelíidos
- Familia pelomedúsidos

Familia quelíidos

Las 37 especies de esta familia se caracterizan por no poder retirar por completo el cuello al interior del armazón. Son especies acuáticas o semiacuáticas que habitan en América del Sur, Australia y Nueva Guinea.

La extraña tortuga matamata *(Chelus fimbriatus)*, única especie del género *Chelus*, es propia de los ríos del norte de Brasil y de las Guayanas. Su aspecto es muy particular, pues presenta una larga nariz, formada por un tubo blanco, en cuyo extremo asoman las fosas nasales. Los ojos son muy pequeños y están situados cerca del extremo anterior del cráneo. La cabeza y el cuello son tanto o más largos que todo el caparazón, cuyo espaldar está cubierto de placas piramidales. En la parte carnosa presenta unas excrecencias movibles, que le confieren un insólito aspecto. Los ejemplares muy viejos alcanzan hasta un metro de longitud en total y tienen una coloración uniforme y muy críptica. Los ejemplares jóvenes, en cambio, exhiben rayas amarillas y negras. Es poco prolífica. Se alimenta de peces, renacuajos, sapos y ranas.

Al género *Chelodina* pertenecen unas pocas especies de tortugas de caparazón deprimido, cuello largo y delgado, cabeza lisa y pequeña, y cola corta, que se encuentran en Australia y Nueva Guinea. Una de las más conocidas es la tortuga de cuello largo del sur de Australia *(Chelodina longicollis)*.

Familia pelomedúsidos

Esta familia está compuesta por 24 especies acuáticas y semiacuáticas repartidas en 5 géneros que viven en América tropical, África subsahariana, Madagascar, Seychelles y Mauricio. Son de régimen omnívoro. Seis de sus especies están amenazadas.

Una de ellas es la tortuga arrau *(Podocnemis expansa)*, que se encuentra en la región tropical de América del Sur, al este de la cordillera andina. Habita en los bosques inundados, en las lagunas y, en época de sequía, en los ríos. Antaño abundante en el Amazonas y sus afluentes, y en otros ríos de las Guayanas y de Brasil, esta especie se encuentra amenazada, aunque en la actualidad se están desplegando grandes esfuerzos de investigación y desarrollo para criar a esta especie en explotaciones semiintensivas.

En la imagen, tortuga matamata (Chelus fimbriatus). *Esta tortuga de enorme boca y mandíbulas relativamente débiles se alimenta de peces y anfibios, y suele esperar a sus víctimas escondida entre la vegetación o el fango. Cuando algún pequeño animal se acerca lo suficiente, la tortuga abre la boca bruscamente y crea una fuerte succión con la que aspira a la presa. Vive en la cuenca amazónica, en los ríos del norte de Brasil y de las Guayanas, donde es temida sin motivo por los indígenas, y puede llegar a alcanzar hasta un metro de longitud, incluidos el cuello y la cabeza. Poco prolífica, es la única especie del género* Chelus.

Orden escamosos
- Suborden saurios
- Suborden ofidios
- Suborden anfisbenios

SAURIOS Y OFIDIOS

Al orden escamosos pertenecen los saurios o lagartos, los anfisbenios y los ofidios o serpientes, que constituyen los tres subórdenes en los que se clasifican los escamosos. Abarca una serie de formas muy variadas de reptiles, cuyo único carácter en común es el recubrimiento de escamas y escudetes, en general imbricadas las primeras y planos poligonales los segundos. La abertura cloacal es una ranura transversal, detrás de la cual se hallan los dos órganos copulatorios.

Suborden saurios

Los saurios son reptiles con cabeza, cuello, tronco y extremidades, aun cuando estas últimas pueden faltar parcial o totalmente en algunas especies, que entonces toman aspecto serpentiforme, diferenciándose de los ofidios por numerosos caracteres internos y externamente por la presencia de párpados. La cabeza es robusta y algo alargada, con ojos pequeños de pupilas redondas o lineales y párpados muchas veces móviles. En unos saurios el cuello es más visible que en otros; el tronco es cilíndrico, deprimido o comprimido, y las extremidades presentan dedos y uñas, que rara vez sirven para sostener el cuerpo al andar. La cola es flexible, cilindrocónica y prensil en algunas especies; en muchas es frágil y se rompe con facilidad. Una vez rota se regenera, pero los escudetes y las escamas del tegumento de la nueva cola son distintos de los de la antigua.

Faltos casi siempre de voz, algunos saurios pueden, sin embargo, emitir un ligero chillido, un silbido o un sonido algo parecido al croar de las ranas. Son de régimen alimentario carnívoro o vegetariano. Como sucede con todos los reptiles, excepto los tuátaras, cuya temperatura promedio de actividad varía de 6 a 16 °C, la velocidad de la digestión depende de la temperatura y de ahí que en zonas templadas y frías, durante el verano, los lagartos coman lo suficiente para acumular reservas para el invierno.

Los saurios suelen moverse por las cercanías de sus escondites, de los cuales no se alejan mucho y a los que se dirigen con rapidez tan pronto presienten algún peligro.

Muchos de estos reptiles miran a sus presas de un modo muy particular antes de lanzarse sobre ellas. Las lagartijas suelen observar a su víctima con la cabeza inclinada y relamiéndose el hocico, y, de repente, con un rápido movimiento, se apoderan de ésta, que retienen con los dientes y engullen lentamente, empezando por la cabeza.

Algunos lagartos tienen un período de reproducción bien definido, mientras que otros se reproducen durante todo el año. La mayoría de las especies de los climas templados son cíclicas y suelen entrar en letargo durante el invierno y reproducirse en primavera. En los trópicos, en cambio, la mayoría de los saurios crían en cualquier época. Varias semanas después de haber tenido

El cambio periódico de la piel se denomina muda y puede realizarse de varias formas, ya sea a jirones como en el caso de los saurios, bien ilustrado por este ejemplar de Anolis sagrei, *ya sea desprendiéndose de una vez como en el caso de las serpientes, a cuya muda se le denomina camisa.*

En la imagen, lagarto piña (Trachysaurus rugosus). *Este robusto escíncido tiene el dorso recubierto de grandes escamas abombadas y una cola muy ancha, lo que le da el aspecto de piña de abeto; de ahí su curioso nombre común.*

movibles, el inferior de los cuales presenta a menudo un disco transparente en su centro. Los escíncidos ocupan una gran variedad de hábitats, desde desiertos hasta bosques, y pueden ser terrestres, arborícolas o excavadores. Las especies terrestres de pequeñas dimensiones suelen ser rápidas y activas, y los escincos excavadores, que también son muy esquivos, «nadan» literalmente a través de la arena.

Uno de los escíncidos más peculiares es el lagarto piña *(Trachysaurus rugosus)*, que vive en el sur de Australia, en hábitats secos aunque con cierta vegetación dispersa, donde se le reconoce por sus grandes escamas y su cola truncada, que le confieren aspecto de piña de abeto o de picea.

En el Sahara y en Egipto vive el escinco común *(Scincus scincus)*, saurio que se mueve con rapidez y agilidad entre la arena, «nadando» por debajo de la superficie al abrigo del calor directo del sol.

Al género *Chalcides* pertenecen unos escíncidos propios de la región mediterránea y del Sudoeste de Asia, caracterizados por tener el cuerpo alargado, extremidades cortas y rudimentarias y escamas lisas y brillantes. El párpado inferior del ojo está dotado de un disco transparente. Las especies más conocidas son: eslizón ocelado *(Chalcides ocellatus)*, extiende su área de distribución desde el Sur de Italia y el norte de África hasta en noroeste de la India; el eslizón tridáctilo *(Chalcides chalcides)*, que se distribuye por Italia, el noroeste africano, el sur de Francia y la península Ibérica; y el eslizón ibérico *(Chalcides bedriagai)*, endémico de la península Ibérica.

En Estados Unidos y México se halla muy diversificado el género *Eumeces*, muchas de cuyas especies tienen hábitos terrestres o netamente excavadores; unas pocas viven junto a los cursos de agua, donde nadan y se refugian para escapar de sus agresores.

Otras especies de escíncidos son el escinco marino *(Emoia atrocostata)*, de Australasia, el escinco gigante de las Salomón *(Coruzia zebrata)* y el escinco de sangre verde *(Prasinohaema virens)*, de Nueva Guinea, cuya sangre, caso único entre los vertebrados, tiene este color.

Familia cordílidos

Esta familia incluye cincuenta especies que se distribuyen por África (al sur del Sahara)

El robusto cuerpo del zonuro gigante (Cordylus giganteus) *está aplanado dorsoventralmente, lo que le permite deslizarse por las estrechas grietas en que se refugia, fijándose a las paredes con sus fuertes escamas dorsales y defendiéndose con su robusta cola erizada de escamas espinosas. Es vivíparo y se alimenta de insectos y pequeños vertebrados. Propio del sudeste de África, alcanza 40 cm y es una de las mayores especies de la familia cordílidos.*

Heloderma hórrido o escorpión criollo (Heloderma horridum). *Los helodermátidos o lagartos venenosos son carnívoros, pero muy lentos y pesados, por lo que se alimentan fundamentalmente a base de huevos de aves y reptiles, así como de carroña. Aunque su veneno es mortal para las pequeñas presas y resulta muy doloroso para el hombre, a éste no suele provocarle la muerte. Las glándulas venenosas de los helodermátidos se encuentran en la mandíbula inferior y desembocan en un canal situado entre el borde interno del labio y el margen externo de la mandíbula.*

y Madagascar. Se caracterizan por tener el cuerpo y la cola largos y revestidos, en la parte superior, de escamas espinosas aquilladas e imbricadas, separadas de la parte inferior lisa por un pliegue lateral. Entre ellos existen especies serpentiformes, con las extremidades anteriores muy alejadas de las posteriores, y especies lacertiformes, o parecidas a los lagartos.

Los cordílidos, que exteriormente se parecen a las agamas, habitan los lugares rocosos y secos, y se distinguen por tener la cabeza, dorso y cola cubiertos de escamas óseas, algunas de ellas, las de la cola, muy puntiagudas. Su cuerpo es deprimido. El zonuro gigante *(Cordylus giganteus)* se encuentra en el extremo sudeste de África.

Otra especie de gran tamaño (50 cm o más) es el gerrosaurio de Zanzíbar *(Gerrhosaurus major)*, propia del este y el sudeste de África.

Familia dibámidos

Sólo incluye cuatro especies de los géneros *Anelytropsis* y *Dibamus*. Tres de ellas habitan desde Nueva Guinea hasta Indochina, y una *(Anelytropsis papillosus)* en el este de México. Son saurios de color carne o de coloraciones púrpuras. Las escamas que los cubren son grandes y en forma de placa sobre la cabeza, y pequeñas y lisas en el cuerpo y la cola. Presentan aspecto serpentiforme, sin patas anteriores y con las posteriores (presentes sólo en los machos) pequeñas y en forma de pala. La cola es muy corta y frágil. Son insectívoros y se sabe muy poco de su biología.

Familia xenosáuridos

Está constituida por cuatro especies que se distribuyen por América Central, desde México hasta Guatemala, y por el sur de China. Son de cuerpo robusto y miembros bien desarrollados, con la cola moderadamente larga y no frágil. Incluye dos géneros, los xenosauros del Nuevo Mundo (género *Xenosaurus*), de dorso ventralmente aplanado y de formas robustas, y el amenazado xenosauro de kuang-Si *(Shinisaurus crocodilurus)*.

Familia ánguidos

Comprende 75 especies repartidas por el sudoeste de Canadá, gran parte de Estados Unidos, México, América Central, nor-

A pesar de que los varanos son esencialmente terrestres, algunos están bien adaptados a la natación y otros son buenos trepadores. A la izquierda puede contemplarse un varano de Gould (Varanus gouldii), *habitante de las zonas áridas de Australia y que alcanza 1,5 m de longitud, es decir, apenas la mitad que el varano de Komodo que alcanza 3 m de largo. Este saurio es un voraz depredador de pequeños vertebrados y tiene la capacidad de levantarse verticalmente para intimidar al agresor.*

te y centro de Sudamérica (hasta el norte de Argentina), gran parte de Europa, noroeste de África y sur de Asia.

Las especies de esta familia muestran cierta tendencia a la desaparición de las extremidades y una cola muy larga y frágil, que se regenera con facilidad. Las escamas de la cabeza son grandes y yuxtapuestas, mientras que en el cuerpo son de menor tamaño e imbricadas. Son terrestres y sólo los gerronotos americanos se arrastran sobre los árboles inclinados. La lengua está formada por dos partes: una anterior, delgada, protráctil y retráctil dentro de la posterior, que es más gruesa.

Uno de los pocos ánguidos europeos es el lagarto ápodo o cheltopusic *(Ophisaurus apodus)*. En América Central y del Norte existen diversas especies del género *Ophisaurus*.

Otro ánguido europeo es el lución común *(Anguis fragilis)*, que vive en casi toda Europa, excepto en el norte de Irlanda y el sur de la península Ibérica, y en el sudoeste de Asia.

Además del género *Ophisaurus*, en el Nuevo Continente están bien representados los géneros *Elgaria*, *Aniella* y *Abronia*. Las especies de este último género, propias de México y Centroamérica, son arborícolas y tienen la cola prensil. Perteneciente al primer género pueden citarse *Elgaria multicarinata*, del oeste de Estados Unidos y noroeste de México, *E. binotatus* de Perú y Bolivia, y *E. nasutus* del sudeste de Brasil.

Familia helodermátidos

Sólo está compuesta por dos especies, que viven en el sudoeste de Estados Unidos y el oeste de México hasta Guatemala. Son los únicos saurios venenosos que existen. El veneno, que es neurotóxico, se produce en un par de glándulas salivales modificadas. Las glándulas venenosas de estos lagartos se sitúan en la mandíbula inferior, en el lado externo y hacia la punta del hocico. El veneno desemboca en un canal carnoso situado entre el borde interno del labio y el margen externo de la mandíbula; de allí pasa a los dientes estriados, que llevan veneno a la herida por capilaridad. El veneno de ambos helodermos es mortal para las pequeñas presas, pero rara vez resulta fatal para el ser humano, aunque es muy doloroso. Tienen las extremidades cortas, robustas y bien desarrolladas, la lengua análoga a los ánguidos y la piel cu-

Los varanos son depredadores, aunque también pueden alimentarse de carroña. La estructura de sus dientes –evidente en la fotografía– dificulta el despedazamiento de la carne, por lo que normalmente muerden a sus víctimas para matarlas y luego las engullen enteras. En la imagen, varano de las sabanas (Varanus exanthematicus) *de África central y occidental, propio de las sabanas rocosas.*

En esta fotografía se aprecia bien la robusta cola de los varanos, arma terrible con la que se defienden y pueden infligir heridas serias incluso al hombre.

bierta de gránulos y tubérculos en la parte superior, y de escamas lisas en la inferior.

Uno de estos saurios venenosos es el monstruo de Gila *(Heloderma suspectum)*, del sudoeste de EE UU y norte de México. El otro, es el escorpión criollo o lagarto de cuentas *(H. horridum)*, propio del oeste de México y de Guatemala.

Familia lantanótidos

Está compuesta únicamente por la especie *Lanthanotus borneensis*, que vive en Borneo. Es un lagarto de color pardo o negro, con escamas pequeñas y cuerpo y cola cilíndricos y de longitud similar. Los miembros son cortos y de cinco dedos.

Familia varánidos

Consta de 31 especies del género *Varanus*, distribuidas por África, sur de Asia, archipiélago Indoaustraliano, Filipinas, Nueva Guinea y Australia. Son lagartos por lo general de grandes dimensiones —aunque el varano de cola corta *(V. brevicauda)*, por ejemplo, sólo mide 12 cm—, caracterizados por la forma alargada de la cabeza, cuello, cuerpo y cola, y por estar provistos de extremidades bien desarrolladas, con cinco dedos unguiculados, y de piel cubierta de escamas muy pequeñas. Corren serpenteando con gran agilidad y rapidez, y las especies semiacuáticas nadan muy bien (el varano cabaragoya, incluso en el mar abierto). La mayoría de los varanos buscan de manera activa su alimento, empleando a menudo la lengua como los holodermos, y suelen engullir a sus presas enteras, como las serpientes. Intimidan a los depredadores chasqueando la cola, hinchando la garganta, levantándose verticalmente sobre sus cuartos traseros (el varano de Gould), siseando o comprimiendo el cuerpo lateralmente. Algunas especies, como los varanos de Bengala y de Bosc, se aletargan en épocas de sequía o de bajas temperaturas.

El varano del desierto *(Varanus griseus)* se encuentra en las regiones secas del norte *muy baja y su crecimiento lento. Alcanzan la madurez sexual hacia los veinte años de edad, y su longevidad puede ser muy elevada, hasta casi 80 años. En la imagen, tuátara común* (Sphenodon punctatus).

go, en agosto del año 1990 se descubrió que el tuátara engloba en realidad a dos especies distintas.

REDESCUBRIMIENTO DEL TUÁTARA DE GUNTHER

El descubrimiento se debe a unos biólogos de la Universidad Victoria de Wellington, Nueva Zelanda, quienes, tras haber observado unas diferencias genéticas en las proteínas sanguíneas de algunos tuátaras y basándose en ciertas divergencias de tipo morfológico, conocidas ya desde hace tiempo, manifestaron en la revista *Nature* (del 13 de septiembre de 1990) que estos animales pertenecían a una especie distinta.

A decir verdad, el descubrimiento de estos biólogos se limita a las diferencias genéticas, porque las morfológicas ya habían sido observadas hace más de un siglo. En el año 1877 ya se habían descrito tres especies de tuátara. Una de ellas hoy ya está extinguida. La otra, *Sphenodon guentheri*, ha sufrido el extraño destino de ser totalmente ignorada por la legislación que protege al tuátara. Según los mismos investigadores, la pretendida monotipia (es decir, la existencia de una única especie en el género y, en este caso, también en la familia y el orden) del tuátara selló el destino del *Sphenodon guentheri*, al dar lugar a la creencia de que la «especie única tuátara» era relativamente abundante y que la extinción de algunas de sus poblaciones a lo largo de este siglo no representaba realmente un problema muy serio.

Antes de la llegada del hombre, habitaban en Nueva Zelanda millones de tuátaras, pero los colonizadores y las ratas, perros y vacas, introducidos por éstos, no tardaron en destruir su hábitat en todas las islas mayores. En la actualidad los tuátaras, de los que solamente quedan unos 60 000 ejemplares, están confinados en treinta islotes costeros, todos ellos situados frente a la Isla del Norte. Desde 1895, su captura y la destrucción de su hábitat han estado totalmente prohibidas por las leyes neozelandesas. Pero, hasta hace poco, éstas reconocían una única especie, por lo que no se adoptaron suficientes medidas para detener la extinción de algunas de sus poblaciones conocidas en tiempos modernos.

Como consecuencia de esto, de las cuarenta poblaciones conocidas a finales del siglo pasado, en la actualidad se han extinguido unas diez, entre ellas algunas correspondientes a la especie *Sphenodon guentheri*. En 1990 solamente quedaban unos trescientos individuos de dicha especie, limitados todos ellos a una isla diminuta del estrecho de Cook —North Brother Island—, y se hallaban también en peligro otras tres poblaciones de *Sphenodon punctatus*. Por fortuna, el Departamento de Conservación de Nueva Zelanda no tardó en aceptar los resultados de la investigación del equipo de Wellington, según declaró al *New York Times* David Towns, el experto en tuátaras del departamento, en iniciar planes de recuperación para ambas especies de rincocéfalos.

FAMILIAS
DEL ORDEN
CROCODILIOS
▼

Orden crocodilios
- Familia aligatóridos
- Familia crocodílidos
- Familia gaviálidos

COCODRILOS Y AFINES

Los cocodrilos están más estrechamente relacionados con las aves que con los demás reptiles o con los anfibios. Su existencia se remonta al Triásico, es decir, a unos 230 millones de años, y su máxima diversificación se produjo durante el Cretácico y la era Cenozoica. A partir de esta última, el orden crocodilios entró en declive. Así, de las catorce familias que se conocen gracias al registro fósil, en la actualidad apenas quedan tres: los crocodílidos, los aligatóridos y los gaviálidos.

Los cocodrilos forman un grupo de gran interés para el estudio de la evolución, ya que por sus rasgos anatómicos son los reptiles más relacionados con las aves. Presentan claras adaptaciones a la vida acuática, como la posición superior de los ojos y las fosas nasales, y la cola comprimida lateralmente. Abajo, cocodrilo siamés (Crocodylus siamensis), *especie amenazada, como muchas de este orden.*

ORDEN CROCODILIOS

El hábitat de los cocodrilos también es hoy más restringido, ya que, si bien durante el Cretácico y la era Terciaria existían diversas formas sólo terrestres y otras marinas, hoy casi todas las especies de *Crocodylia* están vinculadas de manera exclusiva al medio dulceacuícola. De las cinco especies que también frecuentan las aguas salobres *(Crocodylus cataphractus, C. palustris, C. porosus, C. niloticus* y *C. acutus)*, tan sólo el cocodrilo del estuario *(C. porosus)* acude con regularidad al medio marino. Sin embargo, este último, originario del Sudeste Asiático, es capaz de alejarse considerablemente de la costa, lo cual le ha permitido colonizar Australia y diversas islas del archipiélago indonésico. Los cocodrilos americano y del Nilo también visitan a veces las aguas marinas y ello les ha permitido colonizar las Antillas y las islas del Índico respectivamente.

El hábitat limitado de los cocodrilos y, sobre todo, la caza excesiva han llevado a diversas especies al borde de la extinción. Por desgracia, el terror, a menudo infundado, que inspiran estos animales, evitó que se adoptaran las medidas de protección adecuadas hasta bien entrada la década de los ochenta. Desde entonces el transporte y el comercio de pieles de cocodrilo están sujetos a estrictas regulaciones internacionales. Así mismo, en diversos países existen leyes que protegen a estos reptiles.

Por otro lado, actualmente se está obteniendo un gran éxito con las granjas de cocodrilos, aligátores y caimanes de diversas especies, lo que ha permitido la puesta en marcha de campañas de conservación cuyo funcionamiento no está reñido con el beneficio económico.

Los individuos sexualmente maduros son reproducidos en granjas con el doble objetivo de la producción de cuero y de la repoblación de las poblaciones salvajes. Cuando los jóvenes cocodrilos alcanzan los tres años de edad, se procede a su selección para soltar algunos en la naturaleza y dedicar el resto para el aprovechamiento de su piel y de su carne. Con la suelta de los individuos de edad algo avanzada obtenidos en granja se consigue una supervivencia del cinco por ciento, es decir, un porcentaje bastante más elevado que el escaso uno o dos por ciento que consigue la naturaleza.

Como las otras ratites, el avestruz tiene un esqueleto simplificado, carente de quilla, y las alas atrofiadas. Las plumas de esta ave también son singulares, ya que debido a la ausencia de garfios en las bárbulas, son suaves y lisas. Por esta cualidad y por el bello color blanco de las plumas de alas y cola del macho, que se utilizaban como un adorno elegante y exótico en sombrerería, el avestruz fue muy perseguido durante el siglo XVIII.

capacidad de incubación de la hembra, que es de 19 a 25 huevos; cuando la hembra incuba, empuja los huevos de las otras hembras hacia la periferia y, de esta forma, los suyos quedan menos expuestos a los depredadores y se desarrollan más aprisa. La incubación dura aproximadamente unas seis semanas y en ella participan ambos sexos; el macho, con sus colores contrastados, incuba de noche, mientras que la hembra, más oscura, lo hace durante el día.

Acercarse a un nido de avestruces no deja de ser expuesto, pues son animales muy recelosos, y como no les falta vigor, pueden matar a un hombre de una coz en el pecho o de un picotazo en el cráneo, o al menos causarle fuertes y dolorosas heridas.

No hay nada tan curioso y agradable como un pollo de avestruz. Su fisonomía tiene una dulzura verdaderamente infantil, todos sus movimientos son grotescos y su aire de salvaje independencia es muy divertido. Lejos de parecerse a sus padres, se diría que pertenece a una especie distinta por las rayas que se dibujan en su plumón. En las granjas de avestruces, las crías pasan casi todo el día separadas de sus padres, en un campo especial, de donde se les saca, a los seis meses de edad, para mezclarlas con los avestruces adultos. En estado salvaje, sin embargo, siguen a los padres desde el primer día, pues todas las crías de las ratites son muy precoces y nidífugas.

La incubación de los enormes huevos del avestruz, en la que participan el macho y la hembra dominante, dura aproximadamente seis semanas; los pollos nacen cubiertos de plumón de color claro y son nidífugos.

La mayor y más voluminosa de las aves actuales, el avestruz (Struthio camelus), *vive en bandadas en las zonas subdesérticas de África tropical. Sus fuertes patas le permiten desplazarse a gran velocidad en busca de los vegetales de que se alimenta.*

La caza del avestruz

Afirmaban los antiguos que cuando un avestruz se veía en peligro, creía librarse de él metiendo la cabeza en tierra. Esta creencia ha nacido de la costumbre que tiene el ave de echarse en tierra, acurrucándose todo lo posible, de modo que un animal de dos metros de altura queda así transformado en un ligero saliente del terreno o en una especie de termitero, para pasar inadvertido del más escrupuloso observador. Sin embargo, con mucha más frecuencia busca la salvación en la fuga, pues su carrera es tan veloz que esta facultad suele ponerle a salvo del ataque de sus enemigos. Incluso el tiro del más hábil cazador falla a menudo debido al rápido desplazamiento del cuerpo del animal.

Los beduinos del Sahara daban caza al avestruz a caballo, y sabían vencer su velocidad y resistencia reuniéndose varios jinetes y saliendo unos a cortar la retirada a las aves mientras otros las perseguían. Antiguamente, dicha caza se hacía con largas lanzas; el posterior uso de las armas de fuego, aun siendo el avestruz un animal de tiro difícil, contribuyó a que estas aves desa-

El pingüino emperador (Aptenodytes forsteri) sólo vive en la Antártida y las aguas circundantes. A principios de invierno, cuando las otras especies se dirigen hacia el norte, los pingüinos emperador se adentran en el continente helado para reproducirse; una vez allí, no tienen nido ni territorio y tienen que apretarse unos contra otros para mantener el calor.

El nombre de pingüino saltarrocas (Eudyptes chrysocome) *proviene de su costumbre de saltar de una roca a otra con los pies juntos, la cabeza hacia delante y las alas hacia atrás, en lugar de caminar por tierra como los demás pingüinos.*

Los pingüinos son aves sociales que viven en colonias numerosas y habitan en las costas del hemisferio sur, en particular en la región litoral de la Antártida. Hace millones de años, cuando la lucha por el alimento era dura en las tierras antárticas y los ancestros de los actuales pingüinos eran capaces de volar, la competencia con otras especies les llevó a especializarse en la existencia acuática y la pesca, aun a costa de perder su aptitud para el vuelo. En la imagen pingüino emperador (Aptenodytes forsteri).

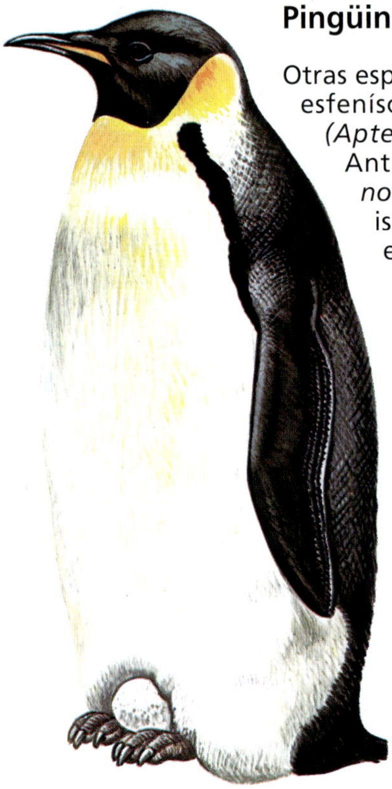

Pingüino emperador

Otras especies muy conocidas de la familia esfeníscidos son el pingüino emperador *(Aptenodytes forsteri),* que vive en la Antártida, y el pingüino rey *(Aptenodytes patagonica),* que vive en las islas Malvinas, en Georgia del Sur y en el océano Austral, desde la isla Marion hasta Macquarie. El pingüino emperador, en particular, es el gigante del grupo, ya que alcanza los 115 cm de altura y los 46 kg de peso. También es el mejor nadador del orden, ya que alcanza 14,4 km/h de velocidad en el «vuelo» subacuático, mientras que el pingüino rey, que ocupa el segundo puesto, no está capacitado para superar los 12 km/h. Gracias a su elevada densidad corporal, el pingüino emperador también es capaz de sumergirse a gran rapidez, a veces hasta profundidades increíbles —265 m es el récord zoológico, aunque la mayoría de las inmersiones las efectúa a menos de 50 m—, en busca de los cefalópodos y peces que, junto con los eufasiáceos o *krill* de aguas más superficiales, constituyen la base de su alimentación. Para escapar de las focas leopardo que acechan bajo los hielos flotantes, el pingüino emperador es capaz de acelerar su «vuelo acuático» al acercarse a la superficie y de salir disparado, a veces hasta 2 m por encima del agua.

Más curiosa aún es la reproducción de este pingüino, que se lleva a cabo en pleno invierno antártico, en el interior de la banquisa. Después de recorrer una enorme distancia —en ocasiones superior a 100 km—, sin comer absolutamente nada y deteniéndose únicamente para dormir, los pingüinos emperadores llegan al mismo lugar donde se reprodujeron el año anterior y forman colonias de cientos o incluso de millares de individuos. Tras una parada estereotipada e invariable, se forman las parejas, pero antes del acoplamiento transcurre un mes entero durante el cual machos y hembras se abandonan a elaborados cantos nupciales, lo que les permitirá reconocerse por la voz mientras dure el ciclo vital. Dos semanas después de la cópula, en los meses de mayo o junio, la hembra pone un solo huevo, proporcionalmente muy pequeño, que deja caer justo encima de sus patas, en el caliente y abrigado repliegue abdominal. Poco después, le pasa el huevo al macho durante un proceso en varias etapas que incluye cantos, contoneos y un éxtasis final del macho al introducir éste el huevo en su propio repliegue abdominal. Una vez hecha la entrega, la hembra regresa al mar para reponer sus reservas de energía. Tanto ella como el macho llevaban 40 o 50 días sin comer y han perdido un 25 % de su peso. Pero el macho, obligado a guardar el huevo entre los repliegues de su cuerpo —donde se incubará a una temperatura constante de 35 °C—, aún permanecerá otros dos meses en la banquisa hasta que la hembra lo releve después de reconocerlo por el canto.

Después de cuatro meses de ayuno, el macho ha perdido el cuarenta por ciento de su peso y todavía deberá andar por la banquisa decenas o cientos de kilómetros hasta llegar al mar. Pese a todo, si la hembra se retrasa, aún es capaz de alimentar al polluelo durante dos semanas con una secreción del esófago, que recibe el nombre de «leche de pingüino».

Los pingüinos de los géneros Pygoscelis *y* Eudyptes *construyen sus nidos a cielo abierto o entre la vegetación.*

Para alimentar a sus crías los padres dejan el nido para ir a pescar al mar y, cuando vuelven, les regurgitan la comida.

Tras abandonar el nido, los jóvenes se agrupan para defenderse de los depredadores o de la climatología adversa.

Pingüino de Adelia

Otra especie exclusivamente antártica es el pingüino de Adelia *(Pygoscelis adeliae)*, cuya población suma dos millones de parejas. Como otras especies de los géneros *Pygoscelis* y *Eudyptes,* el pingüino de Adelia forma colonias muy numerosas y apretadas en las que, además de las paradas de cortejo, desempeñan un papel muy importante las exhibiciones territoriales y otros mecanismos de comunicación visual y vocal que permiten el reconocimiento entre uno y otro sexo y, luego, la localización de los polluelos en el seno de la guardería. La guardería es un fenómeno común a todos los pingüinos, excepto en los que anidan en hoyos bajo tierra, y consiste en la agrupación de los jóvenes que por su edad han abandonado el nido para defenderse de los depredadores o de los elementos climáticos adversos, mientras los adultos van al mar a procurarles su alimento. A diferencia del pingüino emperador, el de Adelia se reproduce durante el breve verano antártico —pone los huevos en noviembre— y ambos sexos se ocupan de la puesta. La hembra suele poner dos huevos —en raras ocasiones tres—, como todos los pingüinos (la excepción son los *Aptenodytes*, que, como ya se ha dicho, sólo ponen uno). Tres o cuatro semanas después de la eclosión, los pollos dejan el nido y se congregan en guarderías en las que permanecen hasta que su desarrollo termina, cuatro meses después.

Pingüinos barbijo y juanito

Sin embargo, el más abundante de los pingüinos antárticos es el pingüino barbijo *(Pygoscelis antarctica)*, cuya población según el *Handbook of the Birds of the World* se calcula en seis millones y medio de parejas, cinco de ellos en las islas Sandwich del Sur. Son muy agresivos, atacan y expulsan con frecuencia a los pingüinos de Adelia que anidan junto a ellos, pese al mayor tamaño de éstos. Sin embargo, suelen preferir los lugares más drenados y establecerse sobre suelos inclinados que otras especies evitan.

La tercera especie del género es el pingüino juanito *(Pygoscelis papua)*, que, más norteño que el barbijo y el de Adelia, anida en las islas subantárticas y el sector argentino de la Antártida.

El pingüino magellánico (Spheniscus magellanicus) *anida bajo tierra, a la sombra de la vegetación, para evitar el sol intenso de la primavera austral. Tiene unos efectivos muy elevados, quizás más que los del barbijo.*

Pingüino de las Galápagos

Varias especies de pingüinos anidan en el continente americano y una de ellas, el pingüino de las Galápagos *(Spheniscus mendiculus),* lo hace en pleno ecuador. Mucho más pequeño y menos contrastado que otras especies de su género, este pingüino vive exclusivamente en las Galápagos, donde explota como presas los abundantes peces pelágicos que medran en las aguas frías y ricas en nutrientes.

Escasamente colonial, este pingüino forma pequeños grupos y anida en cualquier época del año en huecos o en grietas de lava, a la sombra del sol ecuatorial. Como otros *Spheniscus,* la hembra suele poner dos huevos que incuban ambos sexos, aunque luego sólo dan de comer a una de las crías.

Pingüino de Humboldt

Otro pingüino que aprovecha la gran abundancia de peces de las aguas tropicales frías y ricas en nutrientes es el pingüino de Humboldt *(Spheniscus humboldti),* que vive en las costas de Chile y de Perú, en la zona de influencia de la corriente homónima.

Tras la intensa anomalía de la corriente del Niño entre 1982 y 1983 —un fenómeno irregularmente cíclico que causa un gran declive en la pesca de la anchoveta, provoca hambrunas en Perú y algunos años incluso afecta a los monzones de la India—, la población peruana de esta especie disminuyó en un 64 por ciento y la chilena en un 20 o 30 por ciento. Ello obligó a tomar medidas de protección drásticas y, entre otras cosas, se prohibió internacionalmente el tráfico comercial de esta especie, que ya había sido muy castigada por la explotación del guano —un abono nitrogenado hecho de excrementos de aves marinas— en sus zonas de cría, por su aceite y por la carne de sus adultos y polluelos.

Pingüino magellánico

La cuarta especie del género *Spheniscus,* el pingüino magellánico *(Spheniscus magellanicus),* anida en el cono sur americano, desde el centro de Chile y el centro de Argentina hasta el cabo de Hornos, y en las Malvinas. Como el pingüino de Humboldt, se alimenta principalmente de anchovetas y de otros peces pelágicos, y también de algunos cefalópodos. Aunque desde principios de este siglo se ha producido un marcado declive de su población, esta especie es todavía muy abundante y además está en proceso de expansión hacia el norte. Ello permite que algunas de sus colonias, como por ejemplo la de la península Valdés, sean muy visitadas por los turistas, lo que no siempre es beneficioso para los pingüinos.

ORDEN GAVIIFORMES

Orden de aves que comprende una sola familia, *Gaviidae*, con un solo género y cuatro especies de distribución holártica. Es característica la posición de los miembros inferiores, situados detrás del esternón y muy próximos a la cola, que dificulta sus desplazamientos por tierra firme. Sin embargo, son excelentes nadadoras y buceadoras, pudiendo permanecer sumergidas hasta ocho minutos, aunque la mayoría de las zambullidas no duran más de un minuto.

El cuerpo es grande en comparación con el tamaño de las alas. Aunque el arranque de vuelo es dificultoso, pueden alcanzar velocidades de hasta 80 kilómetros por hora.

En la imagen, Colimbo chico (Gavia stellata) *El cuerpo de los colimbos está muy adaptado a la vida acuática. Las patas, con dedos unidos por membranas, están muy hacia atrás, de modo que son idóneas para bucear.*

Familia gavíidos (colimbos)

Los colimbos son aves acuáticas de tamaño grande o mediano, que nadan con gran agilidad y bucean con suma destreza, persiguiendo debajo del agua a los peces de que se alimentan. En tierra, por el contrario, son muy torpes, dando pequeños saltos o arrastrándose al andar. Excepto el colimbo chico *(Gavia stellata),* no pueden levantar el vuelo desde el suelo y sólo emplean las alas para lanzarse al agua desde lo alto de una orilla escarpada. Hacen su nido en seco a orillas de lagos de agua dulce de las regiones boreal y subártica, y sus crías, que son muy precoces aunque relativamente nidícolas, carecen de librea, siendo su plumón de color pardo muy oscuro.

Los colimbos son parcial o casi totalmente migradores y muchas de sus poblaciones invernan en el Mediterráneo. El colimbo grande *(Gavia immer)* cría en Islandia, Groenlandia y la mitad meridional de América del Norte; después de la cría migra hacia el mar y hacia el sur, a veces en grandes bandadas, y varios miles de individuos invernan en las costas occidentales del continente europeo. El colimbo ártico *(Gavia arctica)* cría en Canadá y Alaska y en toda Eurasia boreal y subártica; inverna en la costa del Pacífico hasta regiones tan al sur como el mar de Cortés, en las costas de Europa occidental y en el norte del Mediterráneo.

El colimbo chico *(Gavia stellata),* probablemente el más abundante de todas las especies de la familia, vive como todos los anteriores en las regiones boreales de Europa y América, llegando su zona de distribución hasta Escocia en el Atlántico, y a una latitud algo más baja en el Pacífico. En su plumaje se combinan hermosos colores: tiene la espalda marrón oscuro, la cabeza gris, la garganta roja y el pico negro. El colimbo de Adams *(Gavia adamsii)* es el más norteño de los cuatro y, salvo en Japón, donde llega a 35° de latitud norte, no suele invernar más al sur de 50°.

Los colimbos muestran un cambio estacional muy marcado en cabeza, cuerpo y dibujo de la parte superior y son más fáciles de identificar en los meses de primavera y verano, cuando lucen su vivo y contrastado plumaje nupcial.

En Islandia es creencia general que las hembras de los colimbos no anidan, sino que ponen en el agua y llevan los huevos debajo de las alas, incubándolos mientras nadan. Lo único que en ello hay de cierto es que estas aves hacen nidos muy simples y se limitan a acumular plantas acuáticas y musgo en las orillas o no lejos del agua; la hembra pone un par de huevos de color aceitunado, que incuba alternativamente con el macho. Cuando salen los pequeños, nadan desde el primer día, y si se cansan, los padres los transportan sobre el dorso. El espectáculo que ofrece una familia de colimbos nadando en algún paraje solitario, sin hacer ruido alguno y desapareciendo bajo el agua al menor indicio de peligro, es realmente muy curioso.

Los colimbos se hallan entre las aves buceadoras mejor dotadas, ya que pueden zambullirse aproximadamente a unos 75 m de profundidad y permanecer bajo el agua durante ocho minutos.

Los colimbos nadan y bucean con suma destreza; sin embargo, cuando están en tierra, se arrastran sobre el vientre y se desplazan con bastante dificultad. Abajo, un colimbo ártico (Gavia arctica) *en plumaje nupcial.*

ORDEN PODICIPEDIFORMES

Es uno de los órdenes más antiguos y comprende una sola familia *(Podicipedidae)*, constituida por seis géneros y 22 especies, si bien dos de ellas —el zampullín del Atitlán y el zampullín colombiano— están muy probablemente extinguidas desde hace unos pocos lustros.

Estas aves tienen las patas colocadas en la extremidad del cuerpo, la cola muy corta y los tarsos muy comprimidos lateralmente, de manera que presentan una fuerte arista anterior y otra posterior. Los dedos se hallan separados y cada uno tiene a los lados una expansión membranosa, de manera que parece como si fuesen dedos palmeados cuyas membranas se hubiesen recortado para separarlos.

Las especies de este orden suelen vivir en aguas dulces aunque algunas, como el somormujo lavanco, acuden en invierno a las aguas costeras marinas. Los polluelos nacen muy formados, con el cuerpo cubierto de plumón y siendo ya nidífugos.

FAMILIA PODICIPÉDIDOS (SOMORMUJOS)

Las aves de esta familia se alimentan de peces, artrópodos y otros animales acuáticos. Los que se nutren principalmente de peces, como el somormujo lavanco *(Podiceps cristatus)* y el achichilique común *(Aechmophorus occidentalis)*, tienen el cuerpo y el cuello alargados, y el pico fino, mientras que los que comen invertebrados, como el zampullín macacito *(Tachybaptus dominicus)* y el zampullín común *(T. ruficollis)*, tienen el cuerpo corto y redondeado, el cuello y el pico bastante más cortos, y su tamaño es más pequeño. Para dar caza a estas presas nadan bajo la superficie del agua y, una vez que las localizan, las persiguen con gran rapidez. Algunas especies consumen tan solo un limitado número de presas; tal era el caso del recién extinguido zampullín del Atitlán, que tenía un pico y unos músculos masticadores muy fuertes, adaptados para alimentarse del cangrejo de río endémico de este lago de Guatemala.

La mayoría de las especies son poco sociales y algunas son francamente solitarias.

La vistosa librea estival del somormujo lavanco (Podiceps cristatus) *contrasta con los apagados colores blancos y grises de su plumaje invernal. Los nidos de los somormujos suelen ser flotantes y los huevos son incubados alternativamente por los dos padres. Los pequeños son transportados en la espalda por sus progenitores, quienes les sirven también como refugio. Fuera de la época de cría, esta especie es gregaria y constituye inmensas bandadas durante la migración.*

El zampullín común (Tachybaptus ruficollis) *está muy adaptado a la vida acuática. Como todos los somormujos, tiene los tarsos aplanados lateralmente para que el avance de la pata no ofrezca resistencia en el agua.*

No obstante, algunas son gregarias fuera de la estación de cría, como por ejemplo el somormujo lavanco, que forma inmensas concentraciones en el Ijsselmeer holandés y en la costa turca del mar Negro durante la migración —y que inverna en bandos en aguas costeras ibéricas—, o el zampullín cuellinegro *(Podiceps nigricollis),* que se concentra en números prodigiosos de hasta 750 000 individuos en el lago Mono de California.

Los podicipédidos son monógamos y utilizan una serie de paradas rituales, muy características, para el cortejo y la formación de parejas, la elección del lugar de nidificación, la cópula y la cría de los polluelos. Julian Huxley fue el primer zoólogo que estudió estos comportamientos —en el somormujo lavanco, a partir de 1914— y, desde entonces, las paradas de los somormujos y zampullines se han investigado muy a fondo. Algunas de estas exhibiciones rituales, como, por ejemplo, la «ceremonia de las plantas acuáticas» del somormujo lavanco o la «ceremonia de la velocidad» del achichilique común y del zampullín cuellirrojo, están entre las paradas más espectaculares en el mundo de las aves. La «ceremonia de las plantas acuáticas», concretamente, es un ballet acuático en el que ambos miembros de la pareja se alejan sincrónica y ceremoniosamente uno de otro, se sumergen lentamente, reaparecen con un ramillete de plantas en el pico, nadan uno hacia otro y se levantan verticalmente del agua, pecho contra pecho, agitando el agua con las patas y meneando la cabeza de un lado a otro en una danza espectacular.

Los nidos de estas aves suelen ser flotantes o estar anclados a la vegetación acuática del fondo. Los construyen ambos sexos y, después de que la hembra pone de dos a siete huevos, ambos los incuban hasta la eclosión de los pequeños.

Cuando el adulto que incuba tiene que ausentarse, tapa los huevos con material del nido y éste queda oculto a los depredadores. En el momento en que nace el último polluelo, los adultos abandonan el nido y se llevan a sus hijos a espaldas. Mientras uno de los adultos sirve de «nido flotante», el otro busca comida para los polluelos. Seis semanas más tarde, los jóvenes desarrollan sus primeras plumas y dos años después crían por primera vez.

Muchas de estas especies están amenazadas en uno u otro grado y dos de ellas, como se ha dicho anteriormente , se extinguieron en fechas muy recientes. A pesar de los enormes esfuerzos desplegados para su conservación —el WWF, la National Geographic Society y otros organismos internacionales tomaron cartas en el asunto—, el zampullín del Atitlán fue declarado extinguido como especie en 1987. El zampullín colombiano, que recibió mucho menos apoyo internacional, no tuvo mejor suerte: según el *Handbook of the Birds of the World*, la última observación se produjo en 1977. Si no se pone remedio a ello, otras dos especies corren idéntico riesgo: el zampullín del Junín *(Podiceps taczanowskii)* en Sudamérica y el zampullín de Aloatra *(Tachybaptus rufolavatus)* en Madagascar.

ORDEN PROCELARIIFORMES

Orden de aves eminentemente oceánicas, cuya característica más destacada es la situación de los orificios nasales en los extremos de unos tubos que se abren al exterior en la ranfoteca. Tienen el cuerpo robusto y las alas muy desarrolladas en longitud, aunque bastante estrechas. Ostentan cuatro dedos en los pies, de los cuales los tres anteriores son palmeados, quedando libre el

FAMILIAS DEL ORDEN PROCELARIIFORMES

Los albatros forman una familia de catorce especies, todas ellas con costumbres altamente pelágicas. Tan sólo durante la época de cría se reúnen en colonias en islas oceánicas alejadas de la costa y poco concurridas. Estas colonias generalmente están formadas por numerosos individuos (varios centenares o incluso miles).

Orden procelariiformes
- Familia diomedeidos
- Familia proceláridos
- Familia hidrobátidos
- Familia pelecanoides

posterior. El plumaje es espeso y la tonalidad varía de claro a más oscuro según la especies.

Todas ellas ponen un solo huevo, y sus crías nacen atrasadas y son nidófilas. Por lo demás, como voladoras aventajan a todas las demás aves acuáticas, surcando los aires a gran distancia de tierra, lo mismo cuando ruge la tempestad que en los días de excesiva calma.

Familia diomedeidos (albatros)

Los albatros constituyen la familia diomedeidos y algunas de sus especies superan a todas las demás aves por su inmensa envergadura. Éste es especialmente el caso de los albatros viajero y real, cuya envergadura, superior a los 3,5 m, es la mayor de toda la clase aves, aunque también las especies más pequeñas a menudo superan los 2 m.

Albatros del hemisferio austral

El albatros viajero *(Diomedea exulans)* es la especie más conocida de las 14 que comprenden la familia. Es un ave realmente pelágica, que vuela sobre los mares del hemisferio Austral y, cuando se cansa de volar, nada sin temor entre las más encrespadas olas, no acercándose a tierra más que en la época de su reproducción. Su voracidad está en relación con su tamaño. Se alimenta principalmente de los cefalópodos que, durante la noche, acuden a la superficie en grandes cardúmenes, de algunos peces y de unos pocos crustáceos, y no es raro que siga a los cetáceos para alimentarse de sus sobras. También se alimenta de carroña, y de ahí que siga habitualmente a los barcos para alimentarse de los restos de pesca y de comida que los marineros arrojan por la borda.

Los albatros suelen formar parejas que se mantienen unidas de por vida; antes de esto, ambos sexos despliegan un amplio repertorio de paradas de cortejo que se repiten una y otra vez y que les ocupan mucho tiempo. Entre estas paradas complejas y muy ritualizadas se cuentan las de apuntar al cielo con la cabeza, hacer vibrar los picos, tocar el flanco del otro sexo con el pico, extender las alas frente al cónyuge (los grandes albatros), hacer una «danza extática» durante la cual ambos sexos lanzan sonoros relinchos (albatros de las Galápagos), vuelos sincrónicos desde y hacia la colonia (albatros ahumado, albatros tiznado) y danzas comunales en las que participan varias parejas en formación y algunas aves solitarias.

A excepción de los «tres grandes» (albatros viajero, real y de Amsterdam, especialmente este último del que apenas quedan ocho parejas en todo el mundo) y del albatros de las Galápagos, que crían en grupos laxos, los albatros anidan en apretadas colonias que suman varios centenares o incluso varios miles de individuos. Después de llevar una vida generalmente solitaria en alta mar, el macho llega unos días antes que la hembra al mismo territorio en el que anidó la estación anterior y empieza a construir o reconstruir el nido al tiempo que lo defiende contra otros machos. Cuando llega la hembra, ambos sexos efectúan una ceremonia de saludo, copulan y vuelven al mar para reponer sus reservas de energía. Acto seguido, la hembra pone su huevo único y, dejando que el macho inicie la incubación, vuelve inmediatamente al mar. Tras una larga serie de días, la hembra regresa al nido y releva al macho en la incubación y deja que éste vuelva al océano para alimentarse y beber a su vez. Después de este primer turno de la hembra viene un segundo relevo del macho y así sucesivamente, durante 13-16 semanas en total, hasta que el pollo tiene de tres a cinco semanas de edad y ya no necesita una incubación constante. A partir de entonces, los padres comienzan a dejarlo solo durante períodos cada vez más largos mientras van al mar a procurarle su alimento hasta que, después de un breve estadio durante el cual el pollo llega a superar el peso del adulto, a éste le crecen las plumas definitivas y ya puede valerse por sí mismo.

El fuerte pico del albatros viajero (Diomedea exulans) *está formado por distintas piezas, entre las que destacan los tubos nasales. Cada dos años pone un solo huevo muy grande en un nido bastante precario. El polluelo no se independizará hasta los nueve meses y no se reproducirá hasta los 9–11 años de edad.*

Albatros del hemisferio norte

A diferencia de los albatros del hemisferio sur, que construyen un verdadero nido de forma troncocónica con barro, hierba y musgo, las tres especies del Pacífico Norte (albatros patinegro, albatros colicorto y albatros de Laysán) se limitan a excavar una simple depresión en el suelo o a delimitar el punto de nidificación con un anillo de materiales diversos, y el albatros de las Galápagos pone su huevo directamente sobre el suelo, sin tomarse ni siquiera la molestia de escarbarlo.

El albatros viajero (Diomedea exulans) *se alimenta principalmente de cefalópodos a los que suele capturar en la superficie, por la noche, aunque a veces también hace breves zambullidas para perseguirlos.*

Además del albatros de las Galápagos *(Diomedea irrorata),* que anida en las islas Española y La Plata del archipiélago homónimo y que se observa desde la costa pacífica de Colombia hasta la bahía Independencia en Perú, existen otras especies de esta familia en las aguas sudamericanas.

El albatros ojeroso *(Diomedea melanophris)* anida en Diego Ramírez y en otras islas del sur de Chile, vuela por casi todos los océanos al sur del trópico de Capricornio (y más al norte, en Sudamérica occidental) y su capacidad de dispersión es tan grande que en ocasiones se observa en Islandia, las Feroe, las Shetland y otras islas del norte de Europa. El albatros viajero, con una distribución similar, cruza a menudo los llanos ecuatoriales y se «despista» por el hemisferio norte.

Otros albatros meridionales que visitan las aguas del cono sur son el albatros real *(Diomedea epomophora),* el albatros frentiblanco *(D. cauta),* el albatros de Buller *(D. bulleri),* el albatros clororrinco *(D. chlororhynchos)* y el albatros cabecigrís *(D. chrysostoma).* También las frecuenta el albatros tiznado *(Phoebetria palpebrata),* que, si bien anida en Nueva Zelanda y en varias islas subantárticas, no es raro que llegue hasta los 20° de latitud sur en la zona de influencia de la corriente de Humboldt.

De los tres albatros que viven en el Pacífico Norte destaca el de Laysán *(D. inmutabilis),* que cría en ésta y otras islas del oeste de Hawai y que ha colonizado recientemente Guadalupe y otras islas del oeste de México.

Familia proceláridos (petreles, fulmares y pardelas)

Los proceláridos constituyen una familia extremadamente compleja de aves marinas que comprende 12 géneros y 70 especies, todas ellas altamente pelágicas y dotadas de «narices tubulares» que utilizan para localizar su nido-madriguera en el interior de la colonia durante la noche y, según parece, para encontrar su alimento. Otra característica de esta familia es el desagradable olor que impregna su plumaje, idéntico al que desprende el aceite estomacal segregado por los adultos durante la época de cría.

Los gigantes de esta familia son los abantos-marinos o «fulmares gigantes» *(Macronectes giganteus* y *Macronectes halli),* que, con su envergadura similar a un pequeño albatros —al que, sin embargo, doblan en peso— y sus hábitos carroñeros, son muy conocidos por los que frecuentan las islas subantárticas. Los abantos-marinos se dispersan ampliamente por los océanos meridionales —sobre todo la primera de ambas especies— y siguen las corrientes frías frente a las costas de América y de África del Sur.

Otra especie muy frecuente en tierras australes es el petrel damero *(Daption capense),* así llamado por el inconfundible dibujo ajedrezado de su plumaje. Este procelárido anida en Nueva Zelanda y en algunos puntos de la Antártida, y visita las aguas sudamericanas desde Chile y Argentina hasta

El albatros de las Galápagos (Diomedea irrorata) *es típico de las islas Galápagos, siendo la única especie del grupo que vive en el ecuador. Suele formar parejas que se mantienen unidas de por vida. Antes de constituirlas, ambos sexos efectúan una «danza extática», en la que lanzan sonoros relinchos.*

la costa de São Paulo y la bahía de Guayaquil. Se alimenta de krill y de peces antárticos y es muy conocido de los marineros por su hábito de seguir a los barcos.

El fulmar austral *(Fulmarus glacialoides)* también frecuenta las aguas del cono sur y su dieta es muy parecida a la del petrel damero. Tiene su homólogo en el fulmar boreal *(Fulmarus glacialis),* uno de los proceláridos más abundantes del mundo después de la espectacular expansión de sus poblaciones durante los últimos dos siglos.

Otros proceláridos que frecuentan aguas sudamericanas son el petrel cabeciblanco *(Pterodroma lessonii),* el petrel de las Kermadec *(Pterodroma neglecta)* y el petrel chileno *(Pterodroma defilippiana),* que anidan en las islas Juan Fernández, San Félix y San Ambrosio; el petrel de las Juan Fernández *(Pterodroma externa)* y el petrel de Más Afuera *(Pterodroma longirostris),* que sólo anidan en la isla Alejandro Selkirk del archipiélago de las Juan Fernández, y el petrel azulado *(Halobaena caerulea).*

Los pato-petreles —una de cuyas especies *(Pachyptila belcheri)* anida en las Malvinas y en la isla chilena de Noir— resultan bastante atípicos por su vuelo irregular y activísimo, y por su pico ancho de base y provisto de laminillas filtrantes con el que capturan pequeños crustáceos como si fueran ballenas.

Las pardelas, especialmente las de gran tamaño, planean aparentemente sin esfuerzo por encima de las olas y, aunque son más ágiles y aletean con mayor frecuencia que los albatros, son maestras como ellos en aprovechar las diferencias en la velocidad del viento generador del oleaje. Una de las pardelas más comunes es la pardela ceni-

El rabijunco menor (Phaethon lepturus), *a la izquierda, es un ave que sólo se dirige a tierra firme para nidificar, lo que ocurre una vez al año. El nido consiste en un hoyo que la pareja excava en el suelo.*

cienta *(Calonectris diomedea),* que cría en las islas mediterráneas, en las Azores, las Canarias y las islas de Cabo Verde, y extiende sus dominios de pesca hasta las costas americanas del Atlántico. La pardela cenicienta se nutre exclusivamente en la superficie del mar y a veces forma bandadas tan densas que, vistas desde lejos, llegan a parecer islas. Otra pardela muy extendida es la pardela pichoneta *(Puffinus puffinus),* que cría en varias islas del Atlántico Norte e inverna en la costa este de América del Sur. A diferencia de la pardela cenicienta, esta especie no se adentra en el Mediterráneo porque éste es el feudo de la muy similar —y mucho menos abundante— pardela mediterránea *(Puffinus yelkouan),* una de cuyas subespecies anida en las Baleares.

El pelícano rosado (Pelecanus rufescens), *abajo, vive en África subtropical y tropical y en el sudoeste de Arabia. Contrariamente al pelícano común, prefiere alimentarse de peces más bien pequeños, que captura en solitario.*

FAMILIA HIDROBÁTIDOS (PAÍÑOS)

Las 20 especies de paíños conforman una familia —hidrobátidos— de aves pequeñas y altamente pelágicas que se caracterizan por su vuelo a baja altura, ágil, irregular e incansable y similar, por tanto, al de los murciélagos. Del paíño de Wilson *(Oceanodroma oceanicus)* se ha dicho siempre que es el ave marina más abundante del mundo; es posible que ello sea cierto porque son varios millones las parejas de esta especie que anidan desde la Tierra de Fuego hasta las Malvinas y que, después de la reproducción, emigran hasta el norte de los océanos Índico y Atlántico, donde a veces se agrupan en grandes bandos para seguir a los navíos y nutrirse de sus restos. Otros paíños de aguas sudamericanas son el paíño de Elliot *(Oceanites gracilis),* el paíño ahumado *(O. markhami),* el paíño boreal *(O. leuocorhoa);* el paíño de las Galápagos *(O. tethys);* el paíño negro *(O. melania)* y el paíño ventrinegro *(Fregetta tropica).*

FAMILIA PELECANOIDES (POTOYUNCOS)

Los potoyuncos, «petreles buceadores» o pelecanoides son los procelariiformes más adaptados a la vida acuática. Contrariamente a lo que sucedió con las otras tres familias, la evolución favoreció en estas aves la aptitud de bucear bajo el agua para obtener los alimentos en detrimento de la facultad de volar. Y de esta forma, de un modo muy similar a los álcidos, aves con las que muestran un sorprendente proceso de convergencia evolutiva, los potoyuncos se ven obligados a batir las alas de un modo frenético para poder sustentar en el aire su cuerpo grueso y ovalado y desafiar la gravedad.

Tres de las cuatro especies de esta familia crían en aguas sudamericanas: el potoyunco peruano, el magallánico y el común (respectivamente *Pelecanoides garnotii, P. magellani* y *P. urinatrix*).

ORDEN PELECANIFORMES

Con el nombre de pelecaniformes se designa un orden de aves acuáticas cuyo carácter más notable consiste en tener los cuatro dedos unidos por una membrana, lo que las distingue de cualquier otra ave palmípeda. Todas las aves de este orden se alimentan de peces, la mayoría son marinas y, a excepción de los rabijuncos, que forman un suborden distinto *—Phaetontes—*, sus orificios nasales no son totalmente funcionales. Las crías, muy nidícolas, salen del cascarón ciegas, incapaces de valerse por sí mismas y, excepto en el caso, de nuevo, de los rabijuncos, desprovistas de plumón.

El pelícano común (Pelecanus onocrotalus) *cría en el este de Europa, en las regiones del Asia central y del sur y en el África subsahariana. Como otras especies del género, se alimenta exclusivamente de peces que captura con ayuda de la característica bolsa extensible que posee en su mandíbula inferior.*

Familia faetónidos (rabijuncos)

Cuando Cristóbal Colón realizó su memorable primer viaje, no sólo descubrió América, sino también numerosos animales de los que hasta entonces no se tenía noticia. Entre ellos figuran ciertas pelecaniformes a las que el almirante bautizó con el nombre de «rabos de junco» por la forma particular de su cola, y que más tarde otros navegantes designaron como «aves de los trópicos», al haber observado que únicamente se las veía en los mares tropicales. El primer nombre, que se conserva en castellano aunque ligeramente modificado —rabijuncos—, es quizás más apropiado porque el rasgo más aparente de estas aves son sus dos timoneras centrales, que, sumamente largas y estrechas, les confieren el aspecto de tener la cola terminada en dos juncos o como dos largas briznas de paja. Sus alas son largas y puntiagudas, y su pico, corto, apenas está un poco encorvado y carece gancho terminal.

El rabijunco menor *(Phaethon lepturus)* vive en la franja intertropical del Atlántico y del Pacífico y anida en numerosas islas oceánicas, incluidas las Antillas, con mucha frecuencia en acantilados y en otros lugares inaccesibles. Alcanza de 70 a 80 cm de longitud, la mitad de los cuales corresponden a la cola, y se diferencia del rabijunco etéreo *(Phaethon aethereus)* por las grandes manchas negras del interior de las alas. La tercera especie de rabijunco *(Phaethon rubricauda)* se distingue de las otras dos por su color blanco casi inmaculado y, sobre todo, por sus rectrices centrales rojas.

Como todas las especies de este orden, los rabijuncos son aves pescadoras, pero su presa favorita son los peces voladores, que a veces pescan al vuelo. La hembra sólo pone un huevo al año, de color chocolate pálido con manchas de color púrpura oscuro.

Familia pelecánidos (pelícanos)

De todos los pelecaniformes, los más notables son, sin duda, los pelícanos, debido a la extraña bolsa membranosa, muy dilatable, que pende de las ramas de la mandíbula inferior y aumenta la capacidad de su largo pico. Igualmente extraordinaria es la costumbre que tienen los pelícanos de pescar en grupos, lo que constituye uno de los pocos casos de depredación coordinada en el mundo de las aves. Reunidos en bandadas, los

Orden pelecaniformes
- Familia faetónidos
- Familia pelecánidos
- Familia súlidos
- Familia fregátidos
- Familia falacrocorácidos
- Familia anhíngidos

◄ FAMILIAS DEL ORDEN PELECANIFORMES

El pelícano común (Pelecanus onocrotalus) *pesca en grupo, sumergiendo la cabeza a la vez todos los individuos que lo componen. El pico, muy sensible, detecta a los peces incluso en aguas muy turbias, donde la vista es de escasa ayuda. Una vez capturada la presa, el pelícano levanta el pico y se la traga entera y en muy raras ocasiones utiliza la bolsa para transportar peces hasta otro lugar.*

pelícanos forman un apretado semicírculo y empujan a los peces hacia el agua somera; una vez allí, y al tiempo que abren las alas tres o cuatro veces por minuto mientras avanzan a nado, hunden repetidas veces el pico abierto en el agua —o lo mantienen sumergido y detectan a sus presas por el tacto— para capturar a los peces usando la bolsa como una red.

Pelícano común

La familia de los pelícanos sólo comprende un género y siete especies. La que con más frecuencia se ve en los parques zoológicos es el pelícano común *(Pelecanus onocrotalus)*, que cría en el delta del Danubio y otras zonas del sudeste de Europa, en el centro y el sur de Asia y en África subsahariana. Su plumaje es blanco, con un ligero matiz rosáceo, y su corpulencia supera a la del cisne vulgar, pues alcanza 1,75 m de longitud y excede ampliamente los 3 m de envergadura. A pesar de su tamaño, le gusta posarse sobre las ramas de los árboles y, siempre que puede disponer de ellas, se coloca allí para dormir. Vuela también con una destreza admirable; y aunque le cuesta bastante arrancar, una vez en el aire, es capaz de aprovechar las corrientes térmicas con las alas inmóviles, al modo de las falconiformes.

El pelícano común forma grandes bandadas y anida en grandes colonias que, como las del lago Rukwa (Tanzania), pueden sumar varios miles de individuos. El nido consiste en un tosco montón de juncos y ramas de arbustos, sobre el cual la hembra pone de uno a tres huevos blancos, revestidos de una capa caliza de color lechoso. Las crías son alimentadas durante largo tiempo por sus padres y, acerca de esto, es corriente leer que la hembra les lleva peces en la bolsa del pico, e incluso que la llena de agua con este fin, como si fuese una pecera natural; pero esto es inexacto. En cuanto el pelícano acaba de pescar, engulle los peces y, en el caso de que tenga crías, donde en realidad los transporta es en el buche, del mismo modo que llevan las palomas la comida a sus pichones. Al llegar al nido la madre pelícano, por medio de extraños movimientos, devuelve este alimento medio deshecho a su bolsa y, abriendo el pico, se lo ofrece a sus hijos, que lo devoran con avidez. Cuando los dos polluelos (porque en general son dos las crías) están más crecidos, la madre se limita a abrir desmesuradamente el pico y los hijos, uno tras otro, meten el pico y a veces también la cabeza y el cuello por la faringe materna, hasta alcanzar el buche, y extraen de allí lo que pueden.

Pelícano norteamericano

En América del Norte y Centroamérica existe una especie similar a ésta, pero de plumaje más blanco, el atotole o pelícano norteamericano *(Pelecanus erythrorhynchos)*, en la que el macho, durante la época del celo, presenta encima del pico una especie de jiba o cuerno muy saliente. Por lo general, esta excrecencia nupcial empieza a surgir a mediados de febrero y tarda en desarrollarse unos dos meses y medio, cayéndose a fines de junio. Los antiguos cronistas de Indias, que oyeron hablar a los indígenas de esta particularidad, creyeron que el tal tubérculo crecía, no encima del pico, sino en los bordes, de ahí que en sus libros hablen de pelícanos que echan dientes. Después de un cierto descenso de sus poblaciones durante los años 1950-1960, esta especie parece estar actualmente en aumento y de hecho, algunas de sus colonias, como la del lago de Yellowstone, dentro del Parque Nacional del mismo nombre, son muy numerosas. Cuando llega el invierno, estas aves emigran a las costas de California, del golfo de México, de México y de Centroamérica.

Pelícano alcatraz

En las mismas regiones vive el pelícano alcatraz *(Pelecanus occidentalis)*, que es de un color ceniciento sucio, con la cabeza y la garganta blancas y la parte posterior del cuello negra. Una de las colonias más estudiadas de esta especie en el hemisferio norte es la de la isla del Pelícano, en el río Indio (en Florida). Durante la época de la cría, viven allí unos dos mil pelícanos. En otro tiempo, la isla estaba cubierta de árboles, pero a fuerza de anidar año tras año, las aves han acabado con la vegetación. Como la época de cría dura desde el 1 de febrero hasta el 30 de mayo, a mediados de marzo se pueden observar reunidos, casi podríamos decir amontonados, nidos a medio construir, otros con huevos, pollos recién salidos del cascarón, pollos medio crecidos y jóvenes pelícanos que ya ensayan el vuelo. El pelícano alcatraz es, con toda probabilidad, el más abundante de todos los pelícanos y la gran mayoría de sus ejemplares —cerca de un millón— cría en las «islas del guano» de las costas peruanas, junto con otros pelecaniformes como el cormorán guanay y el piquero peruano.

La enorme concentración de parejas reproductoras de estas pelecaniformes en las islas Chinchas y en otras islas o franjas de tierra firme de la costa peruana originó la acumulación de inmensos depósitos de excrementos —el guano— que, al formarse en zonas en las que apenas llueve nunca, alcanzaron en algunos puntos una gran profundidad. Aunque los incas utilizaban como abono este recurso rico en nitratos y fosfatos, su explotación industrial no empezó hasta 1840; sin embargo, a partir de esta fecha, la demanda creció exponencialmente y, en unas pocas décadas, el guano se convirtió en la mayor fuente de ingresos de Perú. A principios del siglo XX, la explotación intensiva de las guaneras alcanzó tal magnitud que llegó a temerse su completo agotamiento.

Finalmente, en 1909, tras la esquilmación completa de las islas Chinchas, las guaneras más importantes del país, se creó una compañía estatal cuyo objetivo consistía en la explotación racional del guano y se tomaron

Los pelícanos utilizan distintas estrategias para capturar su alimento. El pelícano alcatraz (Pelecanus occidentalis) *es el único de su grupo que se zambulle en el agua tras su presa, lanzándose desde varios metros de altura.*

Los alcatraces nidifican en colonias muy numerosas, con preferencia en los bordes de los acantilados.

La incubación del único huevo es compartida por la pareja. En la ilustración, alcatraz atlántico (Sula bassana).

medidas estrictas para mantener y proteger a las colonias de cría. Al disminuir la extracción del guano y la destrucción concomitante de los hábitats de cría, comenzó a remitir la presión sobre los huevos, pollos y adultos y las poblaciones comenzaron una paulatina recuperación. La difusión posterior de los abonos químicos hizo el resto y, en unas cuantas décadas, las colonias de aves guaneras adquirieron otra vez unos niveles estables. Actualmente, el guano se extrae de manera controlada durante unos pocos días al año, siempre fuera de la estación de cría.

Otras especies

Otras especies de esta familia son el pelícano ceñudo *(Pelecanus crispus),* que cría desde Croacia hasta China y está en peligro de extinción; el pelícano oriental *(Pelecanus philippensis),* que hoy sólo se encuentra en Sri Lanka, en el sudeste de la India y quizás en Sumatra; el pelícano australiano *(Pelecanus conspicillatus)* de Australia, Tasmania y Nueva Guinea, y el pelícano rosado *(Pelecanus rufescens),* que habita en África subsahariana y en el sudoeste de Arabia; este último se distingue del pelícano común, que también vive en estas áreas, por su menor tamaño, por su espalda rosada —el adulto— y por su pico más corto.

Además de un largo pico y de una extraña bolsa membranosa que pende de la mandíbula inferior, los pelícanos poseen cuatro dedos dirigidos hacia delante y unidos por una membrana interdigital, configurando así una eficaz paleta natatoria. La especie que aparece en la ilustración, el pelícano africano (Pelecanus rufescens), *se encuentra confinada en el centro y sur de Asia, así como en Madagascar y Arabia.*

Familia súlidos (alcatraces y piqueros)

La familia súlidos, que cuenta con un género único y nueve especies, está muy emparentada con los anhingas y cormoranes. El pico de estas aves, robusto, de forma cónica y con los bordes finamente dentados, está muy bien adaptado para la captura de peces. Aunque carecen de bolsa propiamente dicha, los súlidos tienen en común con los pelícanos una gran extensión de piel desnuda en la garganta y el rostro que, como en estos últimos, suele adoptar colores brillantes a principios de la estación de cría. Los ojos, situados al lado del pico y orientados hacia delante, les confieren a estas aves una capacidad de calcular distancias similar a la de las aves rapaces.

Alcatraces

El representante más norteño de esta familia es el alcatraz atlántico *(Sula bassana),* un ave de gran tamaño (87-100 cm de longitud y 170-180 cm de envergadura), con el plumaje blanco, teñido de amarillento en la cabeza y el cuello, y con las primarias negruzcas. Cría en Bretaña, Gran Bretaña, Noruega, Islandia y la costa atlántica de Canadá e inverna en el Mediterráneo y en las costas atlánticas, hasta más al sur del trópico de Cáncer. Vive en alta mar y se alimenta de arenques, caballas y otros peces pelágicos.

Es un ave admirable por la maestría con que domina el aire al volar. Cuanto más profundo se halla un banco de peces, tanto más alto vuela el ave por encima de él. Un alcatraz volando casi a ras del agua indica que hay peces en la superficie. Lo habitual es que vuele a una altura de 15 a 20 m. Desde allí, interrumpiendo de pronto su vuelo, con las alas medio cerradas y la cabeza baja, se precipita en el mar casi verticalmente y, dando media vuelta en el aire, pega las alas al cuerpo y se hunde en el agua a gran velocidad, hasta 10 m de profundidad o más si utiliza las alas para penetrar más hondo. Una vez capturado el pez, el alcatraz procura engullirlo bajo el agua para evitar de este modo el acoso de los págalos y gaviotas piratas que acechan por encima de la superficie. Como otros súlidos, el alcatraz atlántico a menudo se alimenta en grupo.

En Europa, las poblaciones más importantes del alcatraz atlántico se hallan en las islas Feroe, Islandia y algunas islas próximas a las costas de Escocia, como Santa Kilda, Bass y Ailsa Craig; y en América, en tres o cuatro islotes de la bahía de Fundy y el golfo de San Lorenzo. Allí viven en grandes colonias y hacen sus nidos en el suelo, en los acantilados más inaccesibles, con algas, hierba y tierra que apelmazan con sus propios excrementos. La hembra pone un huevo único, de color azul pálido y recubierto de una capa blanca de aspecto yesoso. Como otros alcatraces y piqueros, esta especie carece de placas incubadoras, pero las membranas interdigitales de sus pies, altamente vascularizadas, le permiten incubar sus huevos a la temperatura apropiada. La incubación dura cerca de mes y medio, y el pequeño alcatraz sale del cascarón pelado, con la piel negra. No obstante, pronto se reviste de un plumón blanco, que más adelante es sustituido por un plumaje pardo negruzco sembrado de manchitas blancas cuneiformes. Hasta los tres años no adquiere el alcatraz su blancura característica. Existen otras especies de súlidos que tienen un plumaje en gran parte blanco y son muy parecidas al alcatraz atlántico. Dos de ellas son el alcatraz de El Cabo *(Sula capensis)*, que cría en las costas de Sudáfrica y de Namibia, y el alcatraz australiano *(Sula serrator)*, que habita en el sudeste de Australia, en Tasmania y en Nueva Zelanda.

El súlido piquero camanay (Sula nebouxii) *se distingue sobre todo por el vivo color azul de sus patas. Cría en el Pacífico, desde el noroeste de México hasta el norte de Perú, incluidas las islas Galápagos.*

Piqueros

Otras especies de la familia no pierden el color pardo en toda la vida. Éste es especialmente el caso del piquero patirrojo *(Sula sula)*, que vive en gran parte de la franja intertropical de los océanos, incluido el mar de las Antillas, y en menor grado ocurre en los piqueros camanay *(Sula nebouxii)*, peruano *(Sula variegata)*, de Abbott *(Sula abbotti)* y pardo *(Sula leucogaster)*.

El piquero camanay cría en el Pacífico, desde el noroeste de México hasta el norte de Perú, incluidas las Galápagos; el peruano se extiende por toda el área de influencia de la corriente de Humboldt y contribuye a la producción del guano en las costas peruanas; el pardo ocupa un área similar a la del patirrojo, si bien algo más discontinua en el Pacífico; y el de Abbott vive únicamente en las islas Christmas, al este del océano Índico, donde sus escasas 2 000 parejas luchan cada año contra la extinción definitiva.

El piquero enmascarado (Sula dactylatra) *se llama así por la máscara negra formada por un área de piel desnuda que posee entre el pico y el ojo. Vive en las zonas tropicales e intertropicales de todos los océanos de estas latitudes, y es especialmente abundante en las islas Galápagos.*

Los machos de todas las especies de rabihorcados están dotados de una bolsa roja que inflan durante el cortejo hasta extremos sorprendentes. Los machos suelen concentrarse en arenas de cortejo en las que realizan juntos su parada frente a las hembras que vuelan por encima, hasta que finalmente cada hembra selecciona un compañero y se posa junto a él.

Por último, existe otra especie de plumaje blanco, el piquero enmascarado *(Sula dactylatra),* que cría en todos los océanos tropicales y subtropicales del mundo y tiene una población muy importante en las islas Galápagos. El piquero enmascarado suele poner dos huevos, pero el primer pollo que nace mata rápidamente al segundo, lo que evita la competencia por el alimento. De esta forma, la puesta del segundo huevo es como una especie de medida de seguridad contra la no eclosión o la muerte prematura del primero.

Familia fregátidos (rabihorcados o fragatas)

Una de las especies de esta familia, el rabihorcado magnífico *(Fregata magnificens),* ya había asombrado a Colón por su impresionante capacidad de vuelo —los fregátidos son los ases indiscutibles del vuelo planeado— y, sobre todo, por la violencia con que atacaba a otras aves para quitarles su presa. Aunque en fechas mucho más recientes se ha descubierto que la piratería no es el modo principal con el que estas aves, fundamentalmente pescadoras, obtienen su alimento, no es de extrañar que los marineros ingleses y franceses las compararan con las fragatas, esos buques de guerra que, debido a su rapidez y capacidad de maniobra, eran los preferidos de los corsarios y piratas. La familia fregátidos comprende cinco especies: el ya citado rabihorcado magnífico, que supera los 2,40 m de envergadura; el rabihorcado grande *(Fregata minor),* que a pesar de su nombre científico es más pequeño que el magnífico; el rabihorcado chico *(Fregata ariel)*; el raro rabihorcado de Ascensión *(Fregata aquila)* y el amenazadísimo rabihorcado de las Christmas *(Fregata andrewsi)*. Todas estas aves tienen como caracteres distintivos un pico largo y de punta ganchuda, unas alas larguísimas, una cola igualmente prolongada y en forma de horquilla, como la de las golondrinas, y unas patas muy cortas, con los tarsos cubiertos de plumas y las palmeaduras interdigitales muy escotadas. El rabihorcado magnífico tiene el plumaje negro, con reflejos irisados. El macho tiene un gran espacio desnudo y rojo en la garganta, consistente en realidad en una especie de saco que el ave puede inflar a voluntad; la hembra, en cambio, tiene una franja pectoral blanca.

La puesta consta de un solo huevo, del que sale un rabihorcado que tarda mucho tiempo en desarrollarse. Durante la incubación y mientras el pequeño es incapaz de valerse por sí mismo, el macho vigila por la seguridad de la familia; en cuanto algún intruso se acerca al nido, adopta una actitud agresiva, avanzando con el pico abierto y la bolsa gular inflada, para ahuyentar al enemigo.

Familia falacrocorácidos (cormoranes)

Los cormoranes son aves de cuerpo robusto y alargado, con el cuello largo y el pico ganchudo. Ofrecen un aspecto muy distinto del de los pelícanos, pero comparten con ellos la presencia de una bolsa gular extensible; como sucede con los pelícanos, esta bolsa gular les sirve para sostener a los peces grandes antes de tragarlos, aunque además cumple otras funciones como la de termorregulación y, posiblemente, la de atractivo sexual durante el cortejo.

Las plumas del cormorán grande (Phalacrocorax carbo) *se mojan por completo cuando se sumerge porque no son impermeables. Gracias a ello su flotabilidad se reduce bastante y pueden bucear sin esfuerzo; sin embargo, se ven obligados a sacudirse vigorosamente el agua cuando vuelven a tierra a tomar largos baños de sol.*

Los cormoranes están muy bien adaptados al medio acuático y suelen apresar a los peces, que forman lo esencial de su dieta o incluso son el único componente de ésta, zambulléndose desde la superficie y persiguiéndolos bajo el agua. Algunos cormoranes de América tropical capturan a sus presas en grupos, como los alcatraces, unas veces zambulléndose desde el aire y otras pescando desde la superficie. Esta última modalidad implica a veces una pesca verdaderamente coordinada, o en cooperación, como la de los pelícanos; la practican el cormorán carinegro de Australia *(Phalacrocorax fuscescens),* el cormorán de Java *(Phalacrocorax niger)* y también el cormorán imperial *(Phalacrocorax atriceps)* del cono sur.

La familia de los cormoranes, falacrocorácidos, es la más numerosa del orden pelecaniformes. El número de especies varía según los autores, pero, por lo general, casi todas las discrepancias giran en torno a las formas estrechamente relacionadas del hemisferio sur. En esta obra nos atenemos al criterio de considerar que el género único de la familia *(Phalacrocorax)* consta de 35 especies. La más ubicua de todas ellas es el cormorán grande *(Phalacrocorax carbo),* que vive en gran parte de Eurasia, en las costas marinas y lacustres de África, en las islas de la Sonda, Australia, Nueva Zelanda y en la costa atlántica de América del Norte. Frecuenta las aguas tanto marinas como dulceacuícolas y, a pesar de que no suele alejarse de la costa, nada muy bien, con la cabeza alzada y el pico apuntando hacia el cielo, y a la menor señal de peligro se sumerge, dejando fuera sólo la cabeza. También bucea admirablemente, aunque permanece muy poco tiempo bajo el agua. Al igual que los pelícanos, se alimenta de peces que engulle enteros.

El cormorán grande anida en colonias, a menudo con otras aves, y construye su nido de ramas, cañas y/o algas marinas en salientes de acantilados, edificios, árboles, arbustos o carrizales, o bien sobre el suelo desnudo. La hembra suele poner tres o cuatro huevos de color azul, totalmente recubiertos por una capa yesosa blanca.

En la ilustración, el cormorán pío (Phalacrocorax varius) *de Australia y Nueva Zelanda. Los cormoranes son aves coloniales que suelen nidificar en islas rocosas o cornisas de acantilados. Contruyen el nido con vegetales cimentados con excrementos, aunque algunas especies excavan un hoyo en la arena o en el guano mientras que otras emplean materiales tan insólitos como cáscaras de erizo de mar o plumas de pingüino.*

En las costas rocosas e islas atlánticas de Europa —y también, aunque mucho menos, en el Mediterráneo— es común el cormorán moñudo *(Phalacrocorax aristotelis),* de menor tamaño que el grande y dotado de una pequeña cresta de plumas en la cabeza.

Cormoranes americanos

En América Central y del Sur, la especie más común y extendida es el cormorán biguá *(Phalacrocorax olivaceus);* es todavía menor que el cormorán moñudo y su coloración negruzca contrasta con la bolsa gular y el contorno del pico, que son blancos. Cría en cualquier época del año, con frecuencia en compañía de otras aves en colonias que a veces cuentan con millares de individuos. Aunque suele pescar zambulléndose desde la superficie del agua, los individuos que viven en el mar se lanzan a menudo desde el aire sobre los bancos superficiales de pequeños peces. Otras especies sudamericanas son el ya citado cormorán imperial, que anida en las costas de Chile y Argentina —y también en algunos lagos andinos—, el cormorán chuita *(Phalacrocorax gaimardi),* que ocupa la costa del Pacífico desde el sur de Ecuador hasta la isla de Chiloé y el sur de Argentina, y el raro cormorán mancón *(Phalacrocorax harrisi),* que, incapaz de volar, limita su distribución a tres islas de las Galápagos.

El más interesante de los cormoranes sudamericanos es, sin duda alguna, el cormorán guanay *(Phalacrocorax bouganvillii),* que vive en las áridas costas de Perú y de Chile, en la zona de influencia de la fría corriente de Humboldt. La importancia de este cormorán en la producción del guano provocó un gran descenso de sus poblaciones a principios de este siglo. La protección de las guaneras, impulsada poco después por el gobierno peruano, permitió que estas aves se recuperaran en parte, aunque sin llegar a alcanzar los 30 millones de parejas que existían antaño. La posterior explotación de la anchoveta peruana para abastecer a las industrias multinacionales de piensos, unida a los efectos de la corriente del Niño en 1972 y 1985, causaron un nuevo descenso, pero las poblaciones actuales parecen estar otra vez en franca recuperación. Los guanays practican la pesca en cooperación, a veces en bandadas de millares de individuos. Crían en inmensas y apretadas colonias, en terreno llano o algo inclinado, donde forman un pequeño montículo de guano con una depresión central a modo de cráter. La hembra pone allí tres huevos de los que saldrán unos pollos que sólo alcanzarán la madurez cuando dispongan de abundante alimento.

Familia anhíngidos (anhingas)

Aunque algunos autores las clasifican junto con los cormoranes, en esta obra se ha preferido seguir el criterio del *Handbook of the Birds of the World* y clasificar a las anhingas en una familia aparte —anhíngidos—, con un género y dos especies: la anhinga americana (*Anhinga anhinga*), que como indica su nombre vive en el Nuevo Continente —desde Carolina del Norte (Estados Unidos) hasta el norte de Argentina—, y la anhinga común *(Anhinga melanogaster),* que vive en toda África subsahariana, en el sur y el Sudeste Asiático, y en gran parte de Australia.

Las anhingas se caracterizan por su cuello muy largo y flexible que, gracias a la especial modificación en forma de bisagra de sus vértebras octava y novena, puede doblarse hacia atrás en forma de «S» y que, mediante sus poderosos músculos, permite al ave arponear a sus presas con gran fuerza y velocidad. Las presas son en su mayoría peces, pero a veces estas aves complementan su dieta con anfibios, reptiles e invertebrados acuáticos.

Los anhíngidos son los pelecaniformes menos marinos; por lo general, viven en aguas dulces del interior aunque a veces también frecuentan los estuarios, los manglares y las bahías someras. Al igual que los cormoranes, pasan la mayor parte de su tiempo posadas en perchas bien visibles, donde toman el sol, digieren sus alimentos o se asean el plumaje. Cuando nadan, suelen hacerlo en una posición semisumergida, dejando aflorar sólo la cabeza y la parte superior del cuello como si fuera un periscopio, debido a que su plumaje es muy permeable, más que el de los cormoranes, y se moja de inmediato. Cuando bucean lo hacen lentamente, utilizando sus pies palmeados, poderosos y situados muy hacia atrás. Aunque a veces inspeccionan el medio subacuático con un buceo pausado, no suelen perseguir a sus presas sino que prefieren esperar a que pasen a su alcance para atravesarlas con sus mandíbulas muy afiladas y provistas de una fina denticulación en el filo, como las de alcatraces y piqueros. Para arponear a la presa, la anhinga estira su cuello con rapidez y la atraviesa lateralmente como si le diera una estocada. A continuación, el ave sube a la superficie, arroja la víctima al aire, la recoge otra vez con su pico serrado y, tras colocarla boca abajo, la engulle en un instante.

Las anhingas tienen unas alas grandes y anchas que les permiten planear de manera perfecta. Cuando crían son muy territoriales y, entre sus paradas nupciales, destaca una exhibición aérea que consiste en descender hacia el nido en vuelo planeado desde una gran altura.

La anhinga americana (Anhinga anhinga), *notable por la longitud de su cuello serpentiforme, suele criar en colonias laxas, aunque algunas veces lo hace en solitario. El nido es una plataforma de hojas y palos construida en un árbol, por encima del agua, y la hembra pone tres o cuatro huevos azulados, revestidos de una cubierta calcárea que recuerda al yeso. La extraña forma del cuello obedece a la modificación en bisagra de las vértebras octava y novena, que permite propulsar la parte anterior del cuello a modo de ballesta.*

CIGÜEÑAS, FLAMENCOS Y ÁNSARES

FAMILIAS DEL ORDEN CICONIFORMES

Orden ciconiformes
- Familia ardeidos
- Familia balenicipítidos
- Familia escópidos
- Familia cicónidos
- Familia tresquiornítidos

Los orígenes del orden ciconiformes han sido muy debatidos y es posible que las especies que lo componen no estén muy emparentadas entre sí. La polémica clasificación de Ahlquist, Sibley y Monroe (basada en el ADN) propone incluso agrupar en este orden aves tan dispares como gaviotas, rapaces diurnas, petreles y pelícanos. Los ciconiformes son aves de patas largas, siempre con cuatro dedos y el posterior bien desarrollado; tienen las alas grandes y provistas de once o doce rémiges primarias, el cuello largo, y el pico también alargado y de forma muy variable.

ORDEN CICONIFORMES

Casi todas las especies del orden se alimentan de animales pequeños, en especial de reptiles e insectos. Se posan en los árboles, en las rocas y otros lugares elevados para criar. Sus pollos salen del cascarón muy atrasados y son, por consiguiente, nidófilos.

FAMILIA ARDEIDOS (AVETOROS, GARZAS, MARTINETES)

En la ilustración, garza real (Ardea cinerea). *Los ardeidos tienen una vértebra del cuello muy alargada que les confiere una forma de «S» característica, lo que en vuelo constituye un distintivo esencial. Presentan placas de plumón pulverulento que utilizan para semiimpermeabilizar sus plumas, ayudándose con el pico y con el dedo medio.*

Esta familia presenta varios caracteres que permiten distinguirla muy bien de las otras. En primer lugar, su cuerpo es poco voluminoso con relación a la longitud del cuello y las patas, aunque las plumas no permiten apreciar a primera vista la verdadera desproporción. Además, debajo de las plumas, en el pecho y a los lados del obispillo, tienen unas zonas de plumón que producen un polvo fino y grasiento, y el borde interno de la uña del dedo medio lo tienen aserrado, a modo de peine. Este rasgo tan singular también lo presenta el avemartillo, pero en éste la punta del pico es ganchuda, lo que no ocurre nunca en las garzas, ya que todas ellas tienen el pico recto y puntiagudo.

Garzas

La garza real *(Ardea cinerea)* constituye una de las aves más hermosas de la fauna europea. Tan grande como la cigüeña, es mucho más esbelta y tiene el plumaje más variado, de un bonito matiz gris, muy delicado en las plumas escapulares, que son largas y finas, y cubren a modo de fleco el nacimiento de las alas. El largo cuello, que es blanco, con unas listas de manchitas negras por delante, muestra también en su parte inferior largas plumas que caen como una corbata sobre el pecho, y la cabeza, así mismo blanca, tiene dos bandas laterales negras que se juntan sobre la nuca, desde la cual cuelgan hacia atrás dos largas plumas negras. A la elegancia de su coloración, une la garza real cierta gracia en todos sus movimientos y actitudes, tanto si descansa a orillas de un río con el flexible cuello plegado en forma de «S», como si avanza con mesurado paso, hundida en el agua hasta media pata, preparando el agudo pico para atravesar al primer pez que pase a su alcance. Se la encuentra en todo tipo de hábitats acuáticos y húmedos, incluso en aguas salobres o saladas, donde se dedica a la caza y a la pesca de cualquier clase de animales pequeños. Los peces son sus víctimas más frecuentes, pero también come ranas, ratas de agua, ratones, crías de pato y de otras aves acuáticas, moluscos, crustáceos, lombrices e insectos. A veces, hasta el rápido martín pescador y la ágil golondrina de ribera sucumben a su insaciable apetito.

Por lo común solitaria, la garza se reúne con sus semejantes para criar, anidando en colonias, bien en los árboles, bien en algún carrizal. En el Paleártico procrea a fines de

La garza imperial (Ardea purpurea) *es más difícil de observar que la garza real –sobre todo en el sureste de Europa, donde las poblaciones están en declive– porque acecha a sus presas totalmente inmóvil, semiescondida y camuflada entre la vegetación, y siempre se alimenta en solitario.*

La garceta común (Egretta garzetta) *tiene un área de distribución muy extensa y, pese a la persecución de que fue objeto a principios del siglo* XX *y finales del* XIX, *sus poblaciones gozan de un envidiable estado de salud. La persecución tenía como objeto las plumas que aparecen en el dorso del ardeido durante la época nupcial.*

invierno y en los trópicos en diversas épocas. La hembra pone cuatro o cinco huevos en Europa y tres en los trópicos. Las crías, que salen a las cuatro semanas, son unos seres muy grotescos, envueltos en plumón gris sucio con un curioso copete blanco encima de la cabeza.

La garza real se encuentra en casi todo el Antiguo Mundo, desde los 60° de latitud norte hasta el cabo de Buena Esperanza en África, y Japón y Filipinas en Asia. En las mismas regiones, aunque sin extenderse tan al norte, existe otra especie algo más pequeña y con el plumaje más oscuro y rojizo, la garza imperial *(Ardea purpurea)*, mientras que en las regiones tropicales de África vive la garza goliath *(Ardea goliath)*, la más corpulenta del género, de coloración gris y castaña.

El Nuevo Mundo cuenta también con varias especies, entre ellas la garza azulada *(Ardea herodias)*, de Estados Unidos, México, América Central y las Antillas, y la garza cuca *(Ardea cocoi)*, de América meridional.

Garcetas

Las garcetas son ardeidos de formas estilizadas y de plumaje generalmente blanco, aunque algunas especies son oscuras y otras tienen dos fases cromáticas, una blanca y otra oscura.

La especie más extendida es, sin duda alguna, la garceta grande *(Egretta alba)*, que vive en todos los continentes, excepto en la Antártida, al sur de los 50° de latitud norte. Esta ave de tamaño similar a la garza cuca, aunque con formas mucho más esbeltas, posee un plumaje blanco e inmaculado que contrasta con el pico y las patas negros. Las plumas escapulares tienen las barbas largas y descompuestas, que todavía crecen más en la época del celo, cuando forman una especie de fleco o penacho que excede en longitud a las alas y la cola.

La garceta nívea *(Egretta thula)* es bastante más pequeña que la grande, tiene un plumaje blanquísimo y los pies de color amarillo brillante. Vive en Estados Unidos, América Central y del Sur. La garceta común *(E. garzetta)* también tiene los pies amarillos pero, contrariamente a las otras dos, es polimórfica y, además de la típica fase blanca, muestra otra de color gris con la garganta blanca y etapas intermedias entre aquellas dos. Vive en África, centro y sur de Europa y Asia, Japón, Filipinas, Indonesia y Australia. Se la encuentra, sola o por parejas, en lagos someros, charcas, deltas fluviales, saladares y lagunas costeras, donde busca pececillos, ranas, crustáceos, moluscos e insectos acuáticos. En el Paleártico forma colonias de marzo a julio, algunas veces muy numerosas, que anidan en carrizales o en árboles próximos a zonas pantanosas, a menudo en compañía de otras especies.

Espulgabueyes

El espulgabueyes o garcilla bueyera *(Bubulcus ibis)* es un pequeño ardeido originario del Antiguo Continente, que, gracias al incremento generalizado de las zonas de pastoreo vacuno en gran parte del mundo, ha extendido su área de distribución a todos los continentes del mundo (excepto la Antártida), incluida Sudamérica hasta el cono sur. Se reconoce por su plumaje blanco, con una cresta de plumas colgantes de color salmón, matiz que también ofrece el penacho nupcial con que se adorna su dorso al llegar la primavera. Es fácil observar a estas aves mientras acompañan al ganado para comerse las garrapatas y los insectos que atormentan a los animales o que éstos levantan a su paso. Durante la primavera austral o boreal —y durante casi todo el año en las regiones tropicales—, las garcillas bueyeras abandonan las vegas descampadas para buscar los carrizales o arboledas próximos a ríos o pantanos, donde se reúnen en gran número para criar. Cada árbol sostiene diez, veinte o incluso miles de nidos. Éstos, fabricados con ramitas, son bastante toscos y cada uno contiene de dos a cinco huevos de un azul muy pálido. Otra especie que tiene una distribución muy amplia es la garcita verdosa *(Butorides striatus),* que habita en todos los continentes excepto la Antártida, aunque rara vez al norte del trópico de Cáncer.

Martinetes

El martinete común *(Nycticorax nycticorax)* también tiene una distribución extensísima, aunque es algo más norteña que la garcita verdosa y no vive en Australia. Al igual que esta última ocupa gran parte de América del Sur. Se diferencia de los otros ardeidos por sus formas rechonchas y sus patas cortas, y tiene el plumaje gris, con el manto y la parte superior de la cabeza negros con reflejos verdes; además, tres plumas muy estrechas y muy largas le cuelgan detrás de la nuca. Es de costumbres nocturnas, y se alimenta de toda clase de animalillos acuáticos, en particular de peces. Otro ardeido nocturno es el arapapá o martinete cucharón *(Cochlearia cochlearia)*, de América del Sur, perteneciente a la misma subfamilia que el martinete común y así mismo una especie pescadora; por su figura y su coloración recuerda al martinete común, pero su pico es muy ancho y aplastado.

Avetoros

También es nocturno el avetoro común *(Botaurus stellaris),* que forma parte de una tercera subfamilia de ardeidos, botaurinos, aves todas ellas muy escondidizas y a menudo de coloración críptica. El plumaje del avetoro común, con listas transversales amarillentas, pardas y negras, lo es en grado sumo, al igual que el de otras especies afines como el avetoro lentiginoso *(B. lentiginosus)* de Norteamérica y el avetoro mirasol *(B. pinnatus)* de América Central y del Sur.

Los ojos de los avetoros son casi tan brillantes como los de los búhos, y tienen, como éstos, el vuelo lento y pesado. Durante el día, estas aves permanecen inmóviles entre los carrizos, con la cabeza muy levantada y el pico dirigido hacia arriba; con esta actitud, y merced a su coloración, se confunden fácilmente con las cañas y los juncos. De noche salen a cazar, o más bien a pescar, pues aunque comen insectos, crustáceos y ratas de agua, lo que más persiguen son peces y ranas. En la época del celo, el macho deja oír un fuerte mugido que recuerda al de un toro, característica a la que debe su nombre tanto vulgar como científico.

Otro género de botaurinos, *Ixobrichus*, comprende los avetorillos, ardeidos de pequeño tamaño que por sus formas rechonchas parecen versiones en miniatura de los avetoros, aunque suelen tener un plumaje mucho más vivo. El avetorillo común *(I. minutus)*, por ejemplo —una especie propia del

El martinete común (Nycticorax nycticorax) *vive en una amplia gama de hábitats húmedos, desde manglares, marjales, orillas de lagos y de ríos, hasta pastos húmedos, acequias y bosques de ribera, pero es difícil de ver debido a sus costumbres nocturnas. Su dieta también es muy variada e incluye peces, ranas y renacuajos, tortugas, culebras, insectos, crustáceos, sanguijuelas, pequeños mamíferos e incluso huevos y pollos de otras aves.*

El avetoro mirasol (Botaurus pinnatus) *vive en América tropical. Se alimenta de anguilas y otros peces, ranas, serpientes e insectos y pone de 2 a 3 huevos en un nido-plataforma de carrizos u otras plantas.*

El ave martillo debe su nombre al extraño aspecto que le confiere su pico, con la arista superior muy marcada, y la cresta que sobresale de la parte posterior de la cabeza. Esta ciconiforme construye el nido más grande y complicado de entre todas las aves, y no detiene su actividad constructora en todo el año. Una última particularidad es la denominada "falsa monta", que, si bien se parece a la cópula, no está relacionada con la reproducción, ya que se practica en cualquier época del año y además es a menudo la hembra la que se pone encima del macho.

Antiguo Continente—, es negro por encima, con una banda blanca en cada ala, y de un vivo leonado rosáceo por debajo y en los flancos. Otro ejemplo es el avetorillo canelo *(I. cinnamomeus)*, que vive en la India y el Sudeste Asiático y tiene un plumaje uniforme de intenso color canela. La excepción a la regla es el avetorillo listado *(I. involucris)* de Sudamérica, cuyo plumaje listado y críptico recuerda en gran medida al de los avetoros. Todas estas aves viven en los cañaverales, siendo curiosa su costumbre de trepar por los juncos, corriendo arriba y abajo con sorprendente agilidad.

FAMILIA BALENICIPÍTIDOS (PICOZAPATO)

La región etiópica cuenta en su fauna con dos ciconiformes de formas insólitas, cada uno de los cuales constituye por sí solo una familia especial, tan distintos son sus caracteres de los de las demás aves de este orden. Una de estas familias es balenicipítidos y su única especie es el picozapato *(Balaeniceps rex)*, ave que se distingue por su cabeza enorme y por su pico aún más grande, anchísimo, terminado en una punta ligeramente ganchuda, y encorvado hacia arriba, formando una especie de caja con figura de zueco. El color del pico es amarillo sucio y el plumaje gris. Vive en las orillas del Nilo Blanco y llega por el sur hasta el lago Victoria y, posiblemente, hasta el centro de Malawi.

Esta notable zancuda habita los cañizales y las espesuras de papiros, donde se la encuentra sola o por parejas. Come sobre todo peces, que atrapa con su extraño pico con gran habilidad; también se nutre de ranas, serpientes acuáticas, varanos y jóvenes tortugas y, ocasionalmente, aves y pequeños mamíferos. Como las cigüeñas, produce un ruido especial castañeteando el pico. Hace su nido en los cenagales, sobre el lodo, con ramas, carrizos y otros vegetales, y sus huevos, de un color blanco azulado, están revestidos de una costra caliza.

FAMILIA ESCÓPIDOS (AVEMARTILLO)

La otra familia es la de los escópidos, compuesta por una única especie, el avemartillo *(Scopus umbretta)*, que debe su nombre al curioso aspecto de su cabeza, a la que dan apariencia de martillo el pico, que es grueso, de arista superior muy marcada y punta ganchuda, y una cresta casi de la misma for-

Las cigüeñas blancas (Ciconia ciconia) *realizan largas migraciones anuales desde África central y meridional y el subcontinente indio a latitudes más nórdicas para reproducirse. Construyen sus nidos sobre los tejados, los campanarios y en árboles y acantilados cercanos a lugares pantanosos.*

ma que sobresale hacia atrás en dirección opuesta. Es un ave de discreto plumaje pardo oscuro y algo más pequeña que el ibis sagrado, que se alimenta sobre todo de anfibios y que resulta especialmente digna de mención por su nido, uno de los mayores y más elaborados en el mundo de las aves. Se trata, en efecto, de un nido enorme, con una entrada inferior y dividido en dos cámaras, que construye con ramas, hojas y barro, y cuyo exterior decora luego con toda clase de objetos vistosos: piedrecillas de colores, huesos blanqueados por el sol, simientes y pedacitos de cortezas de variados matices, e incluso viejas latas de conserva, trozos de vidrio y botones de metal.

Familia cicónidos (cigüeñas, jabirúes, marabúes)

La familia cicónidos, que incluye como género típico al de las cigüeñas *(Ciconia)*, se diferencia de la familia tresquiornítidos por ciertos rasgos osteológicos, que se observan sobre todo en el cráneo y el esternón. Los cicónidos son aves de tamaño mediano a muy grande, caracterizadas por tener el pico largo, robusto, grueso en la base y nunca aplastado en la punta ni encorvado en forma de hoz.

Por otro lado, sus patas son muy largas y las alas, largas y anchas, se hallan perfectamente adaptadas para el vuelo encumbrado.

La cigüeña negra (Ciconia nigra), *ya muy rara en la península Ibérica, cría en Eurasia, desde el océano Pacífico hasta el Atlántico, e inverna en África subsahariana y en el sur de Asia. En Europa Occidental está en peligro de extinción. Tiene un plumaje negro, con la región abdominal blanca, y sus costumbres se parecen a las de su congénere blanca, aunque es mucho más tímida que ésta y suele nidificar en lugares muy inaccesibles, generalmente en bosques, y nunca en poblaciones. Se alimenta sobre todo de peces de agua dulce.*

La cigüeña blanca (Ciconia ciconia) *es una de las aves más populares de Europa. Presenta el pico largo y recto, de color rojo como las patas. Éstas tienen los tres dedos anteriores unidos en la base por una membrana.*

Cigüeñas

La cigüeña blanca *(Ciconia ciconia)* es una de las aves más populares en Europa. Como es bien sabido, tiene el pico y las patas rojas, el pico largo y recto, y el plumaje blanco, con las alas en gran parte negras. Las migraciones de la cigüeña blanca se conocen desde los tiempos bíblicos y, debido a la popularidad y el gran tamaño de la especie, están entre las más conocidas del mundo de las aves. Las cigüeñas blancas emigran en bandadas a veces numerosísimas (10 000 aves o más), formando dos filas divergentes que cruzan el espacio a gran altura. Al llegar a Europa (Marruecos), África del sur o Asia central, cada pareja busca el sitio donde anidó el año anterior. Si encuentra su antiguo nido destruido, busca otro lugar más hospitalario para hacer uno nuevo; si lo halla intacto, le añade nuevos materiales, consistentes básicamente en ramas secas, apiladas en gran número. Algunos nidos contienen casi una carretada de leña. Suelen construirlos en los tejados, en las torres o en los campanarios, pero también se instalan en árboles o en acantilados, fuera de las poblaciones. En Marruecos se han visto nidos de cigüeñas sobre añosos acebuches, donde anidaban también hasta cuatro especies diferentes de garzas. La hembra pone cuatro huevos como media; los pollos, nidícolas, salen al cabo de un mes, están envueltos en un plumón de color blanco sucio y tienen el pico negro. La cigüeña blanca come, sobre todo, ranas, renacuajos, lagartijas, culebras pequeñas y toda clase de insectos. También devora ratoncillos y topos, con lo que rinde un notorio servicio a la agricultura; pero en ocasiones destruye las crías de los pájaros que anidan en el suelo, e incluso se come alguna liebre recién nacida. En general se la considera como ave útil, aunque esta opinión se funda a veces en el odio con que la gente mira a los reptiles, que extermina en gran número.

El vuelo batido de la cigüeña es lento y pesado y, al igual que las grandes rapaces, con frecuencia asciende remontándose en círculos por el aire, con las alas inmóviles y las patas extendidas hacia atrás. Es una de las pocas aves que no emite canto ni grito alguno. Lo que con frecuencia hace es castañetear rápidamente el pico, echando la cabeza hacia atrás y produciendo un ruido, denominado crotoreo, que se oye a bastante distancia.

Mucho antes de terminar el verano, las cigüeñas se reúnen en gran número en determinados sitios, siempre los mismos, y emigran en masa a África central y meridional y al sur de Asia.

La cigüeña maguarí *(Ciconia maguari)* vive en casi toda América, al sur de los Andes, y se distingue de la cigüeña blanca por su pico de color plomizo y su zona facial desnuda y roja. Es mucho menos migradora que su homóloga europea y, aunque todavía no está amenazada como especie, el número de sus ejemplares se ha reducido localmente debido al uso de pesticidas en la agricultura y al consumo del que son objeto sus pollos, a los que se engorda durante unos días después de capturarlos en el nido.

La cigüeña negra *(Ciconia nigra)* vive en Asia y en Europa Central desde el Pacífico hasta el Atlántico y forma un reducido enclave en el centro-este de la península Ibérica, donde anidan unas 300 parejas. Su plumaje es negro, con la región abdominal blanca. Sus costumbres se parecen a las de su congénere blanca —como ella es migradora y unos pocos individuos son sedentarios en la península Ibérica—, pero anida en

El marabú africano (Leptoptilus crumeniferus) *es un cicónido común que abunda en zonas de la región etiópica así como en gran parte de África tropical. Se alimenta de pequeños vertebrados, insectos, restos de comida humana y sobre todo de carroña.*

bosques, nunca en poblaciones, y se alimenta sobre todo de peces de agua dulce. No debe confundirse esta especie con la cigüeña de Abdim *(Ciconia abdimii)*, que también es negra, con notables reflejos verdes y purpúreos, y que vive en África subsahariana y el sudoeste de Arabia.

Marabúes

Los marabúes, que habitan en las regiones cálidas de África y Asia, constituyen un género muy afín a las cigüeñas, pero se distinguen de ellas por su pico enorme, tan grueso como la cabeza en la base, cuadrangular en su origen y cónico hacia la punta. La cabeza y el cuello están desprovistos de plumas, como en los buitres, y, a excepción del marabú menor *(Leptoptilus javanicus)* del sur de Asia, llevan bajo el cuello un saco membranoso colgante. Debajo de la cola poseen unas cuantas plumas rizosas y muy finas. Lo más curioso de estas aves es su aspecto, al mismo tiempo cómico y grave, y sus movimientos, rígidos y circunspectos. Su parecido con los buitres no se limita a la cabeza; tienen costumbres muy semejantes a las de estas rapaces, y se alimentan, como ellas, de toda clase de carroñas. El marabú africano *(Leptoptilus crumeniferus)*, que se halla distribuido por casi toda África tropical, es bastante mayor que las cigüeñas blanca y maguarí, y tiene el plumaje de las partes superiores negruzco, con reflejos bronceados. El marabú argala *(Leptoptilus dubius)* es más corpulento todavía y supera a menudo el metro y medio de altura. Es similar a los otros dos y se diferencia del marabú menor por su pico, mucho más grueso. Por desgracia, en la actualidad esta ave está prácticamente extinguida y, a menos que se confirmen los rumores de otras colonias de cría en el Sudeste Asiático, hoy, según se sabe, sólo crían unas 70 parejas en Assam, en el norte de la India.

Jabirúes y tántalos

El jabirú americano *(Jabiru mycteria)*, que se encuentra junto a los grandes ríos de la América meridional, es un cicónido casi tan grande como el marabú de África, al que recuerda por el porte y el aspecto del pico. No resulta, sin embargo, tan repulsivo, ni tiene saco colgante bajo el cuello, aunque, eso sí, es capaz de hincharlo de un modo ridículo. La forma particular de su pico, con la pun-

El jabirú americano (Jabiru mycteria) *vive en Centroamérica y en Sudamérica tropical, al oeste de los Andes. Una buena zona para obervarlo es el Pantanal, en Brasil. Su pico, grande, robusto, puntiagudo y curvado hacia arriba, le resulta muy útil para remover el fango y el limo en busca de los peces, anfibios, reptiles e insectos que constituyen su alimento.*

El tántalo africano (Mycteria ibis) *es un ave de plumaje muy vistoso, con las patas delgadas y muy altas, el cuello largo, la cabeza pequeña y medio desnuda y el pico muy alargado. Vive en la región etiópica y es en gran parte sedentario.*

ta encorvada hacia arriba, le es útil para remover el fango y el limo en busca de los peces, anfibios, reptiles e insectos que constituyen su alimento. Su plumaje es blanco y el cuello y la cabeza son negros, con una ancha banda roja en torno del primero. Una especie muy parecida a ésta es la cigüeña ensillada o jabirú africano *(Ephippiorhynchus senegalensis)*, propia de África tropical, que tiene el pico rojo con una banda negra hacia la mitad, y una especie de carúncula carnosa a cada lado.

El tántalo americano o acalote *(Mycteria americana)* vive en Florida, las Antillas, México, América Central y gran parte de Sudamérica. Su pico es grueso, como el del jabirú americano, pero con la punta vuelta hacia abajo; tiene un plumaje blanco puro, mientras que la cabeza, que está desnuda, es de un negruzco azulado. Se trata de una especie muy social, que vive en manglares y marismas en compañía de otras aves, como ánades, garzas e ibis, y a menudo cría en colonias mixtas con otros ciconiformes. Le agrada permanecer largas horas posada en los árboles más altos. Su alimento consiste en peces, gusanos y reptiles. Pertenecen al mismo género el tántalo africano *(Mycteria ibis)* y el tántalo indio *(Mycteria leucocephalus)*. El primero se encuentra en la región etiópica, incluida Madagascar, y tiene el plumaje blanco, teñido de rosa sobre las alas, la cabeza medio desnuda y encarnada, el pico amarillo y las patas rosa; el segundo, que vive en la India, sur de China e Indochina, es también blanco, pero con una banda negra en el pecho, y las alas negras con las cobertoras orilladas de blanco; la parte desnuda de su cabeza es anaranjada, y las patas de color carne.

FAMILIA TRESQUIORNÍTIDOS (IBIS Y ESPÁTULAS)

La quinta familia del orden ciconiformes comprende los ibis y las espátulas. Los primeros son bien conocidos por su pico largo y curvo, y porque uno de ellos, el ibis sagrado, aparece en innumerables jeroglíficos egipcios; los segundos tienen el pico plano, largo, recto, aplanado y ensanchado en la punta como una cuchara.

Los ibis pertenecen a la familia tresquiornítidos y tienen el pico largo y curvado hacia abajo. Existen 26 especies de ibis, 11 de las cuales habitan en el Nuevo Continente. En la ilustración puede verse un ejemplar de ibis sagrado (Threskiornis aethiopica) *que, en épocas faraónicas, remontaba el Nilo hasta Egipto y de ahí su presencia en la mitología y los jeroglíficos egipcios.*

El ibis escarlata o corocoro rojo (Eudocymus rubra), *que vive en América tropical, es una especie de hermoso color escarlata, aunque en cautiverio pierde este color característico.*

Ibis

El ibis sagrado *(Threskiornis aethiopica)* vive en el sudeste de Irak y en casi toda África subsahariana, allí donde haya lagos, ríos y marismas; en sus orillas, entre el fango, encuentra los crustáceos y gusanos que, junto con ranas, culebras y otras sabandijas, constituyen su alimento.

También vive en hábitats humanizados como granjas y vertederos. Es fácil de reconocer por su cabeza y su cuello desnudos, cubiertos de una piel negra que contrasta con el plumaje blanco puro de su cuerpo; las secundarias tienen las barbas descompuestas y cubren la cola como un fleco de color negro intenso. Forma bandadas bastante numerosas y anida en árboles o arbustos.

Otra especie africana es el ibis eremita *(Geronticus eremita)*, antiguamente abundante en Marruecos, Argelia y Turquía y del que hoy apenas quedan un centenar de parejas en la naturaleza. Sin embargo, y a pesar del peligro que se cierne sobre esta especie, es posible que los más de 700 ejemplares cautivos sirvan para reintroducirla en hábitats similares a los que habitaba en el Magreb o en Turquía —por ejemplo, en el israelita monte Carmelo o en el español cabo de Gata— y donde los ibis no estarían expuestos al uso indiscriminado de pesticidas o a la persecución pura y simple. A este respecto cabe recordar que, hasta hace unas décadas, los argelinos comían la carne de este ibis a la que, probablemente por su plumaje negruzco y su cabeza escarlata, daban el nombre de «pavo». Contrariamente a otros ibis, el eremita vive en hábitats muy secos, donde se nutre de insectos, arañas, escorpiones y pequeños vertebrados.

Otra especie en peligro de extinción es el ibis nipón *(Nipponia nippon)*, ave de plumaje blanco níveo, matizado de rosa anaranjado en alas y cola, en contraste con la máscara facial y las patas rojas, y el pico negro con la punta negra. En 1989 quedaban apenas 46 ejemplares de esta especie pero, como en el caso del ibis eremita, es posible que los programas de cría en cautividad y reintroducción posterior en la naturaleza consigan salvarla de la extinción definitiva.

En América tropical viven dos especies de ibis igualmente bellas: el corocoro blanco *(Eudocymus alba)* y el corocoro rojo *(Eudocymus rubra)*, este último de un hermoso color escarlata que pierde en el cautiverio.

Moritos

En Europa los ibis están representados por el morito común *(Plegadis falcinellus)*, que anida en la Camarga, en Europa oriental, centro y sur de Asia, África y Australia y que comenzó a colonizar el continente americano en 1880 (hoy vive en la costa atlántica de Canadá y Estados Unidos y en las Antillas). Es una de las ciconiformes más pequeñas, ya que tiene el tamaño de una gallina, y se distingue de otros ibis por tener la cabeza y el cuello revestidos de plumas. Todo su plumaje es bronceado y purpúreo, muy oscuro y lustroso, de modo que a primera vista parece negro. En invierno presenta la cabeza y el cuello finamente listados de blancuzco. El morito común es una especie gregaria que anida en grandes colonias a menudo mixtas. Los insectos constituyen su alimento principal, pero también come gusanos, moluscos, crustáceos, peces, ranas, renacuajos y pequeños reptiles. Construye el nido en tarayales, y otras veces entre los juncos.

Las espátulas reciben este nombre por la singular forma de su pico, con el que capturan a sus pequeñas presas acuáticas balanceándolo de un lado a otro dentro del agua o (menos a menudo) sondeando en el barro como los ibis. La espátula común (Platalea leucorodia), *que sólo nidifica en Eurasia, se alimenta de insectos, sanguijuelas, crustáceos, ranas, renacuajos y peces, y en ocasiones de algas y diversas hierbas acuáticas.*

En América del Sur viven otros dos moritos, el cariblanco *(Plegadis chihi)* y el de la Puna *(Plegadis ridgwayi)*, muy similares al común por su plumaje lustroso y cobrizo. Otros ibis emparentados con los moritos son las bandurrias, todas ellas sudamericanas, y que, a excepción de la bandurria mora *(Theristicus caerulescens)*, muestran bellos colores contrastados.

Espátulas

La espátula común *(Platalea leucorodia)*, que cría en el Viejo Mundo al norte del Ecuador, se distingue de todas las especies citadas anteriormente por la extraña forma de su largo pico, muy plano y ensanchado en la punta. Su plumaje es blanco de nieve, con una mancha amarilla en el pecho, y tiene una pequeña cresta eréctil. La espátula común anida en primavera o durante la estación de las lluvias entre los cañaverales o los arbustos de los sitios pantanosos, y suele formar colonias uniespecíficas.

En América Central y del Sur vive otra especie de este género, la espátula rosada *(Platalea ajaja)*, que, como su nombre indica, tiene el plumaje rosa; anida en colonias mixtas con otras ciconiformes y con cormoranes, en las ramas horizontales de los mangles o en otros árboles de bajo porte, arbustos o cañaverales, y la hembra pone dos o tres huevos de los que salen unos pollos recubiertos de plumón corto y blanco.

ORDEN FENICOPTERIFORMES

Aunque antes solía clasificarse a los flamencos en el orden ciconiformes, lo cierto es que sus pies palmeados, la estructura de su pico y su plumaje impermeable les sitúan en una posición taxonómica mucho más próxima a los anseriformes. Sin embargo, y debido a que otros estudios recientes (los de ADN sobre todo) parecen refutar un parentesco tan próximo con cisnes, gansos y patos, lo más prudente quizás sea clasificarlos en un orden por derecho propio.

Uno de los rasgos más notables de los flamencos es su pico filtrador, que les permite alimentarse a la manera de las ballenas de barbas (misticetos), utilizando las laminillas córneas de los filos de las mandíbulas como rejas filtrantes y la lengua como pistón. Además de esta característica, que compar-

La extraña y curiosa silueta del flamenco común (Phoenicopterus ruber), *es un compendio de las adaptaciones necesarias para vivir en zonas de marisma sin tener que nadar. Sus largas patas le permiten deambular con facilidad por el agua somera y los terrenos fangosos. Vive en saladares y en lagos salinos o fuertemente alcalinos del interior. Reunido en grandes bandadas,se alimenta de pequeños crustáceos, moluscos, larvas de moscas, etc.*

te con otros grupos de aves, el pico posee la peculiaridad de estar completamente invertido porque la evolución ha favorecido en el flamenco un modo de alimentación consistente en barrer el agua y el cieno completamente boca abajo. La inversión del pico no sólo se ha producido en la forma sino también, obviamente, en su movimiento, y mientras mantiene rígida su mandíbula inferior, el flamenco se alimenta levantando y bajando su mandíbula superior.

Familia fenicoptéridos (flamencos)

La especie más difundida de este orden, que consta de una familia única —fenicoptéridos—, es el flamenco común *(Phoenicopterus ruber).* Con sus 120-145 cm de longitud total, este flamenco es el mayor de la familia. También es el único que consta de dos subespecies bien definidas. *P. r. roseus,* que vive en el Viejo Mundo, y es de un delicado rosa pálido, casi blanco, con el pico, patas y rémiges de color carmín pálido. La subespecie americana, *P. r. ruber,* es de un rosado mucho más intenso, casi rojo, de ahí su nombre científico; además, su plumaje apenas muestra contraste con las patas y la parte media del pico. Ambas subespecies presentan la punta del pico negro, como los demás flamencos; no obstante, la extensión del negro es mucho mayor en *P. r. ruber.* El pollo, al salir del huevo, está revestido de un plumón blanco sucio y tiene las patas parduscas y el pico gris violáceo, coloración que no abandonará hasta la edad adulta.

Reunido en grandes bandadas, el flamenco común vive en saladares y marismas

El flamenco chileno (Phoenicopterus chilensis) *vive en lodazales costeros, estuarios y lagos salados hasta 4 500 de altitud. Escaso o ausente en lagos con peces, se alimenta de pequeños crustáceos, larvas de dípteros y gasterópodos. Aunque el total de sus efectivos ronda los 200 000 –cifra sensiblemente mayor que los 50 000 atribuidos por algunas fuentes a las parinas–, es el flamenco más abundante de Sudamérica.*

saladas, y en lagos salinos o fuertemente alcalinos de aguas someras en el interior de las tierras, donde se alimenta de pequeños crustáceos y moluscos, larvas de moscas y mosquitos, algas, semillas de eneas y juncos, bacterias y a veces peces pequeños. Suele capturar a sus presas metiendo la cabeza en el agua. Aunque nada muy bien, rara vez lo hace, porque sus largas patas le permiten andar dentro del agua hasta zonas donde hay más de medio metro de profundidad. Cuando vuela se eleva mucho, lleva extendidos el cuello y las patas, y bate lentamente las alas. Una bandada de flamencos alzando el vuelo, brillando al sol las ráfagas rojas y negras de centenares de alas, es un espectáculo muy hermoso. Mientras surcan el espacio, dejan oír a menudo su voz, una especie de ronco graznido nasal.

El flamenco común cría en grandes y densas colonias (excepto en las Galápagos, donde sus colonias no superan las 50 parejas), en lodazales, islas de grandes lagos someros y, ocasionalmente, en islas rocosas. El nido, hecho de barro, es troncocónico con una ligera depresión en forma de taza en la parte superior. La hembra pone un huevo (rara vez dos) grande, de color blanco azulado y recubierto de una costra caliza blanca y de aspecto yesoso.

En África también vive el flamenco enano *(Phoeniconaias minor)*, que, dotado de un pico filtrador eficientísimo, se alimenta casi exclusivamente de cianobacterias y diatomeas, organismos cuyo diámetro varía entre 0,02 y 1 mm. Este flamenco es típico de los lagos muy alcalinos del este de África, medio en el que proliferan especialmente las cianobacterias *Spirulina,* pero suele criar en lodazales alejados de estos lagos, donde crea colonias de varios millares de individuos. También habita, si bien es menos abundante, en Namibia y Botswana, en el norte de Senegal y en la frontera entre Pakistán y el noroeste de la India.

Especies americanas

En América del Sur viven tres especies exclusivas de este continente: el flamenco chileno *(Phoenicopterus chilensis)*, que ha-

FAMILIAS DEL ORDEN ANSERIFORMES
▼

Orden anseriformes
- Familia anímidos
- Familia anátidas

bita en toda la mitad sur del continente, desde el nivel del mar hasta los 4 500 m de altura; la parina grande *(Phoenicoparrus andinus)*, que se encuentra en los lagos andinos de gran altura (3 500-4 500 m) de una zona reducida, a caballo entre Perú, Bolivia, Chile y Argentina; y la parina chica *(Phoenicoparrus jamesi)*, que vive en esta misma zona pero a altitudes generalmente mayores y en lagos más alcalinos que la parina grande. Estos tres flamencos crían a menudo juntos, en lagos y lagunas de los altiplanos andinos. Como la del flamenco común, las hembras de estas especies ponen un huevo único, blanco azulado o blanco, y recubierto de una capa blanda y blanca.

ORDEN ANSERIFORMES

Los anseriformes comparten con los galliformes (perdices, faisanes, etc.) una serie de caracteres morfológicos y de conducta y, posiblemente, un ancestro común. Como los faisanes y perdices, los anseriformes tienen grandes puestas, jóvenes nidífugos, parejas inestables y machos que apenas se ocupan de la incubación. Con todo, la posición taxonómica de estas aves no está clara y la mayoría de los autores continúan relacionándolas con los ciconiformes y fenicopteriformes. Aunque los estudios sobre el ADN parecen indicar lo contrario, esta última hipótesis se vio reforzada recientemente por el estudio de la composición química de la clara de sus huevos.

El orden anseriformes incluye dos familias: anímidos y anátidas.

FAMILIA ANÍMIDOS (CHAJÁS)

Esta familia comprende dos géneros y sólo tres especies, las tres sudamericanas e igualmente notables por sus características. En su anatomía existen muchos puntos de contacto con los patos y los gansos, pero en su aspecto exterior no presentan el menor pa-

El chajá común (Chauna torquata) *vive en Bolivia, sur de Brasil y norte de Argentina.*

recido con ellos. Son aves de gran tamaño y corpulencia, bien proporcionadas, con robustas patas y dedos muy grandes, los dos anteriores unidos por una membrana en la base y el posterior armado de una uña fuerte y larga. Su pico tiene las narinas horadadas, con la mandíbula superior algo más larga que la inferior, puntiaguda y ligeramente encorvada como en las gallinas; sus alas son grandes, anchas y llevan un par de espolones córneos, fuertes y afilados, que, según parece, utilizan los machos para luchar en defensa del territorio. Al contrario que otros anseriformes, son capaces de planear y de encumbrarse a gran altura como las cigüeñas, pero, aunque nadan bien, son incapaces de bucear.

El chajá común *(Chauna torquata),* una de las muchas especies de aves descubiertas por el naturalista Félix de Azara, vive en Argentina, en Paraguay y en el sur de Brasil. Su corpulencia es similar a la de un ganso, pero más alto sobre las patas. Su cabeza, que lleva una especie de cresta de plumas dirigida hacia atrás, está desnuda en torno a los ojos y cubierta en la parte restante, al igual que el pescuezo, por un plumaje corto y algodonoso, de color plomizo claro, sobre el que resalta un collar estrecho y pelado, de color blanco rojizo, y otro más bajo de plumitas rizosas y negras. El resto de su plumaje es gris, más oscuro y tirando a pardo en las alas y en la cola.

También en América del Sur, pero en el norte de Colombia y el noroeste de Venezuela se encuentra otra especie de chajá, el chajá chicagüire o de cuello negro *(Chauna chavaria),* que se distingue del común por su cuello completamente negro, en contraste con la garganta y los lados de la cabeza, que son blancos.

El cisne coscoroba (Coscoroba coscoroba) *está distribuido por la región meridional de América del Sur. Vive en lagunas y grandes humedales de agua dulce y su dieta, más variada que la de otros cisnes, incluye pequeños invertebrados acuáticos y huevos de peces. Su nido tiene forma troncocónica.*

Familia anátidas (patos, gansos y cisnes)

La familia anátidas comprende 41 géneros y 147 especies, todas ellas aves de tamaño mediano o grande con los tres dedos anteriores completamente palmeados. Son excelentes nadadoras y su cuerpo, en general ancho y alargado, está perfectamente adaptado a la vida acuática. Esta forma corporal aumenta la flotabilidad del ave, pero también le confiere un peso muy elevado y la obliga a volar de un modo febril, con aleteos poderosos y rapidísimos. El pico es ancho y cónico y presenta una placa córnea en la punta, la «uña», más dura que el resto de la envoltura y útil para la alimentación. Se dividen en dos tipos: anátidas filtradoras y anátidas ictívoras. Las filtradoras poseen el interior de las mandíbulas guarnecido con series de láminas serradas que sirven de filtro para retener el alimento y dejar salir el agua. Las ictívoras tienen estas láminas en los filos externos; algunas, como las serretas, las presentan transformadas en dientes de sierra para la captura de peces; si estas serretas se encuentran en grupos muy distintos de animales (gavial, delfines, etc.) y no denotan relación filogenética alguna con aves ancestrales como se creía antaño. Las anátidas se comunican sobre todo por el sonido y en algunas, como los cisnes trompetero, cantor y coscoroba, la tráquea y la siringe se hallan modificadas en forma de caja de resonancia, lo que les permite emitir sonidos trompeteantes de gran alcance e intensidad. La división taxonómica de esta familia ha sido objeto de debate; en esta obra se adopta la de P. A. Johnsgard, utilizada en el *Handbook of the Birds of the World.*

Ganso urraco

La especie más primitiva de la subfamilia *Anseranatinae* es el ganso urraco *(Anseranas semipalmata),* una anátida muy distinta de todas las demás, con las patas largas, el cuello largo y los pies muy poco palmeados. El plumaje blanco y negro es muy contrastado, y el macho muestra un abultamiento característico en la parte superior del cráneo. Esta anátida aberrante vive exclusivamente en el norte de Australia y en el sur de Nueva Guinea.

Suririís

A pesar de la distinta apariencia de unos y otros, los gansos y los cisnes pertenecen a una misma subfamilia —*Anserinae* o anserinos—, que, entre otros muchos caracteres, se diferencia de la de los patos fundamentalmente porque sus especies apenas muestran dimorfismo sexual.

Los anserinos más primitivos son los suririís, gansos arborícolas que constituyen un género *(Dendrocygna)* repartido por todos los países tropicales y que manifiestan costumbres muy curiosas. Estas aves, en efecto, aunque excelentes nadadoras, pasan gran parte de su vida en los árboles, en los que anidan, y se alimentan de frutos. Se conocen varias especies, dos de las cuales son comunes al Nuevo Mundo y al Antiguo. A este género pertenecen el suririí cariblanco bicolor *(Dendrocygna viduata)* y el suririí bicolor *(D. bicolor)*, que viven tanto en América tropical como en África subsahariana (el suririí bicolor también habita en la India y en Birmania o Myanma). Otras dos especies, en cambio, el suririí piquirrojo *(D. autumnalis)* y el suririí yaguaza *(D. arborea)*, están restringidas al Nuevo Mundo, la última de ellas exclusivamente a las Antillas.

Cisnes

Los cisnes (géneros *Cygnus* y *Coscoroba*) son fáciles de reconocer por su largo y flexible cuello, sus bridas desnudas y sus patas desproporcionadamente cortas y porque nunca presentan los matices pardos, grises o rojizos tan comunes en otros anátidos. En su plumaje no hay más que dos colores, precisamente los más opuestos, blanco de nieve o negro de azabache, y, por otro lado, ambos sexos presentan idéntica coloración.

Las diferencias con los ánsares o gansos son sólo aparentes, ya que, además de pertenecer a la misma subfamilia, se clasifican en la misma tribu y están, por consiguiente mucho más estrechamente relacionados entre sí que con cualquier otra especie anátida.

El más familiar de los cisnes es el cisne vulgar *(Cygnus olor)*, que los anglosajones denominan «cisne mudo» por la poca frecuencia con que deja oír su voz, si es que puede llamarse así a su desagradable ronquido. La blancura proverbial de su plumaje no es suficiente para distinguir a esta especie, puesto que es común en casi todas ellas. Sus rasgos característicos se hallan en el pico, que es rojo, con la uña negra y un tubérculo o verruga sobre la base, negro también, lo mismo que el espacio desnudo del ojo.

El cisne vulgar se encuentra en estado salvaje en el norte y este de Europa y en Asia central, y en invierno emigra al Báltico y las costas del Caspio y al sur de Irán; pero desde tiempos lejanos, al menos desde la Edad Media, se ha aclimatado en gran parte de Europa como ave de adorno y en muchos lugares se reproduce en cautividad o en estado de semidomesticidad. Se trata de un ave fácil de mantener, pues se alimenta de plantas acuáticas y de hierba, aunque también come moluscos, gusanos e insectos acuáticos, y pequeños anfibios.

Otras dos especies de cisnes se distinguen por no tener tubérculos sobre la base del pico. Una es el cisne cantor *(Cygnus cygnus)*, de pico amarillo con la punta negra, y voz potente y no exenta de armonía, y la otra el cisne chico *(Cygnus columbianus)*, más pequeño y con el negro de la punta del pico mucho más extendido. Ambos llegan en invierno desde el norte a Europa central y las Islas Británicas. El segundo también habita en Norteamérica, donde constituye la especie de cisne más común. La población nor-

El cisne trompetero (Cygnus buccinator) *cría e inverna en el NE de América del Norte y sólo las poblaciones más norteñas (Alaska e interior de Canadá) invernan más al sur (S de Alaska y Columbia británica). Es estrictamente vegetariano en la edad adulta –hojas y tallos de plantas acuáticas, semillas, patatas y otros tubérculos– pero sus crías se alimentan de invertebrados acuáticos durante las primeras semanas de vida. Estuvo a punto de extinguirse durante la década de 1930 pero hoy cuenta con unos 11 000 individuos (incluidos los cautivos).*

El cisne negro (Cygnus atratus) *de Australia es algo más pequeño que el cisne común y su cuello es más largo y delgado. Es el único cisne que anida en colonias. Su nido consiste en un montón de materiales vegetales.*

teamericana presenta una mancha amarilla en la base del pico y emite un silbido peculiar y estridente.

En América del Norte existe también una especie dotada de una voz muy notable: el cisne trompetero *(Cygnus buccinator)*, de pico negro, cuyo grito recuerda el sonido de una trompa de caza.

El cisne negro *(Cygnus atratus)* de Australia se citaba antaño como una de las paradojas que la Naturaleza ofrece en aquel remoto continente, donde hay mamíferos que ponen huevos y peces que viven en seco. Su plumaje es negro, a excepción de las rémiges primarias, que son blancas; el pico, de un bonito carmín, muestra una banda blanca cerca de la punta. Al contrario que otros cisnes, anida en colonias y el nido consiste en un gran montón de materiales vegetales que flota en el agua o se apoya sobre el suelo. Los pequeños salen cubiertos de plumón blanco parduzco, lo que contrasta singularmente con el negro plumaje de su madre cuando ésta, según es habitual en todos los cisnes, los lleva en las espaldas para que descansen de nadar. La voz del cisne negro es muy extraña y recuerda vagamente el débil sonido de una trompeta de juguete; sin embargo, en la época del celo el macho lanza una especie de silbido, alargando el cuello sobre el agua.

El cisne cuellinegro *(Cygnus melanocoryphus)* es, además del cisne común, el único que lleva un tubérculo redondo sobre el pico. Fue descubierto a fines del siglo XVII por el explorador español Francisco Coreal, y su primera descripción científica la realizó el P. Juan Ignacio Molina, que lo encontró en Chile. También vive en Argentina, en Uruguay y en Brasil y, aunque no es colonial como el cisne negro, sí anida a veces en grupos laxos. Su plumaje es blanco en el cuerpo y negro como el azabache en la cabeza y el cuello; si bien los individuos jóvenes son blancos, adquieren muy pronto el plumaje negro del cuello, que es el definitivo.

El cisne coscoroba *(Coscoroba coscoroba)*, descubierto en el siglo XVIII por el padre Juan Ignacio Molina en Chile, habita en el cono sur. Félix de Azara también lo encontró «en sociedades grandísimas en las lagunas grandes cercanas al Río de la Plata». Este cisne anida en parejas sueltas y el nido consiste en un gran montón de vegetación acuática tapizada con plumón y con hierba blanda. En invierno, los cisnes que anidan en el sur de Chile, en la Patagonia y en la Tierra del Fuego se desplazan hacia el norte y algunos llegan hasta el sudeste de Brasil.

Ánsares o gansos

A diferencia de los cisnes, los ánsares pertenecen exclusivamente a la fauna boreal.

A los países templados sólo emigran en invierno, en grandes bandadas, formadas en dos filas divergentes, del modo característico de los anseriformes. La especie más abundante en Europa es el ánsar común *(Anser anser)*, antecesor silvestre de la oca o ganso doméstico, de casi 1 m de longitud y más de 1,5 m de envergadura, con el plumaje gris ceniciento en ambos sexos, ya que, a diferencia de lo que ocurre en los patos, los anserinos apenas muestran dimorfismo sexual. El color del pico, rosado y con la uña blanca o amarillenta, resulta muy característico. Esta ave cría en la franja que se extiende desde Kamchatka hasta una línea que abarca desde Frisia hasta el bajo Danubio e incluye Islandia. Durante la invernada alcanza el sur de España, el norte de África, China y la India. En esa época, en las marismas del Guadalquivir los hay a centenares, viéndoseles a ciertas horas reunidos sobre las dunas, a donde van a tomar arena, que ingieren para hacer mejor la digestión.

Como otros ánsares, el común forma parejas que se mantienen juntas de por vida. El macho contribuye a la incubación y ayuda a criar a los pollos, incluso después de que a éstos les crezcan las plumas, ya que entonces toda la familia se une a una bandada migradora y viaja unida hasta los cuarteles de invierno. Una vez allí, algunos jóvenes se separan de sus familias pero la mayoría no lo hace y no sólo invernan con sus progenitores sino que además suelen volver con ellos al territorio de cría boreal.

Se conocen diferentes razas de ocas, siendo muy apreciada la de Toulouse por la facilidad con que engorda. Su carne y grasa son muy estimadas, y el hígado, que mediante un régimen especial se hipertrofia, llegando a pesar cerca de 3 kg, se emplea para la confección del conocido «foie-gras». Otro producto valioso de las ocas es el plumón; la mayor parte de la pluma de cisne del comercio es, en realidad, plumón de ganso. Las grandes remeras de la misma ave revisten una importancia enorme en la historia de la literatura, puesto que no otra cosa eran las «plumas de ave», de uso universal antes de inventarse las de acero. Cervantes, Shakespeare y Lope de Vega escribieron con simples plumas de ganso sus inmortales producciones. Volviendo a los gansos silvestres, citemos otras dos especies que también invernan en Europa central y occidental: el ánsar campestre *(Anser fabalis)* y el ánsar careto *(Anser albifrons)*. El ánsar careto tiene una distribución muy amplia, que se extiende por toda la franja boreal del hemisferio norte; una parte de su población inverna en México y Centroamérica. Por el plumaje los

A diferencia de los patos, los gansos tienen el pico deprimido lateralmente y alto en su base, lo que les da una forma triangular y con los bordes denticulados, que resulta muy útil para cortar hierba. En la ilustración, un ejemplar de ánsar común.

El ganso doméstico es la variedad doméstica del ánsar común (Anser anser)*; se cría en cautividad desde muy antiguo y es muy apreciado por su carne y sobre todo por su hígado, que se emplea para la preparación del «foie-*

gansos silvestres no se distinguen demasiado del ánsar común, aunque el campestre se reconoce por su pico, que presenta la base y la uña negras, con una banda en medio rojiza o amarilla, mientras que el careto tiene la parte anterior de la cara, alrededor del pico, completamente blanca, en contraste con el color oscuro de la cabeza. El nombre del ánsar campestre se debe a su costumbre de ir a los campos de cereales para atracarse de brotes y semillas.

El ánsar chico *(Anser erythropus)*, aunque semejante al ánsar careto por la coloración blanca de la cara, se diferencia de él por su menor tamaño, por las manchas color castaño del pecho y por mostrar las partes inferiores del cuerpo casi negras. Vive en el norte de Eurasia, en invierno emigra hacia el sur y la mayoría de sus poblaciones se hallan en franco declive.

Los gansos domésticos blancos son ejemplares albinos de la especie común, pero en el Canadá ártico oriental existe una especie salvaje que es siempre blanca, con las primarias oscuras y el pico rojizo, el ánsar de Ross *(Anser rosii)*, que inverna en el sur de Estados Unidos y en el norte de México. Otra especie de plumaje en gran parte blanco es el ánsar nival *(Anser caerulescens)*, aunque, como indica su nombre científico, este ánsar también presenta una fase cromática de color negro azulado en la que solamente tiene blancos la cabeza y la parte alta del cuello. El ánsar nival vive en toda la franja boreal de América del Norte e inverna, al igual que el ánsar de Ross, en el sur de Estados Unidos y en el norte de México. Las aves de fase blanca se diferencian del ánsar de Ross por su mayor tamaño y por su pico más largo y más rojo.

En la imagen, ánsar común (Anser anser)*. Los ánsares viven en el hemisferio norte y la mayoría de especies anidan en la tundra. El ánsar común es el menos estricto a este respecto, ya que también cría en zonas tan meridionales como Grecia, Turquía y la cuenca del Éufrates. Cría en colonias sueltas y construye un nido poco hondo de tallos y hierba que reviste de plumón.*

Otro ánsar de hermoso plumaje es el ánsar emperador *(Anser canagicus)* de las islas Aleutianas, en Alaska, que muestra la cabeza y la parte posterior del cuello completamente blancas y las plumas de alas y cuerpo orladas de blanco.

El ganso chino *(Cygnopsis cygnoides)* es de color pardo claro, con el cuello bastante largo y un verdadero pico de cisne. Esta especie la crían los chinos en domesticidad desde tiempos inmemoriales y es probable que, junto con el ánade azulón (el pato), sea la primera anátida domesticada por el hombre. En estado salvaje, habita en el norte-centro de Asia, desde el sur de Siberia central hasta el norte de China y emigra al este de China para pasar el invierno.

Barnaclas

La barnacla cariblanca *(Branta leucopsis)* pertenece a un género que sólo difiere del de los gansos por la manera en que están dispuestas las laminillas de los bordes del pico. En los gansos verdaderos estas laminillas se ven por el exterior, en tanto que en las bar-

gras». La alimentación forzada de la oca o ganso para provocar la hipertrofia del hígado se practica en la región de Toulouse (Francia), así como en muchos otros países europeos, en Israel, Turquía y Egipto.

naclas están ocultas, siendo preciso abrir el pico para descubrirlas. El ganso de los percebes, como también se le llamaba antiguamente, debía este nombre no al hecho de que se alimentase de estos cirrípedos, sino porque hasta hace cuatro siglos se creía, o se quería creer, que estas aves nacían de los percebes. La barnacla cariblanca cría en la tundra ártica de Asia y de Norteamérica, e inverna en el noroeste de Europa, en el mar Amarillo y en las costas atlántica y pacífica de Norteamérica, llegando más al sur cuando los fríos son muy intensos.

Otra especie del mismo género es la barnacla canadiense *(Branta canadensis)*, que no sólo habita en Canadá sino también en Estados Unidos, y que fue introducida en Gran Bretaña, Noruega y Nueva Zelanda. Citemos, en fin, a la barnacla nené *(Branta sandvicensis)*, especie exclusivamente hawaiana que estuvo a punto de extinguirse a mediados de este siglo y que, después de grandes esfuerzos de protección, vuelve a tener poblaciones estables (aunque muy pequeñas) en las islas de Hawaii y Maui.

Patos

Los patos pertenecen a la subfamilia anatinos *(Anatinae)*, que también comprende algunas especies que, debido a su aspecto, reciben o han recibido el erróneo nombre de gansos. Esta subfamilia incluye así mismo las serretas, anátidas altamente especializadas en la captura de peces, y las malvasías, patos de aspecto rechoncho cuyos machos ostentan un vistoso pico de color azul.

A diferencia de los cisnes y de los verdaderos gansos (ánsares y barnaclas), la mayoría de los anatinos muestran un acusado dimorfismo sexual. Hemos mencionado ya el pico azul de los machos de las malvasías, dos de cuyos miembros —*Oxyura dominica,* la malvasía enmascarada, y *Oxyura jamaicen-*

La barnacla canadiense (Branta canadensis) *presenta una gran variabilidad debido al elevado número de subespecies, y sin embargo tiene un plumaje y un aspecto inconfundibles. Típica de Canadá y Alaska, esta barnacla, que es el anseriforme más común de Norteamérica, fue introducida en Europa en el siglo* XVII. *En la actualidad nidifica en Inglaterra, Escocia e Irlanda, así como en Escandinavia.*

El collar negro del tarro canelo (Tadorna ferruginea) *que separa el color amarillento de la cabeza del color canela del resto del plumaje, y que distingue al macho de la hembra, es más acusado en la época de nidificación.*

El ganso del Nilo (Alopochen aegyptiacus), *que vive en el valle del Nilo y en África subsahariana, fue introducido en Europa en el siglo* XVIII *y hoy existe una colonia bien establecida en Gran Bretaña. En ocasiones nidifica en los árboles, si bien normalmente lo hace sobre el suelo y bajo cobertura vegetal. Como sucede con la mayoría de las anátidas, es la hembra la que construye el nido y luego pone de cinco a doce huevos, que incuba durante unos treinta días.*

sis, la malvasía canela— viven en América, pero este dimorfismo es quizás más sorprendente en especies que, como los tarros y cauquenes, parece que tengan más de ganso que de pato. Con todo, debe tenerse en cuenta que, en la mayor parte del hemisferio boreal, los machos, una vez terminadas sus tareas reproductoras, mudan su plumaje nupcial de colores brillantes por otro tan apagado y críptico como el de las hembras. Se dice entonces que entran en «eclipse».

Tarros y cauquenes

Los cauquenes pertenecen al género *Chloephaga* y una de sus especies, el cauquén común *(C. picta)*, recibía antaño el nombre de ganso de Magallanes por el gran parecido superficial que muestra con los ánsares. El cauquén común ocupa todo el cono sur americano y las Malvinas, donde frecuenta los cultivos, los herbazales e incluso los pastizales secos. Su plumaje blanco con rayas transversales negras (o castaño y negro con las rayas transversales blancas y negras) resulta inconfundible, a pesar de la existencia de dos fases cromáticas muy distintas.

Los machos del cauquén común no son muy distintos de las hembras, pero éste no es el caso del cauquén caranca *(Cloephaga hybrida)*, que muestra un dimorfismo sexual a todas luces sorprendente: en contraste absoluto con el plumaje blanco e inmaculado del macho, el de la hembra es, en su mayor parte, de color hollín con rayas transversales blancas. Este cauquén vive en el sur de Chile y Argentina, en costas rocosas y playas de guijarros, y no comparte su hábitat con los otros tres cauquenes australes.

En el Antiguo Continente, las anátidas más estrechamente relacionadas con los cauquenes son los tarros, uno de los cuales, el tarro canelo *(Tadorna ferruginea)*, tiene el pico parecido al de un cisne, y el plumaje, como da a entender su nombre, de color canela, salvo la cabeza y la parte superior del cuello, que son amarillentas, con un collar negro separando ambos colores. Su área de distribución se extiende desde el sudeste de Europa hasta Mongolia, así como por el noroeste de África y Etiopía, y la población asiática inverna en el sur y sudeste de Asia. Otras especies del género son: el tarro blanco *(Tadorna tadorna)*, que cría en una franja que se extiende desde Irlanda hasta Mongolia; el tarro sudafricano *(Tadorna cana)*; el

El dimorfismo sexual de la subfamilia Anatinae *cumple una función bien definida. Las hembras son de color pardo, de modo que pasan inadvertidas para nidificar; en cambio, los machos, que no incuban, tienen un plumaje que adopta colores espectaculares. En la imagen, un macho y una hembra de ánade real* (Anas platyrhynchos).

tarro australiano *(T. tadornoides)*; y el tarro maorí *(T. variegata)*, que tiene un bello plumaje tricolor, presenta un acusado dimorfismo sexual y vive en Nueva Zelanda.

Especies insólitas

Muy próximo a los tarros y cauquenes es el ganso del Nilo *(Alopochen aegyptiacus)*, otro pato con aspecto de ánsar y que, como estas aves, apenas muestra dimorfismo sexual. Esta especie no sólo se encuentra en el valle del Nilo sino también en toda África subsahariana, donde frecuenta todo tipo de hábitats excepto las selvas más tupidas. El ganso del Nilo es bien conocido por los egiptólogos porque aparece en numerosos papiros y en algunas pinturas sepulcrales.

Otras especies insólitas, esta vez del Nuevo Mundo, son los patovapores del cono sur (género *Tachyeres*), patos que viven en costas rocosas agitadas por las olas y que han perdido la capacidad de volar. El nombre de patovapores proviene de la manera que tienen estas aves de usar sus alas reducidas cuando nadan a toda velocidad, manera que recuerda a las ruedas de paletas de los antiguos barcos de vapor.

Otra especie notable es el pato criollo *(Cairina moschata)*, que tiene el pico rodeado en la base de excrecencias carnosas, y con frecuencia presenta un espacio desnudo alrededor de los ojos. Originario de América tropical, donde se encuentra en estado salvaje, desde hace largo tiempo se ha aclimatado en varios países como animal doméstico, siendo conocido entre los avicultores con el nombre de «pato de Berbería».

Una especie estrechamente relacionada con el pato criollo y que también habita en América tropical —aunque se distribuye también por África subsahariana y el sur de Asia— es el pato crestudo *(Sarkidiornis melanotos)*, inconfundible por su plumaje y por la grotesca protuberancia en forma de cresta que lleva el macho sobre el pico.

Para terminar con esta lista de rarezas, citemos al pato torrentero *(Merganetta armata)*, cuya silueta exageradamente alargada e hidrodinámica constituye una perfecta adaptación para bucear y nadar semisumergido en las cascadas y rápidos de los impetuosos ríos y torrentes de montaña.

Patos nadadores

La antigua división entre patos nadadores y patos buceadores carece de validez taxonómica, pero sí resulta útil para indicar que los primeros no bucean para procurarse su alimento, sino que se limitan a bascular la parte anterior del cuerpo o, simplemente, a fil-

La cerceta común (Anas crecca) *es la anátida de menor tamaño del Paleártico y una de las más abundantes del mundo. Es de fácil domesticación y de carne deliciosa. Excepto en plumaje de eclipse, la cabeza del macho es de color castaño claro, con una banda verde oscura que desciende desde el ojo a lo largo del cuello entre dos estrechas listas amarillentas. Vive preferentemente en lagunas poco profundas y charcas rodeadas de abundante vegetación, donde acostumbra a construir su nido. Su vuelo es vivo y con un rápido batir de alas.*

trar la superficie del agua con el pico. El pato nadador más conocido es, sin lugar a dudas, el ánade real o ánade azulón *(Anas platyrhynchos)*, especie madre de casi todos los patos domésticos. El macho del ánade azulón es un ave realmente hermosa, con la cabeza de un color verde oscuro muy lustroso y un bonito collar blanco.

El ánade azulón se encuentra en el hemisferio norte, tanto en el Nuevo Mundo como en el Antiguo, y cría en todas partes, aunque lo hace en mayor proporción cuanto más se acerca al círculo polar, que constituye su frontera septentrional. Una gran parte de la población de ánades azulones emigra a fines de invierno hacia el norte para anidar; pero muchos otros permanecen en el centro y sur de Europa, en Marruecos, Turquía e Irán, en Estados Unidos y México, e incluso existe una población sedentaria en Hawaii. En general, puede decirse que es un ave que vive y cría en cualquier lugar, con tal de tener a su disposición un poco de agua. En invierno, en las regiones templadas del hemisferio norte, es posible encontrar miles de ellos en las grandes lagunas, pero en cualquier época pueden verse parejas aisladas o pequeñas bandadas en las charcas o en los remansos de los ríos poco frecuentados. Busca su alimento en la superficie del agua o en el fango, y tiene una dieta omnívora.

El ánade azulón anida casi siempre cerca del agua y en el suelo, pero la regla no es general, y a veces se encuentra su nido donde menos puede esperarse: en un campo de cebada, en medio de un rastrojo y hasta en un árbol, aprovechando algún viejo nido de urraca o de cualquier rapaz. Por lo general, el nido no es más que una depresión en el suelo, tapizado de hojarasca, ramitas y, sobre todo, plumas. La hembra hace una sola puesta de nueve a trece huevos, similares a los de gallina, pero más pequeños y de color ocráceo, verde o azul pálido, y los incuba durante unos 28 días. El macho no la ayuda a empollar, ni se cuida de su descendencia.

La domesticación del ánade azulón en China y en el Sudeste Asiático se remonta a tiempos antiquísimos, y es muy probable que ésta fuera la primera especie de anátido domesticada por el hombre.

En las mismas regiones donde vive el ánade azulón habita la cerceta común *(Anas crecca)*, que es un pato bastante más pequeño, con el espejuelo de las alas verde y negro y la cabeza de un color muy característico, castaño claro, interrumpido a cada lado por una banda verde oscura que desde el ojo desciende a lo largo del cuello, entre dos estrechas listas amarillentas.

Vive en las aguas dulces, prefiriendo las lagunas poco profundas y las charcas rodeadas de abundante vegetación ribereña, y construye su nido a orillas del agua, entre la densa vegetación. También cría en las mismas regiones el ánade rabudo *(Anas acuta)*, fácil de reconocer por su plumaje blanco y pardo y por la larga cola de los machos, prolongada en punta por el alargamiento de las rectrices centrales. En invierno es posible observarlo a veces en lagunas salobres costeras o incluso en el mar no lejos de la costa. No obstante, el pato que con mayor frecuencia se halla en aguas salobres y costas abrigadas es el silbón europeo *(Anas penelope)*, que es en gran parte migratorio y forma entonces grandes bandadas, a veces de miles de individuos, para invernar en marismas costeras, lagunas de agua dulce o salada, bahías y otras costas resguardadas. El silbón no come más que vegetales y el macho se reconoce entre sus congéneres por la mancha de tono rubio claro que lleva en la frente, en contraste con el resto de

El macho del joyuyo (Aix sponsa) *tiene un plumaje inconfundible excepto cuando está en eclipse. Esta anátida vive en gran parte de Estados Unidos y en el oeste de Cuba, y una parte de la población inverna en el norte de México. Por su bello colorido se le utiliza como ave de adorno en parques y jardines.*

la cabeza, que es castaña. En América del Sur existe una especie parecida a ésta, el silbón overo *(Anas sibilatrix)*, y también es frecuente el ánade maicero *(Anas georgica)*, que se parece a la hembra del ánade rabudo. La especie más corpulenta del género es el ánade negro *(Anas sparsa)* que vive en África ecuatorial y austral, cuyo plumaje es pardo oscuro con manchas de un blanco grisáceo.

Otras especies sudamericanas del género *Anas* son: la cerceta barcina *(Anas flavirostris)*, de tonos parduscos; el ánade jarjual *(Anas speculoides)*, que destaca por la cresta que presenta en la nuca y por el antifaz oscuro; la cerceta capuchina *(Anas versicolor)*, de pico azul o verde y amarillo *(Anas versicolor puna)*; el ánade gargantillo *(Anas bahamensis)*, que tiene la cola larga y afilada y la garganta blanca, y, para terminar la lista, el cuchara argentino *(Anas platalea)*, que tiene el pico largo, ancho y aplastado hacia el extremo, como una cuchara.

El vivo color rojo del pico y del iris del macho del pato colorado (Netta rufina) *permite reconocerlo aun bajo el plumaje de eclipse, en el cual pierde sus característicos colores de la cabeza y el pecho.*

El cuchara común *(Anas clypeata)* cría en los países del norte de ambos hemisferios y, en invierno, desciende hasta África ecuatorial, Colombia, la India y el Sudeste Asiático. Se alimenta básicamente de pequeños invertebrados acuáticos, así como de materias vegetales que filtra con su pico en forma de cuchara, sistema que a menudo lleva a cabo nadando en círculos coordinados con otros individuos de su especie. Aunque es un pato nadador, a veces también busca su sustento buceando en aguas someras. Por los bonitos colores del plumaje, y la linda cresta que adorna su cabeza, también merece mencionarse el pato mandarín *(Aix galericulata)*, propio de China, Japón y la región del Amur, en Siberia, e introducido en Europa como ave de adorno desde 1830. Un congénere de esta especie, de coloración así mismo vistosa, es el pato joyuyo *(Aix sponsa)*, que vive en Estados Unidos y Cuba y cuyas poblaciones más norteñas emigran a California y al norte y centro de México. El joyuyo es arborícola. No sólo se posa con frecuencia en los árboles, sino que construye su nido en las cavidades de éstos. A pesar de su apariencia más estética, tanto el pato mandarín como el joyuyo están más estrechamente emparentados con el pato criollo y el pato crestudo que con los ánades y cercetas.

Patos buceadores

Los patos buceadores tienen por costumbre buscar su alimento sumergiéndose en el agua por completo, aunque a veces también «basculan» cola arriba como los patos nadadores. A pesar de que vuelan muy bien, les cuesta trabajo arrancar y, en vez de levantarse de pronto desde el agua, como hacen los patos «nadadores», recorren algunos metros aleteando sobre la superficie. El pato colorado *(Netta rufina)*, cuyo macho tiene la cabeza rojiza y el pico rojo vivo; el porrón europeo *(Aythya ferina)*, especie en la que el macho muestra un bello plumaje contrastado marrón, negro y blanco ocráceo; el porrón moñudo *(Aythya fuligula)*, de explícito nombre, y el porrón pardo *(Aythya niroca)*, que apenas muestra diferencias entre macho y hembra, son los principales representantes de este grupo en el sur de Europa.

Los homólogos de estas especies en el Nuevo Continente son: el pato picazo *(Netta peposaca)*, que vive en el cono sur y cuyo macho exhibe un enorme pico rojo; el porrón americano *(Aythya americana)*, especie que cría en Canadá y Estados Unidos e inverna en América Central, México y Estados Unidos, y en la que el macho apenas se distingue del porrón europeo; el porrón acollarado *(Aythya collaris)*, también norteamericano y centroamericano y con la misma librea que el porrón moñudo, aunque sin cresta; y el porrón bola *(Aythya affinis)*, de distribución similar a este último y que posee una cresta mucho más reducida que el porrón moñudo.

Una segunda tribu de patos buceadores la forman cuatro tipos de aves que, debido a su disímil apariencia, los antiguos zoólogos clasificaban en grupos muy dispares: son los eíderes, los negrones, los «porrones» del género *Bucephala* y las serretas.

Una de las especies más difundidas de esta tribu es el negrón común *(Melanitta nigra)*, que habita en las tundras de la región holártica e inverna en las costas atlánticas y pacíficas al norte del trópico de Cáncer.

Se trata de una especie casi marina que no se adentra en los pequeños lagos, charcas y arroyos de la tundra más que para criar. Su alimento consiste en moluscos y, ocasionalmente, también en insectos acuáticos y pequeños peces; a veces también consume semillas, raíces y tubérculos y siempre busca su alimento buceando.

El eider común *(Somateria mollissima)* se reconoce muy bien por su tamaño, que es casi el de un ganso, por su pico, de color aceitunado, con la uña muy ancha y la base ocupada en el centro por una punta de plumaje frontal que avanza como una cuña, y por el plumaje del macho, que es negro en el vientre, en las puntas de las alas y en la parte superior de la cabeza, y blanco como la nieve en el resto, teñido de verde en la nuca y de carmín en el pecho. La hembra presenta el color discreto y uniforme típico del sexo femenino en los patos. El eider es de costumbres marinas, por lo que es en el mar donde encuentra su alimento, compuesto de moluscos, crustáceos, erizos de mar y algas. Anida entre las rocas, formando un lecho de algas y poniendo encima plumón que se arranca de su cuerpo, en tal cantidad, que cuando pone los huevos éstos quedan sepultados en una blanda y espesa masa de flojel. El plumón con que los cubre es muy apreciado en el comercio para rellenar los edredones de mejor calidad, ya que es el mejor aislante conocido hasta el momento, tanto por su capacidad de mantener la temperatura como por su notable ligereza y elasticidad. El nombre de edredón deriva, precisamente, del inglés «eider down», que significa plumón de eider.

En Islandia y en otros países árticos el eider ha llegado a convertirse en un ave semidoméstica. Los habitantes recogen el plumón de los nidos, por lo cual manifiestan gran interés en la protección de estos patos. Para que aniden en mayor cantidad, les proporcionan sitios adecuados, construyen muretes de piedra con cavidades en la base para animarlos a criar y disponen filas de banderines o de objetos metálicos que, al silbar con el viento, mantienen alejadas a las gaviotas y otros predadores aéreos. Durante la época de recolección del plumón, las hembras del eider común consienten, sin alarmarse, que las personas anden entre ellas removiendo los nidos e incluso que toquen los huevos, lo que no les impide seguir incubando luego.

Serretas

Presentan en los bordes de ambas mandíbulas unos dentículos córneos, que dan a las mandíbulas el aspecto de una sierra.

A excepción de la serreta brasileña *(Mergus octosetaceus)*, que también vive en Paraguay y el nordeste de Argentina, las serretas crían en regiones nórdicas e invernan en latitudes templadas, llegando en los años muy fríos hasta el norte de África y, en América, hasta las Antillas. La serreta mediana *(M. serrator)* es una de las aves comunes a ambos hemisferios, pues habita tanto en los países septentrionales de Eurasia como en Estados Unidos, Canadá y Alaska. Tiene más o menos el tamaño de un pato, y no sólo se diferencia de éstos por la forma del pico, sino por la cresta de plumas que adorna la parte posterior de su cabeza, a la manera del clásico tocado de los «pieles rojas». La cabeza y la parte superior del cuello son negras, tornasoladas de verde y púrpura, color que está separado del pecho, que es rojizo jaspeado de negro, por un ancho collar blanco. La hembra exhibe un plumaje más discreto, en el que predominan los matices pardos.

Otras especies de este género son la serreta chica *(Mergus albellus)*, propia del Antiguo Continente, la serreta capuchona *(M. cucullatus)*, que cría en Norteamérica, y la serreta grande *(M. menganser)*, que cría en toda la región holártica.

La gran cantidad de plumón que posee el eider común es una adaptación a las frías temperaturas de los mares árticos en que vive. La hembra anida entre las rocas, formando un lecho de algas y depositando encima mucho plumón, que sirve para conservar el calor en su interior. Este plumón es utilizado para rellenar los edredones, ya que es el mejor aislante conocido, tanto por su capacidad para mantener la temperatura como por su notable ligereza y elasticidad.

FAMILIAS DEL ORDEN FALCONIFORMES ▼

RAPACES DIURNAS Y FAISANES

Orden falconiformes
- Familia catártidos
- Familia accipítridos
- Familia pandiónidos
- Familia falcónidos
- Familia sagitáridos

ORDEN FALCONIFORMES

Este orden comprende 307 especies e incluye a todas las rapaces diurnas, aves de cabeza robusta y pico curvo con bordes cortantes. Las patas son largas y desnudas, o están recubiertas por plumas hasta la base de los pies y provistas de fuertes y afiladas garras. Las rémiges son rígidas y fuertes, lo que permite a estas aves realizar vuelos de larga duración. El plumaje no suele presentar grandes diferencias entre ambos sexos. Son depredadoras o carroñeras y anidan en árboles o sobre rocas. Las crías, que son nidícolas y nacen cubiertas por un denso plumón, dependen exclusivamente de sus progenitores. Su distribución es mundial, a excepción de la Antártida.

El cóndor andino (Vultur gryphus) *es, por corpulencia y envergadura, el mayor de los falconiformes. Aunque sus poblaciones han disminuido en gran parte de su área de distribución, la especie no está amenazada. Sí lo está, en cambio, su homólogo, el cóndor californiano, que rozó la extinción definitiva en 1987 pero que se ha recuperado gracias a la cría en cautividad.*

FAMILIA CATÁRTIDOS (CÓNDORES, ZOPILOTES, AURAS)

Cuando Julio Verne escribió el episodio de *Los hijos del capitán Grant*, en que un cóndor se lleva por los aires al joven protagonista de la novela, claramente dio a entender que sus conocimientos científicos estaban por debajo de su mérito como literato. Al cóndor, en efecto, le faltan las garras aceradas que permiten al águila y a otras grandes rapaces arrebatar, si no a un muchacho, por lo menos a un cordero o un cervatillo.

Cóndor andino

Sin el defecto de las garras, el cóndor andino *(Vultur gryphus)* sería mucho más formidable que cualquier falconiforme, ya que los aventaja a todos en corpulencia por su peso, que alcanza los 15 kg, y por su envergadura, que a menudo supera los 3 m. Si a estas impresionantes dimensiones se añade el hecho de que esta rapaz es capaz de elevarse a grandes alturas, no puede extrañarnos que fuera venerado como ave sagrada por casi todas las civilizaciones precolombinas de los Andes y que todavía hoy aparezca en el escudo de Chile, Ecuador, Colombia y Bolivia.

El área de distribución del cóndor andino se extiende por todo el este de América del Sur, desde Venezuela hasta la Tierra del Fuego (Argentina). Su hábitat principal son las altas montañas de los Andes, pero también desciende a zonas desérticas bajas de Perú y de Chile, especialmente cuando encuentra alguna ballena u otro mamífero marino muerto junto a la costa. En Argentina, al sur del río Negro, también es usual su presencia en herbazales, pero ni allí ni en otras zonas suele adentrarse en tierras boscosas. Por lo general se ve al cóndor solo o en grupos de tres o cuatro, pero cuando en un sitio hay comida abundante para estas aves, no resulta extraño ver juntas treinta o más en el sitio del festín, adonde acuden atraídas no sólo por la vista, sino por el olfato, que en casi todos los catártidos está muy desarrollado. Normalmente no comen más que carne muerta, que desgarran sólo con el pico, casi siempre de carroñas de gran tamaño.

La hembra del cóndor, que difiere del macho por no tener cresta ni carúnculas, po-

El nombre del zopilote rey (Sarcorhamphus papa) *procede en buena parte del dominio que tiene sobre las otras especies de buitres americanos de tamaño más pequeño. Sin embargo, y contrariamente a una opinión muy extendida, el zopilote rey suele tolerar la presencia de otros buitres en las carroñas.*

El zopilote negro (Coragyps atratus) *aprovecha todo tipo de desperdicios y carroñas. Es muy abundante en el Nuevo Mundo, sobre todo en América Central y del Sur. Su gran apertura bucal, mayor que la de otros buitres catártidos, le permite especializarse en los músculos y vísceras, que engulle de un bocado.*

ne un huevo blanco en un saliente de acantilado o en una cavidad rocosa. Los pollos crecen lentamente y, aunque ya son capaces de volar a los seis meses, no adquieren el plumaje adulto hasta los seis años de edad.

Zopilotes

Otra especie dotada de carúnculas y excrecencias en la cabeza es el zopilote rey *(Sarcorhamphus papa)*, un falconiforme de gran belleza por el colorido de su plumaje y de sus zonas desnudas. El zopilote rey se encuentra en toda América tropical, desde México hasta el norte de Argentina, pero su observación no es fácil porque vive en los bosques y selvas más recónditos y sólo en algunas ocasiones acude a las sabanas y a los herbazales próximos. El nombre de esta rapaz, que no tiene el olfato tan desarrollado como otros catártidos y depende por tanto de estos últimos para encontrar su sustento, alude no tanto a esta dependencia como al hecho de ser dominante frente a otras especies de zopilotes cuando acude a las carroñas. Debido a lo inalcanzable de su hábitat, no se conocen mucho las costumbres reproductoras de esta ave, aunque sí se sabe que anida en los troncos huecos de los árboles o directamente sobre el suelo, sin utilizar ningún tipo de material de nidificación.

El cóndor californiano (Gymnogyps californianus) *es una de las aves más amenazadas de extinción y, tras desaparecer de la naturaleza durante la década de 1980, fue reintroducido durante la década siguiente en las colinas del valle de San Joaquín (California, EE UU). Se alimenta de cadáveres de grandes mamíferos y, cuando la especie aún era abundante, podían verse grandes grupos de estas aves alimentándose de una sola carroña.*

Uno de los catártidos más comunes en América es el zopilote negro *(Coragyps atratus)*, cuya área de distribución va desde el sur de EE UU hasta Argentina y Chile.

En muchos de los países donde vive el zopilote, las leyes le dispensan franca protección por la utilidad que reporta, devorando inmundicias de todo género, lo que en las regiones cálidas tiene mucha importancia. Cuando están ahítos, los zopilotes se colocan en hilera, en las ramas de los árboles o en los tejados de las casas, y con los ojos entornados se dedican a hacer la digestión, durante la cual les sale por las narinas un líquido blanquecino sumamente fétido.

El águila real (Aquila chrysaetos) *es una de las rapaces más bellas que existen. Desgraciadamente, en muchas regiones se halla en serio peligro de extinción debido al empleo de numerosos agentes biocidas, tanto con fines agropecuarios como para exterminar alimañas y roedores. Construye su nido sobre cornisas inaccesibles, donde pone de uno a tres huevos que incuba durante unos cuarenta días. Pero difícilmente pueden llegar todos a buen término; lo común es que sólo uno se desarrolle bien.*

Auras

Pertenecientes a la misma familia y muy parecidas al zopilote negro son las auras, que se diferencian de él por no tener nunca negruzcos el pico, los pies ni la piel de la cabeza. En el aura gallipavo *(Cathartes aura)*, la cabeza y el cuello son de un rojizo purpúreo, con arrugas amarillentas. Ésta es la especie que se encuentra en Estados Unidos, México, las Antillas y en la mayor parte de América del Sur; en Perú y Chile la conocen con el nombre de «gallinazo». La segunda especie es el aura sabanera o de cabeza amarilla *(Cathartes burrovianus)*, que únicamente vive en las regiones más tropicales de América, y la tercera, el aura selvática *(Cathartes melambrotus)*, que también tiene la cabeza amarilla y es propia de las pocas regiones vírgenes de Amazonia.

Las dos primeras auras, el aura gallipavo y el aura sabanera o de cabeza amarilla, tienen costumbres muy parecidas a las del zopilote negro. Como éste, por ejemplo, entran en las poblaciones para devorar cuantas carroñas e inmundicias encuentran, si bien comen también muchos insectos, caracoles y reptiles pequeños. Por las noches, vuelan a los bosques y zonas arboladas, y se posan para dormir en los árboles o en las peñas, siempre en un mismo punto, llamado «aurero».

Familia accipítridos (águilas, milanos, buitres, aguiluchos, gavilanes, busardos)

La familia accipítridos, que se distribuye por el mundo entero, se divide en 64 géneros y 237 especies, lo que significa que se trata de una de las mayores familias de la clase aves. Dentro de esta familia, las águilas se caracterizanpor tener las patas cubiertas de pluma hasta el arranque de los dedos.

Águilas

El águila real *(Aquila chrysaetos)* también recibe el nombre de águila dorada por los brillantes reflejos de su plumaje, que es de un color pardo castaño oscuro, pasando a leonado en la cabeza y a gris en las rectrices, cuya punta es negra. Vive en ambos hemisferios, llegando en el oriental hasta el norte de África y el Himalaya, y en el occidental hasta el norte de México. Es una rapaz imponente, que puede superar los 2,25 m de punta a punta de las alas. Moradora de altas montañas, altiplanos, desiertos y estepas, suele anidar entre las rocas, en algún risco o acantilado inaccesible, donde la misma pareja vuelve a criar año tras año (aunque en los riscos o acantilados de cría suele haber

El águila imperial ibérica (Aquila adalberti), *especie amenazada de extinción, se distingue del águila imperial oriental –otra especie no tan amenazada como la ibérica– por las manchas blancas de la espalda, mucho más grandes que las de esta última. El águila imperial ibérica cría en árboles, principalmente en alcornoques, y el nido consiste en una gran estructura de palos tapizada con ramitas tiernas.*

varios nidos y la pareja los usa alternativamente de año en año). El nido es una tosca plataforma de ramas, cubierta por encima de una capa de helechos y hierbas secas, que renueva cada año, añadiéndole otros materiales. La puesta, que se produce a finales de invierno o en primavera, consiste en dos huevos, rara vez tres, blanquecinos con manchas rojizas. Los polluelos, que nacen cubiertos de un plumón blanco, tardan de 10 a 11 semanas en abandonar el nido, y demuestran tal voracidad, que durante ese período aquél es un verdadero depósito de los despojos que les llevan sus padres. Todo animal lo bastante pequeño para que el ave pueda transportarlo con sus garras por el aire es presa del águila real. Liebres, conejos, roedores, perdices y patos son sus víctimas más frecuentes, y en invierno no desdeña la carroña.

El águila imperial ibérica *(Aquila adalberti)* es una de las rapaces más raras del mundo. Hasta hace pocos años, a esta águila se la consideraba de la misma especie que el águila imperial oriental *(Aquila heliaca)* del este de Europa y centro de Asia, pero hoy se sabe que estas dos águilas muestran notables diferencias morfológicas y ecológicas. Está extinguida por completo en Marruecos y Portugal, países donde antes criaba, y hoy día solamente quedan 150 parejas en total. Menos de la cuarta parte de esta población cría en zonas protegidas y el resto está expuesto a problemas como la electrocución en tendidos de alta tensión, el envenenamiento intencionado y las alteraciones del hábitat. En la actualidad sólo cabe esperar que los grandes esfuerzos de conservación emprendidos desde hace unos pocos años consigan salvar a esta especie de la extinción definitiva.

No todas las águilas alcanzan las dimensiones de estas especies. Así, por ejemplo, el águila-azor perdicera *(Hieraaetus fasciatus)*, del sur de Europa y Asia y del noroeste de África, no supera los 1,8 m de envergadura; y todavía son más pequeñas el águila de Wahlberg *(Aquila wahlbergi)* de África, que no supera los 1,4 m de envergadura, y el aguililla calzada *(Hieraaetus pennatus)* del sur de Europa, centro de Asia y norte de África, que apenas llega a los 1,3 metros.

Águilas americanas

En América Central y del Sur, el grupo de las águilas está representado únicamente por tres especies: el águila-azor negra *(Spizaetus tyranus)*, de los bosques abiertos y selvas secundarias de América tropical; el águila-azor galana *(Spizaetus ornatus)*, que puebla las selvas húmedas de estas mismas regiones, y el águila poma *(Oroaetus isidori)*, que vive en las laderas muy boscosas de los Andes.

Todas estas águilas poseen una cresta o moño de plumas y no deben confundirse con la arpía mayor *(Harpia harpyja)*, formidable rapaz cuya cresta está dividida en dos, que no tiene los tarsos «calzados» o recubiertos de plumas y que es mucho mayor que aquéllas. La arpía mayor es una rapaz muy poderosa que infunde terror entre los monos aulladores y capuchinos, sakis, perezosos, puerco espines arborícolas, papagayos y otros mamíferos y aves de gran tamaño, a los que persigue en el techo de la selva.

Otras rapaces sudamericanas provistas de cresta son la arpía menor *(Morphnus guianensis)*, propia como la arpía mayor de las selvas de llanura de América tropical, y el «águila» de Azara *(Harpyhaliaetus coronatus)*, que vive en el Chaco, la *caatinga* y las sabanas inundadas de Paraguay, sur de Brasil y Argentina.

En las imágenes, pigardo vocinglero (Haliaeetus vocifer).
Los pigargos, aunque presentan un aspecto similar al de las águilas, en realidad están más relacionados con los milanos, a los que se parecen por su estructura morfológica, por su alimentación carroñera, por su costumbre de robarles las presas a otras aves y por sus vuelos de cortejo. Se trata de accipítridos de gran tamaño, con unas alas muy desarrolladas y una cola de longitud media. Este pigargo africano, que muestra un bello contraste entre el blanco de su cabeza, pecho y cola y el negro del cuerpo, recibe el nombre de vocinglero por los fuertes gritos que lanza. Estos sonoros reclamos dominan los demás sonidos de muchos ríos y lagos de África subsahariana, donde es un ave muy común. Como la mayoría de los pigargos, esta especie se alimenta de peces. A la izquierda puede observarse una secuencia de caza completa.

Pigargos

Otros accipítridos de gran tamaño son los pigargos, rapaces de aspecto similar a las águilas *Aquila* pero más relacionadas con los milanos, no sólo por su estructura morfológica sino también por sus vuelos de cortejo, su alimentación carroñera y su costumbre de robarles las presas a otras aves.

La mayoría de los pigargos se alimentan de peces. Uno de ellos, el pigargo americano *(Haliaeetus leucocephalus)*, al que los anglosajones denominan *Bald eagle* («águila calva»), es el emblema de Estados Unidos. Otro, el pigargo europeo *(Haliaeetus albicilla)*, cría en el centro y el norte de Eurasia e inverna en el sur de Asia y en Europa occidental. El pigargo americano sólo vive en Norteamérica y se distingue de otras rapaces por la cabeza, la cola, los «muslos» y las alas blancas, en marcado contraste con el marrón oscuro del cuerpo. El pigargo europeo sólo tiene la cola blanca, pero en el Antiguo Continente viven otros dos pigargos de cabeza, cuello, garganta y cola completamente blancos: el pigargo vocinglero *(Haliaeetus vocifer)* y el pigargo oriental *(Haliaeetus leucogaster)*, que también tiene el vientre blanco. El primero es un ave común o incluso muy común en casi todos los ríos y lagos de África subsahariana, donde sus sonoros reclamos dominan los demás sonidos. El segundo es relativamente común en el Sudeste Asiático y en Australia, donde ataca a las grandes aves marinas, a los murciélagos gigantes, a los peces e incluso a las serpientes marinas.

La rapaz más formidable del grupo de los pigargos es, sin embargo, el pigargo gigante *(Haliaeetus pelagicus)* de las costas del Pacífico siberiano, Corea y Japón, que, con su tamaño y peso similares a la arpía hembra, constituye una de las mayores rapaces del mundo.

Busardos

Otros accipítridos que, por su silueta en vuelo, recuerdan a las águilas son los ratoneros o busardos, un grupo muy diversificado que consta de 50 especies pertenecientes a los géneros *Butastur*, *Geranospiza*, *Leucopternis*, *Buteogallus*, *Busarellus* y *Buteo*. La gran mayoría de las especies de estos grupos vive en América tropical y del Sur, y se distinguen de las águilas por sus patas desprovistas de plumas, por su pico menos potente y, en general, por su tamaño y corpulencia mucho menores. El género *Buteo*, en particular, comprende 28 especies y algunas de ellas, como el busardo caminero *(Buteo magnirostris)* o el busardo coliblanco *(Buteo albicaudatus)*, son muy comunes en gran parte de América Latina. Otras, como el busardo ratonero *(Buteo buteo)* y el busardo calzado *(Buteo lagopus)*, están plenamente extendidas por Europa y Asia: el primero, un ave sedentaria en toda Europa occidental, es, después del cernícalo vulgar, la rapaz diurna más abundante allí; y el segundo, que cría únicamente en la tundra y en el norte de la taiga, también ocupa todo el norte del continente americano. El busardo calzado es migrador en toda su extensa área de distribución y sus poblaciones invernan en Estados Unidos, Europa central y centro de Asia; a diferencia del busardo ratonero, que construye su abultado nido en árboles, el calzado anida en acantilados y afloramientos rocosos y el tamaño de su puesta depende de la cantidad de lemmings y topillos, presas cuya abundancia en el Ártico fluctúa de año en

El milano real (Milvus milvus) *es un falconiforme carroñero, que aprovecha incluso los desperdicios del hombre. En la Edad Media era una especie protegida en las ciudades, debido al servicio de limpieza que efectuaba en las calles. Existen 33 especies de milanos y la mayoría son carroñeros o insectívoros, rasgos que se consideran primitivos.*

año. El busardo ratonero, como indica su nombre, también se nutre de roedores, pudiendo consumir una sola pareja varios miles de esos mamíferos en un año.

Milanos

Los milanos y afines son aves carroñeras o insectívoras que, debido a su posición taxonómica probablemente primitiva, no han desarrollado las costumbres depredadoras de otros falconiformes. De entre las insectívoras, algunas especies, como el milano cabecigrís *(Leptodon cayanensis)* de América tropical y los abejeros europeo *(Pernis apivorus)* y oriental *(Pernis ptilorhyncus)* del Antiguo Continente, se nutren principalmente de avispas y abejas. Otras, como los elanios —elanio común *(Elanus caeruleus)* de la península Ibérica y África, elanio maromero *(Elanus leucurus)* de América y elanio australiano *(Elanus axillaris)*—, también hacen un gran consumo de roedores pequeños. Por último, algunos sólo se alimentan de caracoles: son los caracoleros *(Rosthramus)* de América tropical, cuyo pico, delgado y fuertemente curvado, está sorprendentemente bien adaptado para extraer el caracol de su concha.

Otro milano sudamericano es el milano muslirrufo *(Harpagus diodon)*, una de las múltiples especies de las selvas lluviosas de llanura, cuyos hábitos son todavía muy poco conocidos debido a la inaccesibilidad del hábitat en el que viven. Como sucede con tantos otros grupos de animales, el hábitat selvático es el más rico del mundo en cuanto a diversidad de aves rapaces —sobre todo en América del Sur, donde unas pocas hectáreas de pluviselva pueden albergar a 20 especies de accipítridos—, pero la riqueza animal y el considerable interés científico de este bioma no impiden que sea pasto de una destrucción tan acelerada que, de seguir al mismo ritmo que en los últimos años, habrá desaparecido por completo en el año 2060.

A diferencia de los milanos sudamericanos, todos ellos propios de hábitats selváticos, los del Viejo Mundo viven en zonas abiertas. Algunos, como el milano negro *(Milvus nigrans)* y el milano brahmán *(Haliastur indus)*, se hallan muy asociados con el ser humano y viven incluso en las grandes ciudades asiáticas. El primero anida en casi toda Eurasia. Una tercera especie es el milano real *(Milvus milvus)*, una rapaz muy bella con su plumaje pardorrojizo, blanco y negro, su elegante silueta y su cola profundamente ahorquillada, que, por desgracia, se ha convertido en un ave bastante rara a causa de la intensa persecución de que ha sido objeto.

Aguiluchos, gavilanes y azores

Otras aves de espacios abiertos son los aguiluchos, algunos de los cuales —aguilucho lagunero occidental, pálido y cenizo, respectivamente *Circus aeruginosus*, *C. cyaneus* y *C. pygargus*— viven en la península Ibérica y otras zonas del Paleártico; y otros —el aguilucho vari y el aguilucho de Azara, respectivamente *Circus cinereus* y *C. buffoni*— son exclusivos de América del Sur.

En cambio, los gavilanes y azores, cuyo género *(Accipiter)* da nombre a la familia, son aves propias de hábitats forestales y la mayoría de sus especies viven en el Viejo Mundo y en Australasia. En todo el Paleártico es bien conocido el gavilán común *(Accipiter nisus)* y, tanto en el Paleártico como en el Neártico, el azor común *(Accipiter gentilis)*, depredadores ambos de aves de tamaño pequeño a grande, y el segundo también de mamíferos. América Latina también posee sus gavilanes: el gavilán andino *(Accipiter ventralis)*, el muslirrufo *(Accipiter erythro-*

El aguilucho lagunero occidental (Circus aeruginosus) *es un ave de espacios abiertos que vive o cría en gran parte del Paleártico occidental y en Asia central (y cuyas poblaciones más norteñas invernan en el sur de Eurasia, África subsahariana, India y Sri Lanka). Muy vinculado a los ambientes marismeños y lacustres, busca a sus presas (ranas, pequeñas aves e insectos) planeando a baja altura sobre los carrizos. En la fotografía se aprecia claramente el dorado de la cabeza, los hombros y la garganta que distingue a la hembra.*

El buitre negro (Aegypius monachus), *también conocido como buitre monje por su librea oscura y cabeza pelada, es una de las aves voladoras más grandes del mundo. Es una especie vulnerable que se ha extinguido en muchas zonas. Sus hábitos son solitarios, aunque se reúne en pequeñas bandadas cuando encuentra carroña. Cuando al cadáver del que se alimenta acuden varias especies de buitres, el negro suele ser la especie dominante.*

El alimoche (Neophron percnopterus) *es una de las pocas aves capaces de servirse de un instrumento, pues se ha comprobado que en África utiliza piedras para romper la cáscara de los huevos de avestruz.*

nemius), el bicolor *(Accipiter bicolor)*, y los raros gavilanes chileno *(Accipiter chilensis)* y cubano *(Accipiter gundlachi)*.

Buitres

A diferencia de los catártidos o «buitres» del Nuevo Mundo, los buitres verdaderos o del Antiguo Continente pertenecen a la familia accipítridos y, a no ser por su cabeza y cuello generalmente desnudos, no sería fácil distinguirlos de los pigargos. Uno de ellos, el buitre palmero *(Gypohierax angolensis)* de África tropical y ecuatorial, se halla a nivel evolutivo a medio camino entre los pigargos y los demás buitres. Aunque también consume peces, anfibios y moluscos y no desdeña la carroña, este buitre de bello plumaje negro y blanco se alimenta principalmente de los frutos de las palmeras oleaginosa y de la rafia.

Otro buitre atípico es el quebrantahuesos *(Gypaetus barbatus)*, rapaz enorme y de bello plumaje negro y ocre rojizo, que anida en las zonas más montañosas y escarpadas del Antiguo Continente, incluido el Himalaya, donde se le observa a veces volando a más de 8 000 m de altura. Esta rapaz se nutre casi exclusivamente de huesos de gran tamaño. De hecho, el nombre de quebrantahuesos procede precisamente de la costumbre que tiene este animal de de-

jar caer los huesos que es incapaz de romper con el pico desde varias decenas de metros de altura, sobre una zona rocosa u osario que destina a este propósito, para que se quebranten y de este modo el ave pueda comerse su médula.

Además del quebrantahuesos, en el sur de Europa, el norte de África, el Próximo y el Medio Oriente viven el buitre leonado *(Gyps fulvus)*, el buitre negro *(Aegypius monachus)* y el alimoche *(Neophron percnopterus)*. El buitre leonado, que tiene la cabeza, el cuello y el collar blancuzcos, es una especie de gran tamaño, que llega a medir 2,8 m de envergadura. Anida siempre en colonias, en riscos escarpados, donde pone un solo huevo sobre un montón de ramas. El sur de Arabia marca el límite meridional del área de este buitre, que necesita zonas de gran declive para poder encumbrarse en las térmicas. En África subsahariana le sustituye el buitre africano *(Gyps africanus)*, y en el extremo sur de África, el buitre de El Cabo *(Gyps coprotheres)*, muy parecido al leonado y de hábitos y aspecto similares.

El alimoche abunda en el norte de África, donde se le ve en los basureros y muladares y también siguiendo a las caravanas en el desierto para devorar los cadáveres de los camellos que se quedan por el camino. El alimoche, que todavía mantiene una pequeña población en el sur de Europa (sobre todo en España), es el más pequeño de los buitres y tiene un tamaño semejante al de un pavo.

En el otro extremo del alimoche está el buitre negro *(Aegypius monachus)*, el accipítrido de mayor tamaño del mundo y que es completamente negro o gris hollinoso oscuro. Su área de distribución ocupa casi todo el sur de la región paleártica, pero sólo en teoría, porque es una especie vulnerable —casi en peligro de extinción— que se ha extinguido en muchas zonas.

Familia pandiónidos (águila pescadora)

El águila pescadora *(Pandion haliaeetus)* constituye por sí sola una familia —*Pandionidae*— muy relacionada con la familia accipítridos, de los que se distingue por su dedo anterior externo reversible y por las almohadillas espinosas de sus pies, adaptaciones ambas a la dieta ictívora. Gracias a dichas adaptaciones, en efecto, no le resbalan los peces que pesca en aguas tanto dulces como saladas, presas de las que se nutre casi exclusivamente y a las que captura con las garras abatiéndose desde el aire. Aunque en varias zonas de Europa occidental el águila pescadora se ha vuelto muy rara, en la mayor parte de su área de distribución, una de las más extensas en todo el mundo de las rapaces, es todavía frecuente o abundante.

El alcotán europeo (Falco subbuteo) *es un halcón pequeño de cola corta y alas largas que curva hacia atrás, por lo que, en vuelo, se asemeja a un gran vencejo.*

Familia falcónidos (halcones, caracaras)

A primera vista, la familia falcónidos no parece muy uniforme, compuesta como está por los halcones y cernícalos (género *Falco*) de formas elegantes y alas largas y puntiagudas, por los corpulentos caracaras de alas redondeadas, pico abultado y alargado y hábitos carroñeros, por los halcones monteses (género *Micrastur*) de las selvas americanas, que con sus alas curvas y anchas parecen gavilanes, por los minúsculos falconetes *(Microhierax)* del Sudeste Asiático, y por los no menos diminutos halconcitos (argentino y africano, respectivamente *Polihierax semitorquatus* y *Spiziapteryx circumcinctus*), más parecidos a alcaudones que a aves de presa. Sin embargo, todas estas especies comparten una serie de rasgos, únicos entre los falconiformes —como por ejemplo el tipo de muda, la especie de piojo parásito o la composición química de la cáscara del huevo—, que permiten clasificarlos en una única familia.

Halcones

La especie más difundida de toda la familia y en general de todo el orden falconiformes es el halcón peregrino *(Falco peregrinus)*, un gran falcónido que a menudo alcanza 50 cm de longitud y que, a pesar de la drástica reducción que hace dos décadas sufrieron muchas de sus poblaciones debido a los pesticidas, todavía puede encontrarse en prácticamente cualquier rincón del mundo, excepto el norte de Groenlandia, Nueva Zelanda y la Antártida. Además de poseer, como todos los falcónidos, una visión absolutamente privilegiada para detectar el movimiento, el halcón peregrino constituye, con toda probabilidad, la más rápida de todas las aves. Capaz de alcanzar los 180 km/h mientras se abate sobre su presa, este halcón persigue sin descanso a las palomas y a otros columbiformes, a los ánades, a las perdices y a toda clase de grandes presas aladas —incluidos los murciélagos—, sobre las que se lanza de golpe, en línea recta, con una violencia inconcebible.

El cernícalo vulgar (Falco tinnunculus), *adaptado a vivir en una gran variedad de ambientes abiertos o semiarbolados, es un consumado cazador de todo tipo de presas, aunque se alimenta principalmente de topillos y otros roedores.*

Sin embargo, en la Europa medieval y renacentista, el halcón preferido por los cetreros, por ser más dócil y más fuerte, era el halcón gerifalte *(Falco rusticolus)*, que vive en toda la franja septentrional holártica y es de un bello color gris pálido, casi blanco en los ejemplares procedentes de Groenlandia (de fase blanca). Para cazar pájaros, en cambio, se adiestraba al alcotán europeo *(Falco subbuteo)*, que es más pequeño, o al esmerejón *(Falco columbarius)*, el aún de menor tamaño, lo que no impide que sea muy valiente. Esta especie tiene, como el halcón gerifalte, una distribución holártica, si bien cría algo más al sur y una parte importante de su población inverna en el norte de Sudamérica.

Cernícalos y caracaras

El halcón más común en Europa occidental y en el noroeste de África es el cernícalo vulgar *(Falco tinnunculus)*, de plumaje rojizo y de unos 30 cm de longitud. Se le encuentra en campos y terrenos abiertos, donde caza principalmente topillos, así como algunos ratones, musarañas, pájaros volantones, lagartijas e insectos. Para cazar, se eleva a gran altura y explora desde allí el terreno cerniéndose, esto es, manteniéndose en un mismo punto por medio de un rápido batir de alas, costumbre a la cual, precisamente, debe su nombre de cernícalo. Este pequeño falconiforme se habitúa a vivir en las grandes ciudades, donde establece sus nidos en edificios altos.

La misma costumbre se observa en el cernícalo primilla *(Falco naumanni)*, una especie muy similar al cernícalo, del que se diferencia por su coloración más uniforme y que, debido al uso del DDT y de otros pesticidas, se ha vuelto rara en toda su área de distribución paleártica.

En América del Sur, el falcónido más difundido es el caracara carancho *(Polyborus plancus)*, una robusta rapaz blanca y negra que tiene las patas muy altas y una pequeña caperuza de plumas finas y negras.

Familia sagitáridos (secretario)

En África subsahariana vive un falconiforme de los más extraños, que constituye por sí solo la familia sagitáridos. Por su cabeza y su cuerpo, presenta un gran parecido con

El caracara chimango (Polyborus plancus) *es la rapaz más común en gran parte de Chile y Argentina pero no está tan difundido por el continente como los caracaras carancho, chimachina y gorgirrojo. En Chile se congrega en torno a las fábricas de envasado de mariscos y se alimenta de los restos que quedan adheridos a las conchas vacías.*

las águilas, pero sus patas son muy largas, como las de las grullas, y en la nuca lleva una cresta o moño de plumas, que, aunque se levanta cuando el ave está excitada, suele estar caída hacia atrás recordando la pluma de ganso que en otro tiempo utilizaban los amanuenses.

Esta grotesca analogía ha dado pie para que se le aplique el nombre de secretario, pero su nombre científico *(Sagittarius serpentarius)* está tal vez más justificado por la saña con que este volátil persigue a las serpientes. Su alimento consiste en toda clase de animalillos, desde pequeños roedores hasta grillos y saltamontes, si bien se dedica con preferencia a la caza de culebras, lagartos y otros reptiles, a los que mata con rápidas y certeras patadas.

ORDEN GALLIFORMES

Desde el punto de vista económico no existe otro orden de aves que interese más que el de las galliformes, puesto que es el que comprende a las aves de corral, con toda su inmensa variedad, y a las aves de caza más apreciadas: las perdices y el faisán vulgar. Todas las especies de este orden son robustas, con patas fuertes, hechas para correr por el suelo, y uñas especialmente adaptadas para escarbar la tierra, no porque sean minadoras, sino por razones de alimentación. Viven, en efecto, de granos, semillas, raíces y brotes tiernos, y tienen una molleja muy fuerte, en la que dichos alimentos son triturados y reducidos a una pulpa. Esta acción trituradora es en gran parte muscular, pero a ella contribuyen pequeñas piedras y arena, que el ave traga con este fin; de ahí su necesidad de escarbar el suelo.

El pico de las galliformes es característico, siempre corto, con el culmen muy encorvado y la mandíbula superior más larga y ancha que la inferior, de manera que la punta y los bordes de la primera sobresalen de la segunda. Todas las especies poseen cuatro dedos, el posterior casi siempre corto y colocado a más altura que los demás, excepto en los talégalos o «aves de grandes pies», que lo tienen a la misma altura que los otros tres.

Como es lógico, tratándose de un orden muy numeroso, las costumbres de estas aves son muy variadas. Sin embargo, todas tienen el vuelo corto y directo, con una alternancia de planeos y rápidos aleteos; a excepción de los crácidos, la mayoría son de hábitos terrestres. Algunas anidan en el suelo, mientras que otras lo hacen en los árboles; pero las crías son siempre nidífugas y, en los primeros días de su vida, se alimentan de insectos y gusanos. Este orden comprende siete familias con unas 280 especies.

FAMILIAS DEL ORDEN GALLIFORMES

Orden galliformes
- Familia megapódidos
- Familia crácidos
- Familia meleagrídidos
- Familia tetraónidos
- Familia odontofóridos
- Familia fasiánidos
- Familia numídidos

FAMILIA MEGAPÓDIDOS (TALÉGALOS)

Por lo que a sus costumbres se refiere, la familia más interesante de este orden es la de los megapódidos. Su nombre, que significa «pies grandes», describe bien su rasgo más sobresaliente. Éste consiste en tener los pies muy desarrollados, con dedos largos y robustos, en particular el posterior, que está colocado al nivel de los demás, mientras que sus uñas son fuertes, adaptadas para escarbar la tierra. El aspecto general de los megapódidos, fuera de estos caracteres, recuerda al de un pavo en miniatura o al de una perdiz de gran tamaño, es decir, poseen la cabeza pequeña, el pico robusto, las alas cortas y redondeadas y la cola muy corta (géneros *Megapodius* y *Eulipoa*) o bien redondeada y más o menos alargada. La familia comprende 19 especies propias de Australasia.

Talégalo cabecirrojo

Una de las especies más conocidas es el talégalo cabecirrojo *(Alectura lathami)* del este de Australia, cuyo nido o, mejor dicho, montón incubador, constituye una de las maravillas del mundo de las aves.

Cuando se acerca la época de cría, el macho del talégalo cabecirrojo —un ave con aspecto de pavo y de ahí su nombre australiano de «pavo de matorral»— comienza a escarbar el suelo de la selva con sus enormes y fortísimas patas y a amontonarlo junto con la hojarasca, los trozos de ramas y demás residuos vegetales que encuentra en un radio no muy amplio. Transcurridos unos 35 o 40 días, y después de haber arrojado, transportado y amontonado dos, tres toneladas de material o más —en la australiana isla Victoria, los talégalos construyen montones que pesan 6,8 tm como media y en otras zonas se han dado casos de montones incubadores que pesaban más de 50 tm y medían más de 50 m de circunferencia—, el macho se aparea con la o las hembras que, tras escarbar para asegurarse de que la textura del montón es la adecuada para la incubación de su puesta, acceden a elegirlo como pareja. Acto seguido, las hembras fecundadas por el macho —a las otras, éste les prohíbe el acceso— efectúan su puesta una después de otra y, una vez finalizada ésta, desaparecen de la zona para reponer sus reservas de energía. A partir de entonces, el cuidado de los huevos queda exclusivamente a cargo del macho, que, durante un período de incubación de un mes y medio o dos, comprobará de vez en cuando la temperatura en el interior del montón y evitará, si es necesario, que ésta suba o baje demasiado abriendo agujeros de ventilación o, por el contrario, añadiendo una nueva dosis de material vegetal para la fermentación.

La pava cojolita (Penelope purpurascens) *es la especie más numerosa del género* Penelope, *al que pertenecen 15 especies de crácidos, todas ellas forestales, que viven en América tropical y se caracterizan por ser aves*

de gran tamaño, con la cabeza parcialmente cubierta de plumas, la garganta casi desnuda y el pico más bien fino. Las aves de esta familia son generalmente de costumbres arbóreas, ya que anidan, duermen y se alimentan en los árboles.

En el caso del talégalo cabecirrojo, las tareas de cuidado del nido resultan bastante sencillas; al vivir en una zona de Australia donde la temperatura y la humedad son bastante elevadas durante todo el año, sólo tiene que regular de vez en cuando el trabajo de los microorganismos saprófitos cuya respiración libera calor además de oxígeno y que, gracias al poder aislante de los materiales del montón, mantienen prácticamente por sí solos la temperatura en el interior de éste dentro del intervalo 31-36 °C.

Talégalo leipoa

Muy distinto es el caso del talégalo leipoa *(Leipoa ocellata),* una especie propia del sudoeste y sur de Australia que, al habitar en zonas abiertas y relativamente áridas, se ve obligada a regular activa y frecuentemente la temperatura y humedad de su enorme montón durante un período superior a los nueve meses.

A mediados de invierno, una vez han construido la parte vegetal del montón incubador, el macho y la hembra del talégalo leipoa dejan que aquél se empape con las lluvias invernales. Terminada la estación lluviosa, los leipoa excavan una cámara de incubación en lo alto del montón, la rellenan de materiales más finos y suaves, y luego tapan todo el montículo con tierra o arena. Mientras dura la fermentación, la hembra descansa para concentrar sus energías en la producción de los huevos, al tiempo que el macho regula diariamente la temperatura y la humedad, escarbando cada mañana en la superficie del montón para liberar el exceso de calor. Este proceso continúa, con más o menos modificaciones, hasta el final del verano, y en otoño, cuando los rayos de sol se debilitan, la hembra vuelve al nido para ayudar al macho. A partir de entonces, día tras día extraen la arena que recubre el mon-

El pavo real (Pavo cristatus) *ha sido domesticado desde tiempos inmemoriales, tanto por la belleza del plumaje del macho como por la combatividad que en la India se le atribuye frente a las cobras y otras serpientes venenosas.*

tón, la extienden por el suelo y dejan que el sol la caliente durante todo el día y, al atardecer, la vuelven a poner sobre el nido incubador para que éste no se enfríe durante la noche. Finalmente, poco antes del final del otoño, salen los pollos que, como los de todos los talégalos, son extremadamente precoces —los pollos de los megapódidos son los más precoces de entre todas las aves y de ahí que la hembra tenga que hacer tal acopio de energías para producir sus huevos—, capaces ya de volar y de alimentarse por sí mismos. A partir de este momento —el de la eclosión—, sus progenitores ya no se ocuparán en absoluto de ellos y, hasta que no vuelvan a empezar un nuevo nido, podrán gozar de un breve y merecido período de descanso.

Otras especies

Las otras especies de la familia viven en zonas mucho más cercanas al ecuador y sus montones, generalmente más pequeños (o inexistentes), apenas necesitan regulación. El talégalo de las Tonga *(Megapodius pritchardii)* no necesita regularlo en absoluto, ya que la hembra pone en madrigueras, en zonas volcánicas, que, debido a su energía geotérmica, conservan una temperatura elevada y constante durante todo el año.

El guajalote gallipavo (Meleagris gallopavo), *que en la actualidad vive en estado salvaje desde el norte de Estados Unidos hasta México, frecuenta los bosques claros y los herbazales adyacentes. Los pollos se alimentan de insectos y a partir de las seis semanas, de semillas, frutos, tubérculos y hojas.*

Un caso similar es el del talégalo maleo *(Macrocephalon maleo)* de Célebes (Indonesia), cuyas hembras ponen en una madriguera común, en un lugar dotado de energía geotérmica o bien en una playa caldeada por el sol.

Familia crácidos (pavas, chachalacas, paujíes, pavones)

Esta familia de galliformes es exclusiva del Nuevo Continente y, según indica el registro fósil, sus orígenes se remontan a más de 50 millones de años. La mayoría de las 50 especies de esta familia muestran costumbres arbóreas, e incluso las más terrestres anidan, duermen, cantan y a veces se alimentan en los árboles, o a grandes alturas. Además de estos hábitos, otro rasgo que distingue a los crácidos de otras galliformes es el pequeño tamaño de las puestas, que nunca supera los cuatro huevos y rara vez los tres.

El género más diversificado de esta familia —*Penelope*— comprende 15 especies, todas ellas propias de hábitats forestales, ya sean del bosque nuboso de montaña, como la pava barbuda, la pava andina, la pava carirroja y la pava del Cauca; ya sean de los bosques caducifolios, como la amenazadísima pava aliblanca *(Penelope albipennis)* del extremo noroeste de Perú o la vulnerable pava ventrirrufa *(P. ochrogaster)* del centro de Brasil; ya sean de las pluviselvas de llanura como las pavas crestiblanca, amazónica, yacupemba, cojolita y de Ortón (respectivamente, *P. pileata*, *P. jacquacu*, *P. superciliaris*, *P. purpurascens*, *P. ortoni*).

Otro género con numerosas especies —concretamente doce— es el de las chachalacas *(Ortalis)*, aves propias del bosque tropical más bien seco o de las selvas secundarias y, por consiguiente, no tan amenazadas por la destrucción de las selvas vírgenes como las pavas.

Un tercer grupo de crácidos es el de los paujíes y pavones, aves todas ellas características de las selvas húmedas. Forman parte de él algunas especies seriamente amenazadas de extinción, como el paují de Alagoas *(Mitu mitu)* de la costa nordeste de Brasil, el paují de yelmo *(Pauxi pauxi)* del noroeste de Venezuela y nordeste de Colombia o el pavón piquiazul *(Crax alberti)* del norte de Colombia. Los pavones y paujíes constituyen, sin duda alguna, los miembros más evolucionados de la familia. En efecto, los machos de estas aves —y en algunas especies también las hembras—, muestran toda una colección de carúnculas y protuberancias brillantemente coloreadas en la cabeza para reconocerse sexualmente, rasgo del que suelen carecer los otros crácidos. Estas señales de reconocimiento y atracción entre sexos pueden ser tan espectaculares y extrañas como el enhiesto cuerno azul, en contraste con el pico rojo del paují unicornio *(Pauxi unicornis),* como la protuberancia roja en forma de cuchilla del paují tuberoso *(Mitu tuberosa),* como el largo cuerno rojo sobre plumaje azul oscuro del pavón cornudo (*Oreophasis derbianus,* una especie vulnerable) o como las excrecencias amarillas sobre plumaje negro del pavón porú *(Crax daubentoni)* o del pavón norteño *(Crax rubra).*

Familia meleagrídidos (pavos)

Aunque en algunos libros se diga que los conquistadores de América encontraron gallinas domésticas en este continente, lo cierto es que las aves que tenían los americanos nativos en domesticidad, aunque pertenecientes al orden galliformes, formaban parte de una familia distinta —*Meleagrididae*—, que actualmente algunos autores consideran todavía como subfamilia de los fasiánidos y que, en todo caso, ocupa el lugar de estas aves en el Nuevo Continente. Las «gallinas muy grandes, con la pluma como lana» que Colón halló en 1502 en la isla Guanaja, no eran sino pavos o mejor dicho guajalotes. El pavo común, o guajalote gallipavo en su forma salvaje *(Meleagris gallopavo)*, es oriundo de América del Norte y los primeros ejemplares que se vieron en España procedían de México, donde sus habitantes lo tenían ya en domesticidad. En el palacio de Moctezuma los había a miles, para alimentar con su carne a las aves de rapiña que formaban la colección zoológica de aquel emperador. Es significativo que el uso haya consagrado para este animal el nombre de pavo, perteneciente en realidad al pavo real, por esa comprensible tendencia que manifestaban los descubridores de aplicar a los animales americanos los nombres de las especies del Viejo Mundo. Los franceses son más exactos al llamar a esta ave «dindon», que se deriva de «d'Inde», de las Indias, y no menos gráfico es el nombre que se le da en catalán, «gall dindi», pero su nombre mexicano, «guajalote», es el que debiera haber prevalecido y prevalece hoy en las subespecies salvajes.

En estado silvestre, el guajalote gallipavo forma bandadas separadas por sexos, según ya refería en su tiempo el célebre naturalista americano Audubon. Los machos van juntos mientras que las hembras y los pollos se agrupan aparte. De día andan por los bosques, buscando simientes, que constituyen la base de su alimentación, y al llegar la noche se encaraman en los árboles para dormir. En general, duermen muchos sobre un mismo árbol y en las mismas ramas durante varias noches seguidas, acabando por cubrir el tronco y el suelo con sus excrementos. En primavera, los machos hacen la rueda y pelean entre sí. La hembra hace su nido en el suelo, casi siempre bajo una mata grande, o al pie de un árbol, donde pone de diez a trece huevos. Durante este período, se aísla por completo de sus semejantes, no volviendo a reunirse los grupos hasta que los pollos se hallan bastante crecidos. Es corriente que tarden unos quince días en poder volar hasta las ramas de los árboles para acostarse.

En Estados Unidos, el guajalote gallipavo, que en algunas zonas se está convirtiendo en una verdadera plaga, es una de las especies salvajes favoritas tanto para los cazadores como para los fotógrafos. Una de

Norteamérica cuenta con ocho especies de tetraónidas que son exclusivas de allí. Contrariamente a los lagópodos americanos y al grévol engolado que viven en los bosques, los gallos de las praderas son propios de ecosistemas abiertos como las praderas más o menos áridas o los herbazales de artemisas. En la imagen, gallo de las artemisas (Centrocercus urophasianus)*, especie estrechamente asociada a los herbazales de este tipo de plantas que sólo se encuentra en una zona muy limitada del O de Estados Unidos y del SO de Canadá.*

El urogallo común (Tetrao urogallus) *presenta un acusado dimorfismo sexual, ya que las hembras son de colores apagados y crípticos, casi miméticos, mientras que los machos tienen un plumaje más vistoso, que realzan en la época de celo. En esta época luchan entre sí, apareciendo con las plumas erizadas y las alas caídas y temblorosas. En este estado es cuando resulta más fácil darles caza, y de ahí la extrema vulnerabilidad de algunas poblaciones de esta especie.*

las razones que explican esta gran afición es la posibilidad de atraer a estas aves mediante una imitación de los reclamos de contacto —los que mantienen la cohesión de la bandada— en otoño, o mediante la imitación del reclamo de las hembras a sus parejas, en primavera, cuando sólo está autorizada la caza de los machos.

Antes de que se conociera el pavo común, los españoles descubrieron el pavo ocelado *(Meleagris ocellata),* caracterizado por tener el plumaje mucho más bello, de colores metálicos y con manchas parecidas a las de la cola del pavo real. Esta especie, propia de América Central, fue vista por vez primera en 1499 por Pedro Alonso Niño, quien, según refiere Gomara, compró a los indígenas varios ejemplares, a razón de cuatro cuentas de vidrio cada uno.

Familia tetraónidos (gallos de monte)

Las especies de esta familia tienen los tarsos cubiertos de plumas, por lo general hasta la base de los dedos de los pies, y también las narinas. El representante de mayor tamaño de la familia es el urogallo común *(Tetrao urogallus)*, magnífica ave cuyo macho posee un plumaje negro y castaño con bellos reflejos metálicos, y que en tamaño y peso puede compararse con el pavo doméstico. Sobre cada ojo tiene un pequeño espacio desnudo de un rojo escarlata. Sólo es posible encontrarlo en los más espesos y solitarios bosques de coníferas, donde construye su nido en el suelo, en una ligera excavación que practica al pie de un árbol. Su régimen es omnívoro, pero los renuevos de los pinos y de los abetos son su manjar predilecto. Esquivo y arisco, es muy difícil darle caza, salvo durante el celo, época en la que los machos se desafían con tanto fuego como los venados en la brama y, subidos en las peñas o en alguna rama gruesa, lanzan discordantes gritos con la garganta hinchada, las plumas erizadas, la cola en abanico y las alas caídas y temblorosas. Absorto en su canto de amor, el urogallo olvida cuanto le rodea, y ésta es la ocasión que el furtivo aprovecha para interrumpir la serenata con un tiro. Afortunadamente para la especie y sobre todo para la subespecie *T. urogallus cantabricus*, amenazada de extinción, la protección de que goza es cada vez más intensa y es de esperar que el furtivismo se convierta pronto en una lacra del pasado.

La perdiz nival o lagópodo alpino *(Lagopus mutus)* presenta plumas incluso en los dedos, hasta la base misma de las uñas. Este plumaje que le cubre los pies es mucho más denso en invierno que en verano y le sirve para andar por la nieve sin hundirse. En invierno también le crecen más las uñas de los pies —hasta casi el doble en el lagópodo común *(Lagopus lagopus)*, una especie muy similar a la perdiz nival—, lo que también contribuye a convertir los pies de estas aves en verdaderas raquetas de nieve; este crecimiento de uñas y plumas, en efecto, multiplica por cuatro la superficie de los pies y divide por dos el hundimiento del ave en la nieve, lo que facilita de manera extraordinaria los movimientos del ave. El plumaje del lagópodo alpino varía con las estaciones; en verano es gris, jaspeado de negro, y en in-

El colín de Virginia (Colinus virginianus) *carece de la larga pluma frontal de los colines del O de Norteamérica, pero en la mayoría de subespecies, el macho tiene un bello plumaje facial blanco y oscuro que contrasta con el cuerpo castaño.*

vierno, blanco. El lagópodo alpino tiene una distribución boreal, pero, a diferencia del lagópodo común, mantiene una población restringida en los Alpes y en los Pirineos.

Familia odontofóridos (colines o codornices americanas)

En América existe un gran número de galliformes que son superficialmente parecidas a las codornices y perdices europeas pero con el pico muy alto en la base y más o menos denticulado en los bordes. Constituyen la pequeña familia odontofóridos, a la cual pertenecen el colín de Virginia *(Colinus virginianus)*, que habita en Estados Unidos, México, Guatemala y Cuba, el colín de California *(Callipepla californiana)* y, en Sudamérica, el colín crestudo *(Colinus cristatus)*, los corcovados (género *Odontophorus*) y el colín carirrufo *(Rhynchortyx cinctus)*. El colín de California es una de las aves más bonitas de América del Norte, con un plumaje elegante y variado, y con una pluma enhiesta en la frente, graciosamente encorvada hacia adelante. Vive en el oeste de Estados Unidos y en Baja California, en hábitats muy diversos, hasta unos 2 700 m de altitud.

Familia fasiánidos (perdices, faisanes, pavos reales, gallos)

La gran mayoría de las galliformes presenta las patas implumes y el pico sin ningún diente en el borde; constituyen la familia fasiánidos, que consta de 155 especies. Los machos suelen estar provistos de espolones.

Codornices

Uno de los géneros que carecen de ellos es el de las codornices, al que pertenece la co-

La perdiz roja (Alectoris rufa) *se distingue fácilmente por el moteado negro del pecho y de los lados del cuello. Su área de distribución abarca el sur de Francia, el noroeste de Italia, Elba, Córcega y la península Ibérica.*

En la imagen, abajo, francolín gorgiamarillo (Francolinus leucoscepus). *En la actualidad los francolines se distribuyen por África y Asia (el gorgiamarillo por el este de África). En tiempos históricos también ocupaban la península Ibérica, donde el francolín ventrinegro* (Francolinus francolinus) *convivía con las perdices; de ahí el intento que se está haciendo de introducirlo en la comarca catalana de la Segarra.*

dorniz común *(Coturnix coturnix)*, la más pequeña de las galliformes europeas y la única entre éstas que tiene costumbres migratorias. La codorniz vive en sitios llanos y abiertos, ya sean vegas, prados o campos cultivados, y anida, como es bien sabido, en el suelo, donde la hembra pone de ocho a trece huevos. Esta fecundidad ayuda a evitar la extinción de la especie en Europa occidental y en el norte de África (en otras partes del Viejo Continente, y sobre todo en África del sur, es mucho más abundante), pues pocas aves hay más perseguidas, tanto por el hombre como por las aves de rapiña.

A principios de nuestro siglo, la abundancia de codornices durante el paso migratorio las convirtió en objeto de una verdadera industria, basada en lo delicioso de su carne. Esta caza abusiva todavía continúa en Egipto y en otros países, en la que participa un gran número de cazadores europeos.

Perdices

Otra galliforme de muy acusado relieve entre las aves de caza europeas es la perdiz roja *(Alectoris rufa)*, una de las más bellas especies de este orden, aun cuando su misma abundancia en montes y cotos hace olvidar la hermosura de su plumaje. Esta especie, casi exclusivamente granívora, es propia de la mitad sur de Francia, del noroeste de Italia y de la península Ibérica, aunque también se encuentra en Inglaterra. Es conocida su costumbre de andar en bandadas pequeñas, excepto en los meses de abril y mayo, cuando las hembras están en celo y los machos se pelean por ellas.

En el norte de África y en Canarias existe otra especie del mismo género: la perdiz moruna *(Alectoris barbara)*, que todavía es bastante abundante en Marruecos a pesar de la caza de que es objeto. Otras perdices del mismo género, muy parecidas a las perdices roja y moruna, son la perdiz magna *(A. magna)*, del norte de China, la perdiz griega *(A. graeca)*, del sudeste de Francia, Italia, Austria, los Balcanes y Grecia, y la perdiz chukar *(A. chukar)*, de Asia Menor, sur de Asia central y Mongolia, que ha sido introducida también en Estados Unidos.

En la Europa central y septentrional la perdiz más común (o la única) es la perdiz pardilla *(Perdix perdix)*, que se distingue de las otras por muchas razones. Aparte de su plumaje gris pardusco, sin los bellos matices que

En la imagen, gallo doméstico. Actualmente se conocen más de 200 razas de gallinas, muchas de ellas de utilidad, otras de lujo o de pelea. Entre las primeras destacan las razas castellana, andaluza, del Prat, de liborno y de Houdan.

Muchos fasiánidos tienen decoraciones faciales que desempeñan un importante papel en los rituales de cortejo. El gallo, con sus rojas cresta, carúnculas y máscara facial, no es una excepción, si bien sus atributos cefálicos, quizás por excesivamente conocidos, no son tan sorprendentes como los de algunos faisanes del género Lophura, *cuyas coloraciones –generalmente rojas pero a menudo azules– y formas difieren de una especie a otra. De entre las distintas especies de gallos salvajes, la única que puede compararse con estos faisanes –y que incluso los supera– es el gallo Java* (Gallus varius), *que tiene una decoración facial irisada y multicolor.*

Los gallos se diferencian de las gallinas por el mayor desarrollo de las carúnculas –que forman una cresta en la barbilla–, la presencia de espolones en las patas y su vistoso plumaje, que presenta una gran diversidad.

Se considera que todas las razas de gallos domésticos actuales proceden del gallo bankiva (Gallus gallus)*, un ave que vive en bosques, sotos y otros terrenos arbolados del Sudeste Asiático y cuyo aspecto apenas se diferencia del de algunos gallos domésticos. En la imagen, ejemplar de una de las numerosas variedades de gallo doméstico. La selección conducida por el hombre ha logrado formas aptas para diferentes utilidades.*

presentan las especies anteriores, su pico y sus patas son grisáceos, no encarnados, y carece de espolones. En España sólo se la encuentra en las cordilleras Cantábrica y Pirenaica. De costumbres algo diferentes de las de la otra perdiz, frecuenta sobre todo los terrenos cultivados.

Las perdices son propias de la fauna paleártica. En África subsahariana y el sur de Asia las sustituye el género *Francolinus,* una de cuyas especies, el francolín ventrinegro *(Francolinus francolinus),* llega a través de Irán hasta Israel y el sudeste de Turquía y ha sido reintroducido en la Toscana (Italia).

Gallinas

Las gallinas comunes, tan familiares para todo el mundo, no son una especie europea. Su agriotipo o tronco originario salvaje es el gallo bankiva *(Gallus gallus),* que vive en los bosques secundarios, sotos y otros terrenos arbolados del Sudeste Asiático, desde la India hasta Bali por el sudeste y hasta el norte de Vietnam por el nordeste. El aspecto del gallo bankiva apenas difiere del de ciertos gallos domésticos. Su collarín es de un bello color anaranjado, lo mismo que las largas plumas del obispillo; los hombros son de vivo tono escarlata, y el resto del plumaje entre negro, azul y verde oscuro. Sus descendientes son, sin discusión, las más útiles de las aves de corral y las que han sido objeto de una industrialización más intensiva en su cultivo; de ahí que la gallina sea tan indispensable en la modesta morada del campesino, como en el gran cortijo del más rico propietario. Sus huevos son un alimento universal y la facilidad de incubarlos artificialmente ha favorecido mucho la cría de la gallina en todas partes. Años antes de nuestra era (aunque un milenio después de la domesticación del gallo bankiva en Mohenjo Daro y Harappa, a orillas del Indo), los egipcios, los persas y los chinos ya utilizaban procedimientos análogos a los de las actuales incubadoras, valiéndose de hornos. No hace mucho, cada año se incubaban en Egipto millones de huevos por medio del rescoldo de estiércol de camello.

En la actualidad se conocen más de 200 razas de gallinas, muchas de ellas de utilidad, otras de lujo o de pelea. Desde luego, las razas cuya explotación más debe favorecerse son las que, además de ser muy ponedoras, tienen la carne muy fina, circunstancias que reúnen la castellana, la andaluza, la del Prat, la «Leghorn o de liborno» y la francesa de Houdan. La raza «orpington», oriunda de Inglaterra, con sus variedades blanca, negra y leonada, y la «langshank», de tamaño enorme y largas patas, son de carne muy exquisita, pero poco ponedoras. Entre las razas de lujo, apreciadas tan sólo por la belleza de su plumaje, están la gallina holandesa, negra con una gran cresta blanca; las razas enanas llamadas «bantam», y la «fénix» del Japón, notable por la longitud de las plumas de su cola, que en el gallo supera a veces los 4 metros.

Faisanes

Entre los faisanes, que dan nombre a esta familia, el más conocido es el faisán vulgar *(Phasianus colchicus)*, oriundo de un área que se extiende desde el este del mar Negro hasta Siberia y el norte de Vietnam e introducido como ave de caza en Europa occidental, Norteamérica, Tasmania y Nueva Zelanda. En Gran Bretaña se le encuentra aclimatado desde el siglo XI, por lo menos, o quizás desde la época romana. Una raza de la misma especie que vive en China, el faisán de collar, se introdujo también en Europa en 1785 y a continuación se hizo lo mismo con otras subespecies. Hoy, la mayoría de los faisanes que se ven en los cotos y parques europeos son cruces de varias subespecies. La cría de faisanes en esta condición semisalvaje es costosa y delicada; por ello, en España, al igual que en Francia y en Inglaterra, hay que ayudarlos a criar, porque de lo contrario es probable que no se consiga sacar ni un solo pollo.

A pesar de su belleza, el faisán vulgar no puede compararse con las especies que viven en Extremo Oriente, como el faisán venerado *(Syrmaticus reevesii)*, especie china en peligro de extinción, con una cola larguísima, a franjas transversales blancas y negras, o el hermoso faisán cobrizo *(Syrmaticus soemmerringii)*, propio de Japón; y aún es más hermoso el aspecto de algunas especies de géneros afines, tales como el faisán plateado *(Lophura nycthemera)* del sur de China, Thailandia, Laos, Camboya y Vietnam, con un elegantísimo plumaje blanco puro adornado con finas rayitas negras en las partes superiores y la larga cola, y negro brillante en las partes inferiores y en la cresta que adorna su cabeza; o el faisán dorado *(Chrysolophus pictus)*, del centro de China, con su cresta de color de ámbar y su collarín amarillo de oro con bandas negras. En todas las especies la hembra muestra colores mucho más apagados y crípticos, y su cola es mucho más corta que la de su arrogante compañero. El faisán noble *(Lophura ignita)* vive en Malaysia, Borneo y Sumatra y en su plumaje dominan los matices azules y rojos. También habita (aunque sólo allí) el faisán

En la imagen, faisán vulgar (Phasianus colchicus). *Los faisanes se caracterizan por tener un brillante plumaje, una cola larga y unos ojos rodeados de carúnculas rojas o azules. Son originarios de Asia, y por su bello colorido y excelente carne han sido domesticados en gran parte del mundo. El faisán vulgar fue introducido en Europa, Norteamérica, Nueva Zelanda y algunas islas del océano Pacífico, donde hoy está sujeto a un costoso manejo con fines cinegéticos. La mayoría de los faisanes que viven en los cotos y parques europeos en una condición semisalvaje proceden de cruces de varias subespecies.*

El faisán dorado (Chrysolophus pictus) *es uno de los fasiánidos más bellos que existen, tanto por su vistoso plumaje como por su larga cola. Los machos de esta especie, propia del centro de China, presentan una vistosa carúncula entre el ojo y el oído y una cresta de plumas de color amarillo dorado. Como en todas las demás especies de faisanes, la hembra tiene colores mucho más apagados y crípticos. Además, su cola es mucho más corta que la de su arrogante compañero.*

La perdiz pardilla (Perdix perdix) *vive en tierras de cultivo abiertas, en herbazales y en zonas de estepa. Excepto en primavera, época en que vive en parejas, forma grupos familiares extensos cuyos miembros vuelan todos juntos cuando algo les asusta.*

coliblanco *(Lophura bulweri)*, cuyo macho es inconfundible por su voluminosa cola blanca. Otra especie notable es el faisán orejudo pardo *(Crossoptilon mantchuricum)*, que debe su nombre a unas plumas blancas que se levantan sobre sus oídos, a modo de orejuelas o pequeños cuernos.

Pero el más bonito de los faisanes es, sin duda alguna, el monal colirrojo *(Lophophorus impejanus)*, propio de los bosques del Himalaya, en cuyo plumaje se combinan los colores negro, azul, verde, violeta y rojo oscuro, todos ellos con un intenso brillo metálico que recuerda al de los colibríes. Esta especie tiene la cola corta y redonda, y por lo tanto menos ornamental que en otros faisanes, pero, en cambio, el macho ostenta una bella cresta parecida a la de los pavos reales.

El pavo que conocieron los antiguos fue el que hoy llamamos pavo real común *(Pavo cristatus)*, nativo de Pakistán oriental, la India y Ceilán, donde su domesticación se remonta a tiempos remotos. El hecho de figurar en la mitología griega como ave predilecta de la diosa Hera indica que los griegos lo conocían ya desde mucho antes de las conquistas de Alejandro Magno, si bien este emperador fue quien, de hecho, lo introdujo en Europa. En la antigua Roma era mucho más popular que hoy como ave de adorno y también era servido con su pluma, como plato exquisito en todas las mesas de gusto refinado.

Algo que no todo el mundo sabe es que lo que comúnmente se denomina la cola del pavo real no es tal cola, sino las supracobertoras de la misma, que alcanzan un notable desarrollo en el macho. Cuando el pavo hace la rueda, mirándolo por detrás es fácil ver la verdadera cola, oculta por tan bello adorno, cuyas manchas oceladas forman un dibujo geométrico.

Las plumas de la corona o cresta que ha valido a esta especie su nombre no poseen barbas más que en la punta, salvo en el caso del pavo real cuelliverde *(Pavo muticus)* de la isla de Java, que las tiene casi desde su base. Esta segunda especie se reconoce también por su cuello, de un vivo color verde con reflejos dorados.

Más ornado aún que los pavos reales es el espolonero chinquis *(Polyplectron bicalcaratum)*, ave que vive en los bosques de Birmania (Myanma) y de Indochina, y tiene las rémiges y rectrices muy largas y cubiertas de manchas oceladas. El macho de esta especie posee dos espolones en cada pata, a lo que debe su nombre científico.

Otras dos especies notables por su plumaje son el argos real y el perlado (respectivamente *Argusianus argus* y *Rheinardia ocellata*), cuyos machos lucen un bello plumaje de lentejuelas sobre un fondo oscuro y, sobre todo, una cola muy larga. La del macho del argos perlado —una especie amenazada que en la actualidad sólo vive en el centro de Vietnam, el este de Laos y el parque nacional Taman Negara en Malaysia—, con sus 173 cm de longitud máxima, no sólo triplica la longitud corporal del animal si-

La pintada común (Numida meleagris) *es omnívora; cuando abundan los insectos, los prefiere a las semillas que suelen formar la parte esencial de su dieta, y en algunas zonas de sabana no es raro que picotee garrapatas en el dorso de los facoceros. Excepto la subespecie del NO de Marruecos, que podría estar extinguida, continúa siendo bastante abundante a pesar de la persecución de que es objeto por su carne y por sus huevos.*

no que sus rectrices son las plumas más largas de todo el mundo de las aves.

Familia numídidos (pintadas)

La familia numídidos o de las pintadas es endémica de África y, según los recientes estudios basados en el ADN, se separó del tronco común con los fasiánidos hace unos 38 millones de años. Muy similares a estos últimos en cuanto a estructura, se diferencian de la mayoría de ellos por la ausencia de dimorfismo sexual aparente y por sus costumbres monógamas. Una de las especies, la pintada común *(Numida meleagris)*, se halla desde hace tiempo introducida en Europa y América como ave de corral. Hasta principios de siglo se creyó que esta especie, propia de África subsahariana, era la «númida» que en sus escritos mencionaron Varrón, Plinio y Columela, y los autores se preguntaban cómo podía resultar familiar a los romanos un ave de un país para ellos inaccesible, si no desconocido. El misterio fue aclarado en 1919, al descubrirse en Marruecos occidental la verdadera pintada de Numidia *(N. meleagris sabyi)*, una subespecie de la pintada común, que tal vez ocupaba en la Antigüedad todo el norte del continente africano. Aparte de esta reducidísima zona en el oeste de Marruecos, la pintada común vive en casi toda África subsahariana, en una amplísima gama de hábitats que varían desde la estepa y el semidesierto hasta los linderos de la pluviselva. En las pluviselvas primarias de África ecuatorial es sustituida por la pintada plumífera *(Guttera plumifera)*, fácilmente identificable por su larga cresta en forma de plumero aplanado; y en gran parte de África ecuatorial y meridional coincide con la pintada moñuda *(Guttera pucherani)*, algo más forestal que la pintada común —aunque menos que la plumífera—, con la cresta más hirsuta que esta última y la cabeza azul y roja.

En las zonas áridas del este de África ecuatorial (sur de Etiopía, Somalia, Kenia, nordeste de Tanzania) habita la pintada vulturina *(Acryllium vulturinum)*, un ave cuyo bellísimo plumaje contrasta con la fealdad de su cuello y su cabeza de buitre.

ORDEN OPISTOCOMIFORMES

FAMILIA OPISTOCÓMIDOS

El hoatzín *(Opisthocomus cristatus)*, un ave superficialmente parecida a los crácidos que vive en el norte de Sudamérica, al este de los Andes, es tan distinto de todas las demás aves que actualmente muchos autores lo clasifican en un orden aparte, opistocomiformes, que consta de una sola familia (opistocómidos) y una única especie. El hoatzín se alimenta exclusivamente de hojas y ello explica la adaptación de su sistema digestivo, único entre las aves, que consiste en tener el buche y la parte inferior del estómago muy desarrollados, mucho mayores que el estómago y adaptados para la fermentación de la materia vegetal a la manera del rumen de las vacas. Otra extraña característica que presenta el hoatzín consiste en el repulsivo olor que desprende y que le ha valido el nombre de «ave fétida».

Los hoatzines adultos son malos voladores y prefieren planear de un árbol a otro y trepar luego por las ramas utilizando sus alas como punto de apoyo. Son sociales y forman grupos de 10 a 50 individuos que se desplazan por los árboles y se nutren de las hojas de unas 50 especies de plantas, entre las que figuran diversas leguminosas que resultan tóxicas para otras especies animales. El modo de reproducción es comunitario: en la construcción del nido, en la educación de los jóvenes y sobre todo en la defensa del territorio, suelen colaborar otros adultos además de la pareja reproductora. La hembra pone de 2 a 4 huevos de los que salen unos pollos seminidícolas, que abandonan el nido dos o tres semanas después de la eclosión. Los pollos poseen un rasgo anatómico único: la presencia de dos garras en cada ala, de las que se valen para trepar a los árboles a la manera de los reptiles.

El hoatzín (Opisthocomus cristatus) *vive en las selvas ribereñas y costeras de Sudamérica tropical Esta curiosa opistocomiforme también recibe el nombre de ave fétida por su olor repugnante. Los pollos poseen en la articulación del carpo unas uñas muy desarrolladas que les sirven para trepar por las ramas y que, en la edad adulta, desaparecen.*

FAMILIAS DEL ORDEN GRUIFORMES

Orden gruiformes
- Familia otídidos
- Familia turnícidos
- Familia gruidos
- Familia psofiidos
- Familia rállidos
- Familia arámidos
- Familia cariámidos
- Familia euripígidos
- Familia rinoquétidos
- Familia mesitorinítidos

Gruiformes es un orden muy numeroso (203 especies) de aves terrestres de tamaño mediano a grande, similares a las ciconiformes en sus caracteres morfológicos externos, pero muy distintas en cuanto al esqueleto y aparato digestivo.

GRULLAS Y AVES LIMÍCOLAS

La mayoría de los gruiformes muestran escasa tendencia a volar y algunas especies son ápteras. Son ágiles para la marcha, pero su carrera no es muy veloz. El dedo posterior del pie está muy poco desarrollado, o falta por completo.

ORDEN GRUIFORMES

Familia otídidos

De las diez familias que constituyen el orden gruiformes, la primera en que fijaremos la atención es la de los otídidos o avutardas, que presentan una serie de características diferentes de las que ofrecen las demás aves del mismo orden. Su aspecto general recuerda bastante al de las galliformes, pero se distinguen por sus patas gruesas, robustas, cubiertas de escamas reticuladas y con sólo tres dedos, faltando siempre el posterior. En España y en otros países del sur y del centro de Europa, así como en Asia Central, vive la especie más típica de esta familia: la avutarda común *(Otis tarda)*, una de las aves voladoras más corpulentas y pesadas del mundo. El macho, que es mayor que un pavo, a veces supera los 18 kg de peso; se trata de un animal magnífico, con plumaje jaspeado de ocre y negro y cabeza gris, adornada con dos penachos o barbas que cuelgan a ambos lados de la boca, y que le valió el nombre de «barbón». Aunque tiene un vuelo potente, mayestático y sostenido, cuando es perseguida prefiere huir corriendo. Siempre se la encuentra en las grandes llanuras, en las estepas y campos cultivados, donde se alimenta de materia vegetal y de invertebrados, aunque a veces también come pequeños mamíferos, anfibios y polluelos de otras aves.

La avutarda común (Otis tarda) *se ha convertido en especie vulnerable debido a la caza ilegal y a la intensificación de la agricultura. Forma bandadas que suelen estar compuestas por aves de un solo sexo. Una vez adultos, los machos abandonan el grupo y se dirigen hacia los leks para iniciar su espectacular parada nupcial.*

En la primavera, cuando entran en celo, los machos hacen la rueda con actitudes exageradas, inflando el pecho, ahuecando las alas, levantando todas las plumas y echando atrás la cabeza hasta esconderla de tal manera entre el plumaje de la espalda, que sólo se ven las barbas, erizadas. En esta actitud, el barbón aparece como una enorme bola de plumas girando con lentitud sobre dos patas. El nido de las avutardas no es más que una ligera escarbadura en el suelo, a veces tapizada ligeramente de hierba, donde la hembra pone dos o tres huevos de color aceitunado, con manchas oscuras.

Otra especie del mismo género que también se encuentra en la península Ibérica es el sisón *(Tetrax tetrax)*, que es mucho más pequeño y carece de barbas. En primavera y verano, el macho presenta el cuello negro con dos collares blancos, el inferior más ancho que el superior. Sus costumbres y régimen se parecen mucho a los de la avutarda euroasiática, con la diferencia de que, al ser

La grulla común (Grus grus) *cría en el norte de Eurasia e inverna en latitudes más sureñas entre otras en la península Ibérica, donde su llegada se ha relacionado popularmente con la venida de los primeros fríos. La potencia de su grito, que se oye a 2 km de distancia, se debe a la longitud de la tráquea, que se aloja formando circunvoluciones en la quilla y actúa a modo de caja de resonancia.*

La avutarda kori (Ardeotis kori) *es la mayor de las avutardas y llega a pesar 19 kg. Su hábitat son las estepas, herbazales y sabanas africanas, donde captura pequeños animales y también consume una amplia gama de recursos vegetales, entre ellos goma de árboles del género Acacia.*

menos corredor, cuando se siente amenazado levanta en seguida el vuelo, con un ruido especial, como de siseo o silbido, al que debe su nombre.

África es el continente por antonomasia de las avutardas, ya que alberga a 21 de las 25 especies mundiales. Una de ellas es la hubara *(Chlamydotis undulata)*, que tiene la cabeza adornada con una cresta y a cada lado del cuello una especie de fleco o borlón de plumas blancas y negras. La hubara vive en las llanuras áridas de África del norte y del sur de Asia y también en algunas de las islas Canarias. En el sur de África habita una avutarda tan grande como la europea, la avutarda kori *(Ardeotis kori)*, a la que los bóers suelen llamar «gom paauw», o sea, pavo de la goma, porque en la época en que las mimosas destilan su goma ingiere una gran cantidad de esta sustancia, con la que engorda muchísimo. Otra especie sudafricana es el sisón azulado *(Eupodotis caerulescens)*, que cuando se siente en peligro huye entre las hierbas altas con la cabeza baja y el cuerpo casi pegado a tierra. Especies africanas son también la avutarda árabe *(Ardeotis arabs)*, la avutarda cafre *(Neotis denhami)* y el sisón senegalés *(Eupodotis senegalensis)*.

Familia turnícidos (torillos)

Esta familia de gruiformes atípicas consta de 2 géneros y de 16 especies que se distribuyen por la península Ibérica, África, el sur y el este de Asia, y Australasia. Todas las especies de la familia, muy similares entre sí, recuerdan a codornices a las que se hubiera cortado la cola. La más conocida es el torillo andaluz *(Turnix sylvatica)*, que habita en el cuadrante sudoeste de la península Ibérica y el noroeste de África, en África tropical y en el sur de Asia. El torillo andaluz vive en una gama relativamente amplia de hábitats —espesuras, matorrales, herbazales toscos, cultivos y campos en barbecho—, pero siempre sobre suelo seco. En la península Ibérica y en el noroeste de África tiende a habitar en el monte bajo costero con palmitos y, por lo general, cría entre la hierba. Tiene un régimen omnívoro y consume con igual avidez tanto semillas como hormigas y otros invertebrados. En la época de cría, que en la península Ibérica y el noroeste de África se produce en primavera, a veces se oye su voz, que recuerda al arrullo de una tórtola, pero con cierta cualidad bovina, lo que explica el nombre de torillo. La puesta, que en estas regiones puede ocurrir desde mayo hasta agosto, suele constar de cuatro huevos. Los pollos, nidífugos, son capaces de volar a la semana o semana y media de eclosionar.

Familia gruidos (grullas)

El pico largo o medianamente largo, con las narinas horadadas y situadas hacia la mitad de su longitud, el cuello grácil y flexible y las altas patas con un dedo posterior pequeño son caracteres que distinguen a las grullas, o gruidos, que ofrecen un aspecto bastante semejante al de las garzas, aunque, a diferencia de estas últimas, llevan el cue-

En la imagen, grulla sarus (Grus antigone). *Es la de mayor tamaño de todas las grullas y la más alta de todas las aves voladoras. Vive en el extremo norte de Australia, en Nepal, norte de la India, Birmania (Myanma) e Indochina.*

llo estirado cuando vuelan. Otras diferencias radican en lo pequeño y levantado del dedo posterior y en el gran desarrollo de las secundarias internas, que forman a cada lado de la cola un largo penacho. La especie más conocida en Europa es la grulla común *(Grus grus)*, ave de 1,15 m de longitud y 2 m de envergadura, cuyo plumaje gris ceniza contrasta con los lados de la cabeza blancos, y la garganta, la nuca, las bridas y la frente negras. Estas dos últimas no tienen verdaderas plumas, sino que se hallan revestidas de unas pequeñas cerdas cortas y negras, lo bastante claras en el píleo como para dejar ver la piel, que presenta en esta zona una gran mancha encarnada.

Esta grulla frecuenta las tierras pantanosas y las vegas frescas, donde se alimenta fundamentalmente de insectos, gusanos y pequeños moluscos; también come muchas materias vegetales, tales como raíces, tubérculos, brotes, hojas, semillas, bellotas y granos, especialmente fuera de la estación de cría. Su nido consiste en un montón de carrizos y tallos de diversas plantas, puesto en el suelo, en medio de algún extenso cenagal o de un marjal, y en él pone, en los meses de abril o mayo, dos huevos de color marrón o verdoso oliva con manchas oscuras, alternándose los dos padres para incubarlo. Los pollitos salen cubiertos de un espeso plumón pardo rojizo vivo, que pronto es sustituido por un plumaje gris, parecido al de los adultos.

En América del Norte y en Siberia oriental habita una grulla que también presenta el plumaje gris: la grulla canadiense *(Grus canadensis)*. Otras especies, sin embargo, son blancas, como la elegante grulla trompetera *(Grus americana)*, especie amenazada de extinción que en la actualidad sólo cría en el Parque Nacional Wood Buffalo (noroeste de Canadá) e inverna en el Refugio Nacional de Fauna Aransas, en la costa de Texas, o la grulla manchú *(Grus japonensis)*, otra especie amenazada que vive en la isla de Hokkaido, Japón (donde es sedentaria), en el nordeste de China y el extremo sudeste de Siberia e inverna en Corea y en el sudeste de China. Ésta es la que con frecuencia pintan los artistas nipones, tan hábiles para representar animales, en biombos y abanicos, y por eso se la considera como la grulla japonesa por excelencia. En el este del continente asiático se encuentran otras especies, como la grulla siberiana *(Grus leucogeranus)*, de inmaculado plumaje blanco, cuya área de distribución abarca hasta el sudeste de Europa; la grulla monje *(Grus monacha)*, de plumaje gris ceniza con la cabeza blanca; la grulla cabeciblanca *(Grus vipio)* de Mongolia, nordeste de China y sudeste de Siberia, y la grulla cuellinegra *(Grus nigricollis)* del Tíbet, nordeste de la India, oeste y centro de China.

En Australia, las grullas se hallan representadas por dos especies. Una de ellas, la grulla brolga *(Grus rubicunda)*, está difundida por gran parte del continente y tiene un plumaje gris uniforme excepto en la cabeza, que es desnuda y roja. La otra, la grulla sarus *(Grus antigone)*, sólo vive en el extremo norte de Australia, donde forma una subespecie bien definida *(Grus antigone giliae)*, aunque también se encuentra en el sur y el sudeste de Asia. La subespecie nominal de la grulla sarus *(Grus antigone antigone)* vive en el norte de la India y en Nepal, y la subespecie *Grus antigone sharpii* cría en Camboya y Laos e inverna en Vietnam.

Otra grulla asiática que no es exclusiva de este continente, ya que también se encuentra en África, es la grulla damisela *(Anthropoides virgo)*, una especie de pequeño tamaño —es la menor de todas las grullas—, de elegante plumaje gris, con largas plumas negras que cuelgan por delante del

Abajo, grulla del paraíso (Anthropoides paradisea), *una especie vulnerable que sólo se encuentra en Sudáfrica y en el Etosha Pan de Namibia.*

La grulla damisela (Anthropoides virgo) *cría en el centro de Eurasia e inverna en el subcontinente indio y en África subsahariana, desde Chad hasta Etiopía.*

cuello y un característico penacho blanco detrás de cada ojo. Sus costumbres se parecen a las de la grulla común, a la que sustituye parcialmente en las estepas del centro de Eurasia. Estas aves llegan allí a finales de marzo y, mientras permanecen en la región, se reúnen con frecuencia por las mañanas y al atardecer para entregarse a una especie de danza, saltando unas alrededor de las otras, agitando las alas y adoptando las más extrañas actitudes. En realidad, esta costumbre es común a todas las grullas, pero en ninguna se manifiesta de manera tan pronunciada como en la especie que nos ocupa, que a causa de sus graciosos movimientos ha merecido su nombre de grulla damisela. La mayoría de las grullas damiselas invernan en el subcontinente indio y en África subsahariana, desde el lago Chad hasta Etiopía, pero en Turquía existe una pequeña población sedentaria. También hay otra población disjunta en el Atlas (noroeste de África) pero esta última es migradora e inverna en África subsahariana. En África austral vive una especie parecida, pero mucho más corpulenta y completamente gris, con las secundarias internas muy largas; recibe el nombre de grulla del paraíso *(Anthropoides paradisea).* Otra especie africana es la grulla coronada cuellinegra *(Balearica pavonina)*, a la que los antiguos llamaron «grulla de Baleares» no se sabe por qué, puesto que jamás ha existido en dichas islas, siendo exclusiva de las zonas húmedas y las sabanas de la región etiópica.

Familia psofíidos (trompeteros)

En América del Sur, donde no hay grullas, el orden gruiformes está representado, entre otras familias, por la de los psofíidos, una de cuyas tres especies es el trompetero aligrís *(Psophia crepitans).* Los trompeteros difieren de las grullas por la forma del pico, más parecido al de las galliformes, y por carecer de los penachos de las alas, ya que son las cobertoras caudales las que están muy desarrolladas, hasta ocultar por completo las rectrices. El tamaño del trompetero aligrís es similar al de una gallina, y su plumaje es muy bello, negro, excepto en la cabeza y el cuello, donde las plumas son cortas, muy rizosas y muestran vivos tornasoles verdes, violáceos y dorados. Habita en los bosques húmedos de América tropical, al norte del Amazonas, donde crea grupos de tres a trece individuos, y se alimenta sobre todo de la pulpa de frutos maduros (90 % de la dieta) y, en menor proporción (10 %), de invertebrados y pequeños vertebrados. Como las avutardas, al trompetero aligrís le gusta más correr que volar. Con frecuencia deja oír su voz, que es sonora y potente como un fuer-

En la imagen, trompetero aligrís (Psophia crepitans). *El ruidoso grito de esta pequeña gruiforme le ha valido el nombre de trompetero. Sus alas son pequeñas y redondeadas y su plumaje es de una gran suavidad.*

te trompetazo, y completamente desproporcionada a su tamaño, lo que se debe a una curiosa modificación de su aparato vocal, que se comunica con grandes sacos aéreos. Anida en cavidades elevadas que no tapiza con material alguno y pone de dos a cuatro huevos blancos de forma casi esférica. Las otras dos especies de la familia, el trompetero aliblanco *(Psophia leucoptera)* y el trompetero aliverde *(Psophia viridis),* viven como el trompetero aligrís en la pluviselva amazónica pero, a diferencia de este último, se encuentran al sur del río Amazonas. Capturados jóvenes, los trompeteros se domestican mucho mejor que cualquier otra ave, pues aprenden a conocer y seguir a su amo como si fuesen perros, y anuncian con sus trompetazos la proximidad de desconocidos.

Familia Rállidos (rascones, pollas de agua)

Con sus 133 especies vivas y sus 14 especies recientemente extinguidas, esta familia constituye, con diferencia, la más numerosa del orden. A pesar de su gran diversidad específica, se trata de una familia bastante homogénea que comprende aves de tamaño pequeño a mediano, con el cuerpo corto y a menudo comprimido lateralmente para facilitar el movimiento por entre la vegetación densa y baja. Las alas suelen ser cortas, anchas y redondeadas; de hecho, en 32 especies de la familia, todas ellas insulares, son tan pequeñas que no le permiten levantar el vuelo. Las otras especies, las que son capaces de volar, tampoco parecen muy dotadas cuando recorren cortas distancias pero, a pesar de esta relativa incapacidad, algunas de ellas son capaces de migrar o de desplazarse a largas distancias y así se explica que en el pasado esta familia colonizase las islas oceánicas más alejadas. Con todo, incluso las especies mejor dotadas para el vuelo son conductualmente ápteras, ya que prefieren huir corriendo de los depredadores que escapar volando.

Rascones

El nombre de la familia proviene del género *Rallus,* que consta de nueve especies, seis de ellas propias del continente americano. Estas últimas son el rascón piquilargo *(Rallus longirostris),* de Estados Unidos, México y Cuba, el rascón de Virginia *(R. limicola)* y los amenazados rascón de Wetmore *(R. wetmorei),* de la costa norte de Venezuela, rascón de Bogotá *(R. semiplumbeus),* de la localidad homónima, y rascón pidén *(R. antarticus),* de Chile y Argentina.

En Europa y en gran parte de Asia vive el rascón europeo *(Rallus aquaticus),* que es una especie sedentaria en la península Ibérica y en casi toda Europa occidental y meridional, y migradora en Asia central.

El rascón europeo habita en todo tipo de humedales, tan escondido entre la vegetación ribereña que resulta muy difícil de observar. Se trata de un ave de tamaño más bien pequeño, de plumaje castaño, con rayas y manchas negras, y tono gris plomizo en el pecho. Anida en lo más intrincado de los carrizales, donde también halla su alimento, consistente en pequeños vertebrados, vivos o muertos, y otros artrópodos acuáticos, gusanos y algunos materiales vegetales. Sus crías son unos seres muy graciosos, vestidos de plumón sedoso y negro, con lustre verde. Tan pronto como se desprenden del último fragmento de cascarón, se tiran al agua y nadan con la misma soltura que si hubiesen estado practicando este ejercicio durante años enteros.

Otras especies europeas notables son el guión de codornices *(Crex crex),* llama-

El rascón común (Rallus aquaticus) vive en Eurasia, desde Islandia hasta Japón, y en el norte de África. En todas estas zonas es uno de los rállidos más comunes aunque también es uno de los más tímidos y escondedizos, especialmente cuando cría.

La polluela bastarda (Porzana parva) *es más pequeña que la polluela pintoja* (Porzana porzana)*, y se distingue de esta última por carecer de pintas blancas y listas negras en los flancos. Ambas crían en el este y el oeste de Eurasia y son muy difíciles de observar.*

do así por emigrar a la vez que éstas, y la polluela pintoja *(Porzana porzana),* que inverna en la península Ibérica, en África y en el sur de Asia.

Entre los rascones incapacitados para el vuelo destacan: el rascón weka *(Gallirallus australis)*, inconfundible por su gran tamaño y sus patas y pico robustos; los amenazados rascones de Nueva Caledonia *(Gallirallus lafresanayanus)*, de la Lord Howe *(G. sylvestris)* y de Okinawa *(G. okinawae)*; el amenazadísimo rascón de Guam *(G. owstoni)*; el rascón de Roviana *(G. rovianae)*, recientemente descubierto en las islas Salomón; el rascón de Wallace *(Habroptila wallaci)* de la isla Halmahera, en las Molucas; y el rascón inepto *(Megacrex inepta)* de Nueva Guinea.

Otro rállido áptero es el rasconcillo de Tristán da Cunha *(Atlantisia rogersi)*, que sólo habita en la isla Inaccesible del archipiélago Tristán da Cunha, en lo más apartado del Atlántico. Es una especie pequeña, de plumaje negro, con los ojos rojos, y casi desprovista de alas. No vuela nunca, pero corre con asombrosa rapidez. La dificultad de acceso a la isla en la que vive le libró de la suerte que corrieron sus congéneres en otras islas del mismo archipiélago, *Atlantisia elpenor* de Ascensión y *A. podarces* de Santa Helena, que se extinguieron poco después de que el hombre llegara a estas tierras.

Pollas de agua

De entre todos los rállidos, la especie más cosmopolita es indudablemente la polla de agua o gallineta común *(Gallinula chloropus)*, que vive en Eurasia, África y América y que, como otras gallinetas, presenta un escudo frontal rojo en prolongación del pico. Sus patas, de dedos muy largos, son verdes, pero con una banda roja a guisa de liga, y su plumaje es tan sobrio como bonito: pardo oliváceo oscuro por encima y plomizo en el cuello y las partes inferiores. Anida entre los carrizos o en las matas que flotan sobre el agua, y suele poner de cinco a nueve huevos (en el oeste del Paleártico), aunque puede llegar a dieciséis o más. Sus pequeños, al salir del cascarón, se hallan revestidos de plumón negro, y pueden echarse a nadar desde el primer día como lo hacen los patitos.

Fochas

La focha común *(Fulica atra)* es otro rállido muy difundido —su área de distribución abarca Eurasia, África y Oceanía— y, a dife-

Cuando nada la polla de agua (Gallinula chloropus) *cabecea de forma muy típica, y su franja lateral blanca y su popa la hacen inconfundible. Habita en los cañaverales de pantanos, ríos y estanques de gran parte del mundo.*

rencia de las gallinetas, posee un escudo frontal blanco; además, sus dedos están orillados de una membrana lobulada, lo que indica que tiene unas costumbres más acuáticas que el resto de la familia. Desde este punto de vista, la focha nada tiene que envidiar a los patos; como ellos, vive en los lagos y en los ríos de poca corriente, y se alimenta en gran parte de vegetales, aunque en realidad es omnívora, habiéndosela visto matar crías de pato.

Las especies de mayor tamaño del género *Fulica*, originario de América del Sur, viven en los lagos y charcas de la *puna,* en los Andes centrales. Una de ellas es la focha cornuda *(Fulica cornuta)* del norte de Chile, el sudoeste de Bolivia y el noroeste de Argentina, que alcanza los 53 cm de longitud y supera los 2 kg de peso; otra es la focha gigante *(Fulica gigantea),* de distribución algo más norteña, que alcanza los 59 cm de longitud y excede los 2,5 kg de peso.

Calamones

En las marismas del Guadalquivir y en los Aiguamolls de l'Empordà, donde ha sido reintroducido, también puede observarse el calamón común *(Porphyrio porphyrio)*, que es parecido a la polla de agua, aunque mucho más voluminoso, de un bello color entre azul y violeta, y con las patas y el pico más robustos y de color carmín encendido.

El calamón común vive en varios puntos de la región mediterránea, así como en África, el sur de Asia y Oceanía, pero se le ve raras veces porque habita en los carrizales más espesos. Desde la Antigüedad ha llamado la atención por sus brillantes colores y por su facilidad para andar sobre las plantas acuáticas. Se han descrito de él las fábulas más absurdas, diciéndose, por ejemplo, que tiene un pie palmeado para nadar y otro de gallina para correr.

En Nueva Zelanda existe un ave de este mismo grupo: el calamón takahe *(Porphyrio mantelli)*, que posee una historia muy curiosa, debido a que fue conocido como especie fósil antes que como ave viviente. En 1847 se encontró parte de un cráneo subfósil entre las cenizas volcánicas de la isla del Norte; un ilustre anatómico y paleontólogo inglés, basándose en tan escasos restos, re-

Con su escudete blanco en la cabeza y su plumaje negro pizarra, la focha común (Fulica atra) *es una de las aves más características de las zonas húmedas de Eurasia, norte de África, Australia y Nueva Zelanda. Es una excelente buceadora y para elevar el vuelo chapotea un trecho en el agua. Sin embargo, para huir de sus depredadores suele zambullirse.*

El calamón común (Porphyrio porphyrio) *vive en los humedales de aguas dulces y salobres del sur de Eurasia, África, Australia y Nueva Zelanda. Se alimenta de tallos tiernos y vuela con sus grandes patas rojas colgando.*

constituyó a su manera el ave, que consideró como uno de otros tantos animales extinguidos en edades geológicas recientes. Dos años más tarde, sin embargo, se capturaba un ejemplar vivo de la misma especie, con la particularidad de que su estudio confirmó totalmente cuanto el sabio había supuesto respecto al ave en cuestión. Años después, hacia 1930, se declaró a esta especie extinguida, pero en 1948 fue redescubierta en los montes Murchison. La población total, que entonces contaba con 260 parejas, fue descendiendo hasta las apenas 41 parejas de 1992, pero desde entonces hasta hoy se ha conseguido un sensible aumento gracias a los métodos de reproducción y de cría en cautividad. El takahe presenta el color y el aspecto de un calamón común, pero es bastante más grande, pues alcanza casi el tamaño de un ganso. Su pico, muy grueso en la base, es encarnado, lo mismo que las patas, y sus alas son cortas y redondeadas. Es incapaz de volar, anomalía relativamente frecuente en la avifauna característica del hemisferio austral.

La tigana o pájaro del sol (Eurypyga helias), *abajo, debe su nombre a la costumbre que tiene esta gruiforme de abrir repentinamente alas y cola en abanico, en una súbita explosión de color y de dibujos –entre ellos, un ocelo gigantesco en cada ala– calculada para espantar al agresor, pero que a los primeros observadores les evocaba al astro rey.*

Familia arámidos (carrao)

Además de la de los trompeteros, en el Nuevo Continente existen diversas familias de gruiformes, algunas de ellas estrechamente relacionadas con las grullas, como por ejemplo la familia arámidos, que consta de una sola especie, el carrao *(Aramis guarana)*, y otras que muestran con aquéllas un parentesco más lejano. Entre estas últimas se encuentran la familia cariámidos y la familia euripígidos.

Familia cariámidos (chuña)

La especie más típica de la familia cariámido es la chuña patirroja *(Cariama cristata)*, propia de Brasil, Bolivia, Paraguay y centro de Argentina, que por su porte recuerda al falconiforme africano conocido con el nombre de secretario. La característica distintiva más notable de esta ave consiste en un copete de plumas finas y descompuestas, que se levanta en abanico sobre la base de su pico; además, su cola es larga y todo su plumaje es de tonalidades apagadas, pardas y grises. Las hembras ponen dos y algunas veces tres huevos, de los que salen unos pollos muy listos, envueltos en plumón rojizo. La segunda especie de esta familia es la chu-

La chuña patirroja (Cariama cristata) *es la especie más ampliamente extendida de la familia cariámidos. Esta ave, propia de Brasil, Bolivia, Paraguay, Uruguay y centro de Argentina, es una excelente andadora, lo que se evidencia por sus patas robustas y extremadamente largas, con tres dedos dirigidos hacia delante y uno posterior que se inserta tan alto que no toca el suelo. Su distintivo más notable es el penacho de plumas eréctil que ostenta sobre el pico. Su cola es larga y todo su plumaje es de colores apagados, pardos y grises.*

ña patinegra *(Chunga burmeisteri)*, que vive en Bolivia, Paraguay y Argentina, y es de dimensiones algo más reducidas que la chuña patirroja.

Familia euripígidos (tigana)

La tigana o pájaro del sol *(Eurypyga helias)*, único miembro de la familia euripígidos, recuerda a una pequeña grulla, pero tiene las patas más cortas y el plumaje jaspeado de negro, pardo-cobalto, ocre, gris y blanco, que forma dibujos elegantes y simétricos, similares a los de ciertas mariposas. El parecido con algunos lepidópteros se acentúa todavía más si se considera que, para espantar a los depredadores, la tigana muestra bruscamente las grandes manchas en forma de ocelo que tiene en cada ala. El efecto sobre el posible depredador se acentúa con el súbito aumento aparente del ave al abrir ésta la cola y extender las alas en un mismo plano hasta formar un abanico redondo, enorme y ostentoso.

Familia rinoquétidos (kagú)

El kagú *(Rhinochetus jubatus)*, única especie viva de la familia rinoquétidos, fue clasifi-

En la ilustración, un ejemplar de la cigüeñela común (Himantopus himantopus).

Esta especie vive en casi todas las regiones templadas y tropicales del planeta. Nidifica en pequeñas

cado antaño con los ardeidos por las similitudes de su plumaje con el de las garzas y garcetas. Su clasificación entre los gruiformes se remonta a 1862 y, aunque todavía no existe un consenso general sobre su adscripción a este orden, muchos autores opinan que esta especie —y la familia rinoquétidos— estaría estrechamente relacionada con la tigana o pájaro del sol. Las costumbres del kagú, especie endémica de Nueva Caledonia, presentan varios puntos de similitud con las de la tigana, entre ellos sus hábitos territoriales y las paradas de defensa y amenaza consistentes en enseñar bruscamente el dibujo de las alas. Como la tigana, el kagú es un ave eminentemente forestal, aunque este último también frecuenta otros hábitats más secos o incluso abiertos y no muestra, como la tigana, una dependencia casi absoluta de los cursos de agua y charcas de la selva. Otra diferencia, ésta de conducta, es la costumbre que tiene el kagú de adoptar una postura erguida, manteniendo al mismo tiempo las alas hacia abajo y hacia adelante, en forma de capa, y la cresta erguida y abierta en abanico, mientras da vueltas en torno a su consorte u oponente, cuando corteja al otro sexo, mantiene una disputa con otro miembro de su especie.

Familia mesitornítidos (mesitos)

Otra familia de gruiformes atípica es la de los mesitos (mesitornítidos), aves de rasgos primitivos y sorprendentemente distintas de las grullas —hasta el punto de que algunos autores las clasificaron entre los paseriformes, que viven exclusivamente en Madagascar.

FAMILIAS DEL ORDEN CARADRII-FORMES ▶

Orden caradriiformes
- Familia hematopódidos
- Familia jacánidos
- Familia rostratúlidos
- Familia dromádidos
- Familia ibidorínquidos
- Familia recurviróstridos
- Familia burínidos
- Familia glareólidos
- Familia caradriídos
- Familia escolopácidos
- Familia pedionómidos
- Familia tinocóridos
- Familia quioníidos
- Familia estercoraríidos
- Familia láridos
- Familia estérnidos
- Familia rincópidos
- Familia álcidos

ORDEN CARADRIIFORMES

El orden caradriiformes comprende 18 familias y 343 especies e incluye aves, en su mayoría acuáticas y limícolas, de tamaños muy diversos, son buenas voladoras y corredoras. Se distribuyen ampliamente por las costas y zonas interiores de todo el mundo. La coloración suele ser poco vistosa y, a excepción de un rostratúlido *(Rostratula benghalensis),* de algunos escolopácidos (combatiente, faloropos, etc.), del único pedionómido *(Pedionomus torquatus)* y de dos tinocóridos o agachonas, que presentan un grado más menos acusado de dismorfismo sexual, no existen diferencias notables entre ambos sexos.

colonias, en humedales y zonas de marisma. Si es molestada levanta el vuelo y revolotea por encima del peligro chillando continuamente y alertando de esta forma al resto de la colonia.

El ostrero euroasiático (Haematopus ostralegus) *vive en las playas y costas templadas de Europa y Asia, donde recorre las orillas del mar, las lagunas y las desembocaduras de ríos buscando su alimento.*

Los polluelos del orden caradriiformes son nidífugos. La incubación la efectúa la hembra, si bien las crías son alimentadas por ambos progenitores.

Familia hematopódidos (ostreros)

Esta familia es prácticamente cosmopolita y se extiende por las costas de América, Eurasia, África, Nueva Guinea, Nueva Zelanda y Australia. El ostrero euroasiático *(Haematopus ostralegus)*, propio del Viejo Continente y de Nueva Zelanda, también vive en el interior de las tierras y su área de distribución ocupa una amplia zona en el centro de Eurasia. El ostrero magallánico *(Haematopus leucopodus)* del cono sur americano frecuenta, así mismo, los herbazales y las orillas lacustres y fluviales del interior, pero los otros ostreros americanos —ostreros negro sudamericano, negro norteamericano y pío norteamericano, respectivamente *Haematopus ater*, *Haematopus bachmani* y *Haematopus palliatus*— son, por el contrario, exclusivamente costeros. Como indica su nombre, todos los ostreros presentan un pico muy bien adaptado para la captura de bivalvos pero, contrariamente a una opinión muy extendida, no sólo se alimentan de estos moluscos sino también de lapas y otros gasterópodos, de artrópodos y de muchos otros invertebrados. A decir verdad, el pico en forma de daga de los ostreros es una herramienta extremadamente versátil que les permite amartillar las conchas de las lapas, acuchillar el músculo abductor de los bivalvos entreabiertos, extraer los gasterópodos de su concha, sondear en las grietas de las rocas, etc., técnicas todas ellas en cuya aplicación dan pruebas de poseer una gran inteligencia.

La cigüeñuela común (arriba, un polluelo de esta ave caradriiforme, Himantopus himantopus) *tiene un pico recto o ligeramente curvado hacia arriba, provisto de unos potentes músculos abductores para capturar con una mayor rapidez a sus presas.*

Familia jacánidos (jacanas)

Existen ocho especies de jacanas y todas ellas se caracterizan por sus patas dotadas de dedos anteriores larguísimos y provistos, como el posterior, de unas uñas estrechas, muy prolongadas, casi rectas y afiladas como bisturíes. Esta particular morfología les permite andar sobre las plantas acuáticas flotantes y ocupar este nicho ecológico único en el que buscan su alimento, establecen y defienden sus territorios, se reproducen y cuidan de sus crías e intentan hacer frente a los depredadores. Todas las jacanas, a excepción de la jacana chica *(Microparra capensis)* de África subsahariana, que es monógama, tienen sus papeles sexuales completamente invertidos, siendo los machos los que se ocupan de la construcción del nido, de la incubación y del cuidado de las crías, mientras que las hembras, que suelen ser poliándricas, defienden sus territorios contra los demás individuos de su sexo. El Nuevo Continente cuenta con dos especies de jacánidos, la jacana centroamericana *(Jacana spinosa),* que vive en México, América Central y las Antillas, y la jacana sudamericana *(Jacana jacana),* que vive en gran parte de América del Sur.

Familia rostratúlidos (aguateros)

Los aguateros bengalí *(Rostratula benghalensis)* y americano *(Nycticryphes semicollaris)* ofrecen un parecido superficial con las agachadizas pero pertenecen a una familia distinta, rostratúlidos, que se caracteriza por tener la tercera parte distal del pico marcadamente curva e hinchada.

Familia dromádidos (dromas o chorlito cangrejero)

El dromas o chorlito cangrejero *(Dromas ardeola),* frecuente en las costas del océano Índico, es otra caradriiforme atípica que, a pesar de su parecido superficial con los chorlitos, constituye una familia por sí sola: dromádidos.

Familia ibidorínquidos (picoibis)

Una tercera caradriiforme que causó no pocas discusiones taxonómicas es el picoibis *(Ibidorhyncha struthersii),* limícola de peculiar aspecto que vive en el centro de Asia y que también constituye una familia por sí sola, ibidorínquidos.

La avoceta americana (Recurvirostra americana) *es una de las cuatro especies de avoceta que existen en el mundo. Vive en América Central, del Norte, y en las Antillas, y se caracteriza por su cuello color canela y sus alas negras con franjas blancas.*

Familia recurviróstridos (cigüeñuela y avocetas)

Las aves de esta familia son limícolas de formas esbeltas, cuello largo, pico muy largo y flexible y patas larguísimas. Las cigüeñuelas tienen el pico recto o ligeramente curvado hacia arriba, provisto de unos potentes músculos abductores que facilitan la rápida captura de presas; tienen las patas rojas y carecen de dedo posterior. La especie más difundida es la cigüeñuela común *(Himantopus himantopus),* que vive en todas las regiones templadas y tropicales del planeta. Otra especie, la cigüeñuela negra *(Himantopus novaezelandiae),* vive únicamente en la isla Sur de Nueva Zelanda y está seriamente amenazada de extinción, y una tercera especie, la cigüeñuela pechirroja *(Cladorhynchus leucocephalus),* relativamente atípica por tener el pico ancho de base y las patas algo palmeadas como las avocetas, vive en el centro y sur de Australia.

Las avocetas tienen el pico curvado hacia arriba, aplanado en la base y provisto de lamelas, y la lengua ancha y carnosa, adaptaciones todas ellas destinadas a localizar por el tacto y capturar por filtración los insectos acuáticos, crustáceos y gusanos que proliferan en las aguas salobres o hipersalinas y en el limo subacuático. La especie más difundida es la avoceta común *(Recurvirostra avosetta),* que habita en gran parte del Viejo Continente pero no en América, donde la sustituyen la avoceta americana *(R. americana)* de Canadá, Estados Unidos, México, Guatemala, Bahamas y Cuba, y la avoceta andina *(R. andina)* de Perú, Bolivia, norte de Chile y noroeste de Argentina.

Familia burínidos (alcaravanes)

Los alcaravanes muestran un parecido superficial con las avutardas, resultado lógico de una convergencia evolutiva, ya que habitan, como estas últimas, en biotopos secos y abiertos y tienen costumbres muy terrestres. Las siete especies del género *Burhinus* son bastante parecidas: poseen un plumaje muy críptico, la cabeza voluminosa, el pico

El alcaraván común (Burhinus oedicnemus) *muestra claramente sus hábitos esteparios al tener sólo tres dedos y unas patas largas y robustas. El gran tamaño de su ojo revela así mismo sus costumbres crepusculares.*

corto y los ojos muy grandes, saltones y amarillos, características todas ellas que les confieren cierto aspecto de reptil. Las especies más conocidas son el alcaraván común *(Burhinus oedicnemus)*, que ocupa toda la franja central del Viejo Continente y es relativamente abundante en las estepas y grandes vegas pedregosas de la península Ibérica; el alcaraván venezolano *(B. bistriatus)*, caradriiforme de gran tamaño que vive en América tropical, al norte del ecuador; y el alcaraván peruano *(B. superciliaris)*, propio de la costa peruana del Pacífico. Los alcaravanes picogruesos (género *Esacus*) del sur de Asia y de Australia se distinguen de los del género *Burhinus* por su aspecto más pesado y corpulento, y sobre todo por su extraño pico, largo, grueso y aplanado por los lados.

Los alcaravanes son notables por los cuidados que prodigan a sus crías, a las que defienden con valentía contra depredadores, que a veces son mucho más grandes que ellos y a los que, si es necesario, transportan con el pico o incluso bajo el ala.

Familia glareólidos (corredores y canasteras)

Esta familia contiene dos subfamilias o grupos de especies muy bien definidas, la de los corredores por un lado *(Cursoriinae)* y la de las canasteras *(Glareolinii)* por el otro. Los primeros recuerdan por su aspecto a los chorlitejos y, debido a sus hábitos corredores, carecen de dedo posterior en los pies, mientras que las segundas tienen dedos posteriores vestigiales y recuerdan vagamente a los charranes o «golondrinas de mar» por sus formas alargadas, su cola ahorquillada y su vuelo boyante a base de profundos aleteos. A diferencia de estas últimas, sin embargo, las canasteras efectúan de vez en cuando agilísimos planeos, lo que les permite capturar los insectos voladores, que constituyen su principal fuente de alimento.

Los glareólidos viven en el Viejo Continente y en Australasia y muestran su mayor diversidad en África tropical. Además de seis especies de corredores y de cinco de canasteras, en este último continente vive el pluvial egipcio *(Pluvialis aegyptius)*, una especie atípica que representa un nexo de unión entre corredores y burínidos y acerca de la cual existió durante siglos la creencia, en apariencia errónea, de que buscaba su alimento entre las fauces abiertas de los cocodrilos, a los que serviría de cepillo de dientes vivo.

La única especie de esta familia que vive en la península Ibérica es la canastera común *(Glareola pratincola)*, cuyas poblaciones, muy abundantes en algunas zonas —marismas del Guadalquivir, por ejemplo— hasta hace unas pocas décadas, han menguado muchísimo a causa de los pesticidas y de los cambios de nivel del agua de las riberas en que habita. Otra especie de la familia, el corredor sahariano *(Cursorius cursor)*, propia de los desiertos y semidesiertos de África y del sudoeste de Asia, también habita en las islas Canarias. Como otras especies de su género, el corredor sahariano tiene un nombre especialmente apropiado, ya que sus patas largas y fuertes le permiten correr por el suelo a toda velocidad.

Familia caradríidos (chorlitos y avefrías)

La familia caradríidos, una de las más numerosas del orden, consta de 67 especies que, a excepción del atípico chorlito de Magallanes

(*Pluvianellus socialis*) del extremo sur de América, constituyen dos subfamilias claramente diferenciadas: la de las avefrías (*Vanellinae*) y la de los chorlitos y chorlitejos (*Pluvianellinae*).

Las diferencias entre avefrías y chorlitos son especialmente detectables en vuelo, ya que las primeras tienen las alas anchas y un vuelo más lento, mientras que los segundos poseen las alas más largas y puntiagudas, un vuelo más rápido y recto, y suelen lucir colores más apagados. En tierra, las diferencias son menos aparentes, ya que con la excepción del chorlito de Magallanes, que busca a sus presas con la cabeza baja y los ojos hacia el suelo, los caradríidos muestran una forma arquetípica de rastrear su alimento, que consiste en correr algunos metros, hacer una pausa con la cabeza alta para aguzar la mirada y picotear perpendicularmente a la presa.

Subfamilia *Vanellinae*

De las 25 especies de avefrías, 19 viven en el Viejo Continente —la mayoría en África— y sólo dos en el continente americano: la avefría de Cayena (*Vanellus cayanus*), que vive en Sudamérica tropical, al este de los Andes, y la avefría tero (*Vanellus chilensis*), que habita en gran parte de Sudamérica tropical y en todo el cono sur y cuyo nombre común —tero— es la onomatopeya del grito con el cual ahuyenta a los depredadores potenciales. La especie más difundida de la subfamilia, la avefría europea (*Vanellus vanellus*), es uno de los caradríidos más conocidos del sur de Europa, por la abundancia con que se presenta a mediados de otoño, con los primeros fríos, aunque algunas parejas se quedan a criar en los países mediterráneos. Su aspecto resulta inconfundible, con su largo moño occipital, su extenso pelo negro y sus alas bronceadas, siendo también muy característico su vuelo, con un movimiento especial de sus largas alas, que parecen desarticuladas, mientras se oye en los aires su grito peculiar: «¡hui-huit, hui-huit!». Casi siempre se la ve en bandadas bastante numerosas en los grandes llanos pantanosos o en las vegas cruzadas por algún río, y durante sus viajes periódicos también descansa en campos y barbechos, en donde busca los insectos, los caracoles y las lombrices de tierra que componen su alimento.

Los huevos de la avefría común son así mismo apreciados en algunos países, hasta

Abajo, avefría armada (Hoplopterus armatus), *especie propia del África subecuatorial. Mientras que las alas de los chorlitos son más largas y puntiagudas, las de las avefrías son más anchas, por lo que su vuelo es más lento.*

El chorlitejo patinegro (Charadrius alexandrinus) *es una especie principalmente costera que vive en playas de guijarros, arenosas, fangosas o mixtas, y en fangales secos.*

el punto de que en Holanda su recolección constituye una verdadera industria. Por lo general, la hembra pone cuatro, en una ligera oquedad del suelo, que tapiza con tallitos de hierbas. Por su color arcilloso con pintas oscuras son muy difíciles de distinguir del terreno, aparte de que la madre, si advierte que alguien se acerca al nido, procura distraer su atención alejándose con dificultades, como si estuviese herida, o bien se asocia con otras avefrías para atacar directamente y acosar en grupo a todo depredador que se acerque a los nidos.

Subfamilia *Pluvianellinae*

De las 31 especies de chorlitejos y chorlitos, 15 viven en el Nuevo Continente y dos son prácticamente cosmopolitas: el chorlito gris *(Pluvialis squatorola)*, que anida en toda la Rusia y la América árticas e inverna en las costas templadas y tropicales de casi todo el planeta, y el chorlitejo patinegro *(Charadrius alexandrinus)*, que cría y/o inverna en gran parte del Nuevo y el Viejo Continente, salvo en Oceanía. En Europa y en gran parte de Asia, el chorlitejo patinegro resulta fácil de distinguir de otras especies similares por sus patas negras y por la franja blanca de la nuca. Este segundo rasgo también lo distingue del chorlitejo andino *(C. alticola)*, especie propia de la *puna* andina, y del chorlitejo malvinero *(C. falklandicus)*, que habita no sólo en las Malvinas sino también en gran parte del cono sur, ya que estas especies también muestran las patas negras. Otra especie similar es el chorlitejo de Azara *(C. collaris)*, que vive en México, América Central y gran parte de Sudamérica.

Género *Pluvialis*. Otros chorlitejos americanos son notables por sus grandes aptitudes viajeras, sobre todo teniendo en cuenta su pequeño tamaño y sus costumbres más bien corredoras que voladoras. El chorlito dorado americano *(Pluvialis dominica)*, por ejemplo, anida en la América ártica e inverna en Brasil y Argentina, después de cruzar el Atlántico occidental hasta las Antillas y luego hasta el norte de Sudamérica, y después vuelve al norte cruzando el golfo de México y siguiendo el valle del Mississippi. Efectúa un viaje todavía más largo el chorlito dorado siberiano *(Pluvialis fulva)*, que cría en el extremo norte de Asia e inverna en Indonesia, Australia e incluso en Nueva Zelanda. El chorlito dorado siberiano también vive en Alaska y algunos de estos chorlitos sobrevuelan el Pacífico sin detenerse ni un momento hasta llegar a las islas Hawai, situadas a 4 500 km más al sur. Otro gran viajero es el ya citado chorlito gris, algunas de cuyas poblaciones invernan en África meridional, a 14 000 km de distancia de sus territorios de cría siberianos.

El pluvial (Pluvialis aegyptius) *es un glaréolido muy confiado que, en algunas poblaciones fluviales africanas, se alimenta de pequeños invertebrados mientras esquiva a los peatones.*

El chorlito dorado europeo (Pluvialis apricaria) *es monógamo y las parejas se mantienen unidas de por vida. Anida en la tundra o en páramos y ciénagas de altura y lo hace en solitario aunque a veces los nidos se sitúan apenas a unos cientos de metros unos de otros. Los jóvenes, que son muy precoces, se vuelven totalmente independientes poco después de la plumación.*

Género *Charadrius.* Aunque con frecuencia sus desplazamientos no son tan espectaculares, los chorlitejos (género *Charadrius*) también suelen ser grandes migradores, aunque algunas de sus poblaciones apenas realizan breves desplazamientos y otras no migran en absoluto. Así, por ejemplo, los chorlitejos grandes *(C. hiaticula)* que anidan en el norte de Europa se desplazan en invierno hacia África del sur, pero muchos de los que crían en el oeste de Europa son completamente sedentarios. Otros ejemplos de chorlitejos en parte migradores son el chorlitejo piquigrueso *(C. wilsonia)*, de Estados Unidos y América tropical, y el chorlitejo culirrojo *(C. vociferus)*, que posee una población migradora en Norteamérica y otras dos sedentarias en las Antillas y en Perú y el noroeste de Chile. El nombre científico de este último alude al grito penetrante que emite cuando vuela y que suena como «quil-dii»; de ahí su nombre común en inglés (killdeer).

Otra especie parcialmente migradora es el chorlitejo chico *(Charadrius dubius)*, cuya subespecie euroasiática —la más difundida, ya que su área de cría abarca el noroeste de África, toda Europa y casi toda el Asia no ártica al norte del Himalaya— es migradora y cuyas subespecies indomalayas son sedentarias. El chorlitejo chico tiene el tamaño de una alondra y cierto aspecto de pájaro, debido a su cola alargada y su cabecita redonda, terminada en un pico corto y un poco engrosado cerca de la punta. Sus patitas, altas, con sólo tres dedos, bastan, sin embargo, para distinguirlo de cualquier especie del orden paseriformes. Su plumaje es pardo en las partes superiores, blanco en las inferiores y negro y blanco en la cabeza y el cuello, con una mancha en la frente y un estrecho collar, ambos blancos. Suele vivir cerca de los ríos, sobre todo cerca de su desembocadura, o en las playas bajas y extensas, donde se les ve algunas veces en grandes bandadas que, al menor asomo de peligro, salen volando y chillando: «¡ui-er, ui-er, ui-er!». En primavera la hembra pone tres o cuatro huevos en una pequeña depresión de la arena, o entre las piedrecillas de la playa, huevos que, por su forma y su color amarillento con pintas oscuras, parecen otras tantas piedras, de las que no se distinguen. De ellos salen los seres más graciosos que puedan imaginarse: minúsculas pelotillas de plumón blanco y leonado que corren con singular viveza sobre dos patas delgadísimas.

El chorlitejo grande *(Charadrius hiaticula)* puede considerarse como el hermano mayor del citado chorlitejo, ya que ostenta los mismos colores, si bien más intensos y con el collar blanco más marcado; pero es de mayor tamaño, casi como una tórtola. En España sólo se le ve en invierno, pues en primavera va a criar al norte de Europa y de Asia.

Otra especie del género que a primera vista no presenta mucho parecido con los chorlitejos grande y chico es el chorlito carambolo *(Charadrius morinellus)*, que en la península Ibérica es sobre todo un ave de paso (aunque unas pocas parejas viven en los Pirineos), ya que cría en el centro y norte de Europa e inverna en el norte de África. A diferencia de otros chorlitos, el carambolo anida en zonas de montaña, a menudo lejos del agua, e inverna en estepas pedregosas, eriales y cultivos secos, también lejos de las costas y los cursos de agua. Otro rasgo particular de esta especie es la inversión de los roles sexuales, tanto en plumaje como en tamaño, de tal modo que las hem-

La chocha perdiz (Scolopax rusticola) *vive en las zonas boscosas y húmedas de Eurasia, las Azores, las Canarias y Madeira. Se alimenta de lombrices, escarabajos y otros invertebrados que captura con su largo pico.*

bras, de mayor tamaño que los machos, lucen durante la estación de cría un plumaje más vistoso que el de sus compañeros.

En Chile y Argentina vive una especie similar al chorlito carambolo, el chorlito chileno *(Charadrius modestus)*, que también cría a menudo en zonas de montaña pero que, a diferencia de aquél, no muestra inversión sexual ni rehuye los ambientes costeros. Otro chorlito que anida en zonas altas es el chorlito llanero *(Charadrius montanus)*, especie vulnerable que cría en la meseta central de las Montañas Rocosas e inverna en el extremo sur de EE UU y el norte de México.

En Nueva Zelanda, país donde abundan las rarezas zoológicas, existe un ave parecida a los chorlitos, el chorlitejo piquituerto *(Anarhynchus frontalis)*, que ofrece una particularidad única en el mundo de las aves: la de tener el pico doblado hacia un lado.

FAMILIA ESCOLOPÁCIDOS

Con sus 86 especies y sus seis subfamilias, la familia escolopácidos es la más numerosa y diversificada de todo el orden caradriiformes. Pertenecen a ella aves tan distintas en apariencia como las chochas o becadas *(Scolopacinae)*, las agachadizas *(Gallinagininae)*, las agujas, los zarapitos, archibebes, andarríos y playeros *(Tringinae)*, los vuelvepiedras *(Arenariinae)*, los correlimos, incluido el combatiente *(Calidrinae)*, y los falaropos *(Phalaropodinae)*.

Subfamilia *Scolopacinae*

Contrariamente a los demás escolopácidos, que viven en hábitats abiertos, las chochas son propias de terrenos boscosos y presentan adaptaciones específicas para la vida en estos hábitats. Los ojos, situados a gran altura del cráneo, proporcionan al ave una vista completa del cielo, facilitándole la detección de los depredadores aéreos; las alas, de forma elíptica, le permiten salir disparada como un cohete por entre la espesura y escapar a tiempo de un depredador que se acerque demasiado; así mismo, al igual que los otros escolopácidos cuando invernan en el trópico, estas aves que habitan permanentemente en ambientes resguardados poseen un metabolismo basal bastante bajo, lo que les permite un considerable ahorro de energía. Sin embargo, esta última característica no impide a la chocha perdiz *(Scolopax*

La agachadiza común (Gallinago gallinago) *debe su nombre a la costumbre de agacharse en cuanto detecta un peligro; ello le resulta muy beneficioso, ya que el dibujo y el color de su plumaje críptico la camuflan muy bien con su entorno. Es parecida a la chocha perdiz y pasa en España los meses de noviembre a marzo.*

rusticola) o becada de Eurasia, Azores, Madeira y Canarias consumir, en ocasiones, el doble de su peso corporal en lombrices durante un período de 24 horas. La búsqueda de estas lombrices suele hacerse mediante sondeo táctil con el pico, pero a veces el ave golpea el suelo con los pies para que salgan gusanos, comportamiento que también muestra con frecuencia su congénere más pequeño, la chocha americana *(S. minor).*

Las chochas tienen costumbres nocturnas, especialmente fuera de la estación de cría, y durante el día permanecen ocultas en lo más hondo del bosque, donde su abigarrado plumaje se confunde con el entorno circundante. Al anochecer, con un vuelo bajo y sinuoso que recuerda al de los búhos, salen a los cenagales y a las orillas de arroyos y charcas para buscar lombrices, escarabajos y otros invertebrados que componen su alimento. En invierno, cuando el suelo está duro por la escarcha y escasean los insectos, la dieta de las chochas perdiz y americana (la de las otras especies endémicas en islas remotas es muy poco conocida y, en todo caso, viven en zonas tropicales de Japón e Indonesia donde no hiela nunca) se torna más herbívora.

Subfamilia *Gallinagininae*

La agachadiza común *(Gallinago gallinago)*, que pasa en España los meses de noviembre a marzo, es parecida a la chocha perdiz, pero más pequeña y esbelta y con un dibujo muy distinto en la cabeza y el dorso. Vive en los sitios húmedos y pantanosos y se alimenta, como la especie anterior, de animalillos que saca del fango. En la época del celo, tiene la costumbre de volar a gran altura, describiendo anchos círculos y cantando sin cesar: «¡chic-ca, chic-ca, chic-ca!», y dejándose caer después con la cola abierta; entonces se oye una especie de balido que no es vocal sino producido por las dos rectrices externas, cuyas barbas cortan bruscamente el aire en este movimiento de descenso. La caza de la agachadiza común se considera como una de las más difíciles, por el hábito que manifiesta esta ave de salir volando con rápidos zigzagueos, que impiden apuntarle bien. Otras especies del mismo grupo que también llegan hasta el mediodía europeo en invierno son la agachadiza real *(Gallinago media)*, de mayor tamaño que la agachadiza común, y apenas divagante en España, y la agachadiza chica *(Lymnocryptes minimus)*, que semeja una agachadiza reducida a la mitad de su tamaño. En el norte de Europa, donde cría, en la época de celo vuela a gran altura y, mientras se deja caer en picado, deja oír un «collorap-collorap-collorap», parecido al galope de un caballo, sin que hasta ahora se sepa con exactitud cómo produce este sonido, tan desproporcionado con su reducido tamaño.

Además de la agachadiza común, que inverna en América Central y en el norte de Sudamérica, procedente de Canadá y Estados Unidos, en América del Sur existen cinco especies de agachadizas, todas ellas sedentarias: la agachadiza sudamericana *(Gallinago paraguaiae)*, que vive en casi todo el continente; la agachadiza noble *(G. nobilis)*, de Colombia y Venezuela; la agachadiza gigante *(G. undulata)*, que, como indica su nombre, es de grandes dimensiones; la agachadiza andina *(G. jamesoni)*, propia de la cordillera de Santa Marta (Colombia) y de los Andes, desde Venezuela hasta el centro-oeste de Bolivia; y la agachadiza imperial *(G. imperialis)*, también de distribución andina aunque mucho más localizada.

Subfamilia *Tringinae*

Las agujas son grandes aves limícolas de cuello, patas y pico largos, este último recto en algunas especies y curvado hacia arriba en otras. Dos de las cuatro especies, la aguja colinegra *(Limosa limosa)* y la aguja colipinta *(L. lapponica)*, crían en Eurasia e invernan en el oeste de Europa, la cuenca mediterránea, África, sur de Asia y Australia; la aguja colipinta es más norteña y sólo anida en las zonas árticas, mientras que la colinegra nidifica en la franja central de Eurasia. Las otras dos especies, la aguja café *(L. haemtica)* y la aguja canela *(L. fedoa)*, crían en el norte de Norteamérica e invernan más al sur, la primera en el este del cono sur y la segunda en Norteamérica y en América Central.

Al contrario que las agujas, que tienen el pico recto, en el zarapito real *(Numenius arquata)* y en el zarapito trinador *(Numenius phaeopus)*, el pico, muy largo, se encorva hacia abajo. Estas especies invernan en los países mediterráneos y algunas de sus poblaciones llegan al sur de África.

Además del zarapito trinador, que cría tanto en el norte de Eurasia como en el de Norteamérica, en el Nuevo Continente existen otras dos especies de este último género: el amenazadísimo zarapito esquimal *(Numenius borealis)*, que figura entre los más infatigables viajeros alados, ya que cría en el extremo norte de Canadá e inverna en Uruguay y Argentina; el zarapito americano *(N. americanus)*, que anida en el centro oeste de Estados Unidos e inverna en California, Texas, Lousiana, México y Guatemala; y el zarapito del Pacífico *(N. tahitiensis)*, que cría en el norte de Alaska e inverna en Oceanía.

Del mismo modo que las agujas, también tienen el pico ligeramente curvado hacia arriba algunas especies pertenecientes al género de los andarríos y archibebes *(Tringa)*. El andarríos chico *(Actitis hypoleucos)*, sin embargo, pertenece a otro género y muestra un pico perfectamente recto y bastante largo. Es algo parecido a un chorlitejo, pero de plumaje menos vistoso, y se distingue por su pico recto y largo y porque, como las demás escolopáceas excepto el correlimos tridáctilo, sus pies presentan un pequeño dedo posterior. Se la ve revo-

En la imagen, aguja colipinta (Limosa lapponica). *A diferencia de la aguja colinegra* (Limosa limosa), *esta especie carece de franjas blancas en las alas, la cola tiene tenues pintas pardas en vez de una franja terminal negra y el pico está ligeramente curvado hacia arriba. Además, la aguja colipinta es más norteña que la anterior y sólo anida en las zonas árticas. Ambas agujas crían en Eurasia e invernan en el oeste de Europa, la cuenca mediterránea, África, sur de Asia y Australia.*

El correlimos de Alaska (Calidris mauri) *tiene un área de nidificación muy norteña (extremo E de Siberia, y O y N de Alaska) pero inverna mucho más al sur, en las costas del Pacífico (desde California hasta Perú), del Golfo de México y del Caribe. En primavera, el 90% de la población total –2 a 3 millones– pasan por el delta del Copper en Norteamérica.*

lotear sobre el agua y elevarse de pronto como una alondra emitiendo un «¡kiti-nid, kiti-nid, kiti-nid!»; si uno se acerca a su nido, simula estar herida, como los chorlitos y las avefrías.

Como la mayor parte de los andarríos, los archibebes pertenecen al género *Tringa*. El único que anida en España es el archibebe común *(Tringa totanus)*, que cría en gran parte de Europa y Asia Central e inverna en el sur de Europa, en África y el sur de Asia. En el norte y el centro de Europa también crían otras especies, como el archibebe fino *(Tringa stagnatilis)*, el archibebe claro *(T. nebularia)* y el archibebe oscuro *(T. erytropus)*, especies estas últimas que invernan en la península Ibérica. En Norteamérica anidan otras dos especies muy similares entre sí por sus patas amarillas, el archibebe patigualdo grande y el archibebe patigualdo chico (*T. melanoleuca* y *T. flavipes*), que invernan en el sur de Estados Unidos, América Central, las Antillas y Sudamérica. En este continente también viven los playeros, aves muy parecidas a los andarríos y archibebes pero con las patas más cortas, que pertenecen a los géneros *Heteroscelus* y *Catoptrophorus*.

Subfamilia *Arenariinae*

Las dos especies de vuelvepiedras, el común *(Arenaria interpres)*, de distribución cosmopolita, y el oscuro *(Arenaria melanocephala)*, que sólo se encuentra en la costa pacífica de Norteamérica, muestran el pico afilado y robusto como el de un pito real, pero ligeramente doblado hacia arriba, forma que resulta la más idónea para remover las piedras de las playas y los amasijos de algas marinas, y buscar entre ellos los crustáceos, moluscos, insectos y otros invertebrados de los que se nutren.

Subfamilia *Calidrinae*

Los correlimos tienen aspecto rechoncho y patas más bien cortas, excepto los correlimos pectoral, acuminado y zarapitín, que son bastante más esbeltos. Existen 19 especies repartidas por casi todo el mundo. Los más difundidos son el correlimos común *(Calidris alpina)*, que cría en las zonas norteñas de Eurasia y América e inverna en las costas templadas y tropicales de estos continentes —aunque siempre al norte del ecuador—, y el correlimos tridáctilo *(C. alba)*, que también anida en el norte de la región holártica, pero llega mucho más al sur en su invernada que el correlimos común. Otro correlimos de distribución cosmopolita, aunque menos difundido en su invernada que los dos primeros, es el correlimos gordo *(C. canutus)*.

Son aves gregarias que se reúnen en grandes bandadas en la costa y que se alimentan en el límite de las olas, aprovechando el momento de la pleamar para dormirse.

Un correlimos atípico del todo es el combatiente *(Philomachus pugnax)*, cuyos ma-

El aspecto rechoncho que presenta el picovainas de las Malvinas (Chionis alba), *a la derecha, se debe a su adaptación a las regiones frías, para reducir la pérdida de calor. Es una de las pocas aves que viven en el medio ambiente antártico y subantártico. Se alimenta de carroña, huevos y polluelos de pingüino que roba a estas aves y de basuras.*

chos, muy distintos de las hembras, ostentan durante la época reproductora unos grandes penachos auditivos y una enorme gorguera y que combaten por las hembras en los *leks* o arenas tradicionales que usan año tras año.

Subfamilia *Phalaropodinae*

También muestran dimorfismo sexual, aunque no tan extremo como el combatiente, los falaropos, que por otra parte ofrecen la particularidad única de tener sus papeles sexuales completamente invertidos. Las hembras de los falaropos, de plumaje más brillante que los machos, son poliándricas y, tras exhibirse como gallos y perseguir a sus potenciales parejas, reparten su numerosa puesta entre varios machos para que éstos la incuben y luego se hagan cargo ellos solos de las crías. Dos de las tres especies de falaropos, el picofino *(Phalaropus lobatus)* y el picogrueso *(P. fulicaria)*, presentan una distribución holártica, y la tercera, el falaropo tricolor *(Steganopus tricolos)*, cría únicamente en América del Norte. Las tres especies invernan en América del Sur y las dos primeras también en África (falaropo picogrueso) y en Australia (falaropo picofino).

Familia pedionómidos (llanero)

Consta de una sola especie, el llanero *(Pedionomus torquatus)*, ave de pequeño tamaño que vive en los herbazales del este de Australia y parecida a una codorniz —o a un torillo, y es de ahí que durante años se la clasificara con las gruiformes—, pero con el pico más fino y el cuello y las patas más largas.

Familia tinocóridos (agachonas)

Otra familia atípica es la de las agachonas o tinocóridos, muy relacionada con la anterior, y que comprende cuatro especies, propias del oeste y/o el sur de América del Sur. Las dos del género *Thinocorus* recuerdan a las gangas del Viejo Mundo y las del género *Attagis*, mucho más grandes, muestran un raro parecido con los lagópodos.

Familia quioníidos («palomas antárticas»)

Para acabar con esta lista de rarezas cabe mencionar a los picovainas o «palomas antárticas», que, como indica su segundo nombre común, recuerdan a palomas robustas y blancas. El nombre de picovaina alude al estuche córneo que recubre la base del pico y que, en el caso del picovaina de las Kerguelen *(Chionis minor)*, tiene una excrecencia en forma de cuerno. Como apunta su nombre común, el *C. minor* vive en las islas Kerguelen y en otras islas subantárticas. La otra especie, el picovaina de las Malvinas *(Chionis alba)*, cría en la península Antártica y en algunas islas del Antártico e inverna en Patagonia, la Tierra de Fuego y las Malvinas. Los picovainas constituyen las únicas aves terrestres que habitan en un medio ambiente, el antártico y subantártico, en el que abundan las aves marinas. Ello no impide que estén muy bien adaptadas a los rigores del clima, como se deduce al observar su cuerpo rechoncho y corpulento, y el plumaje blanco y denso que recubre una espesa capa de plumón. Los picovainas viven en estrecha asociación con los pingüinos, sobre todo en lo que se refiere a la cría, pero, a diferencia de éstos, parecen aborrecer el agua. Su dieta es muy oportunista e incluye todo tipo de materia animal viva o muerta y varios tipos de algas marinas.

Familia estercoraríidos (págalos)

Los págalos o estercoraríidos están estrechamente relacionados con las gaviotas, pero muestran diferencias muy marcadas con estas últimas debido a sus hábitats depredadores y a su costumbre de piratear a otras aves. Como las rapaces terrestres, tienen el pico fuerte y ganchudo, las hembras son de

El págalo parásito (Stercorarius parasiticus), *abajo, suele alimentarse de las presas y regurgitaciones de otras aves marinas a las que persigue con este fin, incluso en la época de reproducción, ya que no es un hábil cazador.*

La mayoría de las especies de gaviotas presentan un color gris en la parte superior, mientras que por debajo son blancas, con las rémiges en parte negras. La gaviota argéntea habita en el oeste y norte de Europa y Norteamérica, lugares donde coexiste con la gaviota patiamarilla. Así, en invierno ambas especies frecuentan las costas del Cantábrico. En realidad, la gaviota argéntea es muy parecida a la gaviota patiamarilla, diferenciándose de ésta por tener las patas de color rosa. En la imagen, gaviota argéntea (Larus argentatus).

mayor tamaño que los machos y, cuando la comida escasea, el polluelo que eclosionó antes impide que el segundo, más pequeño, ingiera el alimento regurgitado por el progenitor. La similitud con las aves de rapiña se completa con las uñas fuertes y aceradas y con el plumaje oscuro, o como mínimo en gran parte oscuro (fases y subespecies pálidas), de todas las especies de este grupo.

Los págalos anidan en islas y costas remotas e inaccesibles y tres de las siete especies presentan una distribución holártica: éstas son el págalo pomarino *(Stercorarius pomarinus)*, el págalo parásito *(S. parasiticus)* y el págalo rabero *(S. longicaudus)*, especies todas ellas que invernan en las aguas oceánicas situadas al sur del trópico de Cáncer. El págalo pomarino suele invernar frente a las costas de Centroamérica, de las Antillas y del sudeste de América del Sur, y también frecuenta las costas de la península Ibérica durante los pasos migratorios; el parásito pasa el invierno frente a las costas de Sudamérica, África meridional y Australia y también puede observarse en aguas ibéricas; el rabero inverna en aguas antárticas y subantárticas y su presencia en aguas ibéricas es mucho más rara debido a sus hábitos altamente pelágicos.

El págalo más abundante en aguas ibéricas, tanto atlánticas como mediterráneas, es el págalo grande *(Catharacta skua)*, que anida en el norte de Europa y en Islandia y también inverna frente a las Antillas y la costa nordeste de Sudamérica. El págalo grande se alimenta en gran parte de peces, pero devora además pequeñas aves marinas y sus huevos, residuos de pesca y carroñas. Todo lo come con pasmosa voracidad, despedazando el alimento con el pico mientras lo sostiene bajo las patas, como los falconiformes. Es, además, el tirano de las demás aves marinas, ya que arrebata la comida a las gaviotas y a los charranes y saquea sus nidos en ausencia de los padres. Cuando alguien se aproxima a un criadero de págalos gran-

Las gaviotas llaman la atención por la gallardía con que sobrevuelan el océano, la destreza con que nadan y la facilidad con que desde la superficie de las olas vuelven a alzar el vuelo. En la imagen, gaviota argéntea (Larus argentatus) *alimentándose.*

des —o de cualquier otro págalo—, los pollitos salen de los nidos y corren a ocultarse donde pueden, al tiempo que los padres avanzan audazmente hacia el intruso, lanzando fuertes graznidos amenazadores, hasta hacerle retroceder.

En el extremo sur de América anidan otros dos págalos, el chileno *(Catharacta chilensis)*, que inverna en los mares de la mitad sur de Sudamérica, y el subantártico *(C. antartica)*, que, además del sudeste de Argentina, cría en las Malvinas, en Tristán da Cunha, en varias islas subantárticas y en la península Antártica.

FAMILIA LÁRIDOS (GAVIOTAS)

Las gaviotas suelen considerarse como aves marinas por excelencia, sin duda por ser las que se ven en mayor número, no sólo en las costas solitarias, sino también en los puertos. Por lo demás, la gallardía con que vuelan sobre el océano, tan pronto a la vela como batiendo el aire, la destreza con que nadan y la facilidad con que, desde la superficie de las olas, vuelven a alzar el vuelo sin esfuerzo aparente, las hace dignas de atención.

La gran mayoría de las especies de gaviotas son de un color gris más o menos intenso en la parte superior, y blancas por debajo, con las rémiges en parte negras. Una de las especies más comunes en las costas europeas es la gaviota reidora *(Larus ridibundus)*. Esta ave, que tiene el tamaño de una paloma grande, no cría en gran número en el sur de Europa, siendo inmigrantes del centro y el norte de este continente casi todos los ejemplares que se ven allí en invierno, cuando también pasa a África en grandes bandadas. Anida en nutridas colonias, principalmente en orillas lacustres y marjales y también, aunque no tanto, en costas marinas, donde construye nidos muy toscos con toda clase de materias vegetales. Se alimenta de insectos, lombrices y pequeños crustáceos, así como de algunos peces y huevos. Otra especie que es sobre todo invernal en las costas del Mediterráneo es la gaviota sombría *(Larus fuscus)*, que casi dobla en tamaño a la reidora y tiene la cabeza blanca y el manto gris oscuro. Del mismo modo que la gaviota reidora, esta última especie anida principalmente en el centro y el norte de Europa, pero también tiene algunos puntos de cría en las costas ibéricas. Sin embargo, la gaviota que cría con mayor abundancia en estas costas es, con diferencia, la gaviota patiamarilla *(Larus cachinnans)*, una especie que algunos autores clasifican todavía hoy junto con la gaviota argéntea *(Larus argentatus)* del oeste y del norte de Europa y de Norteamérica, a pesar de que en los lugares donde coexisten ambas especies no se hibridan. En invierno, la gaviota argéntea frecuenta las costas del Cantábrico, aunque entonces resulta fácil distinguirla de la gaviota patiamarilla por sus patas rosas. Otra especie que en invierno visita estas aguas es la gaviota cana *(Larus canus)*, que cría en el centro y norte de Eurasia y en el cuadrante nordeste de América del Norte. A diferencia de la argéntea, la gaviota cana tiene las patas amarillas, pero se distingue de *L. cachinnans* por su tamaño mucho menor y por su pico más fino y desprovisto de marcas rojas.

La gaviota patiamarilla es una especie muy oportunista que ha colonizado algunas ciudades costeras ibéricas y que se halla en proceso de expansión en prácticamente toda la costa mediterránea. También experimenta un cierto crecimiento la gaviota de

Las colonias de cría de la gaviota argéntea (Larus argentatus) *pueden ser muy numerosas. Cuando esto sucede se torna muy agresiva y los casos de canibalismo, en los que los adultos se comen a los polluelos, son entonces harto frecuentes. Arriba, un nido de gaviota argéntea.*

La gaviota tridáctila (Rissa tridactyla) *se alimenta principalmente de invertebrados y peces, pero a veces piratea a los álcidos y charranes, e incluso a las focas. Anida en grandes colonias, sobre estrechas cornisas de acantilados o de edificios y, cuando eclosionan los polluelos, las garras que poseen les permiten agarrarse a sus precarios asideros.*

La gaviota reidora (Larus ridibundus) *recibe este nombre por la resonancia de su grito, que recuerda a una risotada. En verano, la gaviota reidora tiene la cabeza de color achocolatado y el pico y las patas de color rojo, mientras que en invierno la cabeza se torna blanca, con una mancha oscura detrás del ojo.*

Audouin *(Larus audouinii)*, una especie endémica del Mediterráneo, cuyas colonias más importantes se sitúan en el delta del Ebro y en las islas Chafarinas, y que hasta hace no muchos años se consideraba amenazada de extinción.

La especie de mayor tamaño de la familia es el gavión atlántico *(Larus marinus)*, una enorme gaviota con el dorso y la cara superior de las alas casi negras y que cría en el oeste y el norte de Europa, en Groenlandia, el este de Canadá y de Estados Unidos y la zona de los Grandes Lagos norteamericanos. En la península Ibérica, el gavión es una especie invernal, así como en la costa sur de Estados Unidos y en las Antillas.

La gaviota tridáctila *(Rissa tridactyla)* pertenece a otro género distinto, caracterizado por tener atrofiado el dedo posterior. Anida en el norte de Europa, de Asia y de América, extendiéndose la zona donde cría, respectivamente, hasta la costa atlántica de la península Ibérica, las islas Kuriles y el golfo de San Lorenzo.

Para anidar constituye colonias muy numerosas que se establecen en los acantilados, edificios próximos a la costa y embarcaderos. En invierno desciende hacia el sur en pequeñas bandadas y se vuelve altamente pelágica.

En América tropical y del Sur destacan la gaviota patagona *(Leucophaeus scoresbii)*, de Chile y Argentina, la gaviota simeón *(Larus belcheri)*, de Perú y Chile y que vive asociada a las aves guaneras, la gaviota garuma *(Larus modestus)*, del desierto de Atacama, la gaviota de Cortés *(Larus livens)*, de Baja California, la gaviota cocinera *(Larus dominicanus)*, que no sólo se encuentra en las costas sudamericanas sino también en las del sur de África y de Australia y en las de Nueva Zelanda, la gaviota cabecigrís *(Larus cirrocephalus)*, de Sudamérica y África, la gaviota guanaguanare *(Larus atricilla)*, de las costas del Caribe, del golfo de México y del oeste de México, y la gaviota andina *(Larus serranus)*, que habita en los lagos y marjales del Altiplano andino.

FAMILIA ESTÉRNIDOS (CHARRANES)

Las principales diferencias morfológicas existentes entre los charranes y las gaviotas radican en la forma del pico, las alas y el cuerpo. En el primer grupo, el pico va disminuyendo gradualmente de altura hacia la punta, que es muy afilada, la cola es ahorquillada y el cuerpo esbelto y alargado; en el segundo, el culmen del pico se encorva con rapidez cerca de la punta, que tiende a ser ganchuda, la cola no es nunca ahorquillada y el cuerpo es redondeado y robusto. La especie más difundida del primer grupo es el charrán común *(Sterna hirundo)*. Anida en gran parte de Eurasia y Norteamérica e inverna en América Central y del Sur, África del sur y Australasia. En su plumaje de verano, la parte superior de la cabeza y la nuca son negras como el azabache, el manto y las alas de un gris pálido, y todas las partes inferiores blancas, con la frente blanca en invierno. El pico es rojo con la punta negra, excepto en la subespecie *longipennis* del nordeste de Siberia, que lo tiene todo negro, detalle que conviene tener presente porque existe otra especie propia de los países del Norte, el charrán ártico *(Sterna paradisea)*, que se distingue por presentar todo el pico de color rojo. El charrán ártico es especialmente notable por las largas migraciones que efectúa entre sus zonas de cría en el Ártico y sus cuarteles de invernada en el Antártico y que, con sus 17 500 km de ida y otros tantos de vuelta, constituye el récord absoluto en los animales migradores. La longitud de la especie común es de unos 35 cm incluyendo las plumas de la cola, cuya forma ahorquillada hace que también se denomine a esta ave golondrina de mar. Los charranes comunes se dirigen a las playas y las costas y orillas fluviales o lacustres para criar, para lo cual preparan una cavidad muy superficial, que algunas veces tapizan con hierbas secas. Los huevos varían mucho de color, pero casi siempre son de un tono aceitunado claro y con manchas oscuras. Ambos padres se alternan en la incubación y en el cuidado de los pollos, que salen envueltos en plumón y en un estado bastante avanzado de desarrollo. El alimento del charrán común consiste sobre todo en peces pequeños y ocasionalmente en crustáceos e insectos.

También pertenecen al mismo género el charrancito común *(Sterna albifrons)*, que es uno de los más pequeños, y el charrán patinegro *(Thalasseus sandvicensis)*, que es bastante más corpulento y tiene las plumas negras de encima de la cabeza prolongadas, en forma de cresta. Por lo demás, esta ave difiere poco en sus costumbres de otras especies, excepto por el hecho de que cuando pesca se arroja al agua desde mayor altura y permanece más tiempo sumergida.

Aunque también perteneciente a la familia de los charranes, el fumarel común *(Chlidonias niger)* prefiere, más que las costas, los terrenos pantanosos o lagunas tranquilas en donde construye su nido, consistente en una simple masa de plantas o raíces flotantes, que sube y baja al compás de las aguas.

Además de los charranes patinegro, común y rosado *(Sterna dougallii)* y de la pagaza piconegra *(Gelochelidon nilotica)*, que son prácticamente cosmopolitas, en América viven numerosas especies de charranes. Entre ellos se encuentran el charrán elegante *(Thalasseus elegans)* de las costas del

El fumarel cariblanco (Chlidonias hybridus) *se distingue del fumarel común* (Chlidonias niger) *y del fumarel aliblanco* (Chlidonias leucopterus) *por su cara blanca, que recuerda la de los charranes.*

El charrancito común (Sterna albifrons) *es el más pequeño de los charranes después de los charrancitos americano, de Saunders, peruano, amazónico y de Damara. La blanca frente a la que alude el nombre científico, junto con sus patas amarillas y su vuelo rápido y boyante, lo hacen inconfundible en el Viejo Continente.*

El charrán sombrío (Sterna fuscata) *es una de las aves marinas más abundantes y se encuentra en casi todos los mares tropicales del mundo. Se alimenta sobre todo de calamares y peces, incluidos los peces batipelágicos que captura de noche cuando éstos suben a la superficie. Anida en inmensas colonias que a veces cuentan con cientos de miles de parejas.*

Pacífico; el charrán real *(T. maximus)* de las costas tanto atlánticas como pacíficas; el charrán sudamericano *(Sterna hirundinacea)*, que también habita en ambas costas aunque sólo al sur del ecuador; el charrán coroniblanco *(Sterna trudeaui)* del cono sur; los charrancitos americano, amazónico y peruano (respectivamente *Sterna antillarum*, *S. superciliaris* y *S. lorata*); el charrán picudo *(Phaetusa simplex)*; el charrán inca *(Larosterna inca)*; y otros de distribución pantropical, como el charrán embridado *(Sterna anaethetus)* y el charrán sombrío *(S. fuscata)*.

A este último grupo pertenece así mismo la tiñosa boba *(Anous stolidus)*, ave de plumaje oscuro propia de los mares tropicales. Como muchos otros charranes, esta especie cría siempre en un mismo sitio, de manera que, aunque sólo pone algunas hierbas secas en el pequeño hoyo que le sirve de nido, a fuerza de repetir la operación año tras año acaba por formar un verdadero colchón.

Familia rincópidos (picotijeras)

Los picotijeras o rayadores (rincópidos) son bastante parecidos a los charranes excepto por la estructura absolutamente única de su pico. Ambas mandíbulas son muy largas y comprimidas en los lados, como en el ostrero, pero la inferior sobresale mucho más que la superior. Esta forma permite al ave volar a ras de las olas con el pico metido en el agua, al tiempo que la larga mandíbula inferior, actuando como la reja de un arado, recoge los peces y demás animalillos que pueda haber en la superficie.

Existen tres especies de rincópidos, el rayador americano *(Rynchops niger)*, que vive en toda África tropical y templada, el rayador africano *(Rynchops flavirostris)* y el rayador indio *(Rynchops albicollis)*. Las tres son muy semejantes pero el americano se distingue de los otros dos por tener la punta del pico negro y mayor proporción de negro en su plumaje pío.

El alca común (Alca torda) *es un ave marina, buena nadadora y buceadora. Se alimenta de peces, a los que captura con sorprendente destreza. En la época de celo las alcas se reúnen en colonias más o menos numerosas, en acantilados e islas rocosas, por lo general con otras especies de aves marinas. Propia del Atlántico septentrional, en invierno desciende a zonas más templadas, como el Mediterráneo.*

FAMILIA ÁLCIDOS (ALCAS, ARAOS, FRAILECILLOS)

A pesar de su aspecto superficialmente similar a los pingüinos, los álcidos son caradriiformes aunque, eso sí, un tanto atípicos y de ahí que se les clasifique en un suborden propio *(Alcae)*, tan alejado de las caradriiformes limícolas (suborden *Charadrii*: jacanas, ostreros, chochas, chorlitos, etc.) como de las gaviotas, págalos y afines (suborden *Lari*).

Alcas

De las 22 especies de álcidos, la que más a menudo se observa en aguas ibéricas es el alca común *(Alca torda)*, ave del tamaño de una cerceta, con el pico de contorno redondeado y comprimido lateralmente, las alas y la cola muy cortas y el plumaje de un negro pardusco en las partes superiores y blanco en las inferiores. También el pico es negro, con una raya oblicua blanca a cada lado, y otra línea blanca que se extiende desde su base hasta el ojo. De costumbres pelágicas, pasa la mayor parte del año en alta mar, dedicado a perseguir los bancos de capelines, anchoas y arenques. En invierno llega hasta la altura de Mazagán (y de Nueva York, en el Atlántico oeste), pero al acercarse la primavera vuelve a la parte septentrional del Atlántico y sale a sus criaderos, que son islas o acantilados inaccesibles, cuyas oquedades naturales busca para depositar su huevo. El pollo, que sale del cascarón revestido de un plumón marrón, ocre y blanco, es semiprecoz y tarda unas dos semanas y media en lanzarse al mar, algo que siempre hace en compañía del padre.

Un pariente próximo del alca común es el alca gigante *(Pinguinus impennis)*, extinguido por completo hace más de 150 años, y que era dos veces más grande que la especie viviente, pero con las alas, en cambio, más pequeñas, razón por la que no le era posible volar. El alca gigante vivía en Islandia,

El alca común (Alca torda) *es la especie de álcidos que más frecuentemente se observa en las aguas de la península Ibérica. Destaca su pico de contorno redondeado y comprimido lateralmente.*

Groenlandia, las Feroe y los islotes próximos a Terranova. Hábil nadadora, esta ave era muy torpe en tierra y se la atrapaba fácilmente, por lo que se convirtió en presa fácil de los marineros y balleneros, que la encontraban excelente.

Araos

El arao común *(Uria aalge)* presenta un aspecto muy parecido al del alca común, pero se diferencia por su pico, que es menos comprimido y más puntiagudo, en forma de cono alargado. Vive en las regiones más septentrionales del Atlántico y del Pacífico, y en invierno baja hasta el trópico de Cáncer, a menudo mezclado con el alca común en el Atlántico.

El único huevo que pone el arao común es de forma casi cónica, con manchas pardas, rojizas y violáceas sobre un fondo pálido. El ave lo deja sobre la roca desnuda, sin preparar nido alguno, y a veces en el mismo borde de la piedra, a pesar de lo cual, gracias a su forma de trompo, no puede caerse, porque aunque lo empujen, da vueltas en el mismo sitio. La incubación corre a cargo de ambos padres.

Perteneciente a la misma familia, pero de menor tamaño y con la particularidad de que suele poner dos huevos en lugar de uno, es el arao aliblanco *(Cepphus grylle)*, que tiene las patas rojas y el plumaje negro con una franja blanca en las alas. Vive en las mismas regiones que el anterior —aunque es algo más nórdico— y pasa el invierno en el mar, a menudo cerca de sus territorios de cría.

El arao común (Uria aalge) *deposita sus huevos en forma de trompo directamente sobre la roca, sin construir nido alguno. A los veinte días de edad los polluelos ya se lanzan al mar, pues nadan antes de*

Mérgulos

El mérgulo atlántico *(Alle alle)* es una de las especies más pequeñas de la familia, ya que apenas tiene el tamaño de un mirlo. Su plumaje es negro en la parte superior y blanco en la inferior, como en las otras especies, pero se distingue de ellas por su pico, que es algo grueso y sumamente corto, lo que le confiere cierta semejanza con los pájaros. Lo mismo que éstos, descansa echado sobre el vientre, mientras que los pingüinos y las alcas, para descansar, se sientan sobre los tarsos, con el cuerpo erguido. Aunque también come algunos peces pequeños, el mérgulo se alimenta con preferencia de diminutos crustáceos y otros organismos planctónicos. Se trata de una especie propia de las regiones árticas, que en invierno desciende hasta las islas Británicas y las cos-

aprender a volar. Estos huevos son de forma casi cónica, con manchas rojizas y violáceas sobre un fondo pálido.

Gracias a su forma, no pueden caerse, ya que si se les empuja, dan vueltas al mismo sitio.

tas de Carolina (Estados Unidos), y que, como otras especies de la familia álcidos, es fundamentalmente pelágico.

Frailecillos

Una de las aves más notables de la familia álcidos es el frailecillo atlántico *(Fratercula arctica)*, cuyo pico enormemente alto en la base y muy comprimido por los lados está teñido durante la primavera y el verano de azul, rojo y amarillo vivos. Estos colores desaparecen en otoño, no porque se desvanezcan o destiñan, sino porque la ranfoteca, o cubierta córnea del pico, se va cayendo por piezas, primero los pedazos de un color, después los del otro, y así hasta que aparece debajo otro pico algo más pequeño y negruzco, sin colores vivos, los cuales adquieren a la primavera siguiente, para perderlos después siguiendo el mismo proceso. El ave exhibe también unos pequeños apéndices azules encima y debajo de los ojos, y otro amarillo, en figura de roseta, en el ángulo de la boca, apéndices que pierde al mudar las placas que revestían sus pies.

El frailecillo atlántico cría en el Atlántico norte —hasta las islas Británicas, Bretaña y Maine (Estados Unidos) por el sur— y suele hacerlo como los álcidos, en grandes colonias; pero no pone sobre las rocas, sino en agujeros abiertos en la tierra. Especies afines al frailecillo común, quizás más espectaculares que este último, son el frailecillo coletudo *(Fratercula cirrhata)*, que, además del enorme pico típico del género, luce un par de penachos de plumas amarillas que arrancan de detrás de cada ojo y descienden por la nuca, y el frailecillo corniculado *(Fratercula corniculata)*, muy parecido al frailecillo común, pero que se diferencia por tener el pico más amarillo y todavía más alto y un apéndice oscuro en forma de cuerno encima de cada ojo. Ambas especies viven en las regiones del Pacífico norte y crían en casi todas las islas y costas de Siberia, Canadá y Alaska.

En la ilustración, un frailecillo atlántico (Fratercula arctica). *Estas curiosas aves tienen la costumbre de recoger en su gran pico muchos peces a la vez para llevárselos a sus crías. Los colores que presenta este pico desaparecen en otoño, al caérsele por piezas la ranfoteca o cubierta córnea y surgir entonces otro pico más pequeño y negruzco, sin colores vivos.*

FAMILIAS
DEL ORDEN
COLUMBIFORMES

PALOMAS, LOROS Y CUCOS

Orden columbiformes
- Familia pteróclidos
- Familia colúmbidos
- Familia ráfidos

Las aves pertenecientes al orden columbiformes son de alas fuertes, cabeza pequeña, pico breve y patas cortas, pero con dedos bien desarrollados. El orden comprende las familias pteróclidos, colúmbidos y ráfidos.

ORDEN COLUMBIFORMES

Familia pteróclidos (gangas)

Las especies de esta familia son terrestres y muy voladoras. Tienen los tarsos cubiertos de plumas, nidifican en el suelo y no construyen nidos. Las crías son nidífugas. Todas las especies son gregarias y de coloración críptica. Viven en zonas esteparias y desérticas de África, Asia y sur de Europa. La familia consta de dos géneros y 16 especies.

En la fauna europea, esta familia está representada por la ganga común *(Pterocles alchata)* y la ortega *(Pterocles orientalis)*, especies que también se encuentran en el norte de África y el sudoeste de Asia. La ganga común tiene la forma y el tamaño de una paloma, pero con los pies cubiertos de plumas hasta la base de los dedos, el pico parecido al de las perdices y las plumas centrales de la cola muy largas y puntiagudas. El macho difiere de la hembra por mostrar el pecho rojo, orlado por dos estrechas bandas transversales negras. La ortega carece de las plumas largas de la cola y presenta el vientre negro.

Ambas especies viven en las grandes llanuras secas, tanto incultas como sembradas, y anidan en el suelo, en una depresión no tapizada o entre las piedras, donde ponen tres o —rara vez— dos huevos amarillentos con manchas oscuras. Las crías nacen ya con plumón, y aunque no son tan nidífugas como los polluelos de gallina o de pata, andan y comen solas desde el primer día.

La ganga de Pallas *(Syrrhaptes paradoxus)* es una especie de este grupo que tiene la cola en forma de aguja, como la ganga europea, pero con las rectrices centrales todavía más largas y afiladas (más que cual-

Las gangas son aves terrestres y muy voladoras, propias de regiones desérticas y esteparias. Nidifican en el suelo, sin construir nidos, y presentan una coloración críptica. En la ilustración puede verse la ganga de cuatro bandas (Pterocles quadricinctus)*, una de las gangas africanas que viven en las zonas más desérticas. Debido a que estas aves deben desplazarse muchos kilómetros en busca de los bebederos, transportan el agua para los pollos embebida en las plumas pectorales y éstos la toman casi mamándola.*

Los guacamayos, que se encuentran en América Central y del Sur, son muy apreciados por los bellos colores de su plumaje y pueden vivir en cautividad. El guacamayo aliverde (Ara chloroptera) *que aparece en la ilustración habita en las selvas del interior de Sudamérica y Centroamérica y nidifica en orificios de los árboles a gran altura del suelo.*

La tórtola común (Streptopelia turtur) *es la especie de este género más difundida en Europa aunque en muchas regiones, sobre todo en ciudades y pueblos, la sustituye la tórtola turca* (Streptopelia decaocto).

quier otra especie de ganga) y el cuerpo más esbelto. Esta especie es propia de las estepas del Asia central, pero algunos años, debido a especiales condiciones meteorológicas, algunas bandadas emigran —o mejor dicho emigraban, ya que la última gran invasión se produjo en 1908— a Europa occidental.

Familia colúmbidos (palomas, tórtolas, guras)

La familia colúmbidos comprende especies que se caracterizan por presentar en la parte superior del pico una protuberancia blanda en la que se ubican los orificios nasales. Construyen sus nidos sobre los árboles. Los polluelos nacen poco desarrollados y son alimentados por sus progenitores con «leche de paloma», consistente en una regurgitación lechosa elaborada en el buche. Algunas especies son migratorias. La familia comprende unas trescientas especies de distribución mundial, a excepción de las zonas polares.

Especies europeas

En Europa, esta familia cuenta con varios representantes. Uno de ellos es la paloma torcaz *(Columba palumbus)*, que se distingue por tener una mancha blanca a cada lado del cuello y por los bordes blancos de sus alas. Aunque numerosas palomas de esta especie emigran hacia los países del norte en cuanto llega la primavera y no vuelven hasta el otoño, otras muchas también se quedan a criar, no sólo en España sino también en el noroeste de África.

La paloma torcaz se alimenta de simientes y bayas, aunque también come algunos insectos y larvas. En realidad, tanto esta especie como las demás palomas resultan perjudiciales para los cultivos, especialmente en algunas regiones del centro de Europa, ya que no sólo se hartan de trigo verde sino que saquean las mieses maduras, mientras que en la época de la montanera no perdonan las bellotas. Su nido, construido casi siempre en los árboles, consiste en una trabazón de ramitas tan tosca que por debajo se ven los huevos que hay dentro.

La paloma zurita *(Columba oenas)*, que se distingue de la torcaz por la falta de blanco en el plumaje, también difiere de ella por sus costumbres. No construye nido, sino que se establece en los que abandonan otras aves o bien en algún agujero de un tronco añoso. A veces anida incluso en una antigua conejera. Su arrullo no es igual al de la especie anterior. Lo mismo que ella, es migradora parcial. En cuanto a la paloma bravía *(Columba livia)*, se distingue de la zurita por tener blanco el obispillo y por los reflejos metálicos de su cuello, y es bastante más común en la península Ibérica que esta última.

La paloma bravía se considera como agriotipo o especie madre de las palomas domésticas, que en gran parte del Viejo Continente figuran entre las aves de corral desde los tiempos más remotos. Los primeros documentos que mencionan a las palomas domésticas datan, en efecto, de la cuarta dinastía egipcia y, según pretendía Plinio, en la antigua Roma la cría de palomas era objeto de minuciosa atención, llegándose incluso a llevar un libro de orígenes, como se hace hoy con los caballos de carreras. En la India, a fines del siglo XVI, se conocían nada menos que dieciséis razas diferentes, y hacia la misma época existían ya en Europa la mayor parte de las que hoy tenemos. De éstas, las más populares son la paloma monjil, o de capuchón, la de corbata, la romana, la buchona, que puede inflar el buche hasta que la cabeza queda oculta detrás, y la de abanico, que tiene en la cola un número excepcional de rectrices; pero la que goza de más fama es la paloma mensajera, o mejor dicho, las palomas mensajeras, pues se conocen varias razas de ellas. El instinto que poseen las palomas de volver a su palomar se conoce desde tiempos antiquísimos y ese instinto, perfeccionado mediante la selección, dio origen al empleo de las palomas mensajeras, que adquirió especial relevancia durante la Segunda Guerra Mundial.

La tórtola común *(Streptopelia turtur)* es otra columbiforme silvestre del Paleártico, bastante más pequeña y más esbelta que las palomas. No debe confundirse la tórtola silvestre europea con la tórtola turca *(Streptopelia decaocto)*, especie procedente del sudoeste de Asia que se ha extendido por gran parte de Europa a lo largo de este siglo y que tiene una coloración más clara y uniforme que la tórtola común, sin «escamas» bermejas en el dorso, y una fina línea negra sobre fondo blanco en la nuca en lugar de las amplias manchas a líneas blancas y negras que presenta esta última especie a cada lado del cuello.

Especies americanas

En el Nuevo Continente las tórtolas están representadas por los géneros *Zenaida*, *Columba*, *Claravis*, *Metriopelia*, *Scardafelia*, *Uropelia*, *Leptoptila*, *Geotrygon* y *Starnoenas*, con numerosas especies exclusivamente sudamericanas. Por el contrario, *Zenaida macroura* (la tórtola plañidera), *Z. asiatica* (tórtola aliblanca), *C. passerina* (tortolita común) y *C. squammata* (tórtola escamosa) viven no sólo en América del Sur sino también en América Central y del Norte.

La historia de la paloma migradora de América del Norte *(Ectopistes migratorius)* es uno de los más tristemente célebres de entre todos los casos de exterminación animal. Hasta hace poco más de un siglo esta especie formaba bandadas tan numerosas que en algunos sitios los árboles más corpulentos se partían con el peso de sus nidos; en un par de días devastaban por completo los terrenos en que se posaban, por lo que tenían que emigrar a otros puntos para no morirse de hambre. Los considerables daños que a su paso producían en los cultivos provocaron que se les declarase la guerra a muerte. En septiembre de 1914, en el zoológico de Cincinnati, Ohio (Estados Unidos), la última paloma migradora existente en el mundo, nacida en cautividad, murió a los 29 años de edad.

Existen palomas que por su modo de vida recuerdan a las galliformes. Una de ellas es la paloma de Nicobar *(Caloenas nicobarica)*, que vive más en el suelo que en los árboles y anida en tierra como las perdices. Esta especie se reconoce por las plumas largas y separadas que rodean su cuello, y por su color verde metálico.

Guras

En Nueva Guinea y las islas vecinas viven muchas y muy notables especies de palomas, siendo especialmente interesantes los guras o palomas coronadas, tanto por su tamaño

En la imagen, un ejemplar de gura victoria (Goura victoriae). *Las palomas coronadas o guras son las columbiformes de mayor tamaño, sólo superadas en el pasado histórico por los dodos y solitarios de las islas Mascareñas. En la actualidad, existen tres especies del mismo género que viven en Nueva Guinea y las islas vecinas.*

El periquito común (Melopsittacus undulatus) *es originario de Australia y ha sido aclimatado en todo el mundo como ave de jaula para su domesticación. En estado natural su plumaje es siempre de color verde.*

El papagayo gris (Psittacus erithacus) *es uno de los loros más conocidos y domesticados. Oriundo de África central, desde Sierra Leona hasta Kenia y el noroeste de Tanzania, vive en zonas de selva baja, pero acude a la sabana arbolada y a otros terrenos abiertos para comer.*

como por su delicada coloración azul plomiza y por la graciosa cresta de finísimas plumas que adorna su cabeza. El gura victoria *(Goura victoriae)* del norte de Nueva Guinea y las islas Biak y Yapen tiene la corpulencia de una gallina y es de costumbres más terrestres que otras palomas; sin embargo, lo mismo que éstas, anida en los árboles y pone solamente dos huevos.

FAMILIA RÁFIDOS (DODO)

Al mismo orden que las palomas, aunque a una familia distinta —ráfidos—, pertenecía el dodo *(Raphus cucullatus)*, ave que vivía en la isla Mauricio y que fue exterminada hace unos tres siglos, hasta el punto de que ni siquiera queda un solo ejemplar, no ya vivo, sino disecado. Aparte de algún esqueleto bien o mal reconstruido y de una pata seca, medio apolillada, que se conserva como un valioso tesoro en el Museo Británico, lo único que nos permite saber cómo era esta especie son tres o cuatro cuadros antiguos y algún viejo grabado de cuya exactitud no puede responderse en absoluto.

La primera descripción conocida del dodo se debe a los marinos holandeses que, a las órdenes de Jacob Cornelius van Neck, tomaron posesión de la isla Mauricio en 1598. Aquellas gentes le dieron caza para comer su carne, y encontrándolo duro y desagradable al paladar, lo llamaron *walckvogel,* esto es: «ave de las náuseas». Bajo este nombre, o bajo los de «dodo», «dronte» o «dodoars», el ave aparece mencionada en muchas obras de viajes del siglo XVII; todos los autores coincidían en que era un ave de gran tamaño, con las alas rudimentarias —e incapacitada por tanto para el vuelo— y provista de un pico formidable. Existen documentos que prueban que en 1638 se enseñó en Londres un dodo vivo, y todo hace suponer que en aquella época dicha especie todavía abundaba en la isla Mauricio.

Cuando se ven las escasas representaciones gráficas que han quedado del dodo, sorprende que pueda clasificarse a esta ave en el mismo grupo zoológico que las palomas. Sin embargo, esta clasificación se comprende mejor cuando se observa al manumea *(Didunculus strigirostris)*, una extraña paloma que vive en las islas Upolu y Savaii (Samoa), cuyo inmenso pico ganchudo recuerda el pico del dodo. Como su lejano y extinguido pariente, el manumea es un ave en gran parte terrestre, aunque no tanto como se creía antiguamente, ya que además de dormir en las ramas bajas de los árboles, también come con asiduidad los frutos de los árboles. El manumea es actualmente una especie vulnerable cuyos escasos efectivos apenas suman de 5 000 a 7 000 individuos.

ORDEN PSITACIFORMES

Los loros, papagayos, cotorras y cacatúas, que constituyen el orden psitaciformes (de *psitacis*, nombre latino del loro), son aves que todo el mundo sabe distinguir de las demás por su pico ganchudo y los vivos colores de muchas especies —incluso aquéllas en las que predomina el verde, que son mayoría—, y que gozan de fama universal por la facilidad con que aprenden a imitar el lenguaje humano, capacidad en la que parece tener una gran importancia su lengua, que es redonda, carnosa y muy movible, o bien en forma de brocha, y en algunas especies su gran inteligencia. Sus dedos están repartidos en dos pares, uno anterior y otro posterior, y presentan un carácter muy notable en el pico, que consiste en que la base de la mandíbula superior está cubierta de una piel desnuda o cera en la que se abren las narinas.

Pese a su origen australiano, las 353 especies de las que se compone el orden se distribuyen por casi todas las zonas tropicales y subtropicales del mundo, así como por Australia, Nueva Zelanda y otras regiones templadas o templadas-frías del hemisferio sur.

FAMILIA PSITÁCIDOS Y CACATUIDOS

La distinción entre guacamayos, loros, cotorras y periquitos es más convencional que científica y alude sobre todo al tamaño, ya que, a decir verdad, todos los psitaciformes muestran una anatomía similar y, a excepción de algunas especies atípicas —kea, kaka y kakapo— tienen costumbres similares. Las únicas diferencias anatómicas importantes, que permiten dividir la familia psitácidos en subfamilias, son la forma de la lengua, que define el tipo de alimentación y, en el caso de las cacatúas (familia *Cacatuidae*), la diferencia externa más visible es la existencia de cresta.

Subfamilias *Loriinae, Psittacinae* y *Micropsittinae* (loris, guacamayos)

Especies de África y Australasia. Los loris pequeños psitácidos de Australasia que se alimentan de polen y néctar utilizando su lengua en forma de cepillo, forman la subfamilia *Loriinae* (géneros *Charmosyna*, *Trichoglossus*, *Eos*, *Pseudoeos*, *Chalcopsitta*, *Lorius*, *Glossopsitta*, *Phigys*, *Vini*, *Oreopsittacus*, *Psitteuteles* y *Neopsittacus*); los loritos pigmeos (género *Micropsitta*) integran la subfamilia *Micropsittinae;* los loros, los periquitos, guacamayos, keas y microloros pertenecen a la subfamilia *Psittacinae*.

La mayoría de las especies de psitácidos son muy arborícolas y suelen ser más abundantes en las pluviselvas de llanura que en cualquier otro biotopo. Incluso las especies que, como el periquito común *(Melopsittacus undulatus)* de Australia y el inseparable de Fischer *(Agapornis fischeri)* de África orien-

En la ilustración un guacamayo macao (Ara macao), *una de las especies más vistosas de su género y también una de las pocas que no están actualmente amenazadas.*

Las especies del género Ara *se caracterizan por tener el área facial desnuda. El guacamayo pechiamarillo* (Ara ararauna) *tiene el dorso y la cola totalmente azules, un collar negro y el pecho y el cuello de color amarillo.*

tal, viven en hábitats más abiertos, no suelen alejarse mucho de las zonas arboladas. Las excepciones más notables a esta tendencia son, indudablemente, los periquitos nocturno *(Geopsittacus occidentalis)* y terrestre *(Pezoporus wallicus)* de Australia, que habitan en zonas muy áridas, desprovistas de arbolado. En cierto modo, también constituyen excepciones las pocas especies que restringen su hábitat a las zonas de montaña, como la cotorrita de Derby *(Psittacula derbiana)* del Himalaya, el lori papú *(Charmosyna papou)* de Nueva Guinea, la catita serrana grande *(Bolborhynchus aymara)* de los Andes y el papagayo de cara amarilla *(Poicephalus flavifrons)* de Etiopía.

Gracias a la especial disposición de los dedos, todos los loros arborícolas son capaces de utilizar sus pies como si fueran manos para sostener y manipular objetos cerca del pico y, salvo las especies que suelen alimentarse en el suelo, los loros poseen una destreza manual sin parangón en ningún otro grupo de aves.

Además, mediante su pico fuerte y adaptable, que no sólo les sirve para romper nueces y semillas duras sino también como gancho prensil o «tercer pie», los loros arborícolas pueden pasearse con gran agilidad por las copas de los árboles y conseguir los frutos de los que se nutren. Las especies más terrestres, como algunos periquitos y las cotorritas y agapornis de menor tamaño, se alimentan de semillas de gramíneas, mientras que otras se nutren de néctar y de polen. Estos últimos son los loris de Australasia, que tienen la lengua en forma de cepillo y de los que existen varias especies pertenecientes a los géneros *Trichoglossus*, *Eos*, *Chalcopsitta*, *Charmosyna*, *Lorius*, *Glossopsitta*, *Phigys* y *Vini*. Uno de los loris más difundidos, espectaculares y variables es el lorito arco iris *(Trichoglossus haematodus)*, de Indonesia, Nueva Guinea y norte y este de Australia, que es un agente importante de polinización de las flores de cocotero. Otra especie con dieta atípica es el lorito pigmeo cabeciazul *(Micropsitta pussio)*, de Nueva Guinea y de las Bismarck, que, caso único entre las aves, se alimenta de líquenes y hongos, aunque también come frutos e insectos.

Especies americanas. Los loros americanos no tienen dietas tan especializadas, aunque uno de ellos, el guacamayo jacinto *(Anodorhynchus hyacinthus)*, del centro y este de Bolivia, se alimenta casi exclusivamente de frutos secos. El guacamayo jacinto es el mayor loro del mundo (95-100 cm de longitud total) y, con su elegante plumaje azul cobalto, es uno de los más majestuosos, lo que ha provocado la codicia de los coleccionistas y le ha situado al borde de la extinción. Con su pico articulado y potente, este hermoso guacamayo puede romper la cáscara de las durísimas nueces de Brasil e incluso cortar el dedo de un hombre. La mandíbula superior, articulada y no soldada al cráneo, se levanta hasta que la nuez adopta la posición más adecuada dentro del pico y, mientras la lengua, gruesa y callosa, la sujeta, la mandíbula inferior aprieta la cáscara hasta partirla.

Otras especies americanas de gran tamaño son el guacamayo macao o ara bandera *(Ara macao)*, que mide 85 cm de longitud y vive en gran parte de América tropical, el guacamayo pechiamarillo *(Ara ararauna)*, que mide 86 cm y tiene una distribución similar aunque algo más sureña, y el guacamayo o ara militar *(Ara militaris)*, así

Al género Amazona *pertenece la amazona real* (Amazona ochrocephala), *imitadora del habla humana y que, a pesar de la caza de que es objeto, todavía se encuentra en muchas zonas de América Central y del Sur.*

llamado por su plumaje verde oliváceo con toques rojos.

Otro género específicamente americano —y muy diversificado— es *Amazona*, muchas de cuyas especies habitan en islas o en biotopos muy aislados y se hallan amenazadas de extinción en uno u otro grado. Entre estos últimos se encuentran la amazona colirroja *(Amazona brasiliensis)*, la amazona de Santa Lucía *(Amazona versicolor)*, la amazona cuellirroja *(Amazona arausiaca)*, la amazona de San Vicente *(Amazona guildinguii)* y la amazona imperial *(Amazona imperialis)*.

Otras especies, en cambio, tienen una distribución mucho más amplia y son más comunes; un ejemplo es la amazona real *(Amazona ochrocephala)*, imitadora del habla humana y de la caza de que es objeto, todavía abunda en numerosas zonas de México, de América Central y del Sur.

Otra especie bastante común es la cotorra monje o cotorra argentina *(Myopsitta monachus)*, que abunda en el centro de Bolivia, así como en Paraguay, sur de Brasil, norte y centro de Argentina, y que fue introducida hace unos años en varias ciudades españolas.

Subfamilia *Cacatuinae* (cacatúas)

Las cacatúas se diferencian externamente de otros psitaciformes por su cresta eréctil, por su lengua estrecha y roma y por la ausencia de tonos verdes o azules en el plumaje. Su tamaño varía desde el de un pichón al de un cuervo y sólo viven en Australasia, desde Australia hasta Filipinas. En cautividad no aprenden a hablar con tanta facilidad como los loros. Por lo común anidan en agujeros, que suelen abrir con su pico en los árboles podridos. Algunas cacatúas son negras, como las del género *Calyptorhynchus* y la cacatúa enlutada *(Probosciger aterrimus)* de Nueva Guinea y del cabo York (N de Australia) pero la mayoría de las especies son blancas, a veces con matices amarillos o rosados, y difieren sobre todo en el color de la cresta. Así,

La cacatúa sulfúrea (Cacatua sulphurea) *vive en Célebes e islotes cercanos, en las Sondas menores y en otras pocas islas de Indonesia. Antiguamente común, hoy está seriamente amenazada de extinción debido a la destrucción del hábitat y a la persecución de que es objeto por los traficantes de aves ornamentales.*

destacan la cacatúa moluqueña *(Cacatua moluccensis)*, la cacatúa galerita *(Cacatua galerita)* de Melanesia, Nueva Guinea, norte y este de Australia y con cresta color azufre, y la cacatúa abanderada *(Cacatua leadbeateri)*, cuya cresta es muy grande y con tres bandas de color, dos encarnadas y una amarilla en medio.

Subfamilias *Nestorinae* (kea, kaka) y *Strigopinae* (kakapo)

Nueva Zelanda tiene el privilegio de contar entre su fauna con tres loros extraordinarios: el kea, el kaka y el kakapo. Los dos primeros pertenecen a la subfamilia *Nestorinae;* el tercero, a la subfamilia *Strigopinae.*

El kea *(Nestor notabilis)* presenta la mandíbula superior larga y afilada y la emplea para desgarrar carroña, frutos, hojas e insectos. Antiguamente se le acusaba de matar ovejas y de alimentarse de su grasa pero en la actualidad es un ave protegida, muy estimada por su gran inteligencia, ya que, entre otras proezas, gusta de deslizarse boca arriba por los tejados de las cabañas —convirtiéndose así en un pequeño trineo viviente— únicamente con la intención de jugar. El kaka *(Nestor meridionalis)* es similar al kea pero de costumbres algo más nocturnas y, además de frutos, hojas y carroña, también se alimenta de néctar.

El kakapo *(Strigops habroptilus)* especie seriamente amenazada de extinción es el único loro que ha perdido por completo la capacidad de volar. Sus alas están bien desarrolladas, pero vive en el suelo, y cuando se encarama a algún árbol, sólo las emplea a modo de balancines para andar por las ramas y saltar de una a otra. Es nocturno y posee, como los búhos, un disco de plumas alrededor de los dos ojos. Durante el día permanece oculto en una madriguera que él mismo construye y por la noche se alimenta de hierbas y raíces, así como de los frutos maduros que caen de los árboles, costumbres ambas que permiten afirmar, sin ánimo de exageración, que estas aves ocupan en Nueva Zelanda el nicho ecológico que corresponde a los conejos.

Tanto el kea y el kaka como el kakapo son polígamos, caso prácticamente único entre los loros. Entre los machos de kea es frecuente copular y compartir los deberes paternales con varias hembras al mismo tiempo, mientras que los machos de kakapo se congregan por la noche en *leks*, o áreas específicas tradicionales similares a las de los urogallos, y anuncian su presencia a las hembras mediante estridentes llamadas que pueden oírse a 3 km de distancia. Las hembras, atraídas por la algarabía, acuden a las arenas y para copular cada una de ellas con el macho de su elección.

El kea (Nestor notabilis) *es un psitácido de gran tamaño. Utiliza su mandíbula superior, larga y afilada, para desgarrar carroña, frutos, hojas e insectos. Vive en bosques montanos y riscos, a menudo por encima de la línea de nieves perpetuas, pero en invierno acude a los bosques costeros. El macho es polígamo: copula y comparte frecuentemente los deberes paternales con varias hembras al mismo tiempo.*

ORDEN CUCULIFORMES

Orden de aves de medianas dimensiones, plumaje escaso y cola de moderada longitud. Los pies presentan dos dedos dirigidos hacia adelante y dos hacia atrás (zigodactilia). Son aves arborícolas, y algunas de ellas parásitas, ya que ponen los huevos en los nidos de otras aves, las cuales cuidan de la incubación y crianza de sus polluelos. El orden cuculiformes cuenta con 34 géneros y 159 especies y comprende dos familias: cucúlidos y musofágidos.

FAMILIA CUCÚLIDOS (CUCOS, CRÍALOS, CORRECAMINOS)

La familia cucúlidos comprende 136 especies de tamaño mediano a grande que se distribuyen por todos los continentes a excepción de la Antártida. El cuarenta por ciento de las especies de esta familia son parásitas de nidada, es decir, dejan sus pollos al cuidado de otras aves, y sus huevos, de color variable, tienden a imitar a los del ave huésped.

El cuco común *(Cuculus canorus)* es un ave bien conocida en todo el Paleártico por su canto, que anuncia la primavera, pero no tanto por su aspecto, que recuerda vagamente a un gavilán, ya que resulta muy difícil de ver. Es un parásito de nidada obligado, es decir, que no cría nunca a sus pollos sino que los deja al cuidado de otras aves. La hembra empieza a poner en mayo, un día sí y otro no, cada vez un huevo, hasta alcanzar un número que oscila entre seis y quince; pero cada uno de estos huevos lo deposita en el nido de otra ave, aprovechando una ausencia de sus propietarios y teniendo buen cuidado de tirar previamente uno de los huevos que allí encuentra, para que aquéllos, al volver, no noten que ha aumentado la futura familia. De este modo, el huevo del cuco es incubado junto con los otros, y cuando sale el pequeño del cascarón, como es de mayor tamaño que sus otros compañeros de nido, no tarda en echarlos fuera, quedando él dueño de la situación y devorando la comida que los dueños del nido destinan a su prole.

Aunque los huevos del cuco europeo —y los de la mayoría de los cucos parásitos— abarcan una gama bastante amplia de coloraciones, ya que la especie *Cuculus canorus*, considerada en conjunto, parasita a más de 100 especies, cada una de las hembras pone huevos de una sola coloración y se especializa en el parasitismo de una sola especie, aquélla en cuyo nido se crió. Así por ejemplo, la hembra de cuco que fue criada por una pareja de carriceros comunes pondrá un huevo blancuzco, profusamente moteado de gris y de verde oliva, y por tanto muy similar al del huésped, en el nido de una pareja de carriceros comunes.

Orden cuculiformes
- Familia cucúlidos
- Familia musofágidos

FAMILIAS DEL ORDEN CUCULIFORMES ◀

El cuco (Cuculus canorus) es *un ave muy conocida en casi todo el Paleártico por su canto, que anuncia la primavera. No cría nunca sus polluelos, sino que los deja al cuidado de otras aves. Aunque en ocasiones el tamaño del pollo del cuco sobrepasa el de sus falsos padres, éstos le ceban sin cesar gracias al potente reclamo que representa el colorido de su boca abierta en demanda de alimento.*

Los correcaminos (Geococcyx californianus y Geococcyx velox) *están muy bien adaptados a la vida terrestre y son capaces de alcanzar 25 km/h de velocidad cuando persiguen a sus presas.*

El correcaminos grande (Geococcyx californinanus) *es un hábil cazador de serpientes –incluso de serpientes cascabel–, a las que atrapa con el pico por detrás de la cabeza y luego golpea contra el suelo o las piedras hasta que el reptil deja de moverse. También captura escorpiones, arañas, ciempiés e insectos, y su rapidez le permite cazar veloces lagartos a la carrera.*

Tan curiosa costumbre haría odiosa a esta ave si no resultase muy útil, ya que devora gran cantidad de insectos, en particular procesionarias y otras orugas.

En España vive otra especie, el críalo *(Clamator glandarius)*, que deja su huevo en los nidos de las urracas y de los rabilargos y que se distingue por su cresta gris y su cola muy larga, y por su grito, algo distinto; en lugar del conocido «cuc-ú» del cuco profiere un parloteo irritante que hace honor a su nombre genérico, «el que habla a gritos».

Especies americanas

A esta misma familia pertenecen algunas aves sudamericanas muy interesantes, como el guira *(Guira guira)*, o cuco moñudo, cuyos huevos son de color azul brillante, cubiertos por una capa yesosa en forma de enrejado, y el judío o garrapatero aní *(Crotophaga ani)*, ave de oscuro plumaje y abultado pico, que muestra la curiosa particularidad de que varias hembras ponen sus huevos en un ni-

El turaco de Ross (Musophaga rossae) *tiene el plumaje sedoso, la cola larga y redondeada, la cabeza casi siempre adornada con una cresta de plumas finísimas y el pico encorvado. Las narinas del turaco de Ross se abren en el extremo distal del pico, que se prolonga hacia atrás hasta cubrir la cresta.*

do común. En Norteamérica destaca en especial el correcaminos *(Geococcyx californianus)*, un cuco terrestre tan bien adaptado al desierto que durante la noche su temperatura baja ligeramente para ahorrar energía, sumiendo al ave en un ligero letargo, y no vuelve a subir hasta el día siguiente, cuando el correcaminos expone la piel desnuda y oscura del dorso a los rayos del sol de un modo similar a las lagartijas y serpientes de las que se nutre.

Familia musofágidos (turacos)

Los musofágidos son aves propias de la región etiópica. Nidifican en árboles, generalmente en plataformas endebles de pequeñas ramas, y las crías utilizan las diminutas garras que tienen en las articulaciones alares —y que luego desaparecen— para arrastrarse hasta el borde del nido. La familia comprende 20 especies.

El término musofágidos, que significa «comedores de plátanos», no refleja en absoluto la dieta de estas aves, que casi nunca comen estos frutos. Los turacos son aves de cola larga y redondeada, plumaje sedoso y a menudo de vivos colores, en los que predominan el verde, el púrpura y el azul, y cabeza casi siempre adornada con una cresta de plumas finísimas; su pico, no muy largo, está ligeramente encorvado y presenta los bordes dentados, a modo de sierra. Estas aves poseen en las alas y en la cresta unas plumas encarnadas o verdes cuyo pigmento se disuelve al simple contacto con el agua, de modo que cuando un turaco se baña, se le destiñen, dejando el agua coloreada. En la mayor parte de las especies, las plumas de la cresta cubren la base del pico, como ocurre en el turaco crestado de Guinea *(Tauraco macrorhynchus)*, de coloración verdosa, y en el turaco de cresta roja *(T. erythrolophus)*; pero existen otras, como el turaco morado *(Musophaga violacea)*, en las que el pico se prolonga y ensancha por detrás en una placa frontal que oculta parte de la cresta del ave.

FAMILIAS
DEL ORDEN
ESTRIGIFORMES

BÚHOS, VENCEJOS, PICOS Y AFINES

Las estrigiformes o aves de rapiña nocturnas fueron clasificadas por muchos autores antiguos junto con las falconiformes debido a sus similitudes aparentes; como éstas, en efecto, son aves carnívoras, de garras aceradas y pico ganchudo. Hoy, sin embargo, se supone que ambos órdenes evolucionaron a partir de ancestros distintos para explotar fuentes alimentarias parecidas, por lo que la similitud de caracteres entre uno y otro grupo no sería más que el fruto de una convergencia evolutiva. El estudio de las proteínas de los huevos de las estrigiformes sugiere que sus parientes más cercanos son los caprimulgiformes —chotacabras y especies emparentadas—, otro orden de aves nocturnas.

Las estrigiformes son aves adaptadas a la vida y caza nocturnas. Sus ojos son grandes y se hallan situados frontalmente, lo que les permite una visión estereoscópica útil para localizar a sus presas. Abajo, un Otus leucotis, *con el disco facial blanco ribeteado de negro que le es característico.*

Orden estrigiformes
- Familia titónidos
- Familia estrígidos

ORDEN ESTRIGIFORMES

Las características de este orden radican en los ojos y en los oídos. Los primeros son muy grandes y se orientan hacia delante, como ocurre en los primates, y cada uno de ellos está rodeado por un gran disco de plumas limitado por una circunferencia de pequeñas plumas duras y rizadas. Por lo demás, los ojos son tubulares y no esféricos como los de los mamíferos, lo que permite acomodar el enorme cristalino, carácter que posibilita una visión mucho más luminosa y más aguda pero que, como contrapartida, restringe en gran medida el campo visual. Para compensar esta limitación (el campo de visión es de apenas 110°, mientras que en el hombre es de 180° y en las palomas de 340°), las estrigiformes, cuyo cuello es muy flexible, pueden girar la cabeza hasta mirar directamente por detrás. En cuanto a los oídos, son muy grandes y presentan en el exterior notables repliegues de piel, como si formasen una oreja, con la particularidad de que ésta muestra a cada lado apariencias distintas, lo que, junto con su situación asimétrica y con los discos faciales que canalizan los sonidos de alta frecuencia hacia los oídos, son de gran ayuda para localizar el ruido que hace la presa. Por el contrario, las «orejas» de plumas tiesas que muchas especies exhiben sobre los ojos no tienen relación con la audición sino únicamente con la comunicación visual.

El plumaje de estas aves, parecido al de los chotacabras, es muy espeso y blando, y la mayor parte de las especies se asemejan también a éstos en el color, que consiste en una combinación de diferentes matices amarillos, rojizos, pardos y negros.

Todas las estrigiformes son nocturnas y/o crepusculares y se alimentan de presas vivas, tales como pequeños mamíferos, aves, ranas, etc., que devoran enteras; luego devuelven unas egagrópilas u ovillos compuestos por trozos de hueso, pelos y demás partes que por su naturaleza no pueden digerir. Los huevos que ponen las hembras son casi esféricos y completamente blancos.

El buho nival (Nyctea scandiaca) *es un ave de gran tamaño de la familia estrígidos. Este habitante de las regiones boreales de América y de Eurasia se camufla bien en la nieve gracias a su blanco plumaje, especialmente el macho ya que la hembra está moteada de oscuro. En los inviernos muy rigurosos, el búho nival desciende hacia el sur.*

El cárabo común (Strix aluco), *que aquí aparece en su fase rojiza, es una de las aves nocturnas cuyo ululante canto se oye con más frecuencia en Europa. Es común oír cómo se responden unos a otros durante las noches primaverales. Habita en bosques caducifolios o mixtos, en parques, jardines y alamedas con árboles viejos, en cuyos huecos anida. Se alimenta de pequeños roedores, erizos, gazapos, aves, ranas e incluso gusanos.*

El orden estrigiformes se reparte por todo el planeta a excepción de la Antártida y del interior de Groenlandia y consta de 133 especies repartidas en 24 géneros y en sólo dos familias: titónidos y estrígidos.

Familia titónidos (lechuzas)

Las lechuzas propiamente dichas se distinguen de los estrígidos por su disco facial en forma de corazón, sus ojos bastante pequeños y sus dedos desnudos, no recubiertos de plumas. Existen 14 especies, la más conocida de las cuales es la lechuza común *(Tyto alba)*, ave de hermoso plumaje y extraordinariamente eficaz en el control de roedores plaga, que habita en el continente americano, en Europa, África, sur de Asia y Australia y que muchas veces anida en graneros, cobertizos, ruinas y otras construcciones humanas. Otra lechuza interesante es la ululadora o fodilo asiático *(Phodilus badius)*, ave selvática del norte de la India y del Sudeste Asiático, que también posee un bello plumaje pero cuyo hábitat, a diferencia de la lechuza común, aún es poco conocido.

Familia estrígidos

Mochuelos

Uno de los estrígidos más comunes en el Paleártico occidental es el mochuelo común *(Athene noctua)*, especie fácil de observar porque se muestra bastante activa durante el día y además descansa en lugares abiertos. Su denominación científica, *Athene*, se le dio en recuerdo de que era el ave simbólica de Minerva, la Palas Atenea de los griegos. Vive cerca de los pueblos, y a veces dentro de ellos. Durante el día suele ocultarse en los árboles huecos, en los tejados y en las torres; después del ocaso sale a recorrer la campiña con su vuelo rápido y sostenido, trazando continuas curvas y acercándose a los objetos que le llaman la atención. No teme a la luz del día, y si se muestra cuando oscurece, es quizás porque entonces puede cazar mejor los ratoncillos y musarañas que constituyen su alimento (también come pequeñas aves, reptiles, anfibios, etc.), o porque a dicha hora se ve menos expuesto a los ataques de los depredadores diurnos.

El mochuelo pone sus huevos, entre dos y cinco, en primavera y no construye nido sino que aprovecha algún hueco de un árbol o de un muro. A los 27 o 28 días salen los polluelos.

En ambas Américas vive otra especie, la curuja o mochuelo excavador *(Athene cunicularia)*, que se alberga, en la del Norte, en las «ciudades» de perrillos de las praderas, y en la del Sur, en las vizcacheras.

Más pequeños que el mochuelo común son los mochuelos chicos del género *Glaucidium*, uno de los cuales *(G. passerinum)* mide apenas 16 cm y vive en el norte y centro de Europa; otra especie, *G. gnoma*, casi tan pequeña como la europea, vive en el oeste de América del Norte, en México y en Guatemala.

Cárabos

Otro tipo de estrígidos desprovistos de «orejas» o «cuernos» son los cárabos, aves de gran tamaño y corpulencia de las que existen tres especies en Europa: el cárabo lapón *(Strix nebulosa)*, que mide 70 cm de largo, el cárabo uralense *(Strix uralense)*, de 62 cm, y el cárabo común *(Strix aluco)*. Este último es un ave rechoncha y con los ojos completamente negros que vive en la mayor parte de Europa, excepto en Irlanda y las zonas boreales. El cárabo común es frecuente en los bosques caducifolios o mixtos y en los grandes jardines, parques y alamedas con viejos árboles que le

En la imagen, un búho real (Bubo bubo). *El búho real está protegido en la península Ibérica, donde forma una subespecie distinta. Anida en agujeros entre rocas y matorrales, en huecos de árboles o en viejos nidos de rapaces.*

proporcionen huecos para anidar. Es exclusivamente nocturno y se alimenta sobre todo de pequeños roedores, aunque también consume erizos, gazapos, aves, ranas y gusanos. El cárabo realiza su puesta, que es de dos a tres huevos y se produce a fines de invierno o principios de primavera, en árboles huecos o en viejos nidos de rapaces diurnas o de córvidos, y los pollos eclosionan a los 28-29 días.

Búhos

Los búhos también pertenecen a la familia estrígidos y sólo se distinguen de los mochuelos y cárabos por los penachos de plumas u «orejas» que muestran en la frente.

El autillo *(Otus scops)* es una de las especies que tienen cuernecillos de plumas u «orejas» y la más pequeña de las aves nocturnas hispánicas. No supera los 20 cm de largo y, como es lógico, no se atreve con presas tan grandes como las que persiguen otras especies; mas no por eso es menos útil, puesto que devora gran cantidad de escarabajos y mariposas nocturnas, y a veces ratoncillos de campo. Vive en zonas arboladas abiertas, huertos e incluso en plazas urbanas; pero en la mayor parte de Europa y sur de Italia y de Grecia, sólo se le ve en primavera y verano, porque es migradora.

El búho chico *(Asio otus)*, que casi dobla al autillo en corpulencia, también es una especie con «orejas», que deja caer cuando descansa, y su plumaje está matizado de ocre rojizo, pardo y negro. Vive en bosques de coníferas, sotos, bosques mixtos frondosos y matorral seco. Mientras la hembra incuba sus huevos, el macho se ocupa de la subsistencia de su compañera y luego ambos sexos se ocupan de alimentar a las crías. La puesta, que se verifica en febrero o marzo, la hace en cualquier nido abandonado de urraca, de paloma torcaz o de ardilla; pone de tres a cinco huevos, que se distinguen de los de otros estrígidos por ser ligeramente ovalados, mientras que los de las demás especies son esféricos.

Al mismo género que el búho chico pertenece la lechuza campestre *(Asio flammeus)*, que se distingue por tener los cuernecillos muy cortos. El búho real *(Bubo bubo)*, en cambio, pertenece a un género diferente, pero en su aspecto y coloración se parece mucho al búho chico; sin embargo, su tamaño mucho mayor es similar al de algunas águilas. Otra especie de gran tamaño es el búho de Virginia *(Bubo virginianus)*.

El búho real vive en los bosques y peñascales más solitarios, y sus costumbres se parecen a las de otras aves nocturnas aunque, debido a su tamaño, devora presas de mayores dimensiones tales como conejos, ardillas, patos e incluso cervatillos.

El búho nival *(Nyctea scandiaca)* es propio de las regiones boreales, aunque en los inviernos muy rigurosos desciende hacia el sur, llegando en algunas ocasiones hasta Gran Bretaña en Europa y hasta Japón en Asia. Tiene casi el tamaño de un búho real, pero sus «orejas» son pequeñas y poco visibles, y su plumaje blanco, con manchas oscuras.

La inmensa mayoría de los búhos, mochuelos y cárabos poseen los tarsos, y algunos también los dedos, cubiertos por plumas, a excepción del búho pescador índico *(Ketupa ceylonensis)*, estrígido que habita en el sur de Asia y completa su dieta alimentaria a base de animales terrestres con cangrejos de río y peces.

ORDEN CAPRIMULGIFORMES

Las aves pertenecientes a este orden son de costumbres crepusculares o nocturnas. La cabeza es aplanada, el pico corto y las patas pequeñas; las alas y la cola son grandes. La coloración del plumaje es críptica, semejante a los suelos cubiertos de hojas secas. Ambos sexos presentan características muy similares.

El orden comprende 98 especies que se distribuyen en 21 géneros y 5 familias.

El chotacabras gris (Caprimulgus europaeus) *es un ave adaptada a la noche que, según parecen demostrar algunas experiencias, utiliza la ecolocación para orientarse. Si se descubre su nido, es capaz de transportar los huevos a otro lugar. Su coloración lo hace casi invisible, tanto si está en el suelo como si se sitúa en una rama, viéndose favorecido por su costumbre de permanecer aplastado, con las alas recogidas y la cabeza hundida entre los hombros. El chotacabras gris vive sobre todo en claros húmedos de los bosques con helechos, en landas y en pastizales de montaña.*

FAMILIAS DEL ORDEN CAPRIMULGIFORMES

Orden caprimulgiformes
- Familia caprimúlgidos
- Familia nictíbidos
- Familia podárgidos
- Familia esteatornítidos
- Familia egotélidos

FAMILIA CAPRIMÚLGIDOS (CHOTACABRAS)

Los caprimúlgidos, llamados vulgarmente chotacabras y engañapastores, según la antigua y absurda creencia de que estas aves maman de las cabras y ovejas durante la noche, son aves utilísimas, puesto que sólo se alimentan de insectos, tales como mariposas nocturnas, típulas, escarabajos y langostas. Atrapan estos bichos al vuelo, ya en el aire o ya recogiéndolos del suelo al paso, volando con el pico abierto, un pico muy aplastado y corto, pero que permite una enorme abertura bucal y está rodeado de cerdas tiesas, atributos ambos que constituyen el carácter más notable del orden. Rasgos distintivos de estas aves son la cabeza deprimida, la cola estrecha y larga, las alas larguísimas y afiladas, la boca rasgada hasta debajo de los ojos, que son muy grandes, el pico corto, ancho y un poco encorvado en la punta, las patas cortas en sumo grado y el plumaje blando, como lanoso, y en general mezclado de gris, rojizo y negro en forma tal que recuerda la vieja corteza de un árbol cubierta de líquenes.

En España existen dos especies muy parecidas entre sí: el chotacabras gris *(Caprimulgus europaeus)* y el chotacabras pardo *(Caprimulgus ruficollis)*. El primero de ellos mide 26 o 28 cm de longitud y el segundo más de 30; y mientras que éste se encuentra, sobre todo, en pinares, regiones arbustivas y arboledas poco espesas, aquél es más frecuente en claros húmedos de bosque con helechos, en landas y en pastizales de montaña. Ambos son aves nocturnas que durante el día permanecen inmóviles. Su coloración los hace invisibles, tanto si están en el suelo como si se ponen sobre una rama, sobre todo teniendo en cuenta que poseen la costumbre

En la imagen, podargo leonado (Podargus strigoides). *Los podargos tienen costumbres nocturnas y sus hábitos son muy parecidos a los de los chotacabras. Se caracterizan por tener el pico grande y aplanado, adaptado a la captura de insectos aéreos, y por presentar una coloración críptica, muy parecida al ambiente donde se mueven. Los adultos siempre están en postura levantada y rígida, con las cerdas del pico apuntando normalmente hacia arriba.*

de estar aplastados, con las alas muy recogidas y la cabeza hundida entre los hombros. En cuanto se hace de noche, comienzan a cazar, yendo y viniendo alrededor de los árboles con un vuelo tortuoso y sin que sus blandas plumas hagan el menor ruido. Ambas especies son migradoras. Cuando regresan a Europa, al iniciarse la primavera, entran en celo y los machos de chotacabras gris dejan oír un «churrr...» peculiar, o un «cutoc-cutoc» hueco y repetido el chotacabras pardo.

En América existen varias especies notables de caprimúlgidos, como por ejemplo el chotacabras vocinglero *(Caprimulgus vociferus)* de merecido nombre, ya que a veces repite su característico reclamo más de un centenar de veces sin interrupción, y que sincroniza su período de reproducción con la luna llena, o el chotacabras de Nuttall *(Phalaenoptilus nuttalli)*, la única especie conocida de ave que entra en letargo durante un largo período invernal.

Otra especie notable, ésta propia de África tropical, es el chotacabras de alas de estandarte *(Macrodipteryx longipennis)*, cuyo macho lleva en cada ala una pluma larguísima en forma de estandarte que utiliza durante el cortejo nupcial.

América del Sur también tiene algunas especies curiosas por su forma, como el atajacaminos tijereta *(Hydropsalis brasiliana)*, cuyas dos rectrices más externas son muy largas y rectas —en especial el macho— y que probablemente utiliza durante el cortejo nupcial, el chotacabras *Uropsalis lyra*, que, como indica su nombre científico, presenta la cola en forma de lira, o el chotacabras *Eleothreptus anomalus*, que tiene las alas en forma de guadaña.

Familia nictíbidos (urutaús)

El urutaú *(Nyctibius griseus)* y otros cacuys pertenecientes al mismo género constituyen la familia nictíbidos, que se reconoce gracias a que sus narinas no son tubulares y su pico muestra una especie de diente.

Familia podárgidos (podargos)

Los podárgidos habitan en las regiones oriental y australiana y se distinguen por su pico muy grande y aplanado («boca de rana»), con una enorme abertura bucal y por el sonido bajo, retumbante y repetitivo que emiten por la noche. El podargo australiano *(Podargus cuvieri)* —al igual que los otros

El podargo australiano (Podargus cuvieri) *pasa fácilmente inadvertido en el ramaje de los árboles gracias al color de su plumaje y a su posición erguida, que imitan una rama seca. Construye su nido en los árboles, sobre la bifurcación de una rama, y se alimenta de insectos. En su fisonomía destaca el pico aplanado, con una enorme abertura bucal. Durante la noche emite un sonido bajo, retumbante y repetitivo.*

La peculiar estructura de los dedos del vencejo común (Apus apus) *no le permite posarse sobre las ramas. Con frecuencia duerme en pleno vuelo, disminuyendo su metabolismo y la frecuencia de aleteos.*

podárgidos— tiene costumbres nocturnas, pero se alimenta de insectos, y sus hábitos se parecen a los de los chotacabras; sin embargo, no anida en el suelo, sino que construye un verdadero nido en los árboles, sobre la bifurcación de alguna rama.

FAMILIA ESTEATORNÍTIDOS (GUÁCHAROS)

La familia esteatornítidos consta de una sola especie, el guácharo *(Steatornis cavipensis)*, que vive en el norte de Sudamérica. El guácharo es un ave muy extraña, cuyo aspecto recuerda algo al chotacabras y algo a la lechuza. Es nocturno y durante el día duerme en las más oscuras cavernas, de donde sale al anochecer para volar largas distancias en busca de su alimento, consistente en los frutos oleaginosos de varios árboles tropicales. Para encontrar estos frutos, el guácharo utiliza su sensible sentido del olfato mientras que en la oscuridad de la cueva encuentra su camino por ecolocación.

FAMILIA EGOTÉLIDOS (EGOTELES)

Más curiosos aún que los anteriores son los egotélidos, extraños caprimulgiformes con cara de búho, o incluso de primate nocturno, que viven en Australasia y Oceanía.

FAMILIAS DEL ORDEN APODIFORMES

Orden apodiformes
- Familia apódidos
- Familia hemiprócnidos
- Familia troquílidos

ORDEN APODIFORMES

Los apodiformes constituyen un orden de aves voladoras por excelencia caracterizadas por tener las patas muy pequeñas y el «brazo» o húmero muy corto. El orden comprende tres familias: apódidos, hemiprócnidos y troquílidos.

FAMILIA APÓDIDOS (VENCEJOS)

Los apódidos o vencejos propiamente dichos se caracterizan por tener el pico corto, la boca muy grande, las alas muy largas y los pies fuertes, adaptados para aferrarse a superficies verticales. El plumaje es oscuro y uniforme; los sexos son similares. Son insectívoros. Crían en árboles, hendiduras de rocas y edificios. Los polluelos son nidícolas y los adultos manifiestan un comportamiento esencialmente aéreo, hasta el punto de que algunas especies duermen en el aire y no se posan en parte alguna durante meses o incluso años.

Muchas personas confunden a los vencejos con las golondrinas; de hecho, los antiguos naturalistas los clasificaban junto a ellas. Las especies que viven en Europa, sin embargo, se distinguen fácilmente de estas últimas por sus alas en forma de guadaña y por su cola corta. Muy de cerca o si se les captura destaca el aspecto peculiar de sus pies, que tienen los cuatro dedos vueltos hacia delante. El vencejo común *(Apus apus)* figura entre las aves que, en primavera y verano, se establecen en las poblaciones europeas, igual que las golondrinas; llega en primavera de África austral y Madagascar e invade en nutridas bandadas los campanarios y los tejados de los grandes edificios, construyendo sus nidos bajo las tejas, o empleando como base para ellos los que dejaron abandonados el avión común o gorriones. Los materiales que utiliza, plumas, pajitas, etc., los captura cuando flotan en el aire, arrastrados por el viento, y para unirlos se sirve de su saliva, que es muy abundante y pegajosa. Nunca baja a buscar nada del suelo, porque, a causa de la especial estructura de sus pies, le resultaría prácticamente imposible alzar el vuelo desde una superficie horizontal. En el aire, en cambio, ningún ave europea le aventaja en agilidad y, a decir verdad, ninguna otra ave terrestre es más aérea que el vencejo común. No sólo come y consigue los materiales de nidificación en el aire sino que además bebe, se aparea e incluso duerme en vuelo, y sólo se posa para poner los huevos y alimentar a los pollos.

En España también vive el vencejo real *(Apus melba)*, bastante más corpulento que el anterior, y con la garganta blanca. Se trata de una especie propia de los países que rodean el Mediterráneo y del sur de Asia, y es mucho menos habitual en las ciudades que el vencejo común (o que el vencejo pálido, *Apus pallidus*), ya que suele habitar en las montañas y construir sus nidos en las quiebras de las peñas.

Todo el mundo ha oído hablar —si es que no los ha probado todavía— de los nidos de golondrina, que los chinos tanto aprecian. En realidad, las aves que hacen estos nidos comestibles no son golondrinas, sino vencejos. Las salanganas *(Aerodramus sp., Collocalia sp.)*, que así se llaman estos apódidos, viven en el Sudeste Asiático, en islotes y en grandes peñas próximas al mar, donde construyen su nido con una secreción salival que se seca, endurece al contacto con el aire y adquiere prácticamente la consistencia del cemento.

Familia hemiprócnidos (vencejos arborícolas)

Los hemiprócnidos se hallan estrechamente relacionados con los apódidos y también reciben el nombre de vencejos arborícolas porque, al contrario que los vencejos verdaderos, se posan a menudo en los árboles y cazan a los insectos desde las ramas de los árboles u otros posaderos. Los hemiprócnidos se distinguen de los vencejos por su plumaje de tonos más brillantes, por la cresta que corona su cabeza y por su cola larga y ahorquillada. El nido de estas aves consiste en una cesta diminuta de trocitos de plantas que adhieren con saliva al costado de una rama. Una de las especies más conocidas de esta familia es el vencejo arborícola empenachado *(Hemiprocne longipennis)* de la India y el Sudeste Asiático.

El plumaje de los colibríes, generalmente de color verde con brillos metálicos, está formado por plumas redondas cuyas barbas pueden descomponer la luz. Se caracterizan también por su pico, largo y delgado, adaptado para libar.

Familia troquílidos (colibríes)

La familia cuenta con 334 especies, muchas de las cuales exhiben un espléndido plumaje. Gracias a la capacidad de rotación del ala y a su velocidad de batido —hasta 80 aleteos por segundo o incluso más—, los colibríes pueden permanecer parados en el aire y volar hacia atrás como si fueran moscardones. Son grandes polinizadores y se alimentan, aparte de polen y néctar, de insectos que encuentran en las corolas de las flores. En muchas especies de colibríes, los machos se reúnen en *leks* o «arenas» y compiten entre sí mediante cantos para atraer a sus compañeras. Después de aparearse, las hembras construyen el nido en la bifurcación de una ramita con musgo y líquenes, dándole la forma de una copa o taza en miniatura. La hembra pone dos huevos de color blanco de tamaño muy reducido —en las especies más pequeñas miden 0,5 cm— y la incubación dura de 14 a 19 días.

Aparte de su tamaño y de su coloración, los colibríes difieren de las demás apodiformes por el pico, que es delgado y largo, llegando a doblar algunas veces la longitud de su cuerpo. Pero sólo lo tienen así de adultos. Sus crías, al salir del huevo, poseen el pico corto y ancho como el de un vencejo.

Los colibríes sólo viven en América. Los aztecas e incas les daban en sus idiomas los nombres de «rayos de sol», «gotas de

La nidificación de los colibríes corre a cargo de la hembra, que suele construir su liviano nido en forma de taza en la punta de una rama a baja altura. Para ello emplea fibras vegetales, musgo y telarañas. En el nido pone dos huevos muy pequeños y de color blanco. Los polluelos nacen después de un período de incubación que oscila entre 14 y 19 días.

Los colibríes, aves de tamaño muy reducido y de plumaje muy brillante, parecen por su belleza joyas vivientes. Grandes polinizadores, se alimentan de polen y de néctar y también de pequeños insectos que capturan en las corolas de las flores. Las 334 especies de que se compone esta familia viven en América.

rocío», «bucles de la cabellera de la estrella matutina», y otros igualmente justificados, pues no existe en el mundo de las aves ninguna que pueda equipararse con éstas en la belleza del plumaje. Los brillos especiales de su plumaje se deben a la estructura particular de sus plumas, cuyas barbillas están compuestas por innumerables y pequeñísimos prismas, en los que la luz se quiebra como en las facetas de un diamante.

A mucha gente, más que la belleza de estas aves, parece llamarle la atención su exiguo tamaño. Son, en efecto, los pigmeos del mundo alado. La especie de mayor tamaño, el colibrí gigante *(Patagona gigas)*, no supera los 20 cm de longitud. Todas las demás son pequeñísimas, y una de ellas, el sunsún de Cuba *(Calypte helenae)*, apenas alcanza 5,8 cm de longitud total. Está, pues, justificado el nombre de «tominejos» o «tomeguines» que les dieron los cronistas de Indias, por comparación con el tomín, antiguo peso equivalente a poco más de medio gramo. También es posible que a causa de su pequeñez se les haya llamado pájaros mosca, aunque es más probable que esta denominación se refiera al extraño zumbido, como de moscardón, que al volar producen los colibríes, zumbido que ha motivado que también se les denomine «zumbadores» y «sunsunes». Lo mismo que las moscas, o que ciertas mariposas noctur-

Las aves ratón suelen viajar en grupos de seis a ocho individuos de un árbol a otro y cuando llega la noche no se separan. Viven generalmente en zonas arboladas y de matorral del sudoeste de África, donde se alimentan de frutos y semillas. En caso de peligro se refugian en la maleza más espesa. Existen cuatro especies, todas ellas africanas; la más conocida es el ave ratón listada (Colius striatus).

nas, se sostienen en el aire mediante la rápida vibración de las alas, hasta el punto de que, cuando vuelan, no es posible distinguir estas últimas.

El aspecto de un pájaro mosca recuerda algunas veces el de una linda mariposa, contribuyendo a la semejanza la extraña configuración que adoptan las plumas en muchas especies; y así existen especies, como el colibrí de corbata o lofornis collarino *(Lophornis magnificus)* de Brasil, cuyo macho exhibe dos abanicos de plumas blancas, adornados con lentejuelas verde esmeralda, a ambos lados del pecho, y otras que, como el colibrí de cola de raqueta *(Loddigesia mirabilis)* de Perú, tienen dos plumas de la cola transformadas en finos filamentos que terminan en unas espátulas o raquetas anchas y delicadas como si estuviesen cortadas de raso.

El colibrí magnífico *(Eugenes fulgens)* de América Central y del Norte posee una bella corbata esmeralda, y el colibrí de doble moño *(Heliactin cornuta)*, que vive en Brasil, con alas largas y estrechas, y cola cuneiforme y sumamente escalonada, se caracteriza porque los machos poseen sobre cada ojo un penacho de plumas doradas que forman un pequeño moño, y un gran plastrón negro con tornasol purpúreo en la garganta.

ORDEN COLIIFORMES

Este orden comprende aves de pequeñas dimensiones, fácilmente reconocibles por su cola larga y el mechón de plumas que muestran en la cabeza, aparte de la coloración grisácea por la parte superior del cuerpo y más clara por la región inferior. Las aves coliiformes son conocidas con el nombre de aves ratón por la agilidad con que se mueven por las ramas. Viven en pequeños grupos y se alimentan de materias vegetales. Son exclusivas de África subsahariana y apenas muestran dimorfismo sexual.

El orden comprende una sola familia, cólidos, compuesta por un solo género al que pertenecen seis especies.

FAMILIA CÓLIDOS (AVES RATÓN)

El ave ratón listada *(Colius striatus)*, que habita en el sudoeste de África, es una especie muy común que frecuenta zonas arboladas y matorral, se suspende de las ramas en igual posición que los herrerillos y en caso de peligro penetra en la maleza más espesa, donde permanece escondida largo tiempo. Se alimenta de frutos y semillas y durante la noche descansa en bandadas muy apretadas.

ORDEN TROGONIFORMES

Este orden comprende aves eminentemente arborícolas.

Su hábitat lo constituyen las selvas y arboledas tropicales y subtropicales de África, Asia y América Central y del Sur. El plumaje de los machos suele ser de coloración verde metálica en las partes superiores y roja, anaranjada, rosada o amarilla en las inferiores; las hembras se distinguen por tener una coloración algo más apagada. Los dedos primero y segundo de los pies están vueltos hacia atrás y el tercero y el cuarto hacia adelante.

El orden comprende 43 especies repartidas en ocho géneros y una sola familia, trogónidos.

El quetzal (Pharomachrus mocinno) *nidifica en los huecos de los árboles de la nubisilva de Centroamérica y muestra tal apego a su nido que cuando está en él resulta fácil capturarlo.*

El quetzal (Pharomachrus mocinno) *es el más emblemático de los trogónidos y fue considerado sagrado por los antiguos mayas. El macho presenta un plumaje verde metálico y una cola adornada de larguísimas plumas.*

Familia trogónidos (trogones)

Tal vez el más hermoso de los trogónidos sea el quetzal *(Pharomachrus mocinno)*, el ave sagrada de los antiguos mayas y emblema de la república de Guatemala. El macho, con su plumaje verde metálico, su abdomen de un vivo escarlata y su cola adornada de larguísimas plumas, es un ave espléndida. Según cuentan las leyendas mayas, los quetzales machos antes eran completamente verdes, pero, después de una funesta batalla, bajaron del cielo en enormes bandadas para vigilar a los mayas muertos y sus pechos se tiñeron de la sangre de los héroes caídos. El quetzal sólo vive en las nubisilvas en estado clímax del sur de México y Centroamérica, un hábitat que por desgracia tiende a desaparecer. En la actualidad goza de absoluta protección y no hace muchos años se castigaba con la pena de muerte a quien le diera caza. Recibió su nombre específico, *mocinno*, en recuerdo de un eminente naturalista mexicano de principios del siglo pasado, José Mariano Mociño. Otro trogoniforme de Centroamérica es el tocororo *(Priotelus temnurus)*, de pequeño tamaño y con el dorso verde, la cabeza púrpura, el pecho gris y el pico ancho y grueso, rojo. Vive en los bosques de Cuba.

ORDEN CORACIIFORMES

Orden de aves de aspecto muy heterogéneo, pero con rasgos comunes en cuanto a la forma del paladar, a la disposición de los dedos de los pies y a la posesión de un pico de importantes dimensiones. El plumaje es poco abundante, pero de coloración muy vistosa. Las características de ambos sexos son similares. Son de vida arborícola. Construyen nidos en cavidades de troncos o en galerías subterráneas. Las crías son nidófilas y nacen muy atrasadas. El orden coraciiformes comprende 10 familias y 193 especies distribuidas ampliamente por las zonas templadas y cálidas del globo.

Familia alcedínidos (martines pescadores)

Los alcedínidos, que comprenden a los martines pescadores y afines, se distinguen por su cabeza voluminosa, terminada en un robusto pico largo, recto y puntiagudo. El martín pescador euroasiático *(Alcedo atthis)* de Europa, noroeste de África, Asia y Oceanía es una bella ave en la que la desproporción entre la enorme cabeza y la cola cortísima queda compensada por la belleza del plumaje, azul y esmeralda en las partes superiores y de un vivo anaranjado rojizo en las inferiores, con reflejos tornasolados que lo hacen aún más brillante. Junto con el martín pescador alción, es la especie de la familia que se reproduce más al norte; en invierno migra hacia el sur de su extensa área de distribución. Vive junto a ríos y arroyos de curso lento, canales, acequias y marjales, y en ellos encuen-

FAMILIAS DEL ORDEN CORACIIFORMES

Orden coraciiformes
- Familia alcedínidos
- Familia tódidos
- Familia momótidos
- Familia merópidos
- Familia corácidos
- Familia braquipteracíidos
- Familia leptosomátidos
- Familia fenicúlidos
- Familia upúpidos
- Familia bucerótidos

Pese a su coloración brillante y contrastada, el martín pescador euroasiático no es fácil de ver porque su hábitat característico lo constituyen los bosques tupidos, a veces inaccesibles, que bordean los cursos de agua limpia y los humedales. Esta especie fue elegida en España ave del año 1996 por ser el representante más vistoso de un hábitat tan amenazado en la península Ibérica como es el bosque de ribera. En la imagen, martín pescador euroasiático (Alcedo athis).

tra sus presas, que consisten sobre todo en peces, y en segundo término en renacuajos, moluscos e insectos acuáticos. Posado sobre alguna rama o en un junco inclinado sobre el agua, puede permanecer inmóvil y en acecho durante bastante tiempo. Súbitamente, raudo como una saeta, se sumerge en el agua y desaparece un brevísimo instante para elevarse en seguida con su presa en el pico y volver con ella al punto de observación. Una vez en ese lugar, sacude el pez entre sus mandíbulas hasta que logra darle la vuelta, y lo engulle empezando por la cabeza.

El martín pescador anida en agujeros que excava en las orillas escarpadas de los ríos; lo hace en solitario, pues no es una especie social, y el túnel suele ser ascendente para evitar en lo posible que una crecida del río moje la puesta. Alrededor de los huevos siempre hay una masa de espinas de peces, devueltas por el ave después de digerir el alimento. En la mayor parte de América del Norte cría el martín pescador alción *(Megaceryle alcyon)*, que inverna en el sur de las Antillas y el norte de Colombia y posee un tamaño mucho mayor que la especie euroasiática, ya que es similar al de una grajilla. Otra especie común en el Nuevo Continente es el martín pescador verde *(Chloroceryle americana)*, que vive en el extremo sur de Estados Unidos, México, Centroamérica y Sudamérica hasta el oeste de Perú, el centro de Argentina y Uruguay. Es de color verde, blanco, gris y anaranjado y tiene el hábito peculiar de levantar la cabeza y sacudir la cola con frecuencia.

Algunas especies de esta familia son cazadoras, en vez de pescadoras. Este es el caso del cucaburra *(Dacelo gigas)*, un alcedínido gigantesco cuyo reclamo territorial fuerte y

El cucaburra (Dacelo gigas) *tiene un aspecto similar al de los martines pescadores, a pesar de sus costumbres cazadoras, aunque es de formas más macizas y de dimensiones mucho mayores, ya que llega a alcanzar los 45 cm de longitud. Carece de la brillante coloración de otros alcedínidos y tiene la cabeza grande y el pico grueso. Su reclamo territorial es fuerte y ruidoso.*

Al contrario que otros alciónidos, el cucaburra (Dacelo gigas) *no depende de las masas de agua para alimentarse, sino que suele hacerlo en tierra y a base de roedores, lagartos pequeños y serpientes.*

Los abejarucos son aves muy especializadas en la caza de insectos al vuelo. En la imagen, un abejaruco de frente blanca (Merops bullockoides).

ruidoso recuerda la risotada de un hombre loco. El cucaburra se alimenta de diversos invertebrados, de polluelos de ave, de pequeños mamíferos y de reptiles, entre ellos serpientes venenosas, circunstancia que en Australia le ha hecho muy apreciado desde hace lustros. No tiene la brillante coloración de otros alciónidos pero sí unas notables dimensiones ya que, con sus 45 cm de longitud total, casi triplica en tamaño al martín pescador europeo.

La mayoría de los alcedínidos tienen la cola muy corta, pero en Nueva Guinea y las Molucas existe un género de alcedínidos con la cola muy larga, en especial las dos rectrices centrales, que terminan en anchas paletas. Su plumaje es muy bello, lo que, unido a sus hábitos cazadores y a su cola larga, les ha valido el nombre de martines cazadores del paraíso. Uno de ellos, el *Tanysiptera nais*, de Ambón, en Indonesia, es de color blanco, azul y púrpura.

Familia tódidos

En las Antillas habitan unas aves de pequeño tamaño, pico largo y cola corta, muy parecidos a los martines pescadores, aunque tienen las patas bastante largas, y que forman una familia aparte: tódidos. A la especie de Cuba y de la Isla de los Pinos *(Todus multicolor)* se la llama «pedorrera» por el ruido especial que produce cuando vuela. La pedorrera de Cuba es de color verde vivo por encima, y blanco y rosa por debajo. Vive en los arbustos, se alimenta de insectos, y nidifica en una madriguera excavada en tierra, en un barranco o una orilla, como el martín pescador euroasiático.

Familia momótidos

Los momotos o momótidos, por su parte, poseen rasgos intermedios entre las carracas y los abejarucos con su pico fuerte y su cola larga, generalmente con dos rectrices todavía más largas terminadas en forma de raqueta. Uno de ellos, el pájaro león o relojero *(Momotus momota)* de América tropical, se posa en una postura erguida y balancea su cola con aspecto de raqueta de uno a otro lado, como si fuera un péndulo.

Familia merópidos (abejarucos)

Casi todas las especies de merópidos viven en los países cálidos del mundo antiguo; sólo una, el abejaruco común *(Merops apiaster)*, pertenece a la fauna europea y, a decir verdad, es una de las más bellas de toda su

Los atrapamoscas o tiranos son aves depredadoras e insectívoras del Nuevo Mundo que con frecuencia cazan al acecho. Se posan en las ramas de los árboles –como Tyrannus caudifasciatus *de la fotografía– u otros lugares elevados para tirarse al vuelo cuando detectan algún insecto.*

SUBÓRDENES DEL ORDEN PASERIFORMES ▶

Orden paseriformes
- Suborden *eurylaimi*
- Suborden *menurae*
- Suborden *tyranni*
- Suborden *oscines*

cos carpinteros; al igual que éstos, trepan por los árboles utilizando sus rígidas rectrices como soporte y golpean o escarban en la corteza con el pico, en busca de los insectos y arácnidos que constituyen su alimento. Algunas especies tienen dietas más especializadas, como por ejemplo el trepador pico de garfio *(Campylorhamphus trochilorostris)*, que utiliza su pico muy curvo para alimentarse de artrópodos y pequeños anfibios.

Familia furnaríidos (horneros)

Las 227 especies de horneros *(Furnariidae)* son aves de tamaño mediano, activas y a menudo terrestres, que muestran gran diversidad de costumbres, y ocupan hábitats y formas muy diferentes. Los verdaderos horneros (género *Furnarius*) construyen nidos abovedados, mientras que las otras especies utilizan cavidades o hacen nidos simples con palitos. Todas ellas son americanas y de colores poco llamativos. Puede servir de ejemplo el hornero común *(Furnarius rufus)*, tan conocido en Argentina. Lo más notable de este pájaro, y a lo que debe su nombre, es el nido. Lo construye con barro, formando primero una especie de bandeja, sobre el borde de la cual levanta una pared que inclina hacia dentro hasta que resulta una cúpula parecida a un horno rústico para cocer el pan. La entrada del nido, que se encuentra a un lado, no se abre directamente al sitio donde la hembra pone los huevos, ya que dentro existe un tabique transversal que reduce el acceso a un estrecho pasadizo.

FAMILIAS DEL SUBORDEN *TYRANNI* ▼

Suborden *tyranni*
- Familia dendrocoláptidos *(dendrocolaptidae)*
- Familia furnaríidos *(furnariidae)*
- Familia formicaríidos *(formicariidae)*
- Familia conopofágidos *(conopophagidae)*
- Familia rinocríptidos *(rhinocryptidae)*
- Familia cotíngidos *(cotingidae)*
- Familia pípridos *(pipridae)*
- Familia tiránidos *(tyrannidae)*
- Familia oxirúncidos *(oxyruncidae)*
- Familia fitotómidos *(phytotomidae)*
- Familia pítidos *(pittidae)*
- Familia xenícidos *(xenicidae)*
- Familia filepítidos *(philepittidae)*

Familias formicaríidos (hormigueros) y rinocríptidos (tapaculos)

Las 246 especies de hormigueros *(Formicariidae)* y las 30 de tapaculos *(Rhinocryptidae)* viven en las zonas boscosas de América Central y del Sur, la mayoría de ellas en el estrato herbáceo o sobre el suelo. El tapaculos es de pequeño tamaño, de color terroso, alas cortas y cola erecta. Tanto unas como otras son sobre todo insectívoras y de dimensiones pequeñas; varias especies recuerdan por su forma y conducta a los chochines holárticos de la familia *Troglodytidae*.

Familia cotíngidos (cotingas)

Las 65 especies de cotingas *(Cotingidae)* viven igualmente en los bosques de América Central y del Sur, ocupando todos los niveles, desde las zonas tropicales hasta las templadas. Los machos suelen exhibir colores brillantes y a menudo ornamentos en el plumaje; las hembras suelen ser más discretas.

A esta familia pertenecen: el pájaro paraguas *(Cephalopterus ornatus)*, que tiene la cabeza cubierta por una gran cresta de plumas en forma de sombrilla o paraguas, y vive en Amazonia; el campanero rojo de América Central *(Procnias carunculata)*, que presenta tres largos apéndices filamentosos en la base del pico, y cuyo nombre alude a su voz, que recuerda al tañido de una campana; y el pájaro campana de Brasil *(Procnias indicollis)*, cuya voz es parecida al anterior, y tiene el plumaje blanco, y la cara y la garganta desprovistas de plumas.

Otra especie interesante de esta familia es el gallito de roca anaranjado *(Rupicola rupicola)*, que habita en Amazonia y cuyo macho tiene un plumaje rojo anaranjado y negro, con una linda cresta de plumas levantadas de coloración purpúrea. Su cuerpo, sin contar la cola, mide unos 30 cm de longitud. La hembra, de tamaño mucho menor, presenta un color pardo uniforme. En la época del celo, los gallitos de roca se reúnen en gran número en sus *leks* o «arenas» tradicionales en las que a cada macho le corresponde una zona de su propiedad. Allí compiten por las hembras, mostrándose muy agresivos y manifestando con frecuencia comportamientos amenazadores rituales. Cuando una hembra llega a la arena, los machos descienden hasta el centro de su zona de exhibición y se inmovilizan por completo. La hembra escoge uno de ellos y se aparea con él, pero con gran frecuencia sucede que otro macho rival la interrumpe en plena cópula.

Familia tiránidos (tiranos)

Los tiranos o atrapamoscas *(Tyrannidae)* constituyen la familia más numerosa y diversificada de la avifauna de todo el mundo. Sus 402 especies se distribuyen por todos los hábitats existentes entre los bosques de abetos del norte de Canadá y las vastas desolaciones de la Tierra del Fuego, desde las selvas tropicales y las costas hasta la línea de nieves perpetuas en las altas cotas andinas.

A pesar de su nombre de atrapamoscas, no todos los tiranos se alimentan capturando estos dípteros al vuelo. A decir verdad, esto sólo lo hacen las especies de tamaño mediano cuyas plumas rictales en forma de cerda les ayudan a detectar los insectos aéreos mientras vuelan. La mayoría de estas especies son forestales, pero algunas, como el tijereta *(Tyrannus forficata)* y otras similares, tienen largas rectrices centrales que les facilitan las maniobras rápidas, lo que les permite capturar insectos al vuelo en zonas más abiertas. Las especies más grandes, como los tiranos alcaudones de los prados andinos, se nutren de grandes insectos y lagartos, a los que dan caza volando en picado desde oteaderos elevados. Las dormilonas o tiranos terrestres (género *Muscisaxicola*) corretean por las laderas rocosas con la ayuda de sus largas patas y capturan insectos.

El cristofué o bienteveo *(Pitangus sulphuratus)*, cuya amplia área de distribución se extiende desde el sur de Texas hasta Argentina, es un tiránido de dimensiones respetables, muy agresivo y audaz, que se alimenta de todo tipo de presas; sin embargo, prefiere consumir peces pequeños o renacuajos en aguas someras. Los tiranos enanos, algunas de cuyas especies son de menor tamaño que muchos colibríes, poseen un pico ancho en forma de cuchara con el que capturan insectos en el envés de las hojas. Por último, otros tiranos capturan pequeños insectos en minúsculas grietas de ramas y hojas, y para ello se valen de un pico muy fino cuyas mandíbulas hacen las veces de pinzas. La denominación de tirano es especialmente apropiada para el pitirre americano *(Tyrannus tyrannus)*, cuyo macho ataca a toda ave que penetre en su espacio aéreo, sobre todo a los cuervos y rapaces medianas. A pesar de su agresividad, el pitirre americano no captura nunca presas grandes; se alimenta principalmente de insectos que atrapa al vuelo y en ocasiones también de bayas, que arranca de los arbustos mientras busca a sus presas.

En la imagen, gallinato de roca anaranjado (Rupicola rupicola). *El nombre de gallito de roca alude a la presencia de una cresta plumosa sobre la cabeza y pico de este pájaro, así como a su costumbre de anidar en rocas.*

OSCINES. PÁJAROS CANOROS

El suborden *Oscines* es el más abundante de los cuatro en que se divide el orden paseriformes, pues comprende 57 familias y 4 288 especies. Corresponde a las llamadas aves canoras, que se diferencian del resto de los paseriformes por la estructura de la siringe.

FAMILIA ALÁUDIDOS (ALONDRAS)

La alondra común (Alauda arvensis) *vive en cultivos de cereales y otras zonas abiertas de la región Paleártica. El macho es un magnífico cantor que en primavera deja oír su insistente voz sobre el terreno en el que la hembra está empollando.*

La especie más conocida es la alondra común *(Alauda arvensis)*, de distribución paleártica. Vive en terrenos abiertos y de poco arbolado; en la península Ibérica prefiere en verano los lugares elevados, mientras que en invierno acude en bandadas a los rastrojos de las tierras bajas. La hembra construye su nido en el suelo y pone de tres a cinco huevos blanquecinos marcados de gris y de pardo en dos puestas anuales. Aunque come insectos, se alimenta también de semillas y abunda en los campos de cereales. Otro tanto puede decirse de la calandria común *(Melanocorypha calandra)*, notable por su canto y por la facilidad con que imita el de otras aves. En el sur de Europa es frecuente otro aláudido que parece una calandria en miniatura: la terrera común *(Calandrella brachydactyla)*, que es la menos sedentaria de las alondras, ya que sólo algunas poblaciones de Grecia y del sudeste de Francia no emigran a África en otoño. En ocasiones esta especie construye su nido en el interior de una huella de caballo o de vaca, siempre que alrededor haya hierba o alguna mata que lo oculte en parte. La totovía *(Lullula arborea)* es un aláudido de pequeño tamaño que vive en landas, linderos de bosques, laderas con pocos árboles y, durante el invierno, en campos de cultivo. Aunque también anida en tierra, se posa con frecuencia en los árboles, lo que no hacen las demás especies de esta familia, pájaros terrícolas que andan y corren por el suelo, desde donde se levantan en vuelo perpendicular.

Las cogujadas son alondras que tienen la cabeza adornada con una cresta de plumas. Se las encuentra en las estepas y las vegas extensas, en general en bandadas reducidas. En España existen dos especies: la cogujada común *(Galerida cristata)*, que se halla en gran parte de Europa, en el norte de África y en el Próximo Oriente, y la cogujada montesina *(G. theklae)*, especie exclusiva de la península Ibérica y norte de África.

La gran mayoría de los aláudidos viven en el Viejo Continente y sólo una especie, la alondra cornuda *(Eremophila alpestris)*, así llamada por los extraños penachos de plumas que muestra el macho en verano, habita también en América del Norte.

FAMILIA HIRUNDÍNIDOS (GOLONDRINAS)

Entre los pájaros europeos que tienen la costumbre de emigrar en invierno hacia regiones de clima más benigno, los más populares son quizás las golondrinas, que constituyen una familia de paseriformes fácil de reconocer. El pico corto, ancho y triangular, la gran abertura bucal, las patas pequeñas, las alas largas y puntiagudas y la cola más o menos ahorquillada permiten distinguir a una golondrina de cualquier otro pájaro, aunque a

La golondrina bicolor (Tachycineta bicolor) *anida en el norte de Estados Unidos e inverna en el sur, así como en América Central y las Antillas. Vive en terrenos abiertos cercanos al agua y en bosques antiguos inundados, donde se reproduce en cavidades tales como viejos nidos de pico, grietas o nidales, que tapiza con hierba seca, agujas de pino y plumas. Antes de emigrar, forma bandadas muy numerosas en los carrizales de las marismas costeras.*

Suborden *oscines*

- Familia aláudidos *(alaudidae)*
- Familia hirundínidos *(hirundinidae)*
- Familia motacílidos *(motacillidae)*
- Familia campefágidos *(campephagidae)*
- Familia picnonótidos *(pycnonotidae)*
- Familia irénidos *(irenidae)*
- Familia laníidos *(laniidae)*
- Familia prionópidos *(prionopidae)*
- Familia vángidos *(vangidae)*
- Familia bombicílidos *(bombycillidae)*
- Familia dúlidos *(dulidae)*
- Familia cínclidos *(cinclidae)*
- Familia troglodítidos *(troglodytidae)*
- Familia mímidos *(mimidae)*
- Familia prunélidos *(prunellidae)*
- Familia túrdidos *(turdidae)*
- Familia ortoníquidos *(orthonychidae)*
- Familia timalíidos *(timaliidae)*
- Familia paradoxornítidos *(paradoxornitidae)*
- Familia sílvidos *(sylviidae)*
- Familia muscicápidos *(muscicapidae)*
- Familia monárquidos *(monarchidae)*
- Familia malúridos *(maluridae)*
- Familia acantízidos *(acanthizidae)*
- Familia ripidúridos *(rhipiduridae)*
- Familia paquicefálidos *(pachycephalidae)*
- Familia páridos *(paridae)*
- Familia aegitálidos *(aegithalidae)*
- Familia remízidos *(remizidae)*
- Familia sítidos *(sittidae)*
- Familia cértidos *(certhiidae)*
- Familia rabdornítidos *(rhabdornithidae)*
- Familia climactéridos *(climacteridae)*
- Familia diceidos *(dicaeidae)*
- Familia pardalótidos *(pardalotidae)*
- Familia nectarínidos *(nectarinidae)*
- Familia zosterópidos *(zosteropidae)*
- Familia melifágidos *(meliphagidae)*
- Familia eftianúridos *(ephthianuridae)*
- Familia promerópidos *(promeropidae)*
- Familia emberízidos *(emberizidae)*
- Familia parúlidos *(parulidae)*
- Familia vireónidos *(vireonidae)*
- Familia ictéridos *(icteridae)*
- Familia fringílidos *(fringillidae)*
- Familia estríldidos *(estrildidae)*
- Familia ploceidos *(ploceidae)*
- Familia estúrnidos *(sturnidae)*
- Familia oriólidos *(oriolidae)*
- Familia dicrúridos *(dicruridae)*
- Familia calaeidos *(callaeidae)*
- Familia grallínidos *(grallinidae)*
- Familia corcorácidos *(corcoracidae)*
- Familia artámidos *(artamidae)*
- Familia cractícidos *(cracticidae)*
- Familia paradiseidos *(paradiseidae)*
- Familia ptilonorrínquidos *(ptilonorhynchidae)*
- Familia córvidos *(corvidae)*

FAMILIAS DEL SUBORDEN *OSCINES* ◀

veces se haya confundido con los vencejos. Las golondrinas son exclusivamente insectívoras; atrapan al vuelo mosquitos, pulgones alados, hormigas aladas y otros insectos.

La familia de las golondrinas *(Hirundinidae)* se distribuye por todo el planeta excepto por las zonas árticas y antárticas y por algunas islas remotas. Comprende 17 géneros y 81 especies, cinco de las cuales viven en Europa.

Especies euroasiáticas

Una de las más abundantes es el avión común *(Delichon urbica)*, fácil de reconocer por su cola levemente ahorquillada y su plumaje azul oscuro y lustroso, con el pecho, el vientre y el obispillo blancos. Las patas también están revestidas de plumas de este color, lo que lo distingue de los demás miembros de la familia y, en general, de todos los pájaros europeos. Esta especie llega en marzo, o a veces a finales de febrero, al ámbito mediterráneo en bandadas numerosas y construye sus nidos en el marco de las ventanas, bajo el alero de los tejados o en las paredes de los precipicios y de las canteras. Los forman con pegotes de barro que van pegando unos a otros hasta crear una especie de cámara redondeada, abierta por arriba. Para aglutinar el material emplean su propia saliva y para aumentar la solidez del conjunto añaden trocitos de paja, pelos y hierbas. Si hace buen tiempo, en menos de una semana el avión común termina el nido, que tapiza por dentro con toda clase de materiales blandos: hojas, plumas, crines, etc. Realiza dos o tres puestas, de cuatro o cinco huevos cada una, y los dos padres se alternan en la incubación. En septiembre u octubre se reúnen de nuevo para marchar a África tropical. Siempre siguen el mismo camino.

La golondrina común *(Hirundo rustica)* es muy frecuente en tierras cultivadas, pueblos, alquerías y granjas y no suele construir sus nidos en las fachadas de las casas, sino más bien dentro de ellas, entre las vigas al descubierto y bajo los cobertizos. Su aspecto es muy diferente del que ofrece el avión común; la cola es muy bifurcada con largas rectrices externas, no tiene el obispillo blanco, ni plumas en las patas, y la frente y la garganta son castañorrojizas.

La golondrina dáurica *(Hirundo daurica)*, una especie muy similar, sólo habita en el sur de Europa –incluida gran parte de la península Ibérica, aunque no es una especie muy

El nido del avión común (Delichon urbica) *consiste en una taza adosada a un ángulo del techo y con una única abertura. Está construido con pegotes de barro que aglutina con su propia saliva. Anida en el Paleártico e irregularmente en Sudáfrica, e inverna en África tropical y el sudeste de Asia.*

frecuente–, en el norte de África y en algunas zonas del Próximo Oriente, y se distingue por su obispillo y su nuca de tonos claros.

Otra especie euroasiática, el avión zapador *(Riparia riparia)*, es sumamente gregaria y no construye nidos de barro, sino que excava agujeros en los márgenes de los ríos. Su color es pardo por encima y blanco por debajo, con una banda negruzca en el pecho.

Especies americanas

En América del Sur viven unas dieciocho especies, entre ellas la golondrina acerada *(Progne chalybaea)*, que se presenta en Argentina al empezar la buena estación, o sea en octubre, y anida en las casas de campo. Pertenece al mismo género la llamada tapera *(Phaeoprogne tapera);* en lugar de hacer nidos, esta especie se establece en los del hornero común, que, cuando ella llega, deja su domicilio vacante pues ya ha terminado de criar. Una tercera especie, la golondrina vizcachera *(Atticora cinerea)*, vive en las mismas galerías que construyen las vizcachas.

En América del Norte, una especie muy notable es la golondrina de árboles *(Tachycineta bicolor)*, que cría en la mitad norte de este continente e inverna en el Caribe y en América Central. Durante la migración, estas golondrinas forman inmensas bandadas y, cuando llegan a sus territorios de cría, escogen huecos de medidas concretas, tales como viejos nidos de picos, nidales y grietas, donde construyen sus nidos cóncavos con hierba seca o con agujas de pino y lo revisten con plumas blancas.

Familia motacílidos (lavanderas y bisbitas)

Las 58 especies de esta familia son aves de tamaño pequeño, bastante estilizadas, con la

La familia motacílidos es una de las más cosmopolitas de todas las paseriformes; sólo falta en Polinesia, y a ella pertenece el único paseriforme que vive en la región antártica. En la imagen, dos ejemplares de lavandera blanca (Motacilla alba), *especie que anida en la mayor parte de Eurasia no tropical.*

cola larga –muy larga en el caso de las lavanderas– y los dedos largos. Como las alondras, las lavanderas y bisbitas andan mucho por el suelo, corriendo, no saltando, y con frecuencia anidan en tierra. En esta familia figura la lavandera blanca *(Motacilla alba)*, bien conocida por su plumaje gris y blanco, y por su cola estrecha y larga, que alza y baja sin cesar mientras corre, lo que le ha valido su nombre, al asemejarse su movimiento al de la pala que antaño utilizaban las lavanderas. Vive en espacios abiertos, a menudo cerca del agua. La lavandera blanca cría en la mayor parte de Eurasia, aunque no en los trópicos. Los individuos que habitan más al norte invernan en el norte de África, en Arabia, la India y el Sudeste Asiático. Otras lavanderas comunes en Eurasia son la lavandera cascadeña *(Motacilla cinerea)*, que vive cerca de los arroyos de montaña y en otros lugares húmedos, y la lavandera boyera *(Motacilla flava)*, que frecuenta las marismas, las vegas y los pastos cercanos a las aguas corrientes, aunque a menudo también se encuentra en campos de cereales.

El bisbita ribereño alpino *(Anthus spinoletta)* muestra mayor parecido con las alondras debido a su coloración y a su uña posterior alargada. En primavera y en verano se instala en lo más alto de las montañas, donde anida entre las rocas o junto a las raíces de las plantas, y en otoño baja a las llanuras y a las costas fangosas en busca de pequeños moluscos y otros animalillos acuáticos con que sustituir los insectos que constituyen su alimento normal durante el buen tiempo.

El bisbita arbóreo *(Anthus trivialis)* vive en muchos tipos de bosques, siempre que tengan árboles aislados y soleados claros herbáceos, aunque también cría en alta montaña, por encima de la línea de árboles. Llega a Europa en abril y marcha en agosto o septiembre a invernar a África y Canarias.

Muy similar a la especie anterior, aunque de costumbres totalmente distintas, es el bisbita común *(Anthus pratensis)*, que en lugar de vivir en los bosques o altas cumbres, prefiere habitar en ciénagas, marjales, prados y pastos sin arbolado.

Los pollos de la lavandera blanca (Motacilla alba) *son nidícolas. Nacen ciegos y desnudos; sin embargo, a los pocos días se les abren los ojos y el cuerpo se va emplumando hasta adquirir la forma delgada y elegante que caracteriza a este género: la cabeza pequeña, la cola estrecha y larga y los pies bastante grandes.*

FAMILIA LANÍIDOS (ALCAUDONES)

La familia *Laniidae*, que comprende 69 especies, se distribuye por América del Norte y por todo el Viejo Mundo a excepción de Madagascar, donde en cierto modo la sustituye la familia *Vangidae*. Los alcaudones se reconocen con facilidad por su pico de punta muy ganchuda que les confiere un cierto aire de aves de presa. Se alimentan de insectos y de pequeños vertebrados a los que las especies holárticas suelen empalar en pinchos de arbustos espinosos que les sirven de despensa. Las especies africanas, que son netamente insectívoras, no suelen empalar a sus presas, y muchas de ellas muestran la particularidad de que ambos miembros de la pareja cantan a dúo.

De las especies euroasiáticas, una de las más conocidas es el alcaudón real *(Lanius excubitor)*, de plumaje gris y negro con grandes manchas negras a los lados de la cabeza. El alcaudón real devora todo tipo de animales pequeños, como por ejemplo roedores, pequeños pájaros e insectos; como otras especies euroasiáticas, empala a sus presas, de manera que los pájaros y roedores arponeados en espinos delatan su presencia. Es un migrador parcial y cría en terrenos arbolados recién talados, ciénagas, pastizales y otras zonas abiertas. Otras especies más pequeñas son el alcaudón común *(Lanius senator)*, que se distingue por el color leonado de su cabeza y tiene una distribución más mediterránea que el alcaudón real, y el alcaudón dorsirrojo *(Lanius collurio)*, que vive en todo el oeste de Eurasia –aunque no en gran parte de la península Ibérica–, inverna en África y regresa hacia el norte por una ruta situada varios centenares de kilómetros más hacia el este.

FAMILIA BOMBICÍLIDOS (AMPELIS)

Los bombicílidos son aves arborícolas, en general gregarias y superficialmente similares a los estorninos. La familia consta de ocho especies, tres de ellas típicas de los bosques de coníferas holárticos –los ampelis verdaderos del género *Bombycilla*– y las otras tropicales o subtropicales. Todas estas aves tienen un plumaje suave, sedoso y espeso, y, en el caso de los ampelis verdaderos, una cresta en la cabeza.

El ampelis común *(Bombycilla garrulus)*, la especie más difundida de esta familia, cría en la parte septentrional de Escandinavia, Finlandia, Rusia y Norteamérica, y sólo cuando el invierno es muy frío emigra en bandadas a la Europa central o meridional, o al nordeste de Estados Unidos. Se distingue de otros ampelis por sus remeras secundarias, que terminan en un apéndice córneo, sin barbas y de un encendido color rojo, como si llevasen una gota de lacre.

FAMILIA CÍNCLIDOS (MIRLOS ACUÁTICOS)

Los mirlos acuáticos o cínclidos viven y se alimentan en ríos y arroyos de curso rápido, siendo capaces de zambullirse, nadar y caminar bajo el agua para llevar este tipo de vida único entre los paseriformes. Estas aves poseen una serie de adaptaciones tales como las membranas móviles que cierran sus fosas nasales cuando se sumergen, el cuerpo rechoncho cubierto de un plumaje suave, largo y espeso, y las patas y los pies largos y fuertes.

Los ampelis verdaderos del género Bombycilla *presentan un plumaje suave, sedoso y espeso, y una cresta eréctil en la cabeza. Estas aves, que superficialmente se parecen a los estorninos, son arborícolas. En la ilustración puede verse un ampelis europeo* (B. garrulus) *alimentando a sus polluelos con bayas e insectos.*

El alzacola (Cercotrichas galactotes), *túrdido de plumaje ocráceo y blanco, tiene un pico largo, robusto, fino y encorvado en la punta, y unas alas cortas. Se coloca en la punta de ramas y arbustos con la cola abierta en abanico, que sacude verticalmente. Construye sus nidos en vallados de chumberas. Propio del centro y sudoeste de Asia y de la cuenca mediterránea, en invierno emigra a África subsahariana.*

Esta curiosa familia cuenta con cinco especies, una de las cuales, el mirlo acuático común *(Cinclus cinclus)*, habita en los arroyos y torrentes de montaña de Europa y del centro de Asia, donde se alimenta de larvas de insectos, peces pequeños, huevos de peces, moluscos y crustáceos de agua dulce. El macho y la hembra construyen juntos un nido abovedado de musgo, hierba y hojas con una entrada que da directamente al riachuelo o torrente. Otra especie, el mirlo acuático plomizo *(Cinclus mexicanus)*, se encuentra en el oeste de América, México y América Central, también en cursos de agua de montaña, donde defiende territorios estivales hasta que la congelación de las aguas le obliga a trasladarse a regiones de menos altitud. Al igual que las otras cuatro especies, tiene una membrana nictitante que utiliza en tierra para parpadear en señal de agresión o de alarma; además, al igual que las demás especies, puede sobrevivir en invierno a temperaturas ambientales de hasta – 45 °C, siempre que el curso de agua no esté helado por completo.

Familia troglodítidos (chochines)

Los chochines están emparentados con los mirlos acuáticos y, como ellos, son aves insectívoras de alas cortas y formas rechonchas. Sus 69 especies, casi todas ellas americanas y repartidas en 14 géneros, constituyen la familia *Troglodytidae*, así llamada por la costumbre que tienen estas aves de construir nidos cubiertos que utilizan no sólo para poner los huevos y criar a sus pollos sino también como dormideros comunales (el término latino *troglodytes* significa cavernícola). En algunas especies poligínicas, como los chochines euroasiático *(Troglodytes troglodytes)* y casero *(T. aedon)*, los machos compiten entre sí para atraer a las hembras, tanto con sus cantos como con sus habilidades constructivas. En cambio, otras especies –en particular la mayoría de los chochines centroamericanos– son monógamas. El chochín desertícola *(Campylorhynchus brunneicapillus)* de América Central y del Norte, y otras especies del mismo género, viven en grupos familiares y crían en cooperación.

Familia mímidos (sinsontes)

Los sinsontes o mímidos son paseriformes pequeños o medianos, de cola larga, plumaje generalmente apagado y sexos similares. Una de las especies más conocidas es el sinsonte común o burlón *(Mimus polyglottus)*, que habita en el sur de Canadá, Estados Unidos, México y las Antillas. Mayor que el ruiseñor europeo y de un color gris pardusco y blanco, es un excelente imitador de los cantos de otras aves y suele cantar en las noches de luna. La mayoría de los sinsontes viven en América del Norte y Centroamérica, pero algunas especies, como el sinsonte chileno *(Mimus thenca)*, el de Patagonia *(M. patagonicus)* o el colilargo *(M. longicaudatus)*, son propias de la fauna sudamericana.

Familia prunélidos (acentores)

En una posición taxonómica próxima a los sinsontes se sitúa la familia *Prunellidae*, que es casi exclusiva de la región paleártica –caso único entre las aves– y a la cual pertenece el acentor común *(Prunella modularis)*, pequeño pájaro parecido al gorrión por su tamaño y costumbres, que abunda en casi toda Europa y tiene una coloración castaña en el dorso, con cabeza y garganta gris plomizo.

Familia túrdidos

Los túrdidos presentan el pico fino o más bien fino, se posan bastante erguidos y suelen tener la cola cuadrangular, que muchas especies levantan a menudo. Son cosmopolitas y se encuentran en todos los continentes excepto en la Antártida.

Alzacola

En la cuenca del Mediterráneo, el sudoeste y el centro de Asia vive el alzacola *(Cercotrichas galactotes)*, ave de plumaje castaño que pasa a canela vivo sobre la cola, bastante larga y en figura de abanico, con las puntas de las plumas blancas, precedidas de una banda negra. En la mitad sur de la península Ibérica y en Grecia, únicas zonas europeas de su área de distribución, el alzacola anida en vallados de chumberas y en invierno emigra a África subsahariana.

Colirrojos

No deben confundirse con el alzacola los colirrojos y los túrdidos que también tienen la cola roja pero sin las puntas blancas que muestra el primero. En Europa habitan el colirrojo real *(Phoenicurus phoenicurus)*, que posee la parte anterior de la cabeza negra, la frente blanca y el dorso gris azulado (el macho), y anida en huecos de árboles, y el colirrojo tizón *(Phoenicurus ochruros)*, en cuyo plumaje domina el color negro, y que construye su nido en quiebras de peñas, en edificios viejos o bajo cobertizos.

Petirrojo

El petirrojo *(Erithacus rubecula)*, pájaro bien conocido por su plumaje pardo, con la garganta y el pecho de un vivo color anaranjado rojizo, es uno de los visitantes de invierno de la Europa mediterránea, si bien en

El petirrojo (Erithacus rubecula) *se identifica por el vivo color anaranjado rojizo de su pecho y su garganta. Ave muy confiada, vive en ambientes muy diversos, frecuentando tanto bosques y jardines como el campo abierto. En verano se alimenta de insectos y en invierno, de bayas y otras sustancias vegetales. El petirrojo inverna en la Europa mediterránea y en primavera emigra al norte de este continente para criar, aunque existen poblaciones sedentarias en el sur.*

La tarabilla común (Saxicola torquata) *frecuenta las zonas de matorral y bosque bajo. Suele ser muy visible por su costumbre de posarse en oteadores elevados y por la contrastada coloración de su plumaje. Su área de distribución abarca gran parte de Eurasia y del norte de África.*

toda esta zona también existen poblaciones sedentarias (menos importantes que las invernantes), que no marchan a criar al norte de Europa en primavera.

Ruiseñores

El ruiseñor común *(Luscinia megarhynchos)* presenta, además de sus méritos canoros, el de prestar grandes servicios a la agricultura como destructor de coleópteros fitófagos, orugas y otros insectos, aunque también come bayas y frutos blandos.

En el norte y centro de Europa abunda otra especie de ruiseñor, el ruiseñor ruso *(Luscinia luscinia)*, muy parecido al común aunque con el plumaje más apagado y un suave moteado pardusco en el pecho. Su canto es más sonoro y de notas más puras, pero en general sin los crescendos clásicos del canto del ruiseñor común. Otro pájaro del mismo género, el pechiazul *(Cyanosylvia svecica)*, así llamado por el vivo color azul de la parte anterior de su cuello, anida sobre todo en el norte de Europa y pasa los inviernos en África, así como, aunque en mucho menor número, en Europa Occidental.

El zorzal común (Turdus philomelos) *cría o inverna en gran parte de la región Paleártica. Su canto bello y sostenido tiene variados matices y sonoridades y está compuesto por una sucesión de frases aflautadas, complejas y cortas.*

Collalbas

Las collalbas deben su nombre a que tienen blancas las supracobertoras caudales, el obispillo y una buena parte de la cola, siendo negra tan sólo la punta de las rectrices, menos en las dos del centro, en las que el negro llega cerca de la base. De las especies frecuentes en la península Ibérica, la collalba gris *(Oenanthe oenanthe)* exhibe un plumaje de matices pardos y grises, mientras que la collalba rubia *(Oenanthe hispanica)* es amarillento-rojiza. Los machos de ambas especies poseen un antifaz –estrecho en la gris y ancho en la rubia– y las alas de color negro; las hembras son más parduscas. En gran parte de la península Ibérica así como en el noroeste de África vive la collalba negra, cuyo macho es casi totalmente negro, ya que la única parte que no tiene este color es la zona blanca típica del género *Oenanthe*; la hembra de la collalba negra es más parda, pero muy oscura.

Tarabillas

Bastante similares a este género en aspecto y costumbres son las tarabillas, aves más pequeñas y con la cola más corta. Las hembras también presentan un plumaje menos vistoso que los machos. En la tarabilla norteña *(Saxicola rubetra)* toda la cabeza del macho es parda, con una ceja blanca sobre el ojo; en la tarabilla común *(Saxicola torquata)* la cabeza es negra y el pecho rojizo vivo, con una banda blanca a los lados del cuello. Como indica su nombre, la tarabilla norteña anida únicamente en el norte de la península Ibérica, mientras que la tarabilla común la ocupa por entero. La primera es migradora y la segunda sedentaria. Una y otra nidifican al pie de las matas y habitan en sitios muy abiertos y descampados, donde se las ve volar de mata en mata y posarse en lo más alto de éstas, de los cardos o de las piedras.

Roqueros

Otro género propio de los espacios abiertos es el de los roqueros *(Monticola)*, que también consta de una especie sedentaria y otra migradora. La primera es el roquero solitario *(Monticola solitarius)*, túrdido de unos 20 cm de largo cuyo macho exhibe un bello plumaje azul endrino, y la segunda el roquero rojo *(Monticola saxatilis)*, de bello plumaje azul, rojo y negro –el macho– y que suele vivir a más altura que el primero.

Zorzales y mirlos

El zorzal común *(Turdus philomelos)* es una especie bastante frecuente en toda Europa. Mide unos 22 cm de longitud y cerca de 35 cm de envergadura. Su plumaje es pardo grisáceo por encima y blanco amarillento con manchas cuneiformes oscuras por debajo, el pico pardo y las patas de color carne.

El nido del zorzal común está hecho con ramitas, raíces y musgos, tiene forma de copa y está revestido por dentro de barro, madera podrida y estiércol, mezclado todo ello con saliva de la misma ave. Suele construirlo en marzo o abril en los árboles, en algún matorral o entre la hiedra. Por lo general hace dos puestas: una en abril y otra en verano.

Al mismo género que el tordo o zorzal común pertenece el zorzal alimojo *(Turdus iliacus)*, que se distingue por su lista superciliar blanca y por tener los costados y la parte inferior de las alas de un color rojizo bastante intenso. Esta especie sólo llega al sur en invierno y cría en el norte de Europa. Otro tordo mucho más frecuente en la fauna ibérica es el zorzal charlo *(Turdus viscivorus)*, que vive en las montañas y anida en los árboles. Se le reconoce por sus mayores dimensiones, por la ausencia de tonos rojizos en la parte inferior y por la cola algo más larga. Es menos insectívoro que sus congéneres, aunque se alimenta de gusanos, caracoles e insectos, así como de cerezas, ciruelas y manzanas. Come, además, toda clase de bayas silvestres, sobre todo las del muérdago, a lo que debe su nombre científico, *viscivorus*, comedor de visco.

Algunas especies del género *Turdus* tienen el plumaje negro, como ocurre con el mirlo común *(Turdus merula)*, aunque en realidad el único que presenta este color (en contraste con el pico amarillo fuerte) es el macho; la hembra es parda pero también muy oscura y su coloración varía algo según las localidades. Se alimenta de lombrices, insectos y otros invertebrados y, en ciertas épocas del año, de bayas y frutos. Anida en matorrales, y el nido, sólido y en forma de taza, está hecho de hierba o de raíces endurecidas con barro y hojas húmedas. También tiene el plumaje negro, aunque con un ancho collar blanco, el mirlo capiblanco *(Turdus torquatus)*, más raro en el ámbito mediterráneo que las especies anteriores.

En el Nuevo Continente habitan varias especies del género *Turdus*: el zorzal patirrojo *(Turdus plumbeus)* de las Antillas; el mirlo pardo *(T. grayi)* de México, América

El macho del mirlo común (Turdus merula) *es totalmente negro, mientras que la hembra es de color pardo rojizo, más claro ventralmente. Es un ave frecuente en los bosques y jardines de Eurasia templada y fría, y del noroeste de África donde, al llegar la primavera, anida y saca adelante dos o tres polladas por año. Para construir su nido utiliza hierbas o raíces endurecidas con barro y hojas húmedas. En la fotografía de esta página, una hembra alimentando a sus pequeños.*

El macho del mirlo capiblanco (Turdus torquatus) *también tiene el plumaje negro, aunque presenta un ancho collar blanco. Se distingue de los mirlos comunes parcialmente albinos por tener una mancha gris en el ala cuando está plegada. Esta especie es más rara en la zona mediterránea que el mirlo común.*

Central y norte de Colombia; el zorzal patagónico *(T. falcklandi)* de Chile, Argentina y las Malvinas; y el robín americano *(Turdus migratorius)*, especie muy común en América del Norte, característica por presentar su parte inferior de color rojo herrumbre.

Familia timalíidos (timalíes)

La familia de los timalíes *(Timaliidae)* comprende 256 especies de tamaño pequeño a mediano, bastante similares a los túrdidos y de plumaje generalmente apagado y críptico, que viven en todo tipo de ambientes terrestres, desde el matorral desértico hasta las selvas tropicales y los arbustos alpinos. Una de las especies más notables es el tordo reidor del Himalaya *(Garrulax leucolophus)*, que exhibe una cresta de plumas tiesas, blanca como el resto de la cabeza y la garganta (en contraste con el cuerpo pardo), y una franja negra que empieza en el pico y rodea el ojo. El nombre de esta ave se debe al estallido de risas entrecortadas en que a menudo se transforma el cloqueo apagado y permanente que emiten las bandas de estas aves gregarias cuando buscan su alimento. Otro timalí notable es el ruiseñor del Japón *(Leiotrix lutea)*, cuyo gorjeo sonoro y melodioso, unido a su bello plumaje negro, gris ceniza, amarillo y rojo, lo han convertido desde hace siglos en una de las aves de jaula preferidas de China y Japón. A pesar de su nombre, el ruiseñor de Japón no vive en este último país, sino en el Himalaya, en Birmania y en el sur de China.

Familia sílvidos (carriceros, currucas, mosquiteros)

Los sílvidos son aves de pequeño tamaño, plumaje discreto y sexos similares. La fa-

En la imagen, mosquitero común (Phylloscopus collybita). *Los mosquiteros reciben este nombre por sus costumbres insectívoras. En la península Ibérica el mosquitero común es especialmente frecuente en invierno, pero en otras regiones de Europa es un ave exclusivamente estival.*

El carricero común (Acrocephalus scirpaceus) *es un sílvido que alcanza los 14 cm de longitud, con la región dorsal de color aceitunado y la ventral blanca. Habita en los carrizales y otras zonas pantanosas de vegetación espesa. Esta ave busca entre las plantas los insectos y las larvas que son la base de su alimentación.*

milia comprende 376 especies, todas del Viejo Mundo, excepto los 12 soterillos o perlitas del Nuevo Mundo, que forman una subfamilia distinta: *Polioptilinae*.

Una de las especies más difundidas por el sur del Paleártico occidental es el ruiseñor bastardo *(Cettia cetti)*, un sílvido de tamaño bastante grande, plumaje castaño oscuro y cola redondeada que, debido a sus costumbres muy escondidizas y a su voz sonora y explosiva, resulta mucho más fácil de oír que de ver. El ruiseñor bastardo es bastante común en la vegetación de los terrenos pantanosos y entre las densas espesuras que bordean los cursos de agua. Es sedentario; cuando llega la primavera, los machos, que apenas participan en la reproducción, se aparean a menudo con dos o más hembras. Estas últimas construyen el nido e incuban solas sus tres o cinco huevos de color rojo ladrillo, sin

La curruca rabilarga (Sylvia undata) *es típica de las garrigas y maquias mediterráneas, así como del extremo oeste de la región Paleártica y, como casi todas las especies de su género, es una excelente cantora y hábil constructora de nidos. El nombre de esta curruca alude a la longitud de su cola, que sacude constantemente con movimientos rítmicos.*

contar en ningún momento con la ayuda del macho. Existen otras 12 especies del género *Cettia* repartidas por Asia, Australasia y Oceanía.

Mosquiteros

La familia cuenta con géneros mucho más diversificados, como *Acrocephalus* (carriceros), que comprende 27 especies, *Cisticola* (buitrones), con 45 especies, y *Phylloscopus* (mosquiteros), que cuenta con 46. Este último género está bastante bien representado en Europa, donde una de las especies más extendidas y abundantes es el mosquitero común *(Phylloscopus collybita)*. Este sílvido de pequeño tamaño (11 cm de longitud) posee las patas negras y construye su nido a poca altura del suelo. También es frecuente en gran parte de Europa el mosquitero musical *(Phylloscopus trochilus)*, muy parecido al común excepto por sus patas más pálidas y su tamaño algo mayor (11,5 cm), y muy difícil de distinguir del primero a no ser por el canto. El mosquitero silbador *(Phylloscopus sibilatrix)* es el mayor de todos estos pequeños sílvidos, aunque no llega a 13 cm desde la punta del pico a la de la cola.

Existe otra especie, el mosquitero papialbo *(Phylloscopus bonellii)*, que sólo cría en los países próximos al Mediterráneo y que se interna mucho en África durante el invierno, mientras que el mosquitero boreal *(Phylloscopus borealis)* habita muy al norte de Eurasia e inverna en el Sudeste Asiático.

Currucas

Con todo, el género mejor representado en Europa es, sin duda alguna, el de las currucas *(Sylvia)*, que cuenta con 17 especies (13 europeas), todas ellas del Paleártico occidental. Como los otros sílvidos, las currucas son aves insectívoras, pero a finales de verano y otoño no desdeñan los frutos. En España viven: la curruca mirlona *(Sylvia hortensis)*, que es estival y no muy común y tiene un plumaje gris pardusco y partes inferiores claras con un matiz rojizo; la curruca capirotada *(Sylvia atricapilla)*; la curruca mosquitera

(Sylvia borin), que es estival y en la época de la cría sólo se encuentra en la mitad norte de la península Ibérica; la curruca zarcera *(Sylvia communis)*, también estival; la curruca carrasqueña *(Sylvia cantillans)*, cuyo macho se distingue por el color rojizo de la garganta; la curruca tomillera *(Sylvia conspicillata)*, propia de las estepas arbustivas o semidesérticas; y la curruca rabilarga *(Sylvia undata)*, típica habitante de las garrigas y maquias bajas.

Sílvidos exóticos

Uno de los sílvidos exóticos más interesantes es el pájaro sastre *(Orthotomus sutorius)*, que vive en la India y Sudeste Asiático y es bien conocido por la habilidad con que construye su nido. Después de buscar dos o tres hojas grandes, de calabacera o de alguna planta semejante, forma con ellas una especie de bolsa, cosiéndolas muy bien por los bordes, que antes horada con el pico. Para esta labor utiliza fibras de un material vegetal similar al algodón, hilo de telarañas o fibras de capullos de insectos, que retuerce con el pico y las patas para fabricar con ellas un hilo bastante fuerte. Una vez terminado el saco, lo llena de algodón en rama y de plumas, quedando listo para que la hembra ponga sus huevos y críe a sus polluelos.

El sílvido de menor tamaño –y también la especie más pequeña de la avifauna de Europa junto con el reyezuelo sencillo, *Regulus regulus*– es el reyezuelo listado *(Regulus ignicapillus)*, uno de los pájaros más bonitos de la fauna europea, con su plumaje verde bronceado y su línea pileal anaranjada, intensa como el fuego, a la que debe su nombre científico de *ingnicapillus* (capirote de fuego). Este pájaro cuelga su nido, hecho de musgo, líquenes y telas de araña, de las ramas de los árboles o de los arbustos, y pone en él de siete a nueve huevecillos de color rosado con finas pintas más oscuras. Su alimento consiste en pequeños insectos y arañas.

Familia muscicápidos (papamoscas del Viejo Mundo)

Los papamoscas o muscicápidos son aves insectívoras de tamaño pequeño a mediano, con el pico plano, bastante ancho y con plumas rictales en forma de cerda alrededor de las fosas nasales. Los papamoscas reciben este nombre por la costumbre que tienen de acechar a los insectos desde un oteadero para lanzarse a toda velocidad sobre ellos, al vuelo o en tierra, y volver luego al posadero. En Europa y en casi todo el resto del Paleártico abunda especialmente el papamoscas gris *(Muscicapa striata)*, que es de color pardo oscuro, con la garganta y el pecho blanquecinos, más leonado en los flancos y con manchas oscuras. Mide unos 14 cm de longitud y 25 de envergadura. Otros papamoscas de distribución paleártica son el papamoscas cerrojillo *(Ficedula hypoleuca)*, cuyo macho tiene un plumaje blanco y negro muy contrastado, y el papamoscas collarino *(Ficedula albicollis)*, similar al primero pero con un ancho collar blanco visible incluso en la hembra, que, como la del cerrojillo, es mucho más grisácea y apagada que el macho.

Entre las especies tropicales, destacan por la belleza de su plumaje el papamoscas azul *(Cyanoptila cyanomelana)* del nordeste y este de Asia, cuyo macho ostenta un bello plumaje azul turquesa, negro y blanco, y la niltava ventrirrojiza *(Niltava sundara)* del Himalaya y del oeste de China, cuyo macho tiene el dorso violeta, la garganta negra y el pecho y el vientre anaranjado rojizo.

Familia páridos (carboneros y herrerillos)

Las 50 especies de carboneros y herrerillos que integran la familia páridos son todas ellas pájaros pequeños y muy activos, de

El papamoscas cerrojillo (Ficedula hypoleuca) *cría en el Paleártico occidental e inverna en África tropical. Es un ave insectívora que acecha a sus presas, preferentemente dípteros, desde un oteadero, capturándolas en cortos vuelos tras los que regresa a su percha.*

El herrerillo capuchino (Parus cristatus) *se distingue de otros páridos por su cresta de plumas blancas y negras. Vive en los bosques de coníferas de Europa y Asia central, donde se alimenta de arañas, insectos, piñones y otras semillas.*

Los páridos son pequeños pájaros de formas redondeadas y con el pico corto y fuerte. Muy activos, viven en bosques y terrenos más o menos arbolados. El herrerillo común (Parus caeruleus) *cría en bosques caducifolios o mixtos, así como en jardines y parques, y a menudo se asocia con carboneros comunes y/o garrapinos para explorar sistemáticamente todos los árboles en busca de insectos.*

formas redondeadas y con el pico corto y fuerte, propios de los bosques y terrenos más o menos arbolados. Viven en América Central y del Norte, en África y en toda Eurasia excepto el norte de Siberia. Se alimentan de insectos, que destrozan y desmenuzan con el pico antes de comérselos. El nombre de los herrerillos se debe al sonido metálico de su canto, que recuerda un poco el chirrido de un pequeño cerrojo; el de los carboneros, a las contrastadas marcas negras que ornan el plumaje de todos estos páridos. Una de las especies más frecuentes en todo el Paleártico es el carbonero común *(Parus major)*, bello pájaro de color verdoso por encima y amarillo por debajo, con la cabeza blanca y negra y un peto negro que desciende en punta hacia el vientre. Se le encuentra en bosques mixtos, en setos, jardines y campos con arboledas, siempre sobre los árboles, moviéndose constantemente y a veces colgado de las ramas, con el dorso hacia abajo. En otoño pica las frutas y en primavera las yemas tiernas; pero es, sobre todo, un gran depredador de insectos a los que persigue implacablemente. Construye su nido con musgos y pelos dentro de agujeros de todo tipo, incluidos los nidales o cajas-nido y a veces en lugares tan sorprendentes como los buzones o las acometidas de las alcantarillas. Otra especie común en todo el Paleártico, el carbonero garrapinos *(Parus ater)*, tiene el dorso ceniciento y dos bandas blancas sobre el ala. Se encuentra en los pinares y se alimenta de insectos y larvas. También vive en los bosques mixtos, setos, jardines y arboledas del Paleártico –aunque sólo en su mitad oeste– el herrerillo común *(Parus caeruleus)*, quizás el más bonito de todos los páridos, por la mancha azul rodeada de blanco que presenta encima de la cabeza. Otra especie propia del Paleártico occidental es el herrerillo capuchino *(Parus cristatus)*, que, como el carbonero garrapinos, habita en los pinares y se distingue por su cresta de plumas blancas y negras.

Familia aegitálidos (mitos)

A una familia emparentada con los páridos, *Aegithalidae*, pertenece el mito *(Aegithalos caudatus)*, fácil de reconocer por su cola estrecha y larga y su cabeza blanca, estriada de negro en todas las subespecies, excepto la norteña *caudatus*.

En la imagen, mito (Aegithalos caudatus) *con su característica cola larga. El nido se confunde con el entorno. La pareja tarda más de tres semanas en construirlo.*

Familias sítidos (trepadores) y cértidos (agateadores holárticos)

En la fauna europea existen dos familias de paseriformes que destacan por su habilidad para trepar por los troncos de los árboles, pues corren sobre la corteza en lugar de subir o bajar saltando de rama en rama como lo hacen otros pájaros. Una de estas familias, sítidos, está representada por el trepador azul *(Sitta europaea)*, pájaro de unos 14 cm de longitud, con el pico recto y fuerte y la cola corta, de plumaje gris azulado por encima y amarillento por debajo. Vive en los bosques sobre los árboles, cuyos troncos recorre en todos los sentidos en busca de insectos y larvas, y anida en agujeros de árboles o de muros, en nidos de aves o en nidales. Es sedentario y en invierno, cuando faltan los insectos, come semillas y bellotas.

La otra familia es cértidos, y a ella pertenecen el agateador común *(Certhia brachydactyla)* y el agateador norteño *(Certhia familiaris)*, especies fáciles de reconocer –pero difíciles de distinguir entre sí– por su pico delgado, largo, muy afilado y encorvado hacia abajo, y por las plumas de su cola, muy rígidas y puntiagudas. Estas plumas le resultan muy útiles para trepar, pues aprieta la cola contra la corteza del árbol a medida que sube por medio de una serie de sal-

El agateador norteño (Certhia familiaris) *es bien conocido por la agilidad con la que busca insectos por la corteza de los árboles pero, a diferencia de los trepadores, no puede descender por los troncos. Cuando anida o cuando duerme, tampoco abandona su hábitat arbóreo.*

tos; después vuela oblicuamente a la base de otro árbol y asciende de nuevo. Ambas especies son sedentarias y, si bien tienen costumbres muy parecidas, muestran cierta segregación ecológica: en el centro y el sur de Europa, donde el agateador norteño suele estar restringido a altitudes superiores a 900 m, el agateador común –que, por lo demás, es el único presente en la mayor parte de la península Ibérica– es especialmente frecuente en las zonas de baja altitud.

Otra especie trepadora, que, según algunos autores, formaría una familia por sí sola *(Tichodromadiidae)*, pero que de acuerdo con la clasificación que aquí se utiliza pertenecería a la familia *Sittidae* (trepadores), es el treparriscos *(Tichodroma muraria)*, ave espectacular que cuando vuela extiende como una mariposa sus alas rojas, grises, negras y blancas. Vive en los riscos y peñascales más inaccesibles, y sube por las rocas cortadas a pico utilizando las alas como punto de apoyo.

La anatomía del suimanga pechirrojo (Nectarinia erythrocerca)*, con su pico largo, delgado y curvado hacia abajo, está muy bien adaptada a su alimentación nectarívora.*

Familia climactéridos (agateadores de Australia)

En las regiones oriental y australiana existe una familia de pájaros, la de los agateadores australianos *(Climacteridae)*, que ofrecen mucho parecido con los cértidos, aunque, a diferencia de éstos, en ocasiones también se alimentan en el suelo. El pico de estas aves es de forma muy variable, a veces muy largo y encorvado casi en semicírculo.

Familia nectarínidos (suimangas)

Con el nombre de nectarínidos o pájaros del sol y también con el de «suimangas», que en lengua malgache significa comedores de azúcar, se conoce una familia de pequeños paseriformes de las regiones etiópica, oriental y australiana, que tienen el pico largo, delgado y curvado hacia abajo, y se alimentan del néctar de las flores y de los pequeños insectos que se alojan dentro de éstas. Cuando se examina con una lupa el pico de uno de estos pájaros, se observa que el borde muestra pequeños dientecillos a modo de sierra. Los machos presentan casi siempre las rectrices centrales muy largas y su plumaje ofrece vivos colores metálicos, como de bronce o cobre bruñido, lo que hace que algunos los confundan con los colibríes. Cuando se habla de colibríes en África, en Indonesia o en Filipinas, en realidad se trata de nectarínidos. La única especie de esta familia que habita en el Paleártico occidental, concretamente en el Próximo Oriente desde el sur del Líbano hasta la península Arábiga, es el suimanga palestina *(Nectarinia osea)*, cuyo macho exhibe un bello plumaje azul y púrpura lustroso. Una de las más bellas es el suimanga de Johnston *(Nectarinia johnstoni)*, de plumaje bronceado con un penacho escarlata delante de cada ala. Esta especie vive en las cumbres del Ruwenzori y de otros macizos africanos, por encima de los 3 500 m, entre las flores de las lobelias gigantes, cuyos cálices registra con su largo pico.

Familia melifágidos

También son pájaros chupadores de néctar los melifágidos, propios de la región australiana y cuyos caracteres externos varían enormemente: unos tienen el pico pequeño y largas carúnculas colgando bajo los oídos, como el zarcillero de Australia *(Anthochaera carunculata);* otros presentan la cabeza pelada

El nombre del escribano soteño (Emberiza cirlus) *alude al hecho de que, a diferencia de otras especies del mismo género que prefieren habitar en espacios abiertos, ésta prefiere vivir en sotos, arboledas y altos setos vivos.*

y el pico grande y puntiagudo, como el pájaro fraile chillón *(Philemon corniculatus)* del sur de Nueva Guinea y el este de Australia, que, además, posee una pequeña protuberancia en la base de la mandíbula inferior; y otros, en fin, como el tui o pájaro sacerdote de Nueva Zelanda *(Prosthemadera novaeseelandiae)*, ofrecen un lustre metálico en el plumaje y extraños adornos de plumas en el cuello y la garganta. No obstante, todos tienen la lengua larga, acanalada y con el extremo dividido en filamentos barbados, muy útiles para recoger su alimento del fondo de las flores. Muchas flores australianas, en especial las de las familias *Proteaceae* y *Ericaceae*, poseen corolas largas, estrechas y tubulares, con frecuencia rojas –color poco visible para los insectos–, y sólo pueden ser polinizadas por pájaros melifágidos.

Familia promerópidos (meloncillos)

Otra familia de aves adaptadas a la succión del néctar es la de los meloncillos *(Promeropidae)*, que apenas cuenta con dos especies, pertenecientes ambas a la fauna africana. Una de ellas, el meloncillo abejaruco *(Promerops cafer)*, vive exclusivamente en el extremo sur de Sudáfrica, donde se alimenta de grandes flores de proteáceas, de las que extrae el néctar con su pico alargado y curvo. Esta especie también es notable por la larguísima cola del macho, que alcanza 22-32 cm de longitud y triplica el tamaño del cuerpo, mientras que en la hembra ni siquiera lo dobla con sus escasos 11-11,5 cm.

Familia emberízidos

Los emberízidos son paseriformes sobre todo terrestres y de alimentación granívora y, por consiguiente, tienen el pico corto, grueso y cónico, apto para quebrantar semillas y cáscaras duras, y las patas fuertes, adaptadas para escarbar. La familia comprende 284 especies repartidas en cuatro subfamilias, *Catamblyrhynchinae*, *Emberizinae* (escribanos del Viejo Mundo y gorriones del Nuevo Mundo), *Cardinalinae* (cardenales) y *Thraupinae* (tangaras).

Subfamilia *Catamblyrhynchinae*

Consta de una sola especie, el cabecipeludo *(Catamblyrhynchus diadema)*, pájaro que debe su nombre a las plumas rígidas de color dorado que le adornan la parte anterior del píleo y que habita en las espesuras de bambúes de los Andes.

Subfamilia *Emberizinae*

La subfamilia *Emberizinae*, por el contrario, se halla muy diversificada, ya que, además de los chingolos *(Zonotrichia* sp.*)*, chingolitos *(Melospiza)*, juncos *(Junco sp.)* y otros gorriones del Nuevo Mundo, comprende las 38 especies de escribanos del Viejo Mundo *(Emberiza)*.

Uno de los escribanos más difundidos por el centro y el sur de Europa es el triguero *(Emberiza calandra)*, que contrasta con otras especies de escribanos por la sencillez de su coloración amarillenta jaspeada de oscuro. Su pico es muy curioso, con los bordes curvos, y en el interior de la boca presenta un abultamiento o tubérculo duro que facilita la trituración de los granos. El triguero vive en praderas, eriales y cam-

Los protagonistas más interesantes de la fauna ornítica de las Galápagos son las 14 especies de emberízidos conocidas como pinzones de Darwin que, aun perteneciendo a la misma familia, son los equivalentes ecológicos de varios grupos de aves que en otras partes del mundo pertenecen a órdenes muy distintos: así, las dos especies del subgénero Cactospiza (Camarhynchus pallidus y C. heliobates) *sustituyen a los picos o "pájaros carpinteros" y se alimentan de insectos y larvas escondidos en los troncos de los árboles, con la particularidad adicional de que a veces utilizan una espina de cacto como herramienta; otra especie sustituye a las currucas; otra se alimenta de néctar y otras, en fin, parten semillas muy gruesas como los picogordos.*

pos cultivados, anida en el suelo y se alimenta sobre todo de granos y semillas.

Otras especies europeas son el escribano montesino *(Emberiza cia)*, el escribano cerillo *(E. citrinella)*, el escribano soteño *(E. cirlus)* y el escribano hortelano *(E. hortulana)*, que también anidan en o cerca del suelo y frecuentan los terrenos abiertos o los setos que los bordean. Una sexta especie europea, el escribano palustre *(E. schoeniclus)*, prefiere en cambio nidificar en lugares pantanosos o campos cercanos a lagunas y ríos.

A la subfamilia *Emberizinae* pertenecen así mismo los pinzones de Darwin (géneros *Geospiza* y *Camarhynchus*), así llamados porque la gran variedad de hábitos alimentarios y formas de pico de estas aves, endémicas de las islas Galápagos y descendientes todas ellas de un ancestro común, sirvieron de ejemplo a Charles Darwin para desarrollar su teoría de la evolución a través de la selección natural. En fechas recientes una de estas especies desarrolló hábitos hematófagos y hoy, en ocasiones, se alimenta de sangre como un verdadero vampiro.

Subfamilia *Cardinalinae*

A la subfamilia *Cardinalinae* pertenecen no sólo los cardenales de los géneros *Cardinalis*, *Paroaria*, *Spiza*, *Gubernatrix* y *Pyrrhuloxia* sino también otras aves desprovistas de cresta, como los picogordos americanos (géneros *Periporphyrus*, *Rhodothraupis*, *Pytilus* y *Cyanoloxia*) de América de Norte y del Sur, o el picogrueso azul *(Guiraca caerulea)* de México y América Central.

Subfamilia *Thraupinae*

La subfamilia *Thraupinae* comprende especies de plumaje muy variado y a menudo de colores muy vivos. Éste es especialmente el caso del tangara de siete colores *(Tangara fastuosa)* de Sudamérica, que muestra la cabeza y las cobertoras alares verdes, la parte posterior del cuello, una parte de las alas y la cola negras, el dorso de color de fuego, el obispillo anaranjado, la garganta y el resto de las alas entre azules y violetas, la parte inferior de la cola gris y el vientre de un matiz verde mar. Resultan, en total, siete colores bien distintos y separados. La mayor parte de los tangaras habita en las regiones tropicales de América, pero algunas especies llegan hasta Argentina, como el azulejo golondrina *(Tersina viridis)*, o bien crían en Estados Unidos, como por ejemplo el tangara de fuego *(Piranga rubra)*.

FAMILIA ICTÉRIDOS

Las 96 especies de esta familia exclusivamente americana se caracterizan por su pico fuerte y cónico, casi siempre largo, y con una marcada tendencia a extenderse por detrás sobre la frente. Todas son bastante grandes, incluso del tamaño de una gallina, y su plumaje tiende al color negro, a veces con reflejos metálicos verdes o purpúreos, como ocurre en el boyero común *(Molothrus bonariensis)* de América Central y del Sur, en el ictérido bronceado *(Quiscalus quiscula)* del este de Estados Unidos, o en el macho del güiraú de ojos rojos *(Molothrus aeneus)* del sur de Estados Unidos, México y Cetroamérica.

Otros ictéridos, en cambio, presentan un plumaje más contrastado, como por ejemplo el boyero de obispillo amarillo *(Cacicuscela)* de Panamá y Sudamérica tropical, o el sargento o tordo charretero *(Agelaius phoeniceus)* de América del Norte y Centroamérica, cuyos machos lucen brillantes «charreteras» amarillas para defender sus territorios de cría. También muestra un plumaje contrastado el turpial de Baltimore *(Icterus galbula)*, que cría en Norteamérica e inverna en América del Sur, y que no toma su nombre de ninguna localidad americana, sino de su plumaje naranja y negro, que son los colores de las armas de la antigua casa inglesa de Baltimore. Esta especie, por cierto, construye un nido colgante que recuerda al de algunos ploceidos. Sin embargo, en cuestión de nidos, el que se lleva la palma entre los ictéridos es el comoto negro *(Psarocolius decumanus)*, cuyos nidos, agrupados en colonias de siete a cien unidades en un solo árbol, constituyen complejas estructuras de fibra vegetal entretejida, que cuelgan del extremo de una rama. También son notables los nidos del boyero de obispillo amarillo, que, más cortos y más oblongos que los del comoto, suelen amontonarse en las inmediaciones de un avispero que les otorga protección contra los depredadores.

Familia fringílidos

Esta familia comprende tres subfamilias, dos de ellas bastante similares y propias del Viejo Continente –*Fringillinae* y *Carduelinae*– y una tercera, *Drepanidinae* o pinzones de Hawaii, formada por 20 especies de aves endémicas de este archipiélago, que muestran una radiación evolutiva –y, por consiguiente, una variación en los tipos de alimentación y en las formas del pico– todavía más sorprendente que los pinzones de Darwin.

Subfamilia *Fringillinae*

Esta subfamilia agrupa únicamente las tres especies de pinzones: el pinzón vulgar *(Fringilla coelebs)*, especie muy común y extendida por gran parte del Paleártico, que a menudo vive cerca de los asentamientos humanos; el pinzón real *(Fringilla montifringilla)*, que cría en los linderos de bosques de abedules y de coníferas del norte de Eurasia e inverna, entre otras zonas, en el centro y sur de Europa; y el pinzón azul o pinzón del Teide *(Fringilla teydea)*, endémico de las islas Gran Canaria y Tenerife, donde frecuenta los bosques montanos de pinos y de laureles en los que no acostumbra a adentrarse el pinzón vulgar.

La subfamilia *Carduelinae* incluye especies europeas como el jilguero *(Carduelis carduelis)*, el lúgano *(C. spinus)*, el verderón común *(Chloris chloris)* y el pardillo común *(Acanthis cannabina)*, así como algunas de la fauna americana, como el jilguero americano *(Carduelis tristis)*, el jilguero de Lawrence *(C. lawrencei)*, el lúgano de las Antillas *(C. dominicensis)*, el gorrión pardillo americano *(Carpodacus mexicanus)* o el picogordo vespertino *(Coccothraustes vespertinus)*.

Pocas personas no versadas en ornitología saben que el tan conocido canario desciende de un pariente próximo del vulgarísimo verdecillo *(Serinus serinus)*, sedentario en casi toda España, que vive sobre todo donde hay cipreses y otros árboles altos, en cuyo ramaje instala su nido. Esta especie del Paleártico occidental *(Serinus serinus)* es un

Como indica su nombre científico, el jilguero (Carduelis carduelis, *arriba) suele posarse sobre los cardos, cuyos vilanos ayuda a dispersar. El pinzón vulgar* (Fringilla coelebs) *es común en arboledas, parques, jardines y árboles solitarios cercanos a cultivos.*

En la imagen, un tejedor republicano (Philetairus socius), *especie que construye grandes nidos en árboles o en barras transversales de postes eléctricos. Esta estructura comunitaria puede contener hasta 150 parejas de tejedores y es el mayor nido construido por un paseriforme.*

poco más pequeña y verdosa que la de Canarias *(Serinus canarius)*, que es la que ha dado origen a los canarios domésticos.

También son fringílidos el picogordo euroasiático *(Coccothraustes coccothraustes)*, pariente próximo del picogordo vespertino y notable por su pico grueso y fuerte, con el que parte los huesos de las cerezas y ciruelas, los hayucos, piñones y otras simientes duras; y el camachuelo común *(Phyrrula phyrrula)*, de bonito plumaje gris y rojizo. El picogordo es un ave eminentemente forestal.

El verderón común (Chloris chloris), *frigílido de la subfamilia* Carduelinae, *vive en el Paleártico central y occidental. Tanto el nombre científico como el común aluden al color verde de este pájaro, que además presenta manchas de color amarillo en las alas y en el obispillo.*

Otro fringílido notable, el piquituerto común *(Loxia curvirostra)*, sólo se encuentra en los bosques de coníferas; tiene las mandíbulas retorcidas y cruzadas en la punta, que utiliza para deshacer las piñas y extraer y partir los piñones. El color de su plumaje es encarnado y gris oscuro en el macho, y verde y gris en la hembra. Este brillante plumaje, unido a la forma de su ganchudo pico, le da aspecto de loro en miniatura. El piquituerto común vive en gran parte del Paleártico occidental, incluida la península Ibérica, así como en el sur de Escocia, donde ya ha empezado a desplazar al raro piquituerto escocés *(L. scotica)*, la única ave endémica de Gran Bretaña. Otra especie propia del bosque de coníferas es el camachuelo picogrueso *(Pinicola enucleator)*, que habita sólo en la taiga de Eurasia, principalmente en bosques de piceas con sotobosque de arándanos, donde se alimenta de brotes, yemas, bayas e insectos. En los desiertos y semidesiertos de Almería, y también en el norte de África, vive el camachuelo trompetero *(Bucanetes githagineus)*, ave de colores crípticos y difícil de levantar que, debido a ello, suele pasar inadvertida.

FAMILIA PLOCEIDOS

Es exclusiva del Viejo Mundo y comprende 267 especies distribuidas en 45 géneros. Al igual que los emberízidos, se divide en varias subfamilias: *Viduinae* (viudas), *Bubalornithidae* (tejedores de los búfalos), *Sporopipinae* y *Ploceinae* (tejedores verdaderos), *Plocepasserinae* (gorriones tejedores) y *Passerinae* (gorriones propiamente dichos).

Viudas

Las viudas son pájaros granívoros, propios de la fauna etiópica, cuyos sexos difieren enormemente: los machos tienen la cola muy larga durante la época de cría y un plumaje negro o azul acerado; las hembras, en cambio, son pardas y en muchas especies se parecen a los gorriones. Destaca la viuda del paraíso *(Vidua paradisea)*, cuyo macho, durante el cortejo, vuela con las dos rectrices cortas y anchas erguidas por encima de las rectrices más largas, al tiempo que exhibe las zonas amarillas

El tejedor cabeciblanco (Dinemellia dinemelli), *a la izquierda, que pertenece a la subfamilia de los tejedores de los búfalos, construye, al igual que el gorrión común, grandes nidos de aspecto desaliñado en forma de bóveda.*

Los ploceidos son mucho más abundantes en África que en Europa. En este último continente tan sólo están representados por los gorriones de tres géneros. Arriba, un tejedor de la subfamilia Sporopipinae (Sporopipes frontalis).

y rojas de su plumaje, describiendo círculos por encima de la hembra o subiendo y bajando con ondulaciones bruscas.

Tejedores

Los tejedores de los búfalos, también africanos, construyen grandes nidos desaliñados en forma de bóveda; el macho y la hembra son similares. En cambio, en los tejedores verdaderos suelen ser distintos; los paseriformes de esta especie destacan sobre todo por el modo en que construyen sus nidos, ya que entretejen con verdadero arte las fibras vegetales dándoles las formas más curiosas. Una de las especies más interesantes es el tejedor baya *(Ploceus philippinus)* del subcontinente Indio y del Sudeste Asiático. Su nido, hecho de fibras y largas hierbas, presenta la forma de una botija invertida; el cuello sirve de entrada, y al fondo, o sea, en su parte superior, se halla el nido propiamente dicho. Pero lo más curioso es que en algunas ocasiones el macho ilumina el interior de esta morada poniendo en sus paredes pequeños pegotes de barro, sobre los que fija por las patas alguna de las mil luciérnagas que pululan en el matorral xerofítico y en los sotos que bordean los cultivos. Después adorna de la misma manera el exterior, de modo que por la noche el nido resplandece con la fosforescencia de sus luminarias vivientes.

Más curiosa todavía es la vivienda del republicano o tejedor social *(Philetairus socius)*, ploceido de África austral que anida en una enorme estructura comunitaria. Los nidos construidos por cada pareja son cubiertos posteriormente con un único techo común de paja. Estos nidos comunitarios están suspendidos de las ramas de un árbol denominado «acacia de las jirafas», debido a que sus hojas son el alimento predilecto de este rumiante; en conjunto ofrecen el aspecto de una enorme masa vegetal con numerosos agujeros por debajo. Aunque las parejas anidan año tras año en el mismo sitio, cada año tejen nuevos nidos, los colocan sobre los antiguos y disponen una nueva cubierta, con lo que la curiosa mole adquiere unas dimensiones considerables.

Gorriones

Los gorriones propiamente dichos son también ploceidos muy sociales y de dieta granívora, pero sus nidos, voluminosos y abovedados, no poseen la riqueza estructural que muestran los nidos de los tejedores.

La especie más extendida es el gorrión común *(Passer domesticus)*, que, originario de la cuenca del río Amarillo en China, fue invadiendo gran parte de Euroasia al convertirse en comensal del hombre. Más tarde, esta especie fue introducida en otros continentes y hoy habita en casi todo el planeta. Es una especie muy eficaz que nidifica en huecos de edificios y que, en los trópicos, pone hasta siete nidadas en un mismo año.

Otras especies de gorriones son: el gorrión molinero *(Passer montanus)*, que, si bien en el Paleártico occidental es más campestre y arisco, en el Sudeste Asiático ocupa el mismo nicho que el gorrión común que ya no puede desplazarlo de esta región del Planeta, de la que se halla ausente; el gorrión chillón *(Petronia petronia)*, que nidifica ocasionalmente en edificios de aldeas remotas y de poblaciones de montaña; y el gorrión moruno *(Passer hispaniolensis)*, que anida a me-

El macho del tejedor cabecinegro, o tejedor urbano (Ploceus cucullatus), *después de haber trabajado durante una semana, noche y día, presenta el nido a la hembra una vez está finalizado. Si a ésta no le gusta, cortará las ramas donde se encuentra suspendido y el macho tendrá que volver a entretejerlo.*

nudo en cavidades de edificios y en nidos de cigüeñas en el norte de África, Próximo Oriente, sudeste de Europa, sur de Italia y cuenca del Guadiana en la península Ibérica.

Familia estúrnidos (estorninos)

La familia *Sturnidae* comprende 108 especies repartidas en 22 géneros, todas ellas propias del Viejo Continente y/o de Australasia. Los estorninos son pájaros de tamaño pequeño a mediano, sociales y muy activos, con el pico grueso y más bien alargado y las patas robustas y fuertes. La mayoría de las especies tienen el plumaje oscuro con reflejos iridescentes, pero algunas, como el estornino soberbio *(Spreo superbus)* del este de África, el estornino oriental cabecinegro *(Sturnus pagodarum)* del subcontinente Indio o incluso el macho del estornino rosado *(S. roseus)* del este de Europa y centro-oeste de Asia, muestran colores contrastados y brillantes. En España existen dos representantes de esta familia: el estornino pinto *(S. vulgaris)* y el estornino negro *(S. unicolor)*. Ambos poseen el plumaje negro con reflejos metálicos; pero en el primero las plu-

El estornino pinto (Sturnus vulgaris) *cría en la mayor parte de Europa y de Asia occidental, si bien en la península Ibérica y el Magreb le sustituye el estornino negro* (Sturnus unicolor). *Debido a su facilidad de adaptación, esta especie ha colonizado otras regiones del mundo, como Norteamérica, Sudáfrica, Australia y Nueva Zelanda.*

mas terminan en una punta amarillenta, y los bordes de las rémiges y rectrices son leonados, de manera que toda el ave parece jaspeada o salpicada de color pálido sobre un fondo oscuro y lustroso. En realidad, el estornino pinto no aparece en la península Ibérica más que en invierno, cuando acuden a ella grandes bandadas, que en primavera vuelven a marcharse para criar en los países del Norte. El estornino negro, en cambio, es propio de la península Ibérica, del noroeste de África, Córcega, Cerdeña y Sicilia. Ambas especies gustan de reunirse en las arboledas, o en los tejados altos, donde lanzan chillidos discordantes, sobre todo en la puesta del sol. Aunque comen frutos, en especial aceitunas, su principal alimento lo constituyen los insectos y las semillas.

Otra especie africana de la misma familia, el bufago de pico amarillo *(Buphagus africanus)*, muestra la costumbre de acompañar a los antílopes, búfalos y rinocerontes, así como al ganado doméstico, para librarlos de

Propio del este de África, donde a menudo forma bandadas mixtas con otras especies del mismo orden, el estornino soberbio (Spreo superbus) *es un pájaro de color azul en la parte frontal y el pecho, rojo en el vientre y blanco en la cola.*

Las condiciones meteorológicas pueden avanzar o retrasar la migración, pero ésta siempre se realiza.

Los estorninos pintos del centro y el norte de Europa, por ejemplo, emigran en otoño a Europa meridional.

Bajo estas líneas puede apreciarse una gran bandada de estorninos pintos (Sturnus vulgaris) *en vuelo.*

Aunque en estado salvaje nunca imita los gritos de otras aves, el miná del Himalaya (Gracula religiosa) *es capaz de articular palabras humanas, que, al igual que los loros, aprende con facilidad.*

sus parásitos. Es un espectáculo muy curioso ver cómo un rinoceronte o un búfalo permanecen paciendo o durmiendo, con seis, diez o más pájaros de éstos encima, sin hacer nada por asustarlos. Evidentemente, el mamífero comprende el servicio que el ave le presta, al cual se añade otro muy importante: al menor indicio de peligro, el bufago echa a volar, lo que sirve como una señal de alarma para que la res también procure ponerse a salvo.

En la región oriental se encuentran estorninos que tienen algunas zonas de la cabeza peladas y de un color vivo, rojo o anaranjado, como ocurre en el miná del Himalaya *(Gracula religiosa)*, en el estornino calvo

La chova piquirroja (Pyrrhocorax pyrrhocorax) *anida en oquedades rocosas y se distingue de otros córvidos por su curvo pico rojo y patas del mismo color. Es habitual oír su detonante grito, parecido a un disparo.*

Chovas

En las montañas del sur de Europa, norte de África y sur de Asia, incluido el Himalaya, viven otras dos especies de córvidos: la chova piquirroja *(Pyrrhocorax pyrrhocorax)* y la chova piquigualda *(Pyrrhocorax graculus)*, que difieren entre sí por la coloración del pico, que, por lo demás, es algo más largo y encorvado en la primera. En el este de América del Norte la especie más abundante es el vistoso grajo azul *(Cyanocitta cristata)*, caracterizado por su cresta eréctil y su coloración azul cobalto, salvo la espalda, que es gris, con manchas negras en cabeza, alas y cola. En el oeste de Estados Unidos y en la mitad norte de México es común el queixque de ceja blanca *(Aphelocoma coerulescens)*, que también muestra tonos azulados en su plumaje y cuyas hembras reciben la ayuda de

El rabilargo (Cyanopica cyanus) *tiene una distribución muy curiosa, puesto que se encuentra sólo en el E de Asia, en donde constituye una subespecie distinta, y en los espesos bosques y plantaciones del centro y sur de la península Ibérica. Es un ave social que busca su alimento en pequeños grupos, forma dormideros comunales y anida en colonias laxas; el nido, bastante tosco, se construye sobre un árbol o un arbusto aislados.*

La graja (Corvus frugileus) *es un córvido que emigra en grandes bandadas al sur de Europa y de Asia durante el invierno, inconfundible por su área facial desnuda.*

varios machos mientras incuban. Más al sur, en Costa Rica, vive la urraca gorgiplateada *(Cyanopica argentigula)*, que se alimenta de insectos.

Urracas y arrendajos

En toda la Eurasia y la Norteamérica templadas habita la urraca *(Pica pica)*, ave tan conocida por su plumaje negro y blanco y larga cola, como por sus hábitos de rapiña, que no sólo la impulsan a saquear nidos sino también a llevarse y esconder todos los objetos pequeños que le llaman la atención, lo que le ha valido su nombre, que proviene del término árabe «surrak», ladrón. Otro pájaro muy parecido, el rabilargo *(Cyanopica cyanus)*, de bello plumaje marrón claro, negro y azul, sólo se encuentra en la península Ibérica y en China —donde forma una subespecie distinta—, lo que constituye un caso único de distribución disjunta en el mundo de las aves. No es el rabilargo, sin embargo, el más bonito de los córvidos paleárticos, pues le aventaja en colorido el arrendajo común *(Garrulus glandarius)*, ave muy frecuente en los bosques y fácil de reconocer por su cresta eréctil de plumas blancas y negras, las manchas negras en forma de bigotes que adornan su boca y, sobre todo, por sus cobertoras primarias azules con rayitas negras, que dibujan una linda mancha sobre el ala. El arrendajo común es un ave muy alegre y ruidosa que a su grito peculiar une la imitación de las voces de otras aves. En el extremo norte de Eurasia vive el arrendajo funesto *(Perisoreus funestus)*, que es mucho menos tímido que el arrendajo común; una especie similar, el arrendajo canadiense *(Perisoreus canadensis)*, habita en las regiones más norteñas de América.

Otros córvidos

Otros córvidos propios de las regiones septentrionales son: el cascanueces *(Nucifraga caryocatactes)* de plumaje moteado, que cría en el norte de Europa, en los Alpes, en los Balcanes y en Siberia, y el cascanueces americano o de Clark *(Nucifraga columbiana)*, que habita en los pinares y altas montañas del oeste de Estados Unidos, y cuyo plumaje es mucho menos moteado que su congénere europeo.

En América Central y del Sur, la familia córvidos está representada sobre todo por arrendajos de los géneros *Aphelocoma* (al que pertenece el queixque de ceja blanca), *Cyanolyca*, *Cissilopha*, *Cyanocorax*, *Psilorhinus* y *Calocitta*, aunque también existen algunas especies del género *Corvus* en México, como la corneja mejicana *(Corvus imparatus)* y la corneja de Sinaloa *(C. sinaloae)*, y en las Antillas, la corneja de Cuba *(C. nassicus)* y la corneja de Jamaica *(C. jamaicensis)*.

El género *Corvus* también está presente en Oceanía, donde viven la corneja de las Marianas, la corneja de Nueva Caledonia, etc. En Australia se encuentran la corneja chica *(C. bennetti)*, el cuervo australiano *(C. coronoides)*, el cuervo chico *(C. mellori)*, el cuervo forestal *(C. tasmanicus)* y el cuervo de Torres *(C. orru)*, pero no deben confundirse con los córvidos las urracas campaneras de este último continente (géneros *Gymnorhina*, *Strepera* y *Cracticus*), que pertenecen a una familia completamente distinta, *Cracticidae*.

CLASE MAMÍFEROS

NO PLACENTARIOS

CARACTERÍSTICAS Y CLASIFICACIÓN

Los mamíferos actuales descienden de los sinápsidos primitivos, grupo de tetrápodos amniotas que comenzó a florecer a principios del Pérmico, hace unos 280 millones de años, y continuó dominando sobre los «reptiles» terrestres hasta hace unos 245 millones de años (principios del Triásico), cuando empezaron a despuntar los primeros dinosaurios. Debido a su superioridad competitiva, estos últimos hicieron desaparecer a la mayoría de los sinápsidos. No obstante, algunos sobrevivieron y se convirtieron en los primeros mamíferos verdaderos hacia finales del Triásico, hace unos 200 millones de años.

Tras el parto, las crías de los mamíferos son alimentadas mediante la leche segregada por las glándulas mamarias, que dan nombre a esta clase de animales. Es posible que la lactancia haya contribuido a que los mamíferos recuperen en la naturaleza una posición predominante, que ya tenían sus antepasados antes de la aparición de los dinosaurios.

Características generales

Al igual que sus primitivos ancestros, los mamíferos modernos poseen un solo par de fenestras temporales en el cráneo, a diferencia de los diápsidos (dinosaurios, reptiles modernos y aves), que presentan dos pares, y de los anápsidos (tortugas), que no tienen ninguno. Además de esta diferencia esquelética —y de otras menos significativas como la importancia del hueso dentario en la mandíbula inferior y la condición heterodonta o capacidad que tienen los dientes de cumplir distintas funciones—, las características principales de los mamíferos son la presencia de pelo y de glándulas de la piel. Entre estas últimas destacan las sudoríparas, las sebáceas y, sobre todo, las glándulas mamarias, que dan nombre a toda la clase. Las glándulas mamarias segregan leche, un líquido rico en azúcar, grasa y caseína —una proteína de gran valor nutritivo— con el que las hembras alimentan a sus crías durante la primera época de su vida. Es probable que la lactancia y los cuidados paternos que recibieron sus crías fueran factores decisivos para que los mamíferos recuperaran la posición predominante de la que habían gozado como primitivos sinápsidos antes de la aparición de los dinosaurios. Sin embargo, antes de alcanzar esta superioridad, es muy posible que los primitivos mamíferos tuvieran que convertirse en animales nocturnos para evitar la competencia con los dinosaurios. Y es probable que, para sobrevivir al frío de la noche, comenzasen a desarrollar la endotermia, es decir, la autorregulación interna de la temperatura corporal —la vulgarmente llamada «sangre caliente»—, gracias a la aparición del pelo y del sebo que lo impermeabiliza (la secreción de las glándulas sebáceas), y al sudor de las glándulas sudoríparas. Una vez adquirida la endotermia, los primeros mamíferos verdaderos mejoraron su capacidad competitiva frente a otros tetrápodos terrestres, porque su metabolismo continuo les permitió hacer frente a los rigores climáticos, tener un crecimiento más rápido y ser más prolíficos.

Además de los caracteres esqueléticos y de otros ya mencionados —presencia de pelo y de glándulas cutáneas— que les valieron el predominio sobre la tierra a partir del Paleoceno, los mamíferos presentan otras características menos distintivas.

Alimentación

El aparato digestivo consiste en un conducto de entrada, o esófago, un estómago y un tubo intestinal con salida al exterior, más algunas glándulas anejas, las más importantes de las cuales son el hígado y el páncreas. Salvo contadas excepciones, el alimento su-

El equidna común o de hocico recto (Tachyglossus aculeatus) *es uno de los mamíferos más extendidos por el continente australiano, Tasmania y Nueva Guinea.* Tachyglossus *significa «lengua rápida» y alude a la velocidad con que dispara e introduce después su lengua en la cavidad bucal cuando se alimenta.*

El ornitorrinco (Ornitorhynchus anatinus), *monotrema singular que parece un gran topo con pico y pies de pato, vive en la parte oriental de Australia y en la isla de Tasmania. La homeotermia, o capacidad para regular con precisión la temperatura corporal, no fue descubierta en estos mamíferos hasta el año 1973. Esta laguna científica se debe al hecho de que el ornitorrinco y los otros dos monotremas tienen una temperatura algo más baja (entre 30 y 32 °C) que los restantes mamíferos. Otra característica del ornitorrinco es su capacidad para detectar con el pico a sus presas (pequeños crustáceos y moluscos de agua dulce) por los campos eléctricos débiles que éstas emiten.*

va de montaña y de los prados alpinos (hasta los 4 000 m de altitud). Se alimenta casi exclusivamente de lombrices.

El equidna común es un animal nocturno. Vive en los montes ricos en helechos o donde hay grandes piedras, cuyas oquedades le ofrecen un seguro escondrijo para pasar el día. Cuando no encuentra uno de estos refugios naturales, él mismo se abre un agujero en el suelo. Si le amenaza algún peligro fuera de su morada, cava con gran rapidez un hoyo en el que desaparece. Para defenderse se enrosca como un erizo, convirtiéndose en una bola cubierta de espinas.

Se alimenta de hormigas y de termes o comejenes, que recoge con su viscosa lengua después de destrozar el hormiguero con las uñas. Caza durante las noches templadas, pues en cuanto la temperatura desciende por debajo de los 5 °C o excede de 35 °C permanece en el fondo de su escondrijo, sumido en un profundo letargo.

Hacia el mes de agosto, al equidna hembra se le arruga la piel del vientre de un modo extraño, formando una especie de saco. Poco después, el animal pone un huevo de pequeño tamaño, apenas mayor que una avellana, y lo guarda en este saco. Cuando la cría sale del cascarón, permanece allí algún tiempo, agarrada a los pelos, por donde escurre la leche de la madre.

Familia ornitorrínquidos

Esta segunda familia comprende un único género, con una sola especie: el ornitorrinco *(Ornithorhynchus anatinus)*. Se le podría definir como un enorme topo con pico y pies de pato. La cabeza del ornitorrinco, en efecto, termina en un pico plano y ensanchado, como el de esta ave. El pico aparece separado de la frente por un reborde córneo levantado transversalmente. En cambio, su cuerpo rechoncho está cubierto de un pelaje espeso y blando, de color pardo rojizo; la cola es de mediana longitud, ancha y plana; y los pies tienen cinco dedos provistos de largas uñas y unidos por una membrana. En el talón, los machos llevan un espolón córneo en comunicación con una glándula que segrega una sustancia venenosa en la época del celo. Mide unos 45 cm de longitud, sin contar la cola, que tiene poco más de 15 cm. Durante su juventud posee muelas, pero al hacerse adulto las pierde, presentando en su lugar unas placas córneas que crecen sin interrupción para compensar así su desgaste por el uso.

Esta singular especie es propia de la parte oriental de Australia y de la isla de Tasmania. Es un animal anfibio y un excelente nadador, que vive siempre junto a los ríos y arroyos de curso lento o en las lagunas ricas en plantas acuáticas. En tierra anda con lentitud, arrastrando el vientre como los topos. Durante la época de cría, la hembra excava en alguna orilla escarpada, practicando una larga galería que comienza bajo el nivel del agua y sube hasta una cámara de cría redondeada, tan pequeña que su ocupante apenas puede girarse dentro. Desde la bóveda de esta cámara, construye una segunda galería que desemboca en una apertura situada sobre el nivel del agua, oculta entre la vegetación, y que sirve para ventilarla.

La dieta del ornitorrinco se compone de pequeños crustáceos y moluscos de agua dulce que detecta no sólo por el tacto sino eléctricamente con su extraño pico. Esta capacidad de electrodetección, es decir, de localizar a las presas por los débiles campos eléctricos que éstas emiten es similar a la que poseen algunos anfibios y muchas especies de peces.

El koala (Phascolarctus cinereus) *se alimenta casi exclusivamente de unas pocas especies de eucaliptus, de las que apenas consume 30 y tan sólo 5 pueden considerarse esenciales.*

ORDEN MARSUPIALES

Los marsupiales son mamíferos vivíparos, provistos de mamas externas. Sin embargo, su peculiar forma de reproducirse, junto con otras particularidades anatómicas, los separan de los restantes mamíferos. La mayoría de las hembras de los marsupiales poseen una bolsa abdominal, donde se encuentran las mamas, denominada marsupio; en ella llevan a las crías una vez que han nacido. La palabra marsupio viene del latín *marsupium* y significa saco. Las hembras suelen tener un par de huesos en la parte anterior de la pelvis, dirigidos hacia adelante, llamados huesos marsupiales porque ayudan a sostener el marsupio. Los marsupios mejor formados son los que presentan las especies trepadoras, saltadoras, excavadoras o nadadoras, pero existen especies

Los canguros (Macropus rufus, M. fuliginous, M. giganteus) *son los marsupiales mejor conocidos. Pastan en grupos en las llanuras australianas y se han convertido en el símbolo de dicho país. Su aspecto es muy peculiar, con una cabeza pequeña, extremidades delanteras cortas, y largas y poderosas patas traseras. Una cola grande y potente les sirve como «tercera pata» y para equilibrar el cuerpo durante los saltos.*

terrestres en las que es muy rudimentario o está ausente.

Los marsupiales carecen de una placenta bien desarrollada. Al contrario que en los mamíferos placentarios, las crías de los marsupiales nacen en un estado de desarrollo muy precario; desde la vagina se abren camino hasta el marsupio, donde localizan el pezón y se adhieren a él por medio de unos músculos especiales que tienen en los labios; pero no pueden mamar por sí mismas, sino que la leche es introducida en su boca mediante la compresión muscular de la glándula mamaria. Cuando falta el marsupio, las crías suelen ser transportadas colgando de las mamas.

La mayor parte del desarrollo y crecimiento del embrión se produce fuera del útero, por lo que la lactancia en estos animales es sumamente importante. Veamos un ejemplo: una hembra de *Macropus giganteus* de unos 30 kg de peso da a luz, después de 36 días de gestación, a una cría de 0,800 g. Ésta es conducida al marsupio donde, durante unos 300 días y gracias a la leche materna, se desarrolla y crece hasta alcanzar un peso de unos 5 kg. Abandona entonces la bolsa abdominal y permanece cerca de su madre hasta cumplir 18 meses de edad.

Los sentidos más desarrollados en los marsupiales son el oído y el olfato, ya que casi todas las especies son nocturnas. Mediante la orina, las heces y ciertas glándulas, los marsupiales marcan lugares a otros animales o a ellos mismos.

CUADRO EVOLUTIVO DE LOS MARSUPIALES

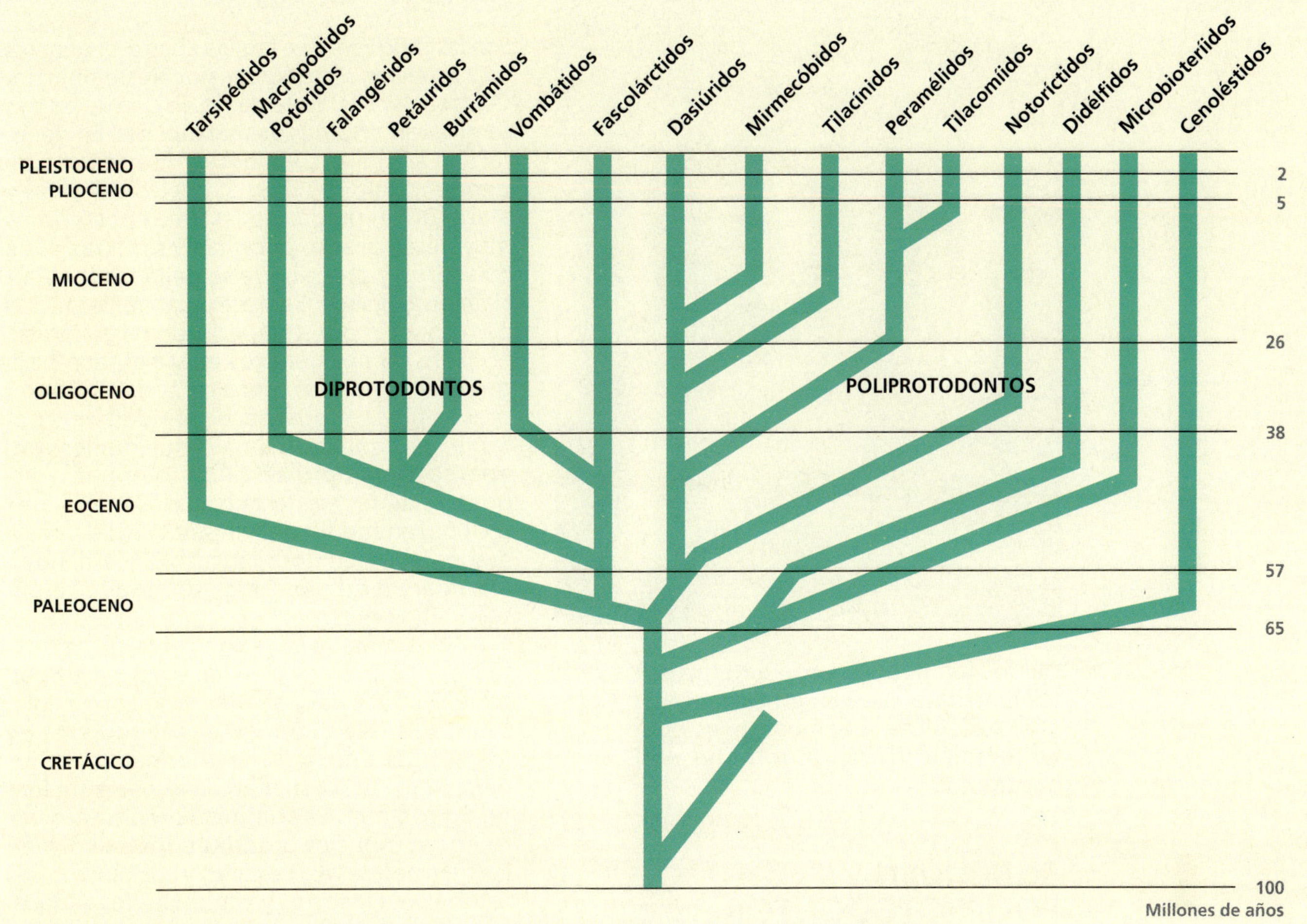

Se indican las posibles relaciones entre las distintas familias de los dos subórdenes en los que se divide el grupo.

Distribución y alimentación

En la actualidad los marsupiales sólo se encuentran en América y en Oceanía, principalmente en Australia y en la isla de Nueva Guinea. Las formas sudamericanas son, sobre todo, pequeñas especies terrestres o especies arborícolas insectívoras u omnívoras. Sin embargo, en Australia los marsupiales tienen estilos de vida muy diversificados, parecidos a los que presentan los mamíferos placentarios en otras zonas del planeta. Ciertos marsupiales parecen ratas, algunos se asemejan a marmotas y otros recuerdan a las martas; existe un oso marsupial, un lobo marsupial (hoy día se considera extinguido), e incluso los canguros, tan peculiares por su aspecto, han sido comparados con los jerbos. Iguales divergencias se observan en sus costumbres y alimentación: unas familias son herbívoras o frugívoras, en tanto que algunas se alimentan de carne y otras de insectos. Estas diferencias se traducen en ciertas particularidades de los dientes. Los marsupiales carnívoros y casi todos los insectívoros presentan al menos seis incisivos inferiores, uniformemente distanciados, mientras que los herbívoros poseen en la mandíbula dos incisivos enormes y, si tienen más, son muy pequeños, como atrofiados.

Clasificación

No existe ninguna clasificación de los marsupiales del todo satisfactoria. Una de ellas, la que se seguirá en esta obra, considera que el orden marsupiales se divide en dos subórdenes: poliprotodontos y diprotodontos, el primero compuesto por nueve familias y el segundo por ocho. A excepción

La carencia de marsupio de las zarigüeyas fuerza a la hembra a llevar a las crías agarradas lo más fuertemente posible al pelaje del dorso de la madre. En la imagen, zarigüeya u opósum de Virginia (Didelphis virginiana).

de dos familias, que son americanas, todos los marsupiales viven en Oceanía. En tiempos geológicos, sin embargo, este orden tuvo también sus representantes en Europa occidental.

SUBORDEN POLIPROTODONTOS

Se caracterizan por presentar más de tres incisivos en cada hemimandíbula superior y cuatro o más en la mandíbula inferior. Además, la mayoría de los poliprotodontos son didáctilos, es decir, tienen el segundo y el tercer dedo del pie posterior unidos por una vaina común.

FAMILIAS DEL SUBORDEN POLIPROTODONTOS ▶

Suborden poliprotodontos
- Familia didélfidos
- Familia cenoléstidos
- Familia microbioteríidos
- Familia tilacínidos
- Familia dasiúridos
- Familia mirmecóbidos
- Familia peramélidos
- Familia tilacomíidos
- Familia notoríctidos

FAMILIA DIDÉLFIDOS

Son las zarigüeyas. La familia abarca 11 géneros y 77 especies, distribuidas por Norteamérica, Centroamérica y Sudamérica. Es una de las tres familias americanas de marsupiales. En general son animales trepadores, insectívoros, de pequeño tamaño, con el hocico desnudo y alargado, el pulgar de las patas posteriores muy desarrollado, oponible y sin uña, y una cola larga y prensil que se halla total o parcialmente pelada. Se trata de animales fáciles de reconocer por su aspecto de ratón o rata.

Sólo en dos géneros existe el saco para guardar a las crías, pero en todas las hembras se observa otra particularidad muy notable, y es que las mamas, muy numerosas, aparecen siempre en número impar y dispuestas de un modo muy curioso: una, tres o cinco, en medio del vientre, y las demás a ambos lados, en dos filas curvas que tienden a formar un círculo. Todas las zarigüeyas poseen 50 dientes.

Estos marsupiales son de hábitos nocturnos. Pasan su vida en los árboles y trepan con gran facilidad, ayudándose con la cola. Durante el día duermen en los agujeros de los troncos o en nidos abandonados por los pájaros. En tierra su marcha es bastante lenta. Su régimen es con preferencia carnívoro en las especies grandes e insectívoro en las más pequeñas. Las aves y sus huevos, los ratones, los insectos y sus larvas, los cangrejos de agua dulce y ciertas frutas y raíces constituyen la base de su alimentación. Aunque poseen muy buenos dientes, no son animales fieros. De hecho, cuando se ven atacados suelen recurrir al ardid de fingirse muertos; pero, en realidad, tienen pocos enemigos, debido quizás al olor penetrante y desagradable que despiden la mayor parte de las especies. Las hembras dan a luz en cada parto hasta 10, 12 o incluso 18 crías, que nacen como pequeñas masas informes, gelatinosas, de 2 cm escasos de longitud en las especies más grandes, y con la cabeza y los miembros apenas definidos.

Una de las zarigüeyas mejor conocida es el micuré *(Didelphis albiventris)*. Existe en casi toda América del Sur, desde Venezuela hasta el norte de Argentina, donde recibe el nombre común de comadreja. Alcanza cerca de medio metro de longitud, sin contar la cola, que mide otro tanto; sus orejas son grandes y membranosas: su pelaje, mezclado con largas cerdas, es negruzco y amarillo sucio, y la cola mitad negra y mitad blanca. Pertenece a los didélfidos con saco abdominal. Muy parecida a esta especie, aunque de tamaño algo mayor, es el opósum común *(Didelphis virginiana)*, que vive en el sudeste de Estados Unidos.

Las marmosas son zarigüeyas muy pequeñas, parecidas por su aspecto y tamaño a los lirones y ratones de campo españoles. En Perú y Ecuador se las conoce con el nombre de raposas. Al nacer, las crías tienen apenas el tamaño de un guisante. En Chile, Bolivia y Argentina existe una especie, la llaca *(Marmosa elegans)*, de pelaje ceniciento con una mancha negra alrededor de cada ojo, cuya cola es a veces mucho más gruesa debido a la acumulación de grasa en la base.

Familia cenoléstidos

Está formada por dos géneros y siete especies que habitan en el oeste de Sudamérica. Ofrecen el aspecto y el tamaño de las zarigüeyas más pequeñas, pero presentan los dos incisivos centrales inferiores muy grandes y casi horizontales.

El ratón runcho *(Caenolestes fuliginosus)* es la especie mejor conocida de la familia, aunque se sabe muy poco acerca de ella. Su apariencia, tamaño y color recuerdan al ratón común. Vive en los Andes de Colombia y del Ecuador, en torno a los 2 000 m de altura, donde frecuenta los bosques próximos al límite de la zona boscosa. Sólo come insectos y arañas.

Familia microbioteríidos

Está compuesta por una única especie, el monito del monte *(Dromiciops australis)*, que habita en los bosques del centro y sur de Chile. Es un marsupial arborícola, de pequeño tamaño, cuyo cuerpo no sobrepasa los 13 cm de longitud, sin contar con la cola, que mide otros tantos.

Familia tilacínidos

Esta familia sólo incluye al tilacino o lobo marsupial *(Thylacinus cynocephalus)*, que habitaba en Tasmania en tiempos históricos. Tuvo una amplia distribución en el conti-

El opósum de Virginia (Didelphis virginiana) *vive en América del Norte y Centroamérica, desde New Hampshire hasta Colorado y desde el sur de Ontario hasta Costa Rica. Como las otras dos especies de este género, tiene la base de la cola peluda y el resto casi desnudo. Es de hábitos nocturnos y vive en los árboles, a los que trepa con gran agilidad, ayudándose con la cola, que es prensil. Durante el día duerme en madrigueras, en grietas rocosas, árboles huecos o nidos que él mismo construye. Su alimentación consiste principalmente en pequeñas aves, huevos, ratones, insectos, carroñas, cangrejos de agua dulce y ciertas frutas y raíces.*

nente australiano, pero fue prácticamente exterminado antes de la llegada de los colonizadores blancos. Se considera extinguido por completo. Tenía el tamaño y las formas de un perro, con el hocico largo y afilado, las orejas tiesas y puntiagudas, y la cola larga, recta, muy gruesa en la base y terminada en punta. Su pelaje, de un color gris amarillento, presentaba sobre la grupa y parte posterior del lomo de 12 a 14 bandas transversales negras, a las que se debía que también se le llamase tigre tasmanio. Era de costumbres nocturnas. Vivía en los parajes montañosos, por donde trepaba por las rocas con notable soltura, y era capaz de dar enormes saltos. Comía toda clase de animales, sobre todo mamíferos.

El tilacino o lobo marsupial (Thylacinus cynocephalus) *se considera extinguido aunque todavía hoy hay algunas personas que creen que sobreviviría algún ejemplar en el oeste de Tasmania. Ampliamente distribuido en el continente australiano tiempo atrás, fue exterminado ya antes de que se iniciase la colonización europea, aunque sobrevivió en Tasmania hasta 1930, fecha en la que se abatió el último ejemplar salvaje. Similar en sus formas y en su tamaño a un perro, se alimentaba sobre todo de mamíferos, aunque también comía toda clase de animales. Se le podía encontrar en zonas montañosas, estando adaptado para trepar y dar grandes saltos.*

Familia dasiúridos

Comprende 17 géneros y 58 especies propias de Australia, Tasmania, Nueva Guinea e islas adyacentes. Son marsupiales muy parecidos a las zarigüeyas, pero con la cola y el cuerpo cubiertos de pelo, por lo que a uno de sus géneros se le ha dado el nombre científico de *Dasyurus*, nombre de origen griego que significa «cola peluda». La especie más conocida es el dasiuro viverrino *(Dasyurus viverrinus)*, que habitaba hasta fechas recientes en la parte meridional de Australia y que hoy sólo se encuentra en Tasmania. Este bello animal de pelaje pardo manchado de blanco suele vivir en los árboles; cuando baja al suelo, anda rastreando, como las ginetas. Al igual que éstas, se alimenta de pequeños mamíferos, aves, huevos e insectos. De noche se acerca a las granjas para saquear los gallineros y, si puede, incluso se mete en las casas para robar la carne de la despensa. La hembra posee un marsupio bien desarrollado, en el que sus crías, entre cuatro y seis, pasan largo tiempo. Muy parecido a éste, aunque de tamaño mayor, es el gato de York *(Dasyurus maculatus)*, que vive en el nordeste de Australia y en Tasmania.

A la misma familia pertenece el conocido diablo de Tasmania *(Sarcophilus harrisii)*. Es un animal rechoncho, de patas cortas, una gran cabeza con el hocico grueso y el pelo corto y negro, salvo una gran mancha blanca en la garganta, otra sobre la base de la cola y alguna más pequeña en el resto del cuerpo. La longitud de éste es de unos 60 cm y la de la cola de unos 25. Todo su esqueleto es muy robusto, y el cráneo y la poderosa dentadura son similares a los de las fieras. Sólo se encuentra en Tasmania, donde antaño se contaban de él las más terribles historias. En realidad, come más carroña que animales vivos y sólo ocasionalmente ataca a las ovejas; cuando dos o tres de estos animales se disputan una presa, luchan con una fuerza impropia de su tamaño.

Vive entre las rocas, ocultándose en las oquedades que en ellas encuentra y saliendo sólo de noche. La hembra da a luz, en su madriguera, tres o cuatro crías, que conserva en su marsupio diez o quince días. Al cabo de este tiempo construye un nido con hierbas y helechos, momento en que los diminutos diablillos empiezan a salir de la bolsa. Sin embargo, no abandonan su primer refugio de modo definitivo hasta un mes después de su nacimiento. Cuando ya están más crecidos juegan entre sí y comen carne, que les lleva la madre. Transcurridas otras cuatro o cinco semanas, ya son capaces de buscar su alimento.

Entre los demás dasiúridos se encuentran los fascogales, que recuerdan a los tupaias del Sudeste Asiático, los diminutos ninguais, que parecen musarañas y que como ellas se alimentan de insectos, y los dunnarts o ratones marsupiales (género *Sminthopsisi*), todos ellos amenazados de extinción en uno u otro grado, al igual que el fascogale de cola roja *(Fascogale calura)*.

Familia mirmecóbidos

Se trata de una familia formada por una especie, el numbat *(Myrmecobius fasciatus)*, un marsupial australiano que se alimenta de las dos extremidades anteriores y luego las dos posteriores.

El canguro gigante *(Macropus giganteus)*, que fue descubierto por Cook en julio del año 1770, es una de las especies más comunes, pero no la mayor. La cabeza y el cuerpo miden cerca de 1,5 m y la cola unos 90 cm; su pelaje es corto, algo lanoso y de un color gris pardusco, casi blanco en las extremidades, con la cola negruzca hacia la punta. Se le encuentra en todo el este y sur de Australia, en general en el «scrub» (terreno abierto sembrado de bosquecillos), donde vive formando agrupaciones de 30, 50 o más individuos. Las horas del mediodía las pasan tumbados, durmiendo o rascándose con las manos, y por la mañana, al caer la tarde y durante la noche se dedican a pacer. La hierba y los brotes tiernos constituyen su principal dieta alimentaria; si viven cerca de terrenos cultivados ocasionan bastante daño a las cosechas. Son animales muy tímidos, pues cualquier cosa les asusta. Cuando huyen, algunos testigos dicen que llegan a dar saltos de hasta 9 m de longitud.

En los primeros meses del año entran en celo los canguros gigantes; entonces los machos entablan tremendas luchas, poniéndose los antagonistas frente a frente y asestándose terribles golpes con ambas patas posteriores a la vez, para lo cual se levantan sobre su robusta cola. Poco tiempo después, la hembra da a luz un hijo, que al nacer no es mayor que una rata de pocos días y que durante un par de meses permanece en el

El gran opósum volador (Petauroides volans) *tiene, como otros petáuridos y el burrámido* Agrobates pygmaeus, *una prolongación de la piel en ambos flancos, que emplea como paracaídas para ir de un árbol a otro.*

El ualabi de cuello rojo (Macropus rufogriseus) *es la especie más nocturna del género* Macropus. *Su fecundidad es extraordinaria y puede llegar a constituir una plaga si las condiciones climáticas le son favorables.*

marsupio, agarrado a la teta de su madre. Hacia el mes de julio más o menos, el pequeño ya salta al lado de ésta, pero sigue metiéndose de un brinco en la bolsa al menor asomo de peligro. En el mes de diciembre, en pleno estío australiano, los canguros jóvenes se separan de sus madres y crean una nueva banda.

De mayor tamaño es el canguro rojo *(Macropus rufus)*, que habita en la mayor parte de Australia y cuyo color varía según el sexo: las hembras son de un gris pálido mientras que los machos tienen un hermoso pelaje alazán, con un extraño matiz sonrosado en el cuello. Pero este tono no es en realidad el color del pelo, sino el de una secreción de determinadas glándulas de la piel, que al entrar en contacto con el aire se seca, quedando reducida a un polvillo parecido al polen de las flores y que se extiende sobre el pelo.

Los ualabis son, en general, de menores dimensiones que los canguros. Algunos tienen hábitos diurnos, como sucede con *Macropus parryi*, y otros nocturnos, como el ualabi de cuello rojo *(Macropus rufogriseus)*. Algunas especies, como el ualabi de cola anillada *(Petrogale xantopus)*, están amenazadas de extinción.

FAMILIA POTÓRIDOS

Se compone de cinco géneros y 10 especies. Los potorús (género *Potorus*) son tres especies de pequeños marsupiales que viven en zonas de pastos húmedos. Son nocturnos y construyen nidos de hierba en la época reproductiva. Ofrecen un aspecto semejante a ratas, pero los que más se parecen a estos roedores son las ratas canguros, como la rata canguro del desierto *(Caloprimus campestris)* o las ratas canguro de los géneros *Bettongia*, *Hysiprimnodon* y *Aepyprymimnus*.

FAMILIA TARSIPÉDIDOS

Está compuesta por la especie conocida como oposum de la miel *(Tarsipes rostratus)*, que vive en el oeste de Australia. Es un pequeño marsupial, cuyo cuerpo mide de 7 a 8,5 cm y de 9 a 10 la cola. Un rasgo característico es su largo morro y la longitud de su lengua. Es de hábitos arborícolas y se alimenta de néctar de flores, polen e insectos.

CLASE MAMÍFEROS

PLACENTARIOS: INSECTÍVOROS Y AFINES Y PRIMATES

FAMILIAS DEL ORDEN INSECTÍVOROS

INSECTÍVOROS Y MACROSCELIDEOS

A juzgar por los restos fósiles que estudia la paleontología, los primeros mamíferos placentarios (es decir, no monotremas ni marsupiales) que aparecieron en el mundo eran unos animales de pequeño tamaño, con el hocico largo y afilado y numerosos dientes provistos de agudas puntas. Todavía quedan muchos mamíferos de este tipo, a los que se les ha dado el nombre de insectívoros, es decir, comedores de insectos, ya que se alimentan con preferencia de insectos, cuyas recias envolturas parten y perforan con las puntas de sus dientes. Esto no quiere decir que algunos de ellos no coman otras cosas, tales como peces, lombrices e incluso sustancias vegetales.

ORDEN INSECTÍVOROS

A primera vista parece extraño que, mientras que los gigantescos dinosaurios del Mesozoico y los grandes megaterios y mastodontes del Cenozoico —dentro de los mamíferos— sucumbieron en tiempos geológicos, estos pequeños animales hayan subsistido desde tan remotas épocas; pero es que para ello cuentan con defensas de muy diversa índole. Unos están cubiertos de agudas púas que los protegen de toda clase de enemigos, otros pasan desapercibidos viviendo bajo tierra y algunos poseen glándulas que exudan sustancias de olor más o menos repulsivo. Además, casi todos son nocturnos y su exiguo tamaño les permite pasar inadvertidos y escapar de muchos peligros. Son presas usuales de aves rapaces y de muchos carnívoros.

El orden insectívoros comprende seis familias, 64 géneros y 384 especies.

Algunos insectívoros, como los musgaños, comen otros tipos de invertebrados. Este musgaño de Cabrera (Neomys anomalus) *es algo menos acuático que la musaraña de agua* (Neomys fodiens), *y su pelaje tiene poca capacidad para repeler el agua. Las musarañas o musgaños presentan una dentición característica, con un primer incisivo superior de cada lado ganchudo y el primero inferior largo y orientado hacia delante.*

Orden insectívoros
- Familia erinaceidos
- Familia solenodóntidos
- Familia tenrécidos
- Familia crisoclóridos
- Familia sorícidos
- Familia tálpidos

FAMILIA ERINACEIDOS

Comprende nueve géneros y 20 especies que habitan en África, Europa y Asia. Los miembros más conocidos de esta familia se caracterizan por las púas o espinas que cubren su cuerpo. Algunos géneros no tienen púas, aunque sí un pelo basto y duro, y viven en Asia sudoriental y en Insulindia. Ejemplos de erinaceidos sin púas son *Echinosorex gymnurus* y *Neohylomys hainanensis*.

Los erinaceidos europeos son todos espinosos. El carácter distintivo de la familia consiste en que el primer par de incisivos, tanto arriba como abajo, es siempre mayor que los caninos. Otra particularidad notable es lo reducido de la médula espinal, que es muy corta, no pasando de la tercera o cuarta vértebra del dorso.

Erizo europeo

En España existen dos especies de erizos. La más conocida es el erizo europeo *(Erinaceus europaeus)*, que es el insectívoro más grande de la península Ibérica, pues mide unos 30 cm, sin contar la cola, que tiene 3 cm de longitud. Su color es pardo claro; las púas, de un ama-

Los insectívoros son mamíferos de pequeño tamaño que se alimentan con preferencia de insectos, cuyas envolturas rompen con sus dientes. La musaraña común (Crocidura messula) *pertenece a un género que cuenta con 153 especies reconocidas, algo inusual entre los mamíferos; vive en Europa occidental y en el norte de África.*

rillento crema, presentan una banda oscura hacia la mitad. El erizo europeo vive en toda Europa y en la parte occidental de Asia. En general, abunda en todos los sitios donde hay mucha maleza y cantidad de agua; la gente de campo lo conoce perfectamente por su cuerpo espinoso y su propiedad de enroscarse, convirtiéndose en una bola erizada de púas por todas partes. Éstas se insertan en la piel por medio de una especie de cabeza abultada, como si fuesen alfileres pasados de dentro afuera, de modo que resulta imposible arrancarlas. Debajo de su piel, coincidiendo con el borde de la zona espinosa, el animal posee una banda muscular muy fuerte y elástica, que mediante una simple contracción le permite cerrar a voluntad las orillas de dicha zona, encogiendo y ocultando dentro las patas y el hocico.

El erizo es un animal nocturno, que no sale de sus escondrijos hasta una o dos horas después de ponerse el sol, para retirarse de nuevo apenas ha satisfecho sus necesidades alimenticias. Come insectos, lombrices, pequeños reptiles y anfibios, y en ocasiones huevos de aves que anidan en el suelo, ratones e incluso gazapos. Tampoco le disgustan las frutas. Parece, además, demostrado que es un gran destructor de víboras y que el veneno de éstas no le produce el menor efecto, ya que el ofidio difícilmente logra inyectárselo en el hocico, la única zona que no está protegida por las púas. En sus correrías nocturnas deja oír un alarido especial, muy fuerte, que recuerda al maullido de dolor de un gato.

Al acercarse el mes de noviembre, cuando empiezan los fríos y faltan los insectos, busca un agujero escondido y abrigado, entre las piedras o bajo las raíces de algún árbol, y allí, enroscado, queda sumido en un profundo letargo, que dura hasta marzo. Sin embargo, este sueño invernal no es continuo; en cuanto hace un día templado, aunque sea en pleno invierno, el animal sale, se estira y busca algo de comer; pero sus movimientos son torpes y pesados, como si estuviese medio dormido.

La hembra tiene en el verano cuatro o cinco crías, rara vez más, del tamaño de un dátil, con los ojos cerrados y las púas blandas como terciopelo, pero que crecen con rapidez y pronto son tan punzantes como las de sus padres. A veces en el otoño vuelve a parir.

El erizo moruno (Erinaceus algirus), *que vive en la costa mediterránea española, procede del norte de África, desde donde habría emigrado hacia su hábitat actual cuando todavía estaba cerrado el estrecho de Gibraltar. Difiere externamente del erizo europeo por su color y por presentar una escotadura sin púas sobre la frente.*

Erizo moruno

Otro erizo que se encuentra en la península Ibérica, aunque sólo en la costa del Mediterráneo, desde el estrecho de Gibraltar hasta Francia, es el erizo moruno *(Erinaceus algirus)*. Exteriormente, sólo se diferencia del erizo europeo por ser más pequeño y de color más pálido, y por las púas de la frente que forman una línea recta, en lugar de una «V» con el vértice hacia adelante como en el erizo común. Es el único erizo que vive en Baleares. Su área de origen es el norte de África, desde donde emigró hacia el litoral mediterráneo cuando aún estaba cerrado el estrecho de Gibraltar.

Familia solenodóntidos

Comprende un género y dos especies propias de las Antillas. Una de ellas vive en Haití y Santo Domingo *(Solenodon paradoxus)* y otra en Cuba: el almiquí *(S. cubanus)*. Su aspecto y tamaño son los de una gruesa rata, pero su hocico se prolonga en forma de trompa corta y sus uñas anteriores son muy largas y robustas, apropiadas para cavar. El pelaje, lar-

En la imagen, erizo europeo (Erinaceus europaeus). *A pesar de su pequeño tamaño, los insectívoros han subsistido desde tiempos muy remotos porque cuentan con defensas de muy diversa índole. Los erizos no sólo están cubiertos de agudas púas que los protegen de otros animales, sino que son muy resistentes a la acción de todo tipo de venenos.*

go y muy basto, es amarillo en la parte anterior del cuerpo y negruzco en la posterior. Habita en los bosques y se alimenta de insectos, reptiles y pequeñas aves. Para comer yergue su cuerpo sobre sus patas traseras, usando la cola a modo de trípode.

Familia tenrécidos

Está formada por 10 géneros y 23 especies propias de África ecuatorial, Madagascar y las islas Comores. El más común de estos animales es el tenrec *(Tenrec ecaudatus)*.

El tenrec es un insectívoro algo más pequeño que el erizo europeo, similar a él en coloración y aspecto, pero sus púas sólo son rígidas y punzantes en la cabeza y parte anterior del cuerpo; hacia el cuarto trasero son cada vez más blandas, hasta convertirse en simples cerdas gruesas. Carece de cola. Tanto en él como en el resto de la familia, las muelas presentan una corona triangular, en figura de lambda griega (Λ). Sus costumbres se asemejan a las del erizo; al igual que éste, además de insectos come otros invertebrados, así como vertebrados pequeños y, al llegar la estación seca, se esconde y se aletarga por una larga temporada. Es el más prolífico de los mamíferos; en cada parto la hembra tiene de 12 a 16 crías.

Familia crisoclóridos

Está formada por siete géneros y 18 especies que habitan en África, por debajo del ecuador. Reciben el nombre de topos dorados y se asemejan a los topos verdaderos (familia tálpidos) en su aspecto externo y en sus hábitos cavadores. Un ejemplo característico es el topo dorado gigante *(Chrysospalax trevelyani)*.

Familia sorícidos

Se compone de 22 géneros y 289 especies que se encuentran prácticamente en todos los ecosistemas terrestres y presentan una amplia distribución, excepto en Groenlandia, América subecuatorial, Australia, Tasmania, Nueva Zelanda y algunas islas del Pacífico.

La musaraña enana (Sorex minutus), *en la ilustración, es uno de los representantes más pequeños de los insectívoros europeos junto con el musgaño enano* (Suncus etruscus), *también europeo, que es el segundo mamífero más pequeño del mundo. Aunque su tamaño es muy reducido, es un valiente y encarnizado depredador de insectos e incluso de pequeños reptiles de mayor tamaño que él, a los que ataca con extraordinaria fiereza.*

Se les conoce con el nombre de musarañas o musgaños. Su aspecto externo es parecido al de los ratones, pero con el hocico largo y puntiagudo y los dientes de una forma particular: el primer incisivo superior de cada lado es ganchudo y está provisto de una especie de talón; el primero inferior es largo y dirigido horizontalmente hacia delante; y, entre estos incisivos y las muelas, existen unos cuantos dientes muy pequeños.

En ciertos géneros de musarañas, casi todos los dientes presentan las puntas de color rojo. Éste es el caso de la musaraña de cola cuadrada *(Sorex araneus)*, que se halla en la mayor parte de Europa. Esta especie, fácil de reconocer por sus orejas ocultas bajo el pelo, su cola de sección cuadrada y su pelaje pardo, más pálido en los flancos, mide poco más de 1 dm de longitud, incluyendo la cola, que ocupa menos de la mitad. Se alimenta de insectos y lombrices, aunque no vacila en atacar a las ranas y a las lagartijas. Una especie parecida, la musaraña de agua *(Neomys fodiens)*, hábil nadadora, persigue a los insectos acuáticos, a los crustáceos y moluscos pequeños e incluso a las ranas y los peces más grandes que ella. Los dedos de sus pies están guarnecidos de unas franjas de pelos duros, muy compactos, que al nadar desempeñan la misma función que las membranas interdigitales en los anfibios.

Otra musaraña europea, notable por su reducido tamaño —se trata del mamífero más pequeño del mundo—, es el musgaño enano *(Suncus etruscus)*, que sólo mide unos 7 cm de largo, correspondiendo cuatro al cuerpo y tres a la cola. En cuanto a las especies no europeas, tal vez la más interesante es la musaraña escudada del Congo *(Scutisorex somereni)*, cuyas vértebras están muy desarrolladas y como soldadas entre sí, formando toda la columna vertebral una especie de bóveda o escudo, tan resistente que puede sostener un peso enorme.

Familia tálpidos

Comprende 15 géneros y 32 especies distribuidas por Eurasia y Norteamérica y está formada por los auténticos topos y los desmanes. Todos sus miembros tienen los ojos muy pequeños, a veces escondidos bajo la piel, los oídos en general sin pabellón externo y el pelaje apretado, suave y lustroso. Sus caninos son mayores que los incisivos, por lo menos en la mandíbula inferior, y las puntas de sus molares están dispuestas de tal manera que cuando se mira el diente por la corona éstas forman los vértices y los extremos de una «W». Los verdaderos topos se reconocen, además, por su hocico puntiagudo, su cola corta y, sobre todo, por la curiosa apariencia de sus pies anteriores, que son muy anchos, como palas, armados de cinco uñas enormes y vueltos con la palma hacia fuera. Estos desmesurados pies, movidos por robustísimos músculos pectorales, constituyen un par de eficaces instrumentos para excavar la tierra. Los topos, en efecto, son animales eminentemente minadores. Para procurarse su sustento —lombrices de tierra e insectos que hacen vida subterránea, como los grillos cebolleros—, excavan largas y profundas galerías bajo el suelo, saliendo raras veces a la superficie. Además, su hocico cónico y calloso hace la función de una barra para levantar la tierra y su cuerpo cilíndrico y revestido de afelpada piel es el más adecuado para deslizarse por un estrecho túnel.

En la península Ibérica existen dos especies de topos: el topo europeo *(Talpa europaea)*, propio también, como lo indica su nombre, del resto de Europa, y que en España sólo se encuentra al norte del valle del Ebro, y el topo ciego *(Talpa caeca)*, que desde este río se extiende hacia el sur y poniente. Los dos tienen el pelo negro, o gris más o menos oscuro, y son muy similares en sus caracteres externos, aunque presentan diferencias notables en la forma del cráneo. El topo europeo es mucho mayor que el ciego (unos 15 cm de longitud el primero y sólo 11 el segundo) y, además, mientras que en este último los ojos están cubiertos por la piel, en el europeo ésta suele presentar un pequeñísimo orificio sobre cada ojo.

La vivienda del topo es una obra admirable. La del topo ciego consiste en una red de túneles sinuosos, unidos entre sí y que conducen a una cámara central ocupada por el nido, y casi siempre emplazada debajo de una gran piedra, de un zarzal o de un matorral muy apretado. La longitud de los diversos pasadizos suma con frecuencia un total de 12 o más metros. Muchos de ellos no los excava para llegar al nido, sino para buscar alimento.

El topo europeo construye una vivienda mucho más complicada que el topo ciego, con numerosas galerías que ocupan el interior de un pequeño otero formado por la tierra ex-

El ojo del topo europeo es reducido y suele estar cubierto por la piel; sin embargo, la retina posee los elementos normales, aunque en menor número. La visión es pobre, pero importante, ya que al vivir bajo tierra les advierte de la proximidad de la superficie. Todo en el topo está organizado para facilitar sus trabajos de excavación. Sus pies delanteros, muy anchos y armados de cinco uñas enormes y vueltas con la palma hacia afuera, los utiliza a modo de palas. Su hocico, puntiagudo y calloso, actúa como una barra para levantar la tierra. La forma cilíndrica de su cuerpo le ayuda a deslizarse por los estrechos túneles.

traída, que es lo que en algunas zonas recibe el nombre de «la fortaleza del topo».

Estos animales son muy voraces. Un topo muere si pasa doce horas sin tomar alimento, y cada día necesita una cantidad de comida igual a tres veces el peso de su cuerpo. Se ha comprobado que un topo devora en un par de horas tres gruesas chicharras, un eslizón y una pequeña lagartija. A pesar de su pequeño tamaño, a veces ocasionan daños en las huertas al abrir sus galerías; pero, en general, los perjuicios que se les atribuyen son causados por roedores de costumbres también subterráneas.

El topo estrellado *(Condylura cristata)*, de América del Norte, recibe este nombre debido a unos apéndices que rodean su nariz, confiriendo al hocico el aspecto de una estrella. En las montañas del centro y norte de la península Ibérica vive la almizclera *(Galemys pyrenaicus)*, que presenta una trompa corta y aplastada y es de costumbres acuáticas y muy discretas. Una especie parecida, aunque de tamaño mucho mayor y con la cola comprimida lateralmente, es el desmán de Rusia *(Desmana moschata)*.

ORDEN MACROSCELIDEOS

Aunque los animales de este orden poseen largos hocicos que facilitan la búsqueda de presas, la semejanza con las auténticas musarañas se reduce a esta peculiaridad. Su clasificación en un grupo taxonómico ha variado a causa de sus características morfológicas: grandes ojos y largas patas, hocico parecido a una trompa, premolares y molares con altas coronas similares a los de un herbívoro y una cola larga como la de las ratas. Hasta hace poco tiempo se les incluía entre los insectívoros o se les consideraba una clase de ungulados, que antaño comprendía a las musarañas arborícolas. Finalmente, se les ha clasificado en su propio orden, el de los macroscelideos, que comprende una única familia con cuatro géneros y 15 especies.

FAMILIA MACROSCÉLIDOS

En la actualidad existen dos subfamilias insectívoras bien diferenciadas, ambas limitadas al continente africano: las musarañas elefante gigantes (subfamilia rincocioninos, género *Rhynchocyon*) y las musarañas elefante pe-

Gracias a su capacidad excavadora, los topos construyen viviendas con galerías muy complejas. La vivienda del topo europeo (Talpa europaea), *más complicada que la del topo ciego, cuenta con numerosas galerías en el interior de un otero formado por la tierra extraída. Los túneles de los topos no son meros pasajes, sino trampas, ya que en ellos caen multitud de animales cavadores; de este modo el topo puede alimentarse simplemente recorriéndolos, lo que hace cada tres o cuatro horas.*

Las musarañas elefante (familia macroscélidos) se distribuyen únicamente por el continente africano. Su hábitat, muy variado, incluye el bosque montano y de tierras bajas, así como la sabana, la estepa y el desierto. Existen quince especies y casi todas ellas producen varias camadas al año, que constan de una o dos crías.

queñas (subfamilia macroscelidinos, géneros *Petrodromus, Elephantulus* y *Macroscelides*).

Todas las especies son terrestres. A pesar de la diversidad de hábitats y de la diferencia de tamaño entre las especies menores y mayores, su organización social varía bien poco. Los individuos de las especies del género *Rhynchocyon* viven formando parejas monógamas asociadas de manera laxa en áreas de actuación contiguas, defendidas de las parejas vecinas. Al igual que sucede en la mayoría de los mamíferos monógamos, ambos sexos son similares en aspecto y en tamaño, con la excepción de los caninos del macho de las musarañas elefante gigantes.

En los encuentros territoriales las señales visuales son importantes, pero todas las especies marcan sus áreas de actuación con las glándulas odoríferas, localizadas en algunas de ellas en la base de la cola. La comunicación vocal carece de relevancia, aunque el petrodromo y otras especies producen algunos sonidos pateando con sus pies.

Casi todas las especies procrean durante todo el año, con una gestación de unos cuarenta y cinco días para las formas gigantes y de unos 60 para las pequeñas; en general producen varias camadas al año, que constan de una o dos crías; éstas nacen bien desarrolladas, con un pelaje similar al de los adultos. La rata de trompa berberisca y el rincoción variado pueden parir tres crías por camada. Las de las musarañas elefante gigantes requieren más cuidados que las de las especies menores, por lo que permanecen en el nido varios días antes de que puedan acompañar a la madre.

Las musarañas elefante pasan muchas de sus horas activas alimentándose de invertebrados; las especies pequeñas comen también materia vegetal, en especial pequeños frutos carnosos y semillas. Las formas gigantes buscan sus presas del mismo modo que lo hacen otros animales, como los pequeños coatíes o los cerdos, utilizando sus hocicos en forma de probóscide para sondear entre el mantillo de hojas y las largas uñas de sus manos para excavar el suelo.

Desde hace poco tiempo, algunos parques zoológicos de Estados Unidos exhiben la musaraña elefante rufa *(Elephantulus rufescens)*, reproducida con éxito en cautividad.

DERMÓPTEROS, QUIRÓPTEROS Y ESCANDENTES

Los dermópteros se sitúan entre los mamíferos más extraños y enigmáticos de nuestra era; la estructura del cráneo y, en general, del esqueleto, la dentadura, la forma de las manos y de los pies, y la presencia de un gran patagio son buena prueba de ello.

El murciélago ratonero grande (Myotis myotis) *es uno de los mayores murciélagos europeos, lo que no impide que frecuente las grandes ciudades. Aunque a veces vive en solitario, suele formar colonias, especialmente a finales de primavera y principios de verano.*

ORDEN DERMÓPTEROS

Mientras que Linneo los colocó entre los prosimios, orden en el que permanecieron durante mucho tiempo, Cuvier consideraba oportuno clasificarlos entre los murciélagos. Más tarde, de los quirópteros pasaron a los carnívoros y luego a los marsupiales y a los insectívoros. Por último, se creyó conveniente crear un orden distinto, llamado inicialmente galeopitécidos. En la actualidad se reconoce que los colugos son los posibles restos de una antigua rama colateral de mamíferos especializados y, debido a su apariencia y hábitos peculiares, se han situado en un orden separado, el de los dermópteros, es decir, animales de alas cutáneas. Éste está formado por una única familia que incluye un género y dos especies.

FAMILIA CINOCEFÁLIDOS

Las dos especies de esta familia son el colugo filipino *(Cynocephalus volans)*, propio de Filipinas, y el colugo malayo *(C. variegatus)*, que vive en Thailandia, Indochina, península Malaya, Sumatra, Java, Borneo e islas adyacentes. Se caracterizan por la presencia de una membrana plana o patagio, que se extiende desde el lado del cuello del animal hasta las puntas de los dedos de manos y pies, prolongándose hasta el extremo de la cola. No existe ningún otro mamífero planeador que posea una membrana tan extensa; de hecho, en las ardillas voladoras el patagio sólo se extiende entre las patas. Con el patagio extendido, el colugo recuerda a una cometa. Es capaz de ejecutar vuelos planeados controlados de 60 m, con la membrana haciendo de paracaídas. Éstos constituyen una notable adaptación a la selva tropical, donde los árboles alcanzan considerables alturas y gran parte del alimento se encuentra en las copas.

La conducta y el aspecto de los colugos son tan característicos que resultan inconfundibles; de tamaño parecido al de un gato, sus hábitos son tan arbóreos que en el suelo se encuentran casi indefensos. El colugo filipino es más pequeño que el malayo y parece más primitivo, con unos incisivos y caninos menos especializados. Las patas del colugo son de igual longitud, con garras fuertes y afiladas para trepar; los dedos de los pies están unidos por membranas de piel, a modo de extensión de la membrana voladora. Los colugos tienen los ojos grandes, como corresponde a animales nocturnos, y su visión estereoscópica les procura la necesaria percepción tridimensional para calcular unos aterrizajes precisos. La cabeza es ancha, con orejas cortas y un hocico romo.

corta, se halla reducida casi a un repliegue transversal. Su color es pardo sucio, más o menos intenso según las zonas, ya que este quiróptero tiene un área de distribución muy extensa, llegando desde el norte de México hasta Chile, Argentina y Uruguay, así como las islas Margarita y Trinidad. La sangre constituye el único alimento de este animal; aunque no la obtiene chupando, sino más bien lamiendo. Al examinar la boca de un vampiro, se observa que únicamente posee dos incisivos superiores, muy grandes, en forma de hoz y afilados como navajas de afeitar, y que sus colmillos son también enormes y cortantes. Este conjunto funciona, al cruzarse, como una tijera. Durante la noche, los vampiros acuden a los ranchos y, posándose sobre el ganado, comienzan por cortar con estos dientes afilados un trocito redondo de piel; la sangre brota en seguida de los vasos capilares y el murciélago, aplicando la lengua, lame hasta saciarse. El dolor que el mordisco produce es tan ligero y desaparece tan pronto, que el animal mordido rara vez se despierta. Al llegar el día, se le encuentra sangrando, pero la pequeña herida no tendría consecuencias si no fuese porque algunos vampiros transmiten la rabia o porque acuden a ella las moscas y los tábanos, que pueden ocasionar infecciones de funestos resultados. Si los vampiros tropiezan con un hombre dormido, le muerden en las orejas o en los dedos, y es posible que al día siguiente éste sienta cierta molestia producida por la hemorragia que sigue al ataque del quiróptero. La mordedura no suele tener consecuencias, a menos que el vampiro esté infectado por la rabia.

Al ser la sangre un alimento líquido y asimilable, el vampiro presenta un aparato digestivo muy sencillo, formado por un tubo intestinal casi uniforme, sin estómago bien diferenciado. El animal se harta de sangre de tal manera que con frecuencia la devuelve, de modo que el suelo de las cuevas donde pasan el día estos quirópteros está lleno de grandes manchas negruzcas, que no son sino sangre seca y oscurecida.

Otras especies

Otras especies caraterísticas son el moharra *(Phyllostomus hastatus)* y el falso vampiro del Nuevo Mundo *(Vampyrum spectrum)*, ambos propios de América tropical. Muy parecidos entre sí en aspecto y tamaño, se diferencian en que el primero tiene las orejas muy puntiagudas, mientras que las del segundo son de puntas redondeadas.

Familia vespertiliónidos

Incluye 42 géneros y 355 especies que habitan en todas las regiones templadas y tropicales del planeta. El género *Vespertilio* se

En la imagen, murciélago ratonero grande (Myotis myotis). *Se ha comprobado experimentalmente que la característica voltereta que dan estos animales para colgarse de un sitio se realiza sin la ayuda del sonar.*

El murciélago común (Pipistrellus pipistrellus) *es el quiróptero más abundante en Europa; también vive en Asia templada hasta China y en el noroeste de África. No es raro verlo*

caracteriza por presentar las orejas con un trago bien desarrollado y la nariz desprovista de las extrañas excrecencias que caracterizan a los rinolófidos y filostómidos. La kirivula de la India *(Kerivoula picta)* tiene el pelo de un bonito color anaranjado y las alas manchadas de rojo y negro, como las de una mariposa. El nóctulo *(Nyctalus noctula)*, que vive en toda Europa y es uno de los murciélagos que vuelan más alto, posee también una coloración muy elegante: canela en el cuerpo y negra en la cara, las orejas y las alas.

A esta familia pertenecen los murciélagos más parecidos a ratones con alas. Uno de ellos, en efecto, lleva el nombre de murciélago murciélago ratonero grande *(Myotis myotis)*. Es una de las mayores especies de Europa, con más de 40 cm de envergadura, y su pelaje presenta un color pardo en el dorso y blanquecino en el vientre. Estos animales suelen vivir lejos de las grandes poblaciones, aunque a menudo frecuentan parques forestales umbrosos, ríos que atraviesan las ciudades y, en raras ocasiones, jardines urbanos. Para dormir eligen cuevas escondidas, de preferencia aquéllas que se encuentran en sitios bajos y bien descubiertos, sobre todo junto a los ríos o cerca del mar; también se refugian y crían en desvanes y construcciones subterráneas rurales, suburbanas y, en ocasiones, urbanas. Allí se reúnen a centenares e incluso a millares, compartiendo su morada con murciélagos de herradura y con otras especies más pequeñas. Colgados unos de otros desde lo más alto de la bóveda de la cueva, los murciélagos ratoneros forman verdaderos racimos, algunos de los cuales suman a veces más de cien individuos. La incesante acumulación de sus excrementos llega a formar una capa blanda de mucho espesor, de la que se desprende un fuerte olor amoniacal. Estos excrementos, que la gente del campo llamaba antaño murcielaguina, constituyen un abono sin igual para la tierra, a lo que se une el beneficio que reportan a los cultivos los miotos al destruir gran cantidad de lepidópteros y coleópteros nocturnos.

Incluidos en este mismo grupo están: el murciélago de Natterer *(Myotis nattereri)*, también conocido como mioto de orla, por presentar la franja externa del uropatagio recubierta de pelos rígidos y curvos, y el murciélago ribereño *(M. daubentonii)*, que, como indica su nombre, vive en biotopos próximos a ríos y otros cursos fluviales, incluidos los estanques de los parques urbanos.

Murciélago común

También pertenece a esta familia el murciélago común *(Pipistrellus pipistrellus)*, que es la especie habitual en muchas ciudades y el más pequeño de los murciélagos europeos. Sólo mide, en efecto, unos 4 cm de longitud. Se le reconoce por su reducido tamaño y su pelaje pardo muy oscuro, con orejas y alas negras. Su vuelo es muy rápido, pero desigual y sinuoso. En tierra también se mueve con bastante rapidez, ayudándose con la cola, que encorva hacia abajo para apoyar la punta en el suelo. Es muy buen trepador.

volar de día en lugares en los que la humedad ambiental es suficientemente elevada para contrarrestar la pérdida de agua que sufre a través de sus membranas.

El murciélago común no es, sin embargo, un quiróptero arborícola. Rara vez se le encuentra en los huecos de los troncos y tampoco es de las especies que más frecuentan las cavernas. Las torres de las iglesias, los tejados de las casas, las criptas abandonadas y las viejas ruinas son sus mansiones favoritas. En los parques urbanos y en los campos se le ve siempre volar cerca de los edificios, lo indica que es en éstos donde suele albergase.

Esta especie tiene encarnizados enemigos en las aves nocturnas.

Murciélago de borde claro

El murciélago de borde claro *(Pipistrellus kuhlii)*, así llamado por un borde pálido que presenta su membrana interfemoral, de color negruzco, vive en la península Ibérica, exceptuando la parte septentrional y noroccidental. Es común en las zonas rurales y bosques no muy densos, donde utiliza como refugio las oquedades de los árboles y rocas, así como construcciones humanas. Otra especie propia de la península Ibérica es el murciélago de montaña *(Pipistrellus savii)*, que se encuentra en las sierras elevadas, sobre todo en los bosques y en las inmediaciones de las grandes arboledas.

Murciélagos orejudos

Pero el vespertiliónido más curioso es el orejudo *(Plecotus auritus)*, el mamífero que, en proporción a su tamaño, tiene las orejas más grandes. Para un cuerpo de cuatro centímetros y medio posee, en efecto, unas orejas de más de 3 cm, que es como si un buey las tuviese de un par de metros. Este murciélago vive en alamedas y jardines de pequeñas poblaciones, donde se refugia en los árboles huecos, así como en los invernaderos y desvanes. Cuando duerme, esconde las orejas debajo de las alas, con lo que tapa los orificios de los oídos. Una especie muy similar, el orejudo meridional *(Plecotus austriacus)*, vuela con frecuencia por los jardines urbanos de las ciudades mediterráneas de la península Ibérica y, al igual que el orejudo septentrional, descansa y cría en campanarios y otros edificios altos.

FAMILIA MOLÓSIDOS

Se compone de 16 géneros y 86 especies que habitan en las regiones cálidas del planeta. Carecen de apéndices nasales, la cola es muy larga y el rostro achatado, con el hocico grueso y rugoso como el de un bulldog, por lo que a uno de los géneros se le ha denominado *Molossus*, esto es, perro de presa. En la península Ibérica existe el murciélago rabudo *(Tadarida taeniotis)*, bastante abundante en los parques y jardines urbanos o suburbanos. La especie más interesante es el murciélago de collarín *(Cheiromeles torquatus)*, que habita en Borneo. Es un animal de aspecto extraño, con una cabeza que recuerda a la del cerdo; tiene toda la piel desnuda, a excepción de un collarín de pelos. La hembra muestra en cada costado, debajo del ala correspondiente, un gran pliegue de la piel, que forma una bolsa bastante profunda; cuando está criando, mete en una de estas bolsas a su hijo para transportarlo mientras vuela.

Los murciélagos ratoneros duermen y se reproducen en cuevas, en desvanes y en construcciones subterráneas tales como sótanos o bodegas abandonadas. Las colonias reproductoras suelen estar compuestas por hembras y sus crías, mientras que los machos ocupan otros refugios.

El zorro de Madagascar (Pteropus rufus) *sólo vive en esta gran isla del Índico. Como otras especies de este diversificado género, se alimenta principalmente de jugos de frutas que obtiene exprimiendo trozos de pulpa con la boca, y expulsando luego las semillas y la pulpa seca.*

ORDEN ESCANDENTES

En un principio clasificadas dentro del orden insectívoros, las tupayas se incluyeron durante un tiempo junto con los primates, pero los estudios recientes las diferencian de ambos órdenes y, en la actualidad, se las considera como únicos miembros del orden escandentes. Hoy se está de acuerdo en que representan una familia muy distante en la evolución de los mamíferos placentarios.

A esta conclusión se ha llegado por distintos caminos. La primera objeción a su inclusión entre los primates estriba en que las tupayas pueden haber adquirido su semejanza con éstos a través de una evolución totalmente separada de ciertos rasgos, debido a requerimientos funcionales similares. La segunda se basa en distinguir entre similitudes compartidas por el hecho de descender de una población ancestral específica y similitudes compartidas debido a la conservación de rasgos derivados de la más antigua población de mamíferos placentarios.

CLASIFICACIÓN

El orden escandentes se compone de una sola familia, los tupaíidos, con seis géneros y 18 especies.

FAMILIA TUPAÍIDOS

Las tupayas son mamíferos parecidos a las ardillas, que viven en las selvas tropicales del sur y sudeste de Asia. Ninguno de los seis géneros cubre enteramente el territorio geográfico del orden, pero el genero *Tupaia* es, sin duda, el más difundido.

El mayor número de especies se encuentra en Borneo, donde habitan diez de las dieciocho reconocidas. El gran tamaño de la isla y, por consiguiente, la amplia gama de hábitats disponibles facilitó esta concentración, aunque es posible que Borneo fuese el centro desde el cual comenzó la radiación adaptativa de las modernas tupayas.

Las tupayas son pequeños mamíferos de cuerpo alargado y cola larga, cubierta por pelos largos y espesos, salvo en la tupaya de cola plumosa *(Ptilocercus lowii)*. El pelaje es denso y suave. En todos los dedos de manos y pies tienen garras. Las orejas presentan un pliegue membranoso externo, de un tamaño que varía de una especie a otra y que acostumbra estar revestido de pelo. El hocico puede ser corto o alargado. Excepto en la tupaya de cola plumosa, por lo general los ojos de las tupayas están situados lateralmente y son grandes con respecto al tamaño del cuerpo y con buena visión.

Al igual que las ardillas europeas, la mayoría de las tupayas pasan más tiempo buscando su alimento en el suelo que en los árboles. Atraviesan el bosque moviendo de manera espasmódica las colas y se nutren de pequeños animales, en especial artrópodos, y de frutos, semillas y otras materias vegetales. Salvo las especies de hábitos más arborícolas, como la tupaya pigmea *(Tupaia minor)*, todas ellas pasan largo tiempo hurgando en los lechos de hojarasca con el hocico y las manos, como la tupaya de Filipinas *(Urogale everetti)*. Parece ser que las tupayas de mayor tamaño devoran vertebrados en plena naturaleza, como por ejemplo mamíferos y lagartos; en cautividad se las ha visto capturar ratones y matarlos de una dentellada en la nuca.

Tras un período de gestación de unos cincuenta días, nacen de una a tres crías sin pelaje, con las orejas y los ojos cerrados. Las orejas se abren a los diez días y los ojos, al cabo de unos veinte.

En las tupayas se ha observado el carácter extremadamente rudimentario de sus cuidados como progenitores, un comportamiento insólito entre los mamíferos placentarios. En tres especies como mínimo se han realizado investigaciones que demuestran que la madre pare a sus crías en un nido aparte, que visitará para amamantarlas sólo una vez cada dos días. Las visitas duran aproximadamente diez minutos y, durante este breve período de tiempo, la hembra suministra a cada cría unos 10 g de leche, que han de bastarle para las cuarenta y ocho horas siguientes; en el nido, sin embargo, las crías permanecen casi inmóviles.

La regla según la cual los mamíferos pequeños son nocturnos no se cumple en la mayoría de las tupayas. No obstante, la tupaya de cola plumosa sí que lo es.

Las tupayas son pequeños mamíferos de cuerpo y cola alargados, estando cubierta esta última generalmente de pelos largos y espesos. La palabra «tupaya» es un término malayo que significa «ardilla». A pesar de su estrecha relación con los querópteros y primates, el parecido de las tupayas con las ardillas es muy grande, debido a lo cual algún cazador europeo ha disparado a la tupaya creyendo cazar una ardilla.

PRIMATES

Cuando Linneo, el gran naturalista sueco, publicó la décima edición de su clásico *Systema Naturae* (1758), dentro de la clasificación de los mamíferos reunió al hombre, los monos y los murciélagos en un solo orden, al que dio el nombre de Primates, queriendo significar que éstos eran los primeros seres de la escala zoológica. Esta amalgama no fue muy del agrado de los sabios de la época y, así, otros autores se apresuraron a descomponer dicho orden en tres, constituyendo con los murciélagos el de los quirópteros, con los monos el de los cuadrumanos y con la especie humana el de los bimanos. En contra de esta opinión, Geoffroy Saint-Hilaire demostró en 1842 que, si bien era preciso separar a los quirópteros de los monos, no había razón para colocar al hombre aparte. En efecto, si se considera que la clasificación zoológica se basa en caracteres morfológicos y evolutivos, hay que reconocer que bimanos y cuadrumanos deben constituir un solo orden; no obstante, están directamente emparentados con los quirópteros, así como con los dermópteros y con los insectívoros.

El aye aye (Daubentonia madagascariensis), *que ocupa en Madagascar un nicho ecológico similar al de los picos, es uno de los mamíferos más extraños del mundo. También es uno de los más raros, ya que apenas quedan unas pocas poblaciones dispersas en el centro-este y norte de la isla.*

Tan importantes son las relaciones existentes entre la estructura de diversos insectívoros, de los dermópteros, de los murciélagos y de los primates, que un naturalista norteamericano, William King Gregory, formó con todos ellos un gran grupo o superorden, el de los *arcontas*, esto es, de los jefes o gobernantes supremos, nombre que alude al hecho de que el género humano figura en este grupo.

Características generales

Los primates son mamíferos poco especializados a nivel morfológico, por lo que resulta difícil dar una definición clara de este grupo de animales. Tal vez su carácter más especializado sea el bipedismo, aunque se pueden enumerar otros, como por ejemplo la forma de sus extremidades, las cuales, casi sin excepciones, presentan el primer dedo más o menos oponible a los otros cuatro, aunque algo de esto aparece también en ciertos marsupiales, y la cara, con los ojos dirigidos hacia el frente, mientras que en todos los mamíferos tratados hasta ahora se hallan dispuestos a los lados. Este carácter externo corresponde a una particularidad del cráneo típica de los primates. En todos ellos, las fosas orbitales, o sea, las cavidades del cráneo donde se alojan los ojos, se hallan orientadas hacia delante y cerradas por detrás por medio de un tabique óseo que las separa de la región de las sienes, donde existe a cada lado una segunda cavidad, que recibe el nombre de fosa temporal. En otros mamíferos, como los insectívoros, los dermópteros y los quirópteros, falta dicho tabique; además, las fosas orbital y temporal forman una sola depresión.

Clasificación

El orden primates se divide en dos subórdenes, 13 familias, 53 géneros y 182 especies, a las que hay que añadir el hombre.

A excepción de este último, que se ha establecido en prácticamente todos los puntos habitables del globo, los primates son

presentan el segundo dedo del pie y de la mano reducido o carecen de él. Son animales de movimientos lentos y reposados.

El poto *(Perodicticus potto)*, que se distribuye por las selvas tropicales de la costa occidental de África y de la franja que se extiende desde Guinea hasta el Congo y desde Gabón hasta Kenia, tiene un pelaje de un atractivo color rojizo claro. Es un primate de cabeza globosa, cola corta y gruesa, y extremidades configuradas de manera muy singular, con el primer dedo tan oponible a los demás, que forma con ellos una especie de pinza. En el golfo de Guinea se encuentra una subespecie *(P. p. edwardsi)* de pelaje castaño y negro. Los potos son animales muy lentos que sólo se desplazan de noche.

Otro género uniespecífico de lorísidos africanos es el del anguantibo *(Arctocebus calabarensis)*, de aspecto muy parecido al poto, pero sin cola ni las puntas de las vértebras sobresalientes. En las orillas del río Benito, en el golfo de Guinea, se encuentra el anguantibo dorado *(A. c. aureus)*.

En la zona asiática, esta familia se halla representada por los loris. Estos animales están desprovistos de cola y tienen el segundo dedo muy corto, pero nunca reducido a un simple muñón, como ocurre con los lorísidos africanos. El loris esbelto *(Loris tardigradus)*, propio del sur de India y Sri Lanka, es un animal del tamaño de una ardilla, notable por su extremada delgadez y por sus grandes ojos rojizos, rodeados de unas manchas oscuras que dejan un espacio intermedio blanco. Su color es pardo oscuro. El loris lento *(Nycticebus coucang)* habita desde Bangladesh hasta Vietnam, Malaysia, Sumatra, Java y Borneo.

Familia galáguidos

Consta de cuatro géneros y ocho especies que viven en el continente africano, desde el sur del Sahara hasta el cabo de Buena Esperanza, conocidos como gálagos, nombre que lleva una de las especies en el Senegal. Son animales con un aspecto a medio camino entre las ratas y las ardillas, a los que se reconoce por sus enormes ojos, sus grandes orejas membranosas, su larga y tupida cola y por tener las patas posteriores más largas que las anteriores. Todos ellos son nocturnos y pasan el día dormidos, hechos un ovillo y con

Los gálagos se caracterizan por sus grandes ojos, sus orejas membranosas, su larga y tupida cola, y por sus patas posteriores, mayores que las anteriores. Con sus más de 45 cm de longitud, el gálago gigante o de cola gruesa (Otolemur crassicaudatus) *es el mayor representante de la familia galáguidos, de vida nocturna y de régimen omnívoro. Pasa el día durmiendo en algún árbol hueco, mientras que de noche salta de rama en rama, en busca de frutos y pajarillos. Vive en el este y sur de África, en bosques secos y densos, y en bosques de galería.*

En la imagen, un tarsero de Filipinas (Tarsius syrichta). *El amplio campo visual de los tarseros, gracias a la rotación de casi 360º de la cabeza, les permite atrapar a sus presas y esconderse con asombrosa facilidad.*

las orejas dobladas y encogidas a la manera de ciertos murciélagos, en algún agujero de un árbol o en un nido construidos por ellos mismos. De noche, en cambio, son muy activos y ágiles; saltan entre el ramaje en busca de su alimento, consistente en frutos, huevos de pequeñas aves e insectos. También les gusta mucho la goma o resina que destilan diversas especies de árboles africanos, de ahí que comúnmente reciban el nombre de «animales de la goma».

En el golfo de Guinea existen tres especies: el oyam o gálago de Demidoff *(Galagoides demidoff)*, que es muy pequeño y con los pies posteriores muy largos; el aboli o gálago elegante *(Euoticus elegantulus)*, de mayor tamaño y color rojizo con una línea dorsal oscura; y el emán o gálago de Allen *(Galagoides alleni)*, casi tan grande como el segundo, pero de pelaje oscuro. En Zanzíbar, Tanzania, Mozambique, Zimbabwe, Transvaal y Malawi se encuentra el moholi *(Galago zanzibaricus)*, y en la costa oriental, el gálago de Garnet *(Otolemur garnetti)*, algo mayor que el anterior pero menos hermoso. Ninguno de ellos llega a alcanzar el tamaño del gálago gigante o de cola gruesa *(Otolemur crassicaudatus)*, que vive en el este y sur de África. Es un animal que mide más de 45 cm de longitud, con la cola todavía más larga y muy gruesa y peluda. Su color es pardo claro, tirando a rojizo en el lomo.

FAMILIAS DEL SUBORDEN HAPLORRINOS ▶

Suborden haplorrinos
- Familia tarsíidos
- Familia cébidos
- Familia calitríquidos
- Familia cercopitécidos
- Familia colóbidos
- Familia hilobátidos
- Familia homínidos

SUBORDEN HAPLORRINOS

Es el grupo que comprende a los primates sin rinario. Entre ellos se encuentran los denominados simios y el hombre. Algunos presentan hocico, pero el tegumento que rodea la nariz es siempre igual al del resto de la cara.

Familia tarsíidos

Comprende un género y cuatro especies. Este pequeño grupo de primates se clasificó durante mucho tiempo entre los estrepsirrinos. Sin embargo, difieren de ellos por tener las narices sin rinario desnudo y porque han perdido muchos caracteres primitivos. Sólo se conoce un género *(Tarsius)*, compuesto de animales no mayores que una rata, con la cabeza redonda, orejas anchas y membranosas, ojos muy grandes y redondos, como de búho, cola muy larga y pelada (a excepción de dos filas de pelos que, a modo de barbas de pluma, lleva en la punta), y extremidades posteriores alargadas por la prolongación del tarso, a lo que se debe que Buffon les diese el nombre de «tarsiers» o tarseros. Los dedos segundo y tercero de dichas extremidades son muy cortos y armados de garras, mientras que los demás poseen uñas más cortas; todos ellos terminan en una yema ensanchada, en forma de ventosa. Son insectívoros y están adaptados al salto. Las cuatro especies del género se distribuyen por Indonesia y Filipinas, siendo la primera que se conoció el mago o tarsero espectral *(Tarsius spectrum)*. Mide unos 15 cm de longitud, con una cola de más de 20 cm. Tiene el pelaje pardo rojizo y sus grandes ojos son de color pardo amarillento.

Vive en la isla Célebes y en las islas adyacentes Sanghir, Peleny y Selajany, donde es creencia popular que se alimenta de carbón vegetal. Las otras especies son el tarsero occidental *(T. bancanus)*, que vive en Borneo, Bangka y sur de Sumatra, *(T. pumilus)* que vive en el centro de la isla Célebes, y el tarsero de Filipinas *(T. syrichta)*.

Los tarseros son fundamentalmente insectívoros y carnívoros. Capturan toda clase de artrópodos, incluidos los escorpiones. De todas formas, su dieta es muy variable y pueden consumir lagartos y murciélagos. El tarsero occidental es capaz de matar aves de mayor tamaño que él, así como serpientes venenosas. Para capturar a sus presas saltan sobre ellas, de preferencia cuando están en el suelo, las sujetan con las manos y las matan o inmovilizan a dentelladas. Luego las transportan en la boca hasta una rama, donde las devoran, empezando por la cabeza.

El resto de los haplorrinos puede dividirse en dos grandes grupos: uno que presenta tres premolares a ambos lados de cada mandíbula y en el que el tabique de separación entre las ventanas de la nariz es muy ancho, y otro que sólo cuenta con dos premolares y en el que el tabique internasal es estrecho. A los primeros, todos ellos americanos, se les denomina «platirrinos»; los segundos se llaman «catarrinos» y son oriundos del Viejo Mundo. A los platirrinos pertenecen las familias cébidos y calitríquidos, y a los catarrinos, las familias cercopitécidos, colóbidos, hilobátidos y homínidos.

Familia cébidos

Está compuesta por 11 géneros y 35 especies que viven en América Central y del Sur. Todos los cébidos se caracterizan porque tienen narices anchas, 36 dientes y uñas iguales en todos los dedos, presentando muy desarrollado el primer dedo del pie, mientras que el de la mano falta en algunos casos. Además, normalmente la cola es larga y prensil.
En el género Capuchinos, que da el nombre a esta familia *(Cebus)*, la cola es muy larga y muestra cierta tendencia a enroscarse y a asir los objetos, pero sin llegar a ser completamente prensil. Por lo común a estos monos se les llama «machines» y «caíes». De las especies conocidas, la más corriente es el capuchino de cara blanca *(Cebus capucinus)*, que mide unos 40 cm de longitud —sin incluir la cola, que tiene una largura similar— y cuyo pelaje es negro, con el cerco de la cara, la garganta y los hombros blancos. Este mono habita en América Central, en el oeste de Colombia y en Ecuador. Se encuentra en varios tipos de bosque y, aunque come sobre todo fruta de pulpa dulce, busca también pajarillos, huevos e insectos. Es muy aficionado a la miel y a las larvas de las abejas silvestres. Vive siempre en grupos numerosos.

Saimiríes

Otro género interesante es el de los saimiríes, monos de tamaño más pequeño, con la cabeza alargada hacia atrás y la boca rodeada de una gran mancha negra, que les confiere un aspecto muy singular.

El saimirí o mono ardilla *(Saimiri sciureus)* tiene el pelaje ceniciento verdoso, con los antebrazos y las piernas de color de oro viejo, y mide unos 35 cm de longitud sin contar la cola, que no baja de 40 cm. Habita toda la cuenca del Amazonas y es uno de los monos más sociables. Normalmente, los saimiríes se reúnen en grupos bastante numerosos, compuestos de individuos de ambos sexos.

Sahuíes

Los sahuíes, algo mayores que los saimiríes, poseen el pelo muy largo y sedoso. Viven en los arbustos y matorrales próximos al agua.

El capuchino de cara blanca (Cebus capucinus) *es un cébido propio de América Central, oeste de Colombia y Ecuador, y es frecuente sobre todo en Panamá y Costa Rica. Es un animal social que vive en todo tipo de bosques, incluidos manglares, donde se reúne en grupos numerosos.*

Un género muy característico de la familia de los cébidos es el de los monos lanudos (Lagothrix), *que cuenta con dos especies, el mono lanudo común* (L. lagotricha) *y el de cola anillada* (L. flavicauda). *Ambos viven en Sudamérica. Son perseguidos por su carne y sobre todo por su valor como mascota. En la imagen, mono lanudo común.*

Algunos individuos de las tres especies exhiben vivos colores rojos o dorados y todos ellos muestran un hermoso pelaje, debido a lo cual los naturalistas les dan el nombre científico de *Callicebus*, o lo que es lo mismo, mono bonito.

Saquíes

Monos también de pelaje espeso y largo, aunque de mayor tamaño, son los saquíes. Su pelo es basto y enmarañado, y presentan una larga y pobladísima cola. Entre estos monos figura el parahuacú o saki de barba roja *(Pithecia monachus)*, propio de la selva amazónica. Es de color negro, mezclado de amarillento quemado, con las manos y los pies blanquecinos. El carácter de estos monos es apacible; pasan el mediodía agazapados en lo alto de los árboles, con cuya corteza cubierta de líquenes se confunde su pelaje, y al amanecer y a la caída de la tarde se los ve vagar por la selva en grupos, oyéndose con frecuencia sus gritos, semejantes a gemidos roncos y lastimeros.

Mono de noche y monos araña

Muy distinto es, en cambio, el mono de noche, otro género sudamericano en el que la cabeza es redonda y los ojos enormes, como ocurre con ciertos estrepsirrinos y con los tar-

síidos. La única especie de este género, *Aotus trivirgatus*, vive en la sabana arbórea y los bosques no inundados, desde los 81° oeste en Panamá hasta Argentina, Paraguay, Chile y este de Brasil. Es de un color pardo claro, con la garganta y el vientre de un amarillo ocre, y tres bandas oscuras que descienden por la frente, separadas por dos manchas amarillentas que caen sobre los ojos. Su cuerpo mide cerca de 30 cm y otro tanto la cola. Es nocturno y de carácter muy irascible.

Existen ciertos géneros de monos americanos que tienen la cola prensil, de modo que al trepar por los árboles se valen de ella como de una quinta mano. En estos casos, la punta de la cola presenta siempre un espacio pelado y calloso por debajo, con numerosas rayas muy finas, como las que hay en las yemas de sus dedos y nuestros dedos (dermatoglifos). Uno de estos géneros de cola prensil es el de los monos arañas, así denominados por tener los miembros muy largos y delgados. Muestran, además, la particularidad de no tener en las manos más que cuatro dedos, faltándoles el pulgar. Son de considerable tamaño, ya que miden con frecuencia cerca de medio metro y tienen una cola de más de 80 o 90 cm. Su coloración varía mucho según las especies: es enteramente negro en el coaitá o mono araña negro *(Ateles paniscus)*, propio de Brasil; en el mono araña de manos rojas *(Ateles belzebuth)* del alto Amazonas, sólo es negro en la cabeza, el lomo y la parte superior de los miembros y la cola, en tanto que las partes inferiores son de color amarillo dorado en el macho y blancuzcas en la hembra; y, por último, en el chango o mono araña de manos negras *(Ateles geoffroyi)* de México, predominan los matices leonados. Todos estos monos viven en grandes grupos en los bosques más espesos y muy raras veces bajan de los árboles, por los que se desplazan con gran agilidad, saltando de rama en rama y suspendiéndose a veces de la cola, dotada de una fuerza increíble.

Aulladores o aluatas

Entre estos monos de cola prensil, destacan los aulladores o aluatas, caracterizados por tener el hioides o hueso de la garganta conformado como una caja de resonancia, lo que les permite dar unos bramidos que, cuando los profieren a coro, se oyen a gran distancia. Se conocen seis especies, bastante diferentes entre sí. El coto o mono aullador rojo *(Alouatta seniculus)* es de color castaño, con el lomo amarillo dorado. En el mono aullador negro *(Alouatta caraya)*, el macho es negro y la hembra leonada. El primero se encuentra en Colombia, Venezuela, las Guayanas y la mitad occidental de Amazonia; el segundo, desde las fuentes de los ríos Madeira y Tapajós hasta el sur de Brasil y Paraguay, este de Bolivia y norte de Argentina.

En la imagen, un caraya o mono aullador (Alouatta caraya). *Propia del sur de Brasil, Paraguay, este de Bolivia y norte de Argentina, esta especie presenta un acusado dimorfismo sexual, ya que la hembra es de color ocre y el macho es negro.*

Familia calitríquidos

La forman cinco géneros y 21 especies que viven en América Central y del Sur. Son los denominados tities. Difieren de los cébidos por tener los dedos armados de garras, salvo el primero del pie, que lleva una uña plana, y que en este caso no puede llamarse dedo gordo porque es muy pequeño. Además, excepto uno de los géneros, todos los demás poseen sólo 32 dientes, faltándoles la última muela de cada serie. Son muy pequeños y con frecuencia exhiben una vistosa coloración. Normalmente no presentan cola prensil. Muchas especies están amenazadas de extinción debido a la destrucción de su hábitat.

Tities

El tití común *(Callithrix jacchus)*, de Brasil, se reconoce por su cola a franjas blancuzcas y oscuras, y por los mechones blancos, en forma de abanico, que adornan sus orejas. Propio también de la fauna brasileña, es el más pequeño de los monos, el tití enano *(Cebuella pygmaea)*, descubierto por el naturalista alemán Juan Bautista Spix a comienzos del siglo XIX en Tabatinga, a orillas del Solimoes y que habita en la parte alta de la cuenca amazónica. A otro género pertenecen los titis león *(Leontopithecus rosalia, Leontopithecus chrysomelas y Leontopithecus chrysopigus)*, de pelaje amarillo pálido, con una abundante melena alrededor de su cuello. Las tres especies están seriamente amenazadas de extinción.

Tamarinos

Los tamarinos del género *Saguinus* habitan en bosques de tipo perenne, de crecimiento secundario y en bosques caducifolios. El tamarino de Goeldi *(Callimico goeldii)* vive en las pluvisilvas del sur de Colombia, este de Ecuador y Perú, oeste de Brasil y norte de Bolivia en espesuras de bambúes y en matorrales de los bosques no fluviales.

El tití enano (Cebuella pygmaea) *vive en las selvas del oeste de Amazonia, preferentemente en el bosque bajo y secundario que bordea los arroyos, donde abundan los insectos y la visibilidad es buena. Como indica su nombre, es muy pequeño: no supera los 107 g de peso ni los 12 cm de longitud excepto la cola. Estrictamente diurno y arborícola, trepa y salta con gran agilidad por las ramas. Además de insectos, se nutre de frutos, yemas y sobre todo de la savia que rezuma de los árboles.*

Todos estos pequeños monos trepan por los árboles clavando las garras en la corteza. Comen frutas, insectos y exudados vegetales, tales como resinas, savias y látex.

Familia cercopitécidos

Se compone de ocho géneros y 45 especies de primates repartidos por África y Asia. Los monos que todo el mundo conoce, los que con más frecuencia se ven en las colecciones zoológicas, pertenecen a esta familia, cuyos miembros tienen siempre 32 dientes, con sólo dos premolares en cada serie, y presentan debajo de la base de la cola, en ambos glúteos, un par de callosidades desnudas, más o menos extensas (callosidades isquiáticas). Todos ellos son catarrinos, o de nariz estrecha, y su cola nunca es prensil.

Cercopitecos

El género que da nombre a la familia es el de los cercopitecos, monos africanos de esbeltas formas, grandes patillas a los lados de la cara y cola muy larga. Sus callosidades posteriores son pequeñas. Todos poseen en los carrillos unos abazones o bolsas en comunicación con la boca, donde pueden guardar la comida por algún tiempo. Son animales muy ágiles. En los grandes bosques de África se les ve reunidos en grupos, casi constantemente sobre los árboles, a los que trepan con destreza, lanzándose con soltura de una rama a otra. Se nutren de frutos y, si se les presenta la ocasión, entran en los terrenos cultivados. Se han descrito numerosas especies, repartidas por todo el continente africano, al sur del Sahara. En el golfo de Guinea viven algunas de las más bonitas: el avoem o cercopiteco de nariz blanca *(Cercopithecus nictitans)*, de pelaje negro salpicado de blanco, con una mancha blanca sobre la nariz; el gaméchogo o cercopiteco bigotudo *(Cercopithecus cephus)*, cuya cara azul, encuadrada por hermosas patillas amarillas, lleva sobre la boca una mancha blanca con forma de bigote; y el cercopiteco de orejas rojas *(Cercopithecus erythrotis)*, del sur de Nigeria y oeste de Camerún. Algunas especies presentan una larga perilla blanca, como el cercopiteco diana *(Cercopithecus diana)*, propio de Sierra Leona, Liberia y Ghana, y el cercopiteco de Brazza *(Cercopithecus neglectus)*, que luce una hermosa barba y una diadema amarilla de oro. La especie con una zona de distri-

bución más extensa es el tota o cercopiteco verde *(Cercopithecus aethiops)*, tristemente famoso por ser, con gran probabilidad, el vector inicial de los virus del SIDA. El área de distribución de este último se extiende desde Senegal hasta África austral, a excepción de las pluvisilvas. El cercopiteco de Allen *(Allenopithecus nigroviridis)* vive en las selvas pantanosas del este del Congo y oeste de la R. D. del Congo. El cercopiteco talapoin *(Miopithecus talapoin)* habita en las selvas tropicales y a lo largo de los cursos fluviales, desde el sur de Camerún hasta Angola.

Mono patas

El mono patas *(Erytrocebus patas)* posee largas extremidades, adaptadas a la carrera. Vive en África, desde Senegal hasta Etiopía, Kenia y Tanzania.

Mangabeyes

Los mangabeyes (género *Cercocebus*) son simios de tamaño mediano, tres especies son exclusivamente forestales y una vive en arboledas abiertas. Son africanos y tienen la cola más larga que el cuerpo.

Macacos

Así como los cercopitécidos hasta aquí mencionados son los monos característicos de la fauna etiópica, en la fauna oriental predominan los macacos, que, además de ciertas diferencias en el cráneo y en la forma de los molares, poseen formas más robustas, pelaje menos vistoso y callosidades más grandes en las nalgas. Viven también en los bosques, que recorren en grupos, pero carecen de la gracia y agilidad de los cercopitecos. Con frecuencia bajan a tierra y les gusta acercarse a las playas y a las orillas de los ríos para pescar cangrejos y pequeños moluscos, si bien su alimento habitual consiste en frutas. Una de las especies más comunes es el macaco coronado o macaco de gorro *(Macaca radiata)*, propio de la India, que se reconoce por su pelo verdoso, que forma una especie de caperuza en la cabeza. Este macaco tiene la cola larga, lo mismo que el macaco cangrejero *(Macaca fascicularis)* del Sudeste Asiático, Indonesia y Filipinas, pero hay otros que la poseen muy corta, como el macaco de cola de cerdo *(Macaca nemestrina)*, que vive en todo el Sudeste Asiático, incluidos Borneo y Sumatra. Todavía es más corta la

Los cercopitécidos son los monos más frecuentes en los parques zoológicos. Se caracterizan por presentar debajo de la cola, en los glúteos, un par de callosidades desnudas, denominadas callosidades isquiáticas, más o menos amplias según las especies. En la ilustración, un mono patas (Erytrocebus patas), *cercopitécido que vive en África, desde Senegal hasta Etiopía, Kenia y Tanzania.*

El macaco de berbería (Macaca sylvanus), *también llamado mona de Gibraltar, es el único representante europeo de los primates que vive en el peñón del mismo nombre, adonde fue llevado por los romanos o los árabes.*

cola en el macaco japonés *(Macaca fuscata)*, que habita en la isla de Hondo u Honshiu hasta los 41° de latitud norte, siendo, por tanto, el más septentrional de todos los monos. Entre los macacos de la India destacan el macaco león *(Macaca silenus)*, especie considerada en peligro de extinción que sólo se encuentra en los montes Nilgiri, y el macaco rhesus *(Macaca mulatta)*, bien conocido por el papel que ha desempeñado en la investigación médica sobre grupos sanguíneos.

En el norte de África vive un representante de los macacos en el que la cola falta por completo. Es la especie denominada macaco de Berbería o mona de Gibraltar *(Macaca sylvanus)*. Abunda en las grandes montañas de Marruecos y del norte de Argelia. Van en grupos muy numerosos, desplazándose más por el suelo que por los árboles. Su alimento consiste en bayas de sabina, tronchos de palmito, insectos y arácnidos. La época de la cría es la primavera, pero varía un poco según la altura a que vivan los animales. Esta especie existe también al lado norte del Estrecho, en el peñón de Gibraltar.

La isla de Célebes cuenta también con especies de monos de cola rudimentaria, que se distinguen por su hocico grueso y prolongado y por tener el pelo de la cabeza levantado, a modo de moño o tupé. Una de ellas lleva el nombre de macaco moro *(Macaca nigra)* por el color oscuro de todo su pelaje y su cara negra y lustrosa.

Los monos de cabeza de perro, así llamados por su hocico largo y de perfil cuadrado, como el de un perdiguero, son africanos y constituyen tres grupos distintos: el del gelada, los papiones y los mandriles. Todos ellos son animales grandes, provistos de fuertes colmillos y de carácter irascible.

Gelada

El gelada *(Theropithecus gelada)* es propio de las zonas elevadas de Etiopía y mide cerca de 1 m de longitud, con una cola de 80 cm y los hombros cubiertos por una larga melena. Es de color pardo muy oscuro, con un espacio triangular de piel desnuda y encarnada en medio del pecho. Habita entre las peñas, a 2 300 o 4 400 m de altura, formando grupos muy numerosos, y se alimenta de tubérculos, raíces y frutos diversos. Los machos de esta especie están dotados de gran fuerza muscular y a veces luchan entre sí, mordiéndose de modo feroz.

Papiones

De los papiones, el más destacable es el papión sagrado o hamadríade *(Papio hamadryas)*, que habita en los países que rodean el mar Rojo (aunque actualmente ya no se encuentra en Egipto) y que era venerado por los antiguos egipcios como animal consagrado al dios Toth. El macho, de color gris pálido, luce una especie de vistosa peluca y tiene unas callosidades de un encarnado vivo. Los papiones sagrados habitan en las faldas de las montañas, entre las rocas, constituyendo a veces manadas de más de cien individuos, a los que sirve de guía y jefe un viejo macho. Aparte de toda clase de bayas y semillas, comen muchos insectos, especialmente hormigas, que buscan entre las piedras. Son fuertes y bravos; en ocasiones se ha visto a una manada de

El papión cinocéfalo, al contrario de lo que podría suponerse al observar el parecido de su cabeza con la de un perro (de ahí el nombre de cinocéfalo), tiene una dieta omnívora, como muchos otros primates.

estos papiones mantener a raya a un leopardo. En toda África oriental y austral, desde Etiopía hasta Angola y Sudáfrica, vive el papión cinocéfalo *(Papio cynocephalus)*, un simio de hábitos terrestres, al que en la antigüedad se denominaba papión anubis, en honor del dios egipcio que lleva el mismo nombre. El color del pelaje de esta especie varía geográficamente, desde el ocre del papión amarillo, propio de las llanuras de África oriental y central hasta el gris oscuro del papión negro o chama del sur de África, pasando por la raza del altiplano de África oriental, el conocido papión oliva de Kenia, de color verdoso aceitunado.

La tercera especie de este grupo es el papión de Guinea *(Papio papio)*, que habita en la sabana arbolada del oeste de África, desde Senegal hasta Sierra Leona.

Mandriles

Los mandriles, propios de los bosques de la costa del golfo de Guinea, se caracterizan por su cola muy corta, situada verticalmente, y por tener los lados del hocico tumefactos y surcados de profundas hendiduras oblicuas. El mandril común *(Papio sphinx)* posee además una coloración muy vistosa: el pelaje es pardo oliváceo, con una raya negra sobre el lomo; la nariz es de un vivo bermellón y las hinchadas mejillas ofrecen un color azul cobalto; una barbita amarilla pende bajo la mandíbula y las nalgas pasan del escarlata al lila pálido. Con estas tonalidades, que no presenta ningún otro mamífero, contrastan los del dril *(Papio leucophaeus)*, que es pardo oscuro, con la cara negra.

Familia colóbidos

Se compone de seis géneros y 37 especies. El estómago de los monos de esta familia se halla dividido en varios compartimientos, lo cual constituye una adaptación a un régimen vegetariano y recuerda al de los animales rumiantes. Muchas especies viven en la India, el Sudeste Asiático e Indonesia, y se conocen con el nombre de langures. De formas gráciles, con extremidades y cola largas, suelen tener el pelo de la parte superior de la cabeza levantado en forma de copete o tupé, como en el langur mitrado *(Presbytis melalophos)* del sudoeste de Sumatra o en el langur castaño *(Presbytis rubicunda)* de Borneo.

La mayoría de especies son vulnerables o están en peligro de extinción, incluso lo está el mono sagrado de la India *(Semnopithecus entellus)*, aunque a los que viajan a este país no se lo parezca en absoluto.

El násico o mono narigudo *(Nasalis larvatus)* de la isla de Borneo se parece a los langures, pero se diferencia de ellos y de todos los restantes monos por la enorme nariz del macho (en la hembra es más pequeña y ligeramente respingona).

Otro mono de nariz extraordinaria es el rinopiteco *(Rhinopithecus roxellana)*, sólo que éste la tiene muy corta y respingona, con la punta hacia arriba. Vive en las provincias chinas de Hubei, Shanxi, Gansu, Yunan y Sichuan.

En África, los langures están representados por los colobos, que son monos de pelo largo y sedoso. Lo mismo que los monos arañas de América, los colobos carecen de

El násico (Nasalis larvatus), *colóbido propio de la isla de Borneo, vive fundamentalmente en grupos familiares, en zonas selváticas cerca del agua. La nariz del macho le hace inconfundible respecto a los restantes monos. Sin embargo, en la hembra la nariz es más pequeña y ligeramente respingona.*

pulgares en las manos. En el golfo de Guinea vive un colobo, el colobo blanco y negro de África occidental *(Colobus polykomos)*, que es completamente negro. Pero hay otras especies, como el colobo blanco y negro de Angola *(Colobus angolesis)*, y el colobo guereza *(C. guereza)* de África oriental que presentan a lo largo de los costados una franja de largos pelos, blancos como la nieve, que flotan como un manto cuando el animal salta de una rama a otra.

Los colobos rojos pertenecen al género *Procolobus*, aunque algunos especialistas los incluyen en el género *Colobus*.

Familia hilobátidos

Los hilobátidos son los gibones y el siamang. Se trata de monos sin cola y con callosidades isquiáticas muy pequeñas. Son notables, sobre todo, por la desmesurada longitud de sus brazos, los cuales, puesto el animal sobre los dos pies, llegan a tocar en ocasiones con las manos en el suelo. Se mueven con una formidable rapidez y soltura por las copas de los árboles, sin valerse más que de las manos, pasando de rama en rama con pasmosa destreza o lanzándose de un árbol a otro a través de distancias de seis a ocho metros. Todos lo gibones emiten vocalizaciones muy complejas y algunas especies cantan a dúo para consolidar la pareja. En efecto, a diferencia de los homínidos, los hilobátidos son estrictamente monógamos y sus parejas se mantienen de por vida. Sólo existe un género, *Hylobates* (palabra de origen griego que significa «paseante del bosque»), con nueve especies.

En el suelo siempre marchan sobre dos pies y, para mantener el equilibrio, apoyan los nudillos de las manos en tierra. Viven en sociedad y son omnívoros. La familia hilobátidos se distribuye por la India, China, Birmania (Myanma) e Indochina, península de Malaca, Sumatra, Java y Borneo. Su hábitat son las selvas tropicales perennes y las selvas monzónicas caducifolias.

Gibones

El gibón huloc *(Hylobates hoolok)* presenta una ancha banda blanca sobre la frente que resalta sobre el resto del pelaje, negro en el macho y pardo en la hembra. Mide unos 50 cm de longitud y se encuentra en Assam, Birmania (Myanma) y Bangladesh.

El gibón común o de manos blancas *(Hylobates lar)* tiene un pelaje cuya coloración varía según las poblaciones. En Thailandia es negro, con el borde de la cara, manos y pies blancos; en Malaysia castaño oscuro y en Sumatra, oscila de castaño a rojizo.

En el gibón negro *(Hylobates concolor)*, el pelaje del macho es negro y el de la hembra de color de ante. Esta especie habita en Laos, Vietnam y sur de China.

Siamang

El siamang *(Hylobates syndactilus)*, cuyo pelaje es de color negro, posee los dedos segundo y tercero de la mano unidos por una membrana. Esta especie vive en la península de Malaysia y en Sumatra.

Familia homínidos

Está compuesta por cuatro géneros y cinco especies. En esta familia se incluyen los orangutanes, que pertenecen a la fauna malaya (norte de Sumatra y casi toda la parte baja de Borneo); los chimpancés y los gorilas, que sólo viven en África; y el hombre, que es cosmopolita. El orangután forma la subfamilia ponginos y los chimpancés, el gorila y el hombre constituyen la subfamilia homininos.

Muchos autores consideran que el hombre *(Homo sapiens)* es el único representante de los homínidos, mientras que los géneros *Pongo*, *Gorilla* y *Pan* formarían la familia póngidos. Pero, en la actualidad, la mayoría de los análisis cladísticos apoyan la inclusión de los cuatro géneros en la misma familia.

Los feneticistas y los taxonomistas dudan de esta clasificación, argumentando que también han de tenerse en cuenta los drásticos cambios de naturaleza ecológica y cultural que se han producido en la evolución de la línea homínidos, en especial en la del género *Homo*. No obstante, si la filogenia debe reflejarse fielmente en la clasificación, entonces la familia homínidos debe albergar a los humanos, a los simios africanos y a los orangutanes.

Orangutanes

Aunque se han descrito diversas subespecies de orangutanes, según los estudios más recientes parece que sólo existen dos: el orangután de Borneo *(Pongo pygmaeus pygmaeus)* y el orangután de Sumatra *(Pongo p.*

El gibón común o de manos blancas (Hylobates lar), *en la imagen, se desplaza saltando de árbol en árbol con gran destreza, fruto de varias adaptaciones en sus extremidades.*

A pesar de su tamaño, el orangután (Pongo pygmaeus), *está tan bien adaptado a la vida arborícola que su dependencia de la selva primaria es poco menos que absoluta. Si llega a confirmarse la diferenciación específica entre el orangután de Borneo y el de Sumatra, ya no será una sino dos las especies en peligro.*

abelii), de constitución más fina y con el pelo más largo que el anterior. Ambos son muy semejantes entre sí, distinguiéndose sólo por pequeñas diferencias de tamaño y otros caracteres de escasa importancia. Son monos de brazos muy largos y piernas cortas, con los dedos largos y delgados, a excepción del primero, que es muy pequeño. En los pies, sobre todo en la especie de Borneo, los dedos suelen carecer de uña. Tienen la cabeza estrecha y piramidal, la frente alta, las orejas muy pequeñas y el cuello corto, con un bocio o papada que resulta de la existencia de dos enormes sacos laríngeos que se prolongan desde la garganta hasta las axilas. En los machos viejos se desarrolla a ambos lados de la cara una enorme excrecencia semicircular, la cual les confiere una fisonomía muy distinta de la que presentan las hembras y los machos jóvenes; así mismo, la boca se rodea de una respetable barba. El pelaje, muy largo, basto y enmarañado, es rojizo, mientras que en la cara y las manos la piel es de color gris pizarra. Su talla no pasa de 1,4 m, pero el peso en los machos puede ser de un centenar de kilogramos. Presentan un acusado dimorfismo sexual, siendo la hembra unas dos veces más pequeña que el macho.

Los orangutanes habitan en las grandes selvas de llanura y en las selvas de montaña, incluidos los bosques de suelo pantanoso. Las principales poblaciones actuales —prácticamente las únicas— se hallan en zonas muy protegidas, como el parque nacional de Gunung Leuser, en Sumatra, los parques nacionales de Tandjung Puting y Kutai, y las reservas de Gunung Palung, Bukit Raja y Lanjak Entimau, en Borneo. Buscan siempre los sitios más apartados y salvajes, si es posible la selva virgen o selva primaria, donde viven en solitario o en pequeños grupos, constituidos por macho y hembra, cuando ésta se halla en período receptivo, o por la madre y tres o cuatro crías nacidas a lo largo de otros tantos años. Son hábiles trepadores, pero cuando no les amenaza ningún peligro se mueven muy despacio, pasando de rama en rama con circunspección, sin saltar ni brincar como suelen hacer otros monos. En el suelo, andan siempre a cuatro patas con los dedos doblados, apoyando en tierra los nudillos de las manos y el borde externo de los pies, que vuelven hacia adentro.

El orangután es uno de los monos más diurnos: se acuesta muy temprano y se levanta cuando ya se han disipado las últimas brumas de la mañana. Su cama consiste en un nido de un metro de diámetro, que construye con ramas mal entrelazadas en un árbol, a una altura de 6 a 15 m. Se alimenta sobre todo de diversas hojas y frutas, entre ellos el durián, un fruto cultivado de gusto exquisito a pesar del fuerte olor que despide.

El conejo común (Oryctolagus cuniculus), *de unos 40 cm de longitud, cola corta, orejas grandes y patas posteriores muy desarrolladas, tiene un gran interés económico en el mundo entero y se explota tanto para la comercialización de su carne como por su pelaje.*

bres, ya que vive en madrigueras subterráneas que él mismo cava, y da a luz crías desnudas y ciegas. Es un animal muy fecundo, pero, aparte del hombre, tiene numerosos enemigos entre los carnívoros y aves de presa; sin esto, llegaría a constituir serias plagas.

En América se aplica el nombre de conejos a unas liebres pequeñas y de orejas cortas, que no excavan. Algunas especies viven en los bosques, como el conejo de Brasil *(Sylvilagus brasilensis)*, de México, América Central y Sudamérica y otras se encuentran en una amplia diversidad de hábitats, como el *Sylvilagus floridanus*, de Norteamérica, Centroamérica, Colombia y Venezuela.

ORDEN ROEDORES

Orden roedores
- Suborden esciuromorfos
- Suborden miomorfos
- Suborden histricomorfos

Los roedores se distinguen principalmente por su carencia de caninos y por la especial disposición de sus incisivos que son enormes, largos y estrechos, separados de los molares por un ancho espacio y con la raíz muy larga y abierta en su extremo, de manera que, creciendo de una pulpa dentaria persistente, no dejarían de alargarse nunca si su longitud no estuviese limitada por el roce entre los de arriba y los de abajo. Los roedores cuentan con dos incisivos superiores y otros dos inferiores, mientras que en las liebres y los conejos (orden lagomorfos) existen cuatro superiores. Lo más curioso es que la boca se cierra por detrás de estos dientes, gracias a unas prolongaciones de la piel de los lados de la cara, de modo que cuando el animal roe sustancias no comestibles, éstas no entran en la cavidad bucal.

Tienen los dedos provistos de uñas o de garras. En su cráneo están reunidas las cavidades temporal y orbitarial, y sus muelas no presentan puntas perforantes o cortantes, sino una corona formada por pliegues de esmalte o con cúspides romas.

Los roedores, que abundan en todo el mundo, a menudo constituyen plagas endémicas, tanto en hábitats agrícolas como en viviendas y ciudades. Un ejemplo muy conocido es el ratón de campo (Apodemus sylvaticus), *un roedor miomorfo de la familia múridos, que presenta un pelaje leonado por encima y blanco como la nieve en la parte inferior. Los múridos se pueden encontrar en casi todo el planeta, excepto en algunas islas árticas y oceánicas, la Antártida, Nueva Zelanda y las Antillas.*

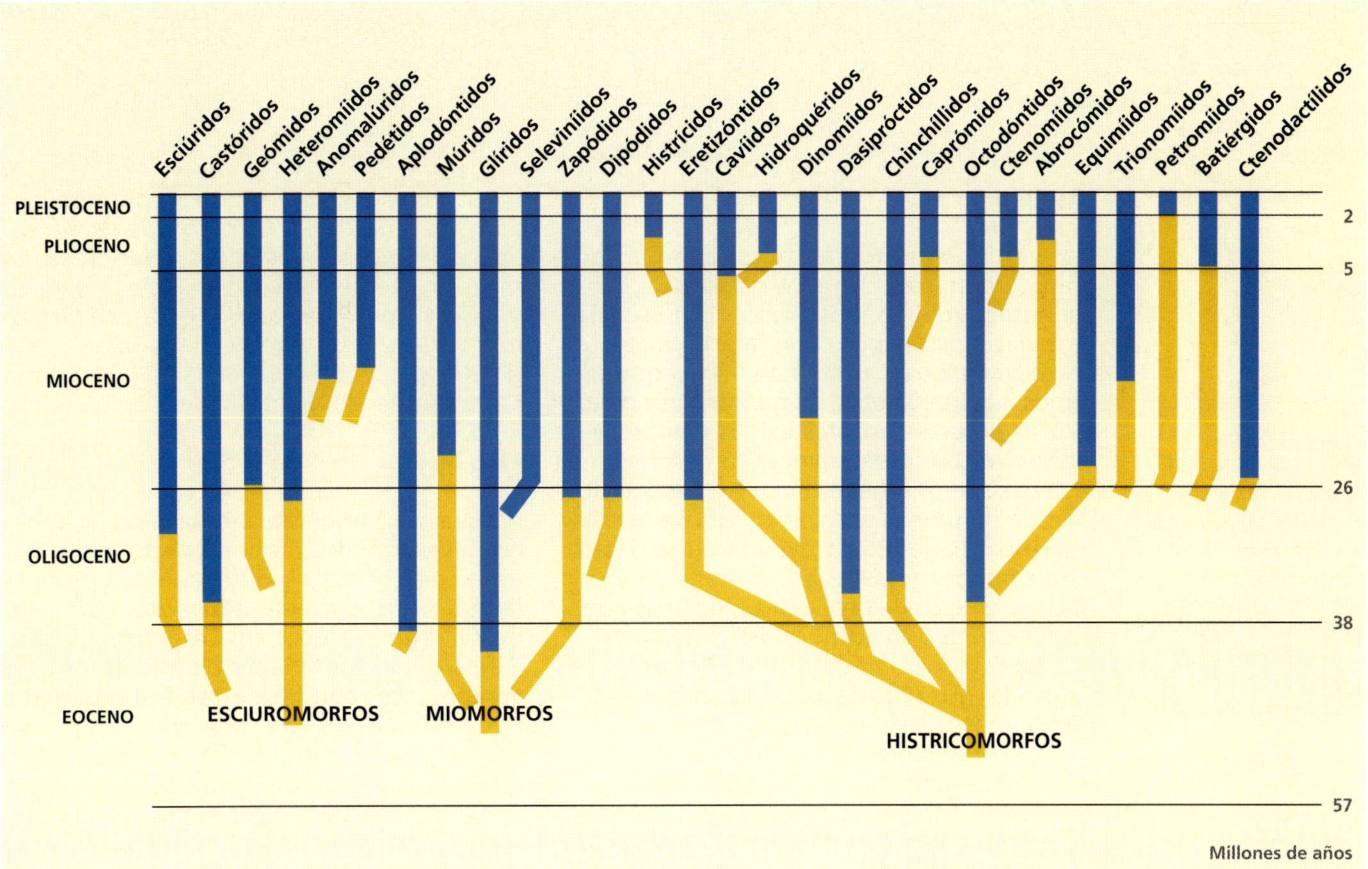

En azul se indica la presencia de registro fósil. En ocre, las posibles relaciones entre las familias.

▲ **EVOLUCIÓN DEL ORDEN ROEDORES**

Suelen ser animales pequeños, que se ocultan con facilidad, y con una gran capacidad reproductora. Abundan en todo el mundo y, a menudo, constituyen molestas plagas tanto en hábitats agrícolas como en viviendas y ciudades. Muchos de ellos son excavadores, otros viven en los árboles, los hay anfibios y algunos están adaptados para una especie de vuelo imperfecto (planeado), al igual que los dermópteros y ciertos marsupiales. En cuanto a su régimen alimenticio son eminentemente vegetarianos, aunque existen especies omnívoras.

Clasificación

Los roedores que viven en la actualidad se dividen en tres subórdenes, esciuromorfos, miomorfos e histricomorfos, que reúnen 28 familias, 419 géneros y 1 810 especies.

SUBORDEN ESCIUROMORFOS

Familia aplodóntidos

Consta de una única especie, el castor de montaña *(Aplodontia rufa)*, que vive en el sudoeste de Canadá y el extremo oeste de Estados Unidos. Es de cuerpo rechoncho (de 30 a 46 cm), patas cortas con cinco dedos y cola reducida (de 10 a 25 mm). Construye galerías cerca de la superficie y habita en bosques húmedos de montaña.

Familia esciúridos

Consta de 50 géneros y 260 especies, distribuidas por todo el mundo, excepto por la región australiana, Madagascar, sur de Sudamérica y ciertas regiones desérticas. Son las ardillas, cuyo género tipo es *Sciurus.* Los miembros de esta familia se reconocen por tener la cola muy peluda y al menos un premolar, tanto arriba como abajo.

Suborden esciuromorfos
- Familia aplodóntidos
- Familia esciúridos
- Familia geómidos
- Familia heteromíidos
- Familia castóridos
- Familia anomalúridos
- Familia pedétidos

FAMILIAS DEL SUBORDEN ESCIUROMORFOS ◀

La ardilla común (Sciurus vulgaris) *vive en todo el Paléartico, excepto en Japón donde la sustituye la especie Sciurus lis. Aunque también consume otros alimentos, las semillas forman la base de su dieta y de ahí que este roedor sólo pueda vivir en bosques que tengan árboles productivos. Por muy frío que sea el invierno, no hiberna nunca y sólo se resiste a salir del nido cuando las ramas están cubiertas de nieve o sopla un viento fuerte. En Europa central el apareamiento tiene lugar a finales de diciembre y principios de enero; en febrero, al cabo de 38 días de gestación, aparecen las primeras crías.*

Ardillas

Las verdaderas ardillas, que tienen la cola muy larga y con los pelos dispuestos dísticamente, viven en los árboles. En Eurasia, la especie más conocida es la ardilla común *(Sciurus vulgaris)*. Habita en los bosques de pinos, hayas y abetos, alimentándose de los frutos de estos árboles, cuyas yemas y retoños también roe; a veces también come insectos, setas, huevos de ave e incluso pollos de pequeñas aves. Es corriente que viva emparejada. Construye un nido esférico con ramitas, hojas secas, agujas de pino y musgo, que coloca en la bifurcación de una rama o en algún agujero de un tronco.

En Estados Unidos y sur de Canadá vive la ardilla gris *(Sciurus carolinensis)*, que como la mayoría de especies de este género, tiene la costumbre de enterrar la comida que encuentra, una vez satisfecho su apetito.

El Nuevo Mundo es muy rico en especies de ardillas, pertenecientes a diversos géneros. Una de las más curiosas es la ardilla listada *(Tamias striatus)*, del sudeste de Canadá, y este de EEUU, que excava largas galerías bajo tierra o en los gruesos tocones, instalando en el fondo de ellas su nido y almacenes, donde guarda grano, nueces y otros alimentos. Una especie europea es el suslik *Spermophilus citellus*, que vive en Silesia, República Checa y Rusia. También existen en la familia especies provistas de un paracaídas cutáneo que les permite lanzarse de un árbol a otro, lo que les ha valido el nombre de «ardillas voladoras». La mayor parte de ellas vive en Asia y América del Norte, pero hay una, la polatuca *(Pteromys volans)*, que también vive en el norte de Europa, Siberia, Corea, Sajalin y, las isla japonesa de Hokkaido.

Marmotas

A la misma familia que las ardillas pertenecen las marmotas, roedores de formas pesadas y cola corta. La especie europea típica es la marmota europea *(Marmota marmota)* que vive en los Alpes, los Cárpatos, los Tatra y en algunas localidades de los Pirineos. En verano, este roedor se establece si puede a unos 3 000 m sobre el nivel del mar y cava madrigueras provisionales, poco profundas, mientras que en invierno desciende a los 1 500 m para abrir galerías más hondas, en cuyo fondo se aletarga hasta la primavera. Durante su hibernación, que dura unos cuatro meses; el ritmo cardíaco disminuye y sólo respira una vez cada cuatro minutos. Parecidas son las costumbres de la marmota de Canadá *(M. monax)* que también vive en Alaska y este de EEUU y la de pecho amarillo *(M. flaviventris)*, que vive en el sudoeste de Canadá y el noroeste de Estados Unidos.

Perrillo de las praderas

De aspecto muy parecido a las marmotas, pero perteneciente a otro género, es el perrillo de las praderas de cola negra *(Cynomys ludovicianus)*, que vive en las grandes llanuras del oeste de Estados Unidos y en el norte de México. Este roedor excava en el suelo galerías muy profundas y forma colonias que a veces cuentan con miles de individuos. Mucho más raro que él es el perrillo de las praderas mexicano *(C. mexicanus)*, del nordeste de México, que está seriamente amenazado de extinción.

Familia geómidos

La familia geómidos se compone de seis géneros y 37 especies repartidas por el Nuevo Mundo, desde Canadá hasta Colombia. Reciben el nombre de roedores minadores con abazones y se caracterizan por la presencia de dos bolsas externas que se extienden desde la cara hasta debajo de los hom-

En la imagen, un perrillo de las praderas de cola negra (Cynomys ludovicianus). *El nombre de este roedor alude a la voz de alarma, parecida a un corto y seco ladrido, que emite cuando un depredador se acerca a sus dominios. Se ha comprobado que el animal que da la alarma es el único que llega a ser cazado.*

bros, y que utilizan para transportar los alimentos. Son de hábitos subterráneos y básicamente se alimentan de las partes enterradas de las plantas.

FAMILIA HETEROMÍIDOS

La forman seis géneros y 60 especies que viven en gran parte del continente americano. Se les denomina ratas y ratones canguro, debido al desarrollo de sus extremidades posteriores y a la manera de desplazarse dando saltos. El ratón canguro *Microdipodops megacephalus* habita en el oeste de Estados Unidos. La rata canguro *Dipodomys merriami* es propia del sudoeste de Estados Unidos, México y Baja California. Los ratones canguro espinosos de los géneros *Heteromys* y *Liomys* viven en México, América Central y el norte de Sudamérica.

FAMILIA CASTÓRIDOS

Los castores presentan un gran parecido con las marmotas, pero se distinguen de ellas por su cola plana, ovalada y escamosa, y por sus pies posteriores palmeados, adaptados para la natación. La familia comprende un solo género con dos especies: el castor europeo *(Castor fiber)* y el castor americano *(Castor canadensis)*. El primero, propio de las zonas boscosas del Paleártico excepto la cuenca mediterránea y Japón, desapareció de gran parte de su área a lo largo de este siglo, si bien los programas de reintroducción en numerosos lugares donde vivía originariamente han tenido un cierto éxito. El segundo pertenece a la fauna de Canadá, Estados Unidos y norte de México.

Los grandes árboles de los bosques norteños, sobre todo los álamos blancos, proporcionan al castor americano no sólo material de construcción, sino también alimento, consistente en la corteza y las ramitas tiernas de dichos árboles. Los castores roen la base del tronco en todo su contorno. Cuando han derribado unos cuantos árboles, cortan las ramas, las transportan al agua y las empujan, nadando, hasta el sitio que desean.

No es cierto que los castores levanten sus viviendas en el agua; lo que hacen es construirlas a orillas de un riachuelo e interrumpir con un dique la corriente para formar un embalse que las rodea por completo.

FAMILIA ANOMALÚRIDOS

Esta familia consta de tres géneros y siete especies que pueblan los bosques tropicales y subtropicales del centro y oeste de África. Los anomaluros son roedores parecidos a las ardillas voladoras, pero con una cola

En la imagen, una marmota europea (Marmota marmota). *Las marmotas son terrestres, aunque emparentadas con las ardillas, ya que como ellas pertenecen a la familia esciúridos. Esta especie posee formas pesadas y cola corta.*

provista por debajo de la base de un sistema de escamas córneas muy puntiagudas, que les ayudan a sujetarse a los troncos para trepar. Los géneros que comprende la familia anomalúridos son *Idiurus, Zenkerella* y *Anomalurus*.

Familia pedétidos

La familia pedétidos está compuesta únicamente por la liebre saltadora *(Pedetes capensis)*, que alcanza 43 cm de longitud sin contar la cola. Es parecida a un canguro, con las patas anteriores cortas y las posteriores muy largas. Es un animal de hábitos nocturnos y vive en las zonas abiertas y secas de África, desde el sur de la Republica Democrática de Congo y el sur de Kenia hasta parte de Sudáfrica. De alimentación totalmente vegetariana, excava madrigueras muy profundas con varias salidas.

SUBORDEN MIOMORFOS

Con el nombre de miomorfos, que significa «en forma de ratón», se designa un grupo de familias de roedores que tienen la tibia y el peroné soldados por sus extremos.

Familia múridos

Engloba 267 géneros y 1 138 especies repartidas por casi todo el mundo, excepto algunas islas árticas, Nueva Zelanda, las Antillas, muchas islas oceánicas y la Antártida. Son las ratas y ratones, roedores de orejas grandes y desnudas, larga cola pelada y escamosa, y sin premolares. Muchos de ellos constituyen plagas endémicas en campos y ciudades.

Ratones

En Europa y Asia paleártica son muy conocidos los ratones de campo (género *Apodemus*), dos de cuyas especies *(A. flavicollis, A. sylvaticus)* son comunes en la península Ibérica. En África pueden encontrarse especies con el pelaje listado, como el ratón moruno *(Lemniscomys barbarus)*, o el ratón rayado *(Rhabdomys pumilio)* de África oriental y austral.

Sin embargo, el género más universalmente conocido es el *Mus*, al que pertenecen el ubicuo ratón común *(Mus musculus)*

En la imagen, un castor americano (Castor canadensis). *Este gran roedor es famoso por la construcción de diques. Edifica su vivienda a orillas de un riachuelo con ramas, raíces y barro, que cubre con palos, y después interrumpe la corriente con un dique para formar un embalse que lo rodea totalmente.*

FAMILIAS DEL SUBORDEN MIOMORFOS

Suborden miomorfos
- Familia múridos
- Familia glíridos
- Familia seleviníidos
- Familia zapódidos
- Familia dipódidos

y el ratón mediterráneo *(Mus spretus)*, dos especies muy distintas. El primero es siempre mayor que el segundo, más oscuro y con la cola tan larga, por lo menos, como el cuerpo y la cabeza juntos, mientras que en la especie de campo es bastante más corta. El ratón común es una especie cosmopolita, que vive únicamente en o cerca de las poblaciones humanas, o en zonas abiertas y cultivadas que dispongan de abundante agua. La especie mediterránea, en cambio, no entra en las viviendas, aunque sí en los parques y grandes jardines. En la naturaleza ocupa de preferencia biotopos áridos, en zonas de pluviosidad inferior a los 1 000 mm/m^2. Ambas especies son muy fecundas. La especie casera es la más perjudicial, pues no sólo saquea los graneros, sino que devora el queso, la manteca y todo tipo de confituras y alimentos.

Ratas

El género *Rattus*, uno de los más diversificados entre los mamíferos comprende algunas especies tan localizadas como la rata de Mindoro *(R. gala)* o la de la isla Rennell, en las Salomón *(R. rennelli)*, y también a los dos mamíferos que más enfermedades han transmitido a la humanidad: la rata común o gris *(Rattus norvegicus)* y la rata campestre o negra *(Rattus rattus)*. Estas dos últimas son actualmente especies cosmopolitas, si bien su área original debió limitarse a la región malaya (la negra) y al norte de China (la gris) desde donde acompañaron a los hombres a todo el resto del planeta.

Ambas especies se propagan con asombrosa rapidez. La hembra, que puede empezar a reproducirse a la edad de tres meses, cría cada seis semanas. Como en cada parto nacen unas doce crías, en circunstancias normales una sola pareja puede dar origen en un año nada menos que a 35 044 individuos. El canibalismo está muy extendido entre las ratas, de modo que muchas son devoradas por sus compañeras cuando todavía son jóvenes. Se acomodan a vivir en todas partes y comen todo tipo de deshechos y de productos almacenados, causando daños incalculables en huertas, graneros, corrales y almacenes; además, las ratas son portadoras de los gérmenes de numerosas enfermedades y de innumerables parásitos infecciosos.

La rata negra era, en otro tiempo, la rata común de las ciudades europeas, pero la rata común llegada más tardíamente de Asia la expulsó de todas partes, por lo que en la actualidad la negra es un roedor de costumbres campestres. Más ágil, aunque menos fuerte que la segunda, vive y anida en los árboles o en otros sitios altos, como los palomares y los tejados de las alquerías.

El topillo rojo (Clethrionomys glareolus) *vive en Europa, Asia Menor y Asia central y es sustituido –o coincide parcialmente– por las especies* C. rufocanus *y* C. rutilus *en el norte de Eurasia. En la península Ibérica habita sobre todo en bosques de montaña (Pirineos, cordillera Cantábrica, N del Sistema Ibérico, etc.) pero en Cataluña también penetra en hábitats mediterráneos húmedos.*

El hamster dorado (Mesocricetus auratus) *es muy conocido como animal de compañía, ya que muestra poca agresividad. Sin embargo, hasta 1930, fecha en que se inició la primera línea doméstica de la que descienden los ejemplares de laboratorio, de zoológico y de compañía, sólo vivía en los alrededores de Alepo, Siria.*

Arvícolas o topillos

Los arvícolas o topillos recuerdan en cierto modo a los topos por ser cavadores y tener las orejas y la cola cortas. En europa destacan la rata de agua *(Arvicola sapidus)* de Francia, España y Portugal, que es de carne comestible y habitual, como indica su nombre, en ecosistemas acuáticos con abundante vegetación herbácea en las orillas, y el topillo de lomo rojo *(Clethrionomys glareolus)*, del Paleártico occidental. Se conocen numerosas especies de topillos, repartidas en diez géneros y distribuidos por Europa, Asia y América del Norte.

Jerbillos

Los jerbillos que también pertenecen a varias órdenes, son muy abundantes en África. Uno de los más interesantes, por su cola en forma de mano de mortero, es el bubieda *(Pachyuromys duprasi)*, que vive en los arenales del Sahara argelino.

Otras especies

Otras especies bien conocidas de la familia múridos son el hámster común *(Cricetus cricetus)* propio del Paleártico y el hámster dorado *(Mesocricetus auratus)*, y antaño famoso por los daños que ocasionaba en las cosechas de Europa central y hoy bastante raro, originarion de Alepo pero hoy muy conocido como animal de compañía y el lemming de Escandinavia *(Lemmus lemmus)*, de notables costumbres migratorias.

Familia glíridos

La familia glíridos se compone de nueve géneros y veinte especies. Son los lirones. La especie más pequeña es el muscardino o lirón enano *(Muscardinus avellanarius)*, roedor de color canela que habita en los bosques del norte, centro y oeste de Europa, hasta Francia, Sicilia y Corfú por el sur. El lirón gris *(Glis glis)*, cuyo largo y profundo sueño invernal ha dado origen a la frase «dormir como un lirón», se encuentra en los mismos países, pero llega hasta el norte de la península Ibérica. El lirón careto *(Eliomys quercinus)*, propio del sur y centro de Europa, norte de África y sudoeste de Asia, representa un género distinto; es común en los encinares y en los bosques de pinos o de hayas, pero también puede serlo en lugares típicamente mediterráneos en los que haya algo de bosque y márgenes de piedra. En la isla de Formentera (islas Baleares) habita una subespecie de grandes dimensiones, emblemática de la isla, donde es muy común.

Familia seleviníidos

La familia está formada únicamente por el lirón del desierto *(Selevinia betpakdalaensis)*, propio de los desiertos del oeste y norte del lago Baljash en Kazakistán. Es un roedor cuyo cuerpo mide de 7,5 a 9,5 cm y la cola de 7 a 8 cm. Es de hábitos cavadores y se alimenta de insectos y arañas.

En la imagen, un lirón careto (Eliomys quercinus). *Los lirones acumulan las reservas para pasar el invierno en forma de grasa, de modo que a finales de otoño presentan una figura muy redondeada. El lirón careto habita principalmente en hábitats forestales, pero también vive en zonas pedregosas e incluso en estepas áridas.*

FAMILIA ZAPÓDIDOS

Está compuesta por cuatro géneros y 17 especies que se distribuyen desde Europa central hasta China, y por extensas áreas de Canadá y Estados Unidos. Son pequeños roedores conocidos como ratones saltadores, como por ejemplo *Zapus hudsonius*, debido a que poseen la capacidad de dar saltos.

FAMILIA DIPÓDIDOS

Consta de once géneros y 32 especies repartidas por las zonas áridas del sur de la región Paleártica. Son los jerbos, caracterizados por tener las extremidades anteriores cortísimas y las posteriores muy largas, con los huesos metatarsianos fundidos en una larga caña y con sólo tres dedos. Tanto el jerbo de Egipto *(Jaculus jaculus)* como el jerbo berberisco *(J. orientalis)*, distribuidos ambos por todo el norte de África y parte del Próximo Oriente a pesar de su nombre, son animales nocturnos, que pasan el día en galerías abiertas en la arena y marchan a grandes saltos.

SUBORDEN HISTRICOMORFOS

FAMILIA HISTRÍCIDOS

Se compone de tres géneros y 11 especies que habitan en el sur de Europa y de Asia, en muchas islas del SE de Asia y en toda África. Son los puerco espines del Viejo Mundo. Se trata de animales de tamaño bastante grande, con el cuerpo revestido de largas y fuertes púas, el cráneo muy inflado en la región frontal y las clavículas imperfectamente desarrolladas. La especie más conocida es el puerco espín común *(Hystrix cristata)*, que se encuentra en el norte de África y en Italia, donde posiblemente fue introducido por los romanos. Especies afines viven en otros puntos de África y en el sur de Asia. Todas ellas se asemejan mucho en su aspecto exterior. Tienen casi el tamaño de un tejón, con numerosas púas de unos 30 cm de longitud en el lomo y en los flancos. La cola, muy corta, está cubierta de unos cañones de pluma, huecos, que cuando chocan entre sí producen un ruido como el de una carraca. En sus correrías nocturnas el animal hace sonar este singular instrumento y lanza sordos gruñidos, sin duda para asustar a los demás animales y evitar así enfrentamientos.

En los bosques del oeste, centro y este de África vive el ateruro africano *(Atherurus africanus)*, que tiene púas más cortas que el puerco espín común y una cola bastante larga, escamosa en la base y adornada en la punta con una borla de filamentos córneos.

Familia eretizóntidos

Son los puerco espines del Nuevo Mundo, de los que se conocen cuatro géneros y diez especies. Tienen las púas más cortas y las clavículas están mejor desarrolladas que en la familia anterior. Además, todos los puerco espines americanos viven en los árboles, lo que no hacen nunca los del hemisferio oriental, e incluso muchos de ellos, como el coendú occidental *(Coendou prehensilis)*, que habita en los bosques de América tropical, desde Panamá hasta Bolivia poseen una larga cola prensil con la que se ayudan al andar entre el ramaje. El ursón *(Erethizon dorsatum)* de Canadá, Estados Unidos y norte de México, pese a ser también arborícola, tiene la cola corta y gruesa; sin embargo, no por eso le resulta menos útil, pues si bien no la usa para trepar, es una buena arma defensiva.

El coendú occidental (Coendou prehensilis), *un roedor de América tropical, pasa su vida entre las ramas de los árboles, para lo cual se ayuda de las fuertes uñas de sus patas y de la cola prensil. El cuerpo de este animal, que está cubierto de espinas, presenta en realidad una coloración pardo oscura, pero aparece moteado de blanco a causa de las puntas de sus púas.*

Suborden histricomorfos
- Familia histrícidos
- Familia eretizóntidos
- Familia cavíidos
- Familia hidroquéridos
- Familia dinomíidos
- Familia dasipróctidos
- Familia chinchíllidos
- Familia caprómidos
- Familia octodóntidos
- Familia ctenomíidos
- Familia abrocómidos
- Familia equimíidos
- Familia trionomíidos
- Familia petromíidos
- Familia batiérgidos
- Familia ctenodactílidos

Familia cavíidos

Se compone de cinco géneros y 17 especies propios de América del Sur. A esta familia pertenece el conocidísimo conejillo de Indias o cobaya *(Cavia porcellus),* el cual, aclimatado en el resto del mundo, se ha convertido en víctima obligada de numerosos laboratorios de investigación médica y biológica.

La mara o liebre de Patagonia *(Dolichotis patagonum)*, también llamada liebre de las pampas, no sólo vive en Patagonia, sino también en el resto de Argentina. Suele formar pequeñas colonias, que ocupan madrigueras poco profundas, y es de costumbres diurnas. Herbívoro estricto y adaptado para la carrera, ocupa, en el cono sur el nicho ecológico que en otras regiones ocupan los lagomorfos, excepto en el norte, donde le sustituye *D. salinicola*.

Familia hidroquéridos

Está compuesta únicamente por el capibara o carpincho *(Hydrochoeris hydrochoeris)*, repartido por América Central y del Sur. Es el más grande de los roedores, pudiendo alcanzar una altura de 50 cm y un peso de 79 kg. Por sus formas parece un conejillo de Indias gigantesco, pero sus pies son semipalmeados, lo que indica que es un excelente nadador. Posee cuatro dedos anteriores y tres posteriores. Vive cerca de los ríos o de los pantanos, en los que se zambulle al menor asomo de peligro, y donde encuentra las plantas acuáticas que constituyen una parte importante de su alimentación.

Familia dinomíidos

La paca de Branick o pacaraná *(Dinomys branickii)* es el único representante de esta familia. Mide unos 80 cm de largo y habita en los bosques de la alta Amazonia. Es un animal robusto de movimientos lentos y de aspecto semejante al de un puerco espín, aunque no está recubierto de púas.

Familia dasipróctidos

Engloba tres géneros y quince especies que se distribuyen desde México hasta Brasil y las Antillas. Son los agutíes o cutías. Se trata de roedores sin cola, con las orejas muy cortas y las extremidades muy largas; además, en las posteriores sólo presentan tres dedos provistos de uñas cortas y gruesas, a manera de pequeñas pezuñas. Su pelaje, duro y largo, es en algunas especies pardo o negruzco, como ocurre en el agutí crinado *(Dasyprocta cristata)* de las Guayanas, pero en otras especies es leonado, de color amarillo, que pasa a rojo en la grupa. Los agutíes viven en los linderos de los bosques, donde andan siempre por el suelo con marcha rápida, que consiste más bien en una serie de saltitos.

El guardatinajo *(Agouti paca),* de tamaño aproximado de la liebre europea, habita en gran parte de América del Sur. De día permanece en una madriguera subterránea, de la que sale por la noche para alimentarse de hojas, raíces y sobre todo frutos caídos. Su carne es muy apreciada, razón que ha causado su desaparición de muchas zonas.

Las maras o liebres de Patagonia (Dolichotis patagonum), *que viven en las zonas semidesérticas de Argentina, tienen un porte más parecido al de un lagomorfo que al de un roedor.*

El capibara (Hydrochoeris hydrochoerus) *es el mayor roedor del mundo, pudiendo alcanzar 50 cm de altura y 80 kg de peso. Excelente nadador, vive cerca de ríos y pantanos, dado que las plantas acuáticas constituyen una parte importante de su dieta.*

El guardatinajo (Agouti paca) *presenta una característica única entre los mamíferos, que es la de tener una cámara resonante en la cabeza formada por los arcos cigomáticos. A pesar de ello, cuando se encoleriza, sólo emite bajos y sordos gruñidos. Buen nadador, recurre al agua para huir de sus enemigos.*

Familia chinchíllidos

La forman tres géneros y cinco especies sudamericanas. Son la chinchillas y las vizcachas. Poseen una cola larga y muy peluda, y cuatro o cinco dedos en las patas posteriores.

La chinchilla *(Chinchilla laniger)*, con un peso máximo de unos 800 g (la hembra, ya que el macho no supera los 500 g), es la especie más pequeña de la familia chinchíllidos. Presenta una suave piel de un delicado color ceniciento pálido y como jaspeado. Tiene, sobre otras pieles, la ventaja de que el pelo no necesita ninguna preparación previa para utilizarse en la fabricación de prendas de abrigo. Habita en los parajes pedregosos de los Andes de Chile, Perú, Bolivia y Argentina pero debido a la caza furtiva de que es objeto por su piel, está amenazado de extinción. Algunos autores dan tratamiento específico a la subespecie *C. l. brevicandata* de los Andes de norte de Chile, que es todavía más rara que la forma nominal.

En las Pampas del extremo sur de Paraguay y del norte y centro de Argentina habita la vizcacha gigante o de la llanura *(Lagostomus maximus)*. Es bastante mayor que la liebre europea y, sobre todo, más robusta; su cabeza, grande, ancha, con orejas cortas y extensas manchas de pelo negro a los lados de la boca, es muy característica.

Al igual que los perrillos de las praderas en América del Norte, las vizcachas gigantes forman extensas colonias. Habitan en grupos de 15 a 30 (a veces hasta 50) individuos dentro de complicadas madrigueras con veinte o más bocas, divididas por dentro en callejones, plazoletas y cuevas superpuestas. En los Andes peruanos y chilenos viven otras tres especies, las vizcachas de montaña que pertenecen al género *Lagidium*.

Familia caprómidos

Comprende cuatro géneros y 33 especies, repartidas por Sudamérica y las Antillas. Dentro de la familia de los caprómidos destacan las jutías de Cuba (género *Capromys*) que, a excepción de la especie más común *(C. pilorides)*, están muy seriamente amenazadas de extinción por la caza furtiva, la depredación por la mangosta introducida y la deforestación.

El coipú *(Myocastor coypus)* es un roedor acuático que recuerda a una rata grande y robusta (hasta 64 cm sin contar la cola) con los pies palmeados. Vive en Chile, Argentina y Paraguay, y ha sido introducido en gran parte de Europa, este de África, norte de Asia y América del Norte. Nadador admirable, en tierra es, por el contrario, lento y torpe. No sólo se le encuentra en las aguas dulces, sino también en las bahías y

Los agutíes, si son molestados bruscamente, huyen tras lanzar un par de estentóreos ladridos. Son capaces de desarrollar un trote muy rápido y distinto del paso de los roedores. En la imagen, un agutí dorado (Dasyprocta leporina).

estuarios; en Argentina, y en muchos otros sitios del mundo todavía se le cría en viveros especiales.

Familia octodóntidos

Esta familia está compuesta por cinco géneros y nueve especies distribuidas por Perú, Bolivia, Argentina y Chile. El degú *(Octodon degus)* es uno de los roedores más comunes de Chile. Su tamaño es el de una rata mediana, a la que se parece en la figura y el color, con la diferencia de que la cola termina en un pincelillo de pelos negros. La corona de sus muelas tiene la figura de un «8», característica a la que alude su nombre científico: *Octodon.*

Familia ctenomíidos

Está compuesta por un solo género *(Ctenomys)* con 44 especies, propio de Sudamérica. Se les conoce como tuco-tucos. Son roedores de cuerpo robusto y cilíndrico y de hábitos cavadores; algunas especies pueden ocasionar daños en los cultivos. Otras especies, como *Ctenomys magellanicus*, son en la actualidad muy raras y se hallan amenazadas de extinción.

El nombre de tuco-tucos proviene del sonido de sus llamadas. Las madrigueras son poco profundas y pueden tener varias entradas. La comida, que suelen conseguir estirando las raíces que asoman dentro de los túneles, la almacenan en celdas excavadas.

Familia abrocómidos

Consta de dos especies del género *Abracoma*: *A. benneti*, que habita en Chile, y *A. cinerea*,

La vizcacha gigante o pampeana (Lagostomus maximus) *vive en las zonas relativamente áridas de la pampa. Es famosa por sus extensas madrigueras, las denominadas vizcacheras, que suponen un peligro para el ganado e incluso para el hombre. Las vizcacheras, algunas de las cuales son utilizadas desde hace siglos, tienen varias entradas y a veces éstas son tan grandes que en ellas puede caber un hombre hasta la cintura. Las vizcachas sólo salen de la vizcachera al alba o al atardecer para nutrirse de hierba forrajera y a menudo de plantas cultivadas.*

El coipú (Myocastor coypus) *no sólo vive en las aguas dulces, sino que se le puede ver también en las bahías y estuarios, e incluso es criado en viveros especiales por su piel. Su destreza como nadador contrasta con su lentitud y torpeza para desplazarse en tierra.*

de Perú, Bolivia, Chile y Argentina. Se las conoce con el nombre de ratas chinchilla.

Son animales de pelaje suave y cola pequeña. Su color es gris plateado o pardo en la parte superior, y pardo blanco en la inferior. Viven en túneles, formando colonias.

Familia equimíidos

Comprende 17 géneros y 69 especies que se distribuyen desde Honduras hasta Perú, Paraguay y el sudoeste de Brasil. Por su esqueleto se asemejan mucho a los puerco espines, pero por su aspecto exterior ofrecen más parecido con las ratas. Al igual que éstas carecen de púas, aunque a veces su pelaje es duro y espinoso, como en la rata erizada *Makalata armata*, del norte de Sudamérica.

Familia trionomíidos

Se compone de un único género *(Thryonomys)* con dos especies: *T. swinderianus*, que se encuentra desde Gambia hasta Sudán, Namibia y Sudáfrica, y *T. gregorianus*, que habita en Camerún y desde Etiopía hasta Zimbabwe. Reciben el nombre de ratas de los cañaverales. Prefieren vivir cerca del agua y comen vegetación variada, especialmente gramíneas. Pueden constituir una plaga para las plantaciones de caña pero su carne considerada como exquisita, es una importante fuente de proteínas.

Familia petromíidos

Está formada por el ratón de las rocas *(Petromus typicus)*, que vive en el sur de Angola, Namibia y norte de Sudáfrica.

Viven en las laderas rocosas de las colinas, refugiándose entre ellas. Muy activo al alba y al ocaso, come hojas, bayas y semillas.

Familia batiérgidos

Está compuesta por cinco géneros y ocho especies que viven en África, al sur del Sahara. Son las ratas-topos, que los bóers llaman *blessmoll* (topos caretos). Estos nombres aluden tanto al aspecto estos animales, que tiene los ojos muy pequeños y carecen de orejas, como a sus costumbres excavadoras.
Una de las especies más conocidas la rata-topo de El Cabo *(Georychus capensis)*; propia de África austral.

Bastante más importante es, sin embargo, el farunfer *(Heterocephalus glaber)* de Etiopía, Somalia y Kenia, que tiene el cuerpo desprovisto de pelo y que por vivir en un medio ambiente muy homogéneo (el subterráneo en una región tropical) tiene la capacidad de termorregulación más escasa de todos los mamíferos.

Familia ctenodactílidos

Esta familia consta de cuatro géneros y cinco especies que habitan en el norte de África. Se los conoce con el nombre de gundis. El gundi común *(Ctenodactylus gundi)* se encuentra desde Marruecos hasta Libia, en las masas rocosas de las zonas desérticas.

Las otras especies de gundis son: el gundi del Sahara *(Ctenodactylus vali)*, del sudeste de Marruecos, noroeste de Argelia y Libia; el gundi de Lataste *(Massoutiera mzabi)*, de Argelia, Níger y Chad; el gundi de Felou *(Felovia vae)*, de Mali, Senegal y Mauritania; y el gundi de Speke *(Pectinator spekei)*, de Etiopía, Djibuti y Somalia.

Los gundis son herbívoros y se ven obligados a buscar su alimento recorriendo grandes distancias (hasta un kilómetro cada mañana) en el desierto.

MAMÍFEROS PLACENTARIOS

CETÁCEOS, CARNÍVOROS Y PINNÍPEDOS

BALLENAS

Y DELFINES

Los cetáceos son mamíferos exclusivamente marinos, cuya estructura muestra singulares particularidades en consonancia con su género de vida.

ORDEN CETÁCEOS

En estos mamíferos, su cuerpo fusiforme, sin cuello marcado, se asemeja al de los peces; la cola está sustituida por una aleta ancha y plana, horizontal; sus miembros anteriores ofrecen también forma de aletas y los posteriores faltan por completo, conservándose tan sólo algún residuo de sus huesos en el esqueleto. Numerosas especies presentan otra aleta en el dorso, la cual, aunque por su posición recuerda a la de los peces, por su naturaleza es más bien comparable con la joroba del camello. La piel está desnuda y, como máximo, se encuentran algunas cerdas tiesas junto a la boca o los orificios nasales. Estos últimos se abren en la parte superior de la cabeza, en una (odontocetos) o dos (misticetos) aberturas denominadas «espiráculos». Los oídos carecen de pabellón externo, mientras que los dientes pueden estar presentes (odontocetos) o ausentes (misticetos).

En cuanto a la anatomía interna de los cetáceos, el estómago consta de varias cavidades, cuyo número oscila entre tres y catorce, y el diafragma, en lugar de ser transversal con relación al eje del cuerpo, como en los demás mamíferos, está dispuesto en sentido oblicuo.

Excepto unas pocas especies, que habitan en ciertos ríos y lagos, los cetáceos son todos marinos. Nadan y se mueven en el agua con gran perfección y en ella encuentran el sustento, que consiste en peces, cefalópodos y crustáceos, pero necesitan salir a la superficie de vez en cuando para respirar el aire atmosférico.

CLASIFICACIÓN

El orden cetáceos se clasifica en dos subórdenes, los odontocetos, caracterizados por presentar dientes en las mandíbulas, y los misticetos, que no tienen dientes sino unas estructuras filtradoras denominadas barbas. En total agrupan a 13 familias, 41 géneros y 79 especies.

FAMILIAS DEL SUBORDEN ODONTOCETOS ▶

Suborden odontocetos
- Familia ínidos
- Familia lipótidos
- Familia pontopóridos
- Familia platanístidos
- Familia delfínidos
- Familia focénidos
- Familia monodóntidos
- Familia zífidos
- Familia fisetéridos

El delfín moteado del Atlántico (Stenella frontalis) *vive en las aguas tropicales y templadas cálidas de este oceáno, donde suele encontrarse a más de 8 km de la orilla, aunque en algunas zonas se acerca a la costa durante la primavera o el verano. Forma grupos de hasta 100 individuos y es muy vulnerable a la pesca porque suele asociarse con los bancos de atunes. Los sonidos que emite pueden agruparse en dos categorías: los silbidos que utiliza para comunicarse y los "clics" emitidos a intervalos regulares con los que explora el medio y encuentra a sus presas.*

SUBORDEN ODONTOCETOS

El suborden odontocetos se compone de nueve familias y 35 géneros. Se distribuyen por todos los océanos del mundo y, algunas especies, por ciertos estuarios.

FAMILIA ÍNIDOS

Engloba dos especies del género *Inia,* que reciben el nombre común de inia o boto. Propias de sistemas fluviales, *I. boliviensis* vive en el río Madeira en Bolivia e *I. geoffroyensis* habita en el Amazonas y el Orinoco.

FAMILIA LIPÓTIDOS

Esta familia está formada por la especie *Lipotes vexilifer*, que se encuentra en el sistema fluvial del río Yangtse Jiang (China). Es un odontoceto que alcanza una longitud máxima de dos metros y medio, con una coloración gris azulada por encima y blanquecina por debajo, y con un morro largo ligeramente curvado hacia arriba.

FAMILIA PONTOPÓRIDOS

La familia pontopóridos incluye únicamente al delfín del Plata *(Pontoporia blainvillei)*, que vive en aguas costeras estuarios del sudeste de Sudamérica desde Ubatubal (Brasil) hasta la península Valdés. Llega a alcanzar los 175 cm de longitud y es de coloración grisácea por arriba y más pálida por debajo. El morro es muy largo y estrecho.

FAMILIA PLATANÍSTIDOS

La forman dos especies del género *Platanista*. El susú o platanista *(P. gangetica)* es propio

CUADRO EVOLUTIVO DE LOS CETÁCEOS

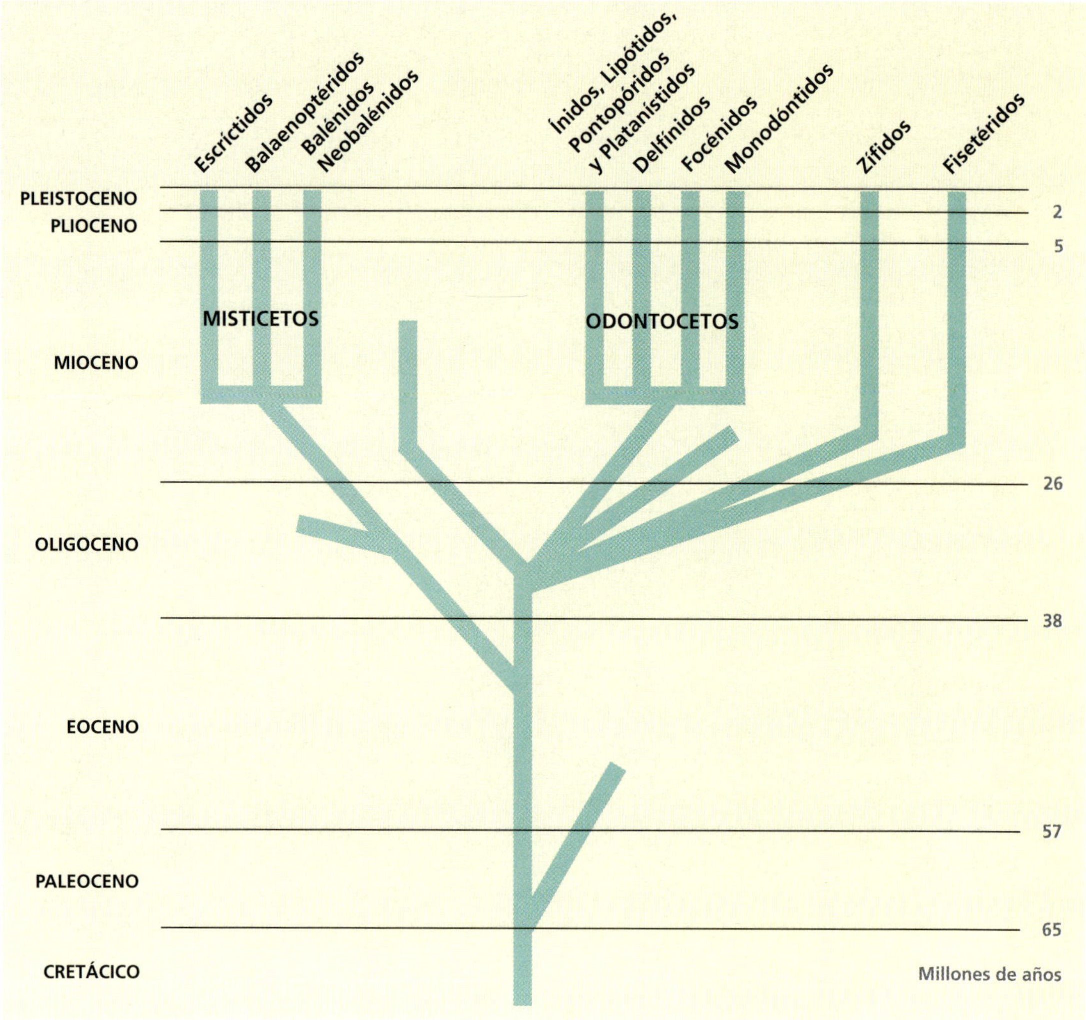

de los fondos cenagosos del Ganges y otros ríos de la India. El espiráculo de esta especie es longitudinal, en lugar de transversal, y sus ojos están reducidos al mínimo, como corresponde a un animal que habita entre cieno y aguas enturbiadas. La otra especie es *P. indimk*, que vive en el sistema fluvial del río Indo, en Pakistán y la India.

Familia delfínidos

Es la familia más diversificada de los cetáceos. Se compone de 17 géneros y 34 especies que se distribuyen por todos los océanos del mundo, así como por los estuarios de algunos grandes ríos.

La familia toma el nombre del delfín común *(Delphinus delphis)*, de unos dos metros de longitud, con el hocico en forma de pico, muy abundante en todos los mares templados y tropicales. El delfín común es bien conocido por los navegantes, ya que este animal tiene la costumbre de seguir a los barcos dando saltos y en muchas ocasiones se colocan delante de la proa.

Otro delfínido muy abundante en todos los mares del mundo, excepto en los tropicales donde le sustituye el calderón de Siebold *(Globicephala Sieboldii)*, es el calderón o cabeza de olla *(Globicephala melaena)*, que se distingue por su cabeza abombada, casi globosa, y por sus aletas pectorales largas y estrechas. Llega a alcanzar 8,5 m de longitud y es negro, más o menos blanco por debajo. Se alimenta de calamares y otros cefalópodos, y se desplaza siempre en bandadas muy numerosas.

El delfínido de mayores dimensiones de los mares templados es la orca *(Orcinus orca)*, que alcanza 9,8 m de longitud total y se reconoce en seguida por su aleta dorsal alta y puntiaguda. Es el más voraz de los cetáceos. Reunidas en gran número, incluso se atreven a atacar a las ballenas. En latitudes medias, sin embargo, es muy raro ver muchas orcas juntas.

FAMILIA FOCÉNIDOS

Engloba cuatro géneros y seis especies repartidos por el Pacífico norte y mares adyacentes, las dos costas del Atlántico norte y Sudamérica, el mar Negro, el sur de Asia e Indonesia, y alrededor de ciertas islas subantárticas. Se les conoce con el nombre de marsopas. La marsopa común *(Phocoena phocoena)* tiene una librea bicolor que recuerda a la de algunos delfines (aunque es más pequeña que éstos), y el hocico obtuso, sin forma de pico.

Otras especies de marsopas, como la del Pacífico *(P. sinus)*, la espinosa *(P. spinnipinis)* y la de Dall *(Phocoenoides dalli)*, se han vuelto más raras en fechas recientes, ya que sufren capturas indiscriminadas y son víctimas involuntarias de las grandes redes de pesca a la deriva.

FAMILIA MONODÓNTIDOS

La familia monodóntidos está formada por dos géneros y dos especies que viven en el Ártico y mares adyacentes. La beluga *(Delphinapterus leucas)* es un cetáceo de piel blanca. El narval *(Monodon monoceros)* es un curioso cetáceo que, caso excepcional en esta familia, sólo posee dos dientes, colocados en forma horizontal, con la particularidad de que en los machos el diente izquierdo adquiere un desarrollo enorme y se proyecta hacia adelante como una lanza de marfil de más de dos metros de longitud. En realidad no se sabe bien para qué puede resultarle útil al narval semejante diente, aunque lo más probable es que desempeñe un papel en el establecimiento de las jerarquías de dominio; desde luego, no le sirve para comer, pues debido a esta singular modificación del sistema dentario se ve obligado a alimentarse de animales de consistencia blanda, como medusas y pequeños cefalópodos, o de pequeños peces que pueda engullir sin tener que masticarlos.

FAMILIA ZÍFIDOS

Se compone de seis géneros y 18 especies de cetáceos que habitan en todos los océanos del mundo. Se les denomina ballenas con pico debido a que presentan un morro bien desarrollado. Se conoce muy poco acerca de la biología de las diferentes especies de esta familia, aun cuando algunas de ellas son de amplia distribución. La ballena con pico de Cuvier *(Ziphius cavirostris)* y la ballena con pico de Blainville *(Mesoplodon densirostris)* son dos de las especies mejor conocidas.

El delfín mular (Tursiops truncatus) *es el más conocido y popular. En la imagen se aprecia el gran número de dientes, todos ellos iguales, que caracteriza a los odontocetos o cetáceos con dientes.*

FAMILIA FISETÉRIDOS

Comprende dos géneros y tres especies que viven en prácticamente todos los océanos del mundo.

El cachalote *(Physeter catodon)* es con diferencia, el mayor de los odontocetos, ya que los machos alcanzan 20 m de longitud y 50 tm de peso. Más de un tercio de estas dimensiones corresponde a la cabeza, que es enorme, casi cilíndrica y truncada en su parte anterior. Salvo algunos ejemplares excepcionales, sólo posee dientes en la man-

El cachalote (Physeter catodon) *pertenece a la familia fisetéridos y es muy fácil de reconocer por su enorme cabeza (casi un tercio del cuerpo), de forma cilíndrica y truncada en su parte anterior.*

díbula inferior, muy larga y estrecha. Puede haber a cada lado cerca de treinta dientes, grandes y robustos. De ellos procede el nombre vulgar de este cetáceo, que es de origen catalán: «caixalot», de «caixal», muela. Otra de las características de este mamífero es que su espiráculo, en lugar de estar colocado hacia el centro de la cabeza, se halla en lo alto de su extremo anterior y un tanto desviado hacia la izquierda.

El cachalote habita en todos los mares, salvo en las regiones polares, siendo tanto más frecuente cuanto más cerca se está de la línea ecuatorial. En el Atlántico abunda bastante. Se alimenta, sobre todo, de pulpos y otros cefalópodos, pero también come peces de esqueleto blando, como rayas y tiburones.

El cachalote ha sido y continúa siendo uno de los cetáceos más perseguidos por el hombre, porque, además de su grasa, suministra el «espermaceti», líquido graso contenido en una vasta cavidad de la parte superior del cráneo. Tanto el aceite que se obtiene del espermaceti como el que se extrae de su grasa corporal proporcionan un lubricante de alto grado utilizado en numerosas industrias y en la investigación espacial. Para disminuir la presión ballenera sobre esta especie se han desarrollado algunos productos sustitutivos del esperma-ceti, como el aceite de jojoba, que tiene aplicación sobre todo en la industria cosmética.

Otro producto del cachalote es el ámbar gris, sustancia de color pardo sucio y olor desagradable, ligeramente untuosa al tacto. En otro tiempo, su origen fue objeto de las más fantásticas hipótesis, pero hoy se sabe que no es sino una secreción intestinal del cachalote que sirve para envolver el pico de los cefalópodos de que se alimenta para que así no le dañen las paredes del intestino. Empleado antes en medicina, en particular como afrodisíaco, en la actualidad el ámbar gris sólo se emplea como fijador en la industria de perfumes y de cosméticos. Por su calidad, es el tercer fijador conocido después del almizcle y de la civeta.

SUBORDEN MISTICETOS

Los dos principales caracteres de este grupo son: la presencia de dos espiráculos y la carencia de dientes. A falta de éstos, su boca está provista de dos series de «barbas» o «ballenas», que son láminas córneas falciformes, verticales, insertas en el paladar, muy unidas entre sí y bordeadas por un fleco deshilachado que actúan a modo de filtro, reteniendo dentro de la boca todas las sustancias alimenticias necesarias y permitiendo la salida del agua que entró con estas sustancias. A este grupo pertenecen las ballenas. Entre ellas, de gran tamaño, se encuentran los animales de mayor peso, longitud y corpulencia que existen actualmente en el planeta.

El suborden misticetos incluye cuatro familias y seis géneros, que se distribuyen por todos los océanos del mundo.

FAMILIA ESCRÍCTIDOS

El único representante de esta familia es la ballena gris *(Eschrictius robustus)*. Es un misticeto bien conocido, que efectúa migraciones cada otoño y primavera a lo largo de la costa del Pacífico, procedente del mar de Bering. Sus migraciones son las más largas conocidas en los mamíferos, puesto que algunas ballenas grises pueden recorrer más de 20 000 km en su paso anual entre las zonas de alimentación estivales en el Ártico y las zonas de procreación en la Baja California. El tamaño más grande que puede alcanzar la ballena gris es de unos 15 m y el máximo peso, de unas 15 tm. La coloración es gris moteada y su cuerpo está cubierto por parches de colonias de cirrípedos que confieren un aspecto muy característico a cada individuo.

Anteriormente existían cuatro poblaciones de ballenas grises, la de California, la coreana la del mar de Japón y la del Atlántico Norte, pero esta última desapareció en el siglo XVIII y la japonesa lo hizo a principios de siglo debido al acoso indiscriminado de los balleneros.

FAMILIA BALAENOPTÉRIDOS

Se compone de dos géneros y seis especies de ballenas que habitan en todos los océanos. Poseen aleta dorsal y tienen la piel de la garganta y del pecho surcada por profundos pliegues longitudinales.

En aguas europeas existen varias especies, de las cuales la más frecuente es el rorcual común *(Balaenoptera physalus)*, que vive tanto en el Mediterráneo como en el Atlántico. Los machos de esta especie pueden alcanzar 25 m y las hebras 27 m. El rorcual azul o ballena azul *(Balaenoptera musculus)*, el mayor de los animales vivientes y el más pesado de los que han existido nun-

La beluga (Delphinapterus leucas) *vive en el Océano Ártico y los mares adyacentes, y también asciende los grandes ríos como el Amur, el Yenisei o el San Lorenzo. Aunque es muy flexible y capaz de nadar hacia atrás remando con la cola, no está entre los cetáceos más rápidos, ya que sus 22 km/h de velocidad máxima están bastante lejos de los 40 km/h del delfín común o de los 55 km/h de la marsopa de Dall. Explotada desde la antigüedad por los pueblos nativos del ártico, la beluga es objeto de pesca comercial desde principios del siglo XX; afortundamente, sus efectivos actuales se estiman en más de 60 000 y por el momento la especie no corre peligro.*

◄ **FAMILIAS DEL SUBORDEN MISTICETOS**

Suborden misticetos
- Familia escríctidos
- Familia balaenoptéridos
- Familia balénidos
- Familia neobalénidos

ca, llega a medir 33 m de longitud y 190 tm de peso. El rorcual norteño *(Balaenoptera borealis)* alcanza los 20 m. El rorcual de Bryde *(Balaenoptera edeni)* no supera los 14 m longitud. El rorcual aliblanco o ballena minke *(Balaenoptera acutorostrata)* es el más pequeño de los rorcuales, con una longitud máxima de 10 m. La yubarta *(Megaptera novaeangliae)* tiene largas aletas y rara vez supera los 15 m.

Estas ballenas con aleta dorsal son animales migratorios, que bajan a los mares templados en ciertas épocas, ya sea para criar o buscar alimento. El rorcual común, sale a la superficie cada diez o quince minutos para respirar, pero si la amenaza algún peligro, puede permanecer debajo del agua hasta unos cuarenta minutos. La hembra cría en cualquier época del año y suele dar a luz a un solo ballenato, aunque se dan casos de mellizos. Al nacer, el pequeño tiene la cuarta parte de la longitud de su madre y su aleta dorsal, muy delgada, se dobla sobre un lado del lomo.

Según parece, los españoles del litoral cantábrico fueron los primeros en dedicarse a la industria ballenera y, por consiguiente, los maestros de todos los balleneros del mundo. En 1863, fecha en que el noruego Sven Foyn inventaba un cañón para disparar arpones al tiempo que los buques de vapor sustituían a los veleros, se abrieron las puertas a la explotación de los grandes rorcuales, que hasta entonces habían sido prácticamente inaccesibles por su veloz desplazamiento y porque se hundían al morir. En 1905 se descubrieron los pasos árticos de los rorcuales azul, común y norteño, y el océano Austral no tardó en sustituir al Atlántico norte como centro mundial de pesca de ballenas. La drástica reducción de las poblaciones del rorcual azul en los años 30 obligó a los balleneros a cazar otra especie, el rorcual común. En 1960 el rorcual azul estaba prácticamente extinguido y en 1965 se decretó su protección total. La posterior disminución del rorcual común provocó el desplazamiento de los balleneros al Atlántico norte en busca del rorcual común. A finales de los 80 se prohibieron las capturas en el Atlántico para favorecer su recuperación, pero las estimaciones de 1989 indicaban la existencia

La ballena azul (Balaenoptera musculus) *es el mayor animal conocido que ha existido en el mundo pero su inmenso tamaño no le ha servido para librarse del peligro de extinción. La disminución de los efectivos de esta especie comenzó con la invención del cañón lanzaarpones y con el desarrollo de los buques de vapor, que permitieron capturar a estos misticetos más rápidos que las ballenas francas. La consecuencia de estos avances tecnológicos fue una drástica disminución de las poblaciones hasta que, en 1965, se decretó su protección total. Desgraciadamente todavía existen serias dudas sobre si la especie conseguirá recuperarse.*

La yubarta (Megaptera novaeangliae), *cetáceo de la familia de los balaenoptéridos, presenta una aleta dorsal pequeña, mientras que las pectorales son muy largas, las más grandes de todas las ballenas.*

de apenas quinientos rorcuales azules y entre dos y tres mil comunes.

Es difícil evaluar el número de rorcuales, pero la UICN considera que el rorcual azul se halla en peligro de extinción y que es necesario realizar grandes esfuerzos para evitar que desaparezca por completo. También el rorcual común, del que apenas quedan en la actualidad unos 5 000 individuos en el hemisferio austral, es una especie amenazada. Otra especie que ha sufrido la misma suerte debido a la superexplotación es la yubarta, de la que tan sólo sobreviven 10 000 ejemplares. El rorcual norteño, aunque no está clasificado por la UICN, se encuentra en una situación similar y debe ser considerada como especie vulnerable.

Familia balénidos

La familia balénidos está formada por dos géneros y otras tantas especies repartidas por todos los océanos del planeta, excepto las regiones tropicales y subpolares. Se les conoce con el nombre común de ballenas verdaderas y se caracterizan porque carecen de aleta en el dorso y su garganta es lisa, sin estrías.

La ballena vasca o ballena franca *(Eubalaena glacialis)* habita en las aguas frías y templadas de los dos hemisferios. En función de su distribución se consideran tres subespecies, la *B. g. glacialis* vive en el Atántico norte, hasta las costas de Florida por el sur; la *B. g. japonica* es propia del Pacífico norte y la *B. g. australis* habita en los océanos del hemisferio sur, con su límite norte situado a la altura de la parte meridional de Brasil. La subespecie austral es bien conocida por los argentinos, así como por los turistas de numerosos países del mundo, que la contemplan desde pequeñas embarcaciones en la península de Valdés, donde acuden a reproducirse durante el verano austral. Es de color negro intenso, a veces con manchas en el vientre. Su longitud alcanza, en los mayores ejemplares, unos 17 m. Sus barbas, en número de 225 a 250 láminas a cada lado, miden unos 2,25 m de largo como máximo. Es característico de esta especie la presencia, en todos los individuos adultos, de colonias de pequeños crustáceos parásitos que viven sobre su cabeza y llegan a formar en ella un enorme bulto alargado. Esta particularidad jamás se encuentra en la ballena groenlandesa *(Balaena mysticetus)*, especie de mayor tamaño (de 18 a 20 m), y amenazada de extinción que habita en el mar Ártico y en invierno migra a los mares de Bering, Labrador y de Okhotsk.

Familia neobalénidos

La familia neobalénidos está compuesta exclusivamente por la ballena enana *(Caperea marginata)*, especie propia de las costas de Australia, Tasmania, Nueva Zelanda, islas Falkland, en el Atlántico sur, sur de África y, en el Nuevo Continente, Argentina y Chile. Es la ballena verdadera más pequeña que existe (unos 6,5 m de longitud las mayores hembras). Se conocen muy pocos ejemplares de esta especie.

FAMILIAS DEL ORDEN CARNÍVOROS

A pesar de su gran diversidad de formas, funciones y hábitats, todas las especies de carnívoros forman parte de un linaje común caracterizado por tener el último premolar superior y el primer molar inferior mucho más robustos que las demás muelas, muy comprimidos lateralmente y muy cortantes. A estas muelas así modificadas se les da el nombre especial de «dientes carniceros» o «muelas caninas», y de ellos se sirven estos animales para cortar no sólo las fibras de la carne con que se alimentan, sino también los más duros tendones, e incluso para partir los huesos.

CARNÍVOROS Y PINNÍPEDOS

Orden carnívoros
- Familia cánidos
- Familia prociónidos
- Familia úrsidos
- Familia mustélidos
- Familia vivérridos
- Familia hiénidos
- Familia félidos

El perro proción o perro mapache (Nyctereutes procyonides), *originario de Siberia, China y Japón y que ha invadido gran parte de Europa, es el único cánido que hiberna, aunque no todos los individuos lo hacen.*

ORDEN CARNÍVOROS

Muchas especies de otros órdenes de mamíferos son o han sido en algún momento de su evolución carnívoras, pero sólo los miembros del orden carnívoros poseen muelas caninas. De hecho, aunque en las especies adaptadas a dietas mixtas o predominantemente vegetarianas, estas muelas han perdido su función original de desgarrar carne y ya no destacan a nivel morfológico sobre los otros dientes, continúan existiendo. Resulta lícito, por tanto, afirmar que los dientes carniceros no sólo son exclusivos del orden carnívoros sino que además son su característica común más distintiva.

Otro rasgo significativo en estos animales es el hecho de presentar los incisivos muy pequeños y los caninos, por el contrario, muy grandes y puntiagudos, aunque, con respecto a esta característica, los carnívoros actuales no llegan al extremo que alcanzaron ciertas especies en el pasado. Otra característica imporante en los mamíferos es que las clavículas aparecen atrofiadas o faltan.

Al andar, la mayoría de los carnívoros solamente apoyan en el suelo los dedos, con la muñeca y el talón en alto, como es el caso de los cánidos. No obstante, algunos caminan posando toda la planta, como el oso. De los primeros se dice que son «digitígrados», los segundos reciben el nombre de «plantígrados».

CLASIFICACIÓN

El orden carnívoros se clasifica en siete familias, 93 géneros y 235 especies, repartidas por todo el mundo, excepto Australia, Nueva Guinea, Nueva Zelanda, Antártida y numerosas islas oceánicas.

A diferencia de los félidos, que son estrictamente carnívoros, los cánidos son muy oportunistas y la mayoría de ellos consumen a menudo materias vegetales, además de carroña y otros restos proteínicos. La adaptabilidad ecológica de estos carnívoros es especialmente patente en el zorro común (Vulpes vulpes), *cánido que explota todo tipo de hábitats, incluso las ciudades donde encuentra un suministro fácil y abundante de basuras.*

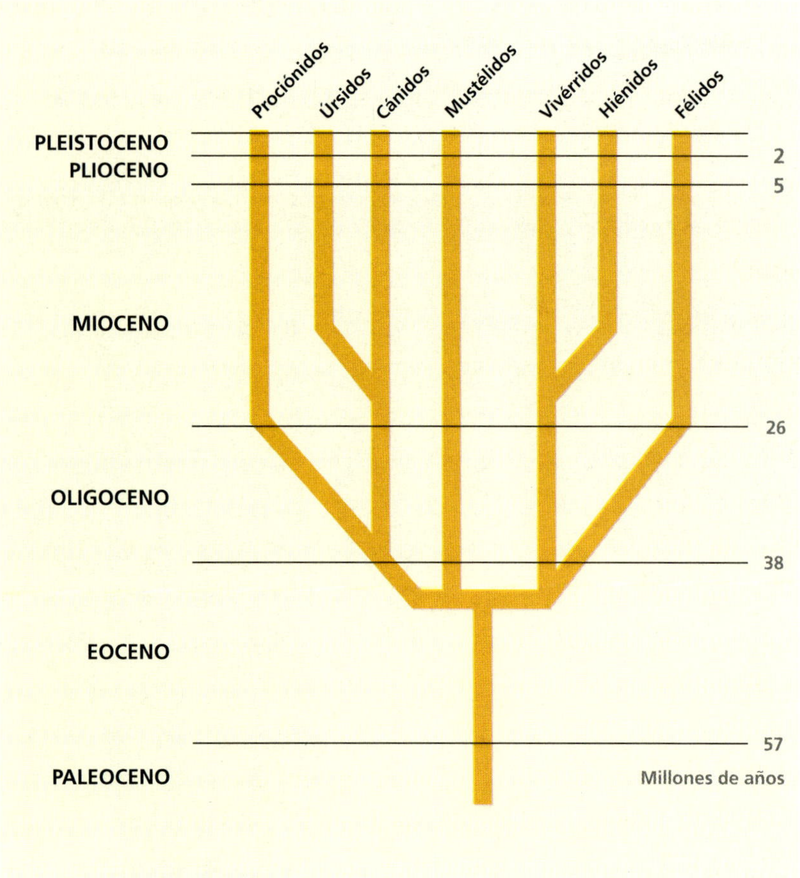

CUADRO EVOLUTIVO DE LOS CARNÍVOROS

◀

FAMILIA CÁNIDOS

La familia cánidos está compuesta por 16 géneros y 36 especies. Los primeros carnívoros verdaderos de los que se tiene noticia vivieron hace unos 40 millones de años, durante el Eoceno superior. Estos carnívoros primitivos evolucionaron y, antes de que finalizara el Eoceno, dieron paso a los primeros cánidos, una de las familias más antiguas del orden carnívoros.

Los cánidos actuales son carnívoros especialmente adaptados para desplazarse a la carrera por espacios abiertos. De ahí sus formas esbeltas, su cuerpo flexible, sus extremidades bastante largas y sus pies digitígrados. En todos ellos, salvo en el licaón africano, existe un vestigio de quinto dedo en las patas delanteras y, en el caso del dingo y el perro doméstico, también un resto de espolón en las posteriores. Otras adaptaciones para la carrera son la función de los huesos de la muñeca y la soldadura del radio y del cúbito para evitar la rotación.

DIBUJO DE LOS HUESOS DE UN CARNÍVORO (LEÓN)

▶

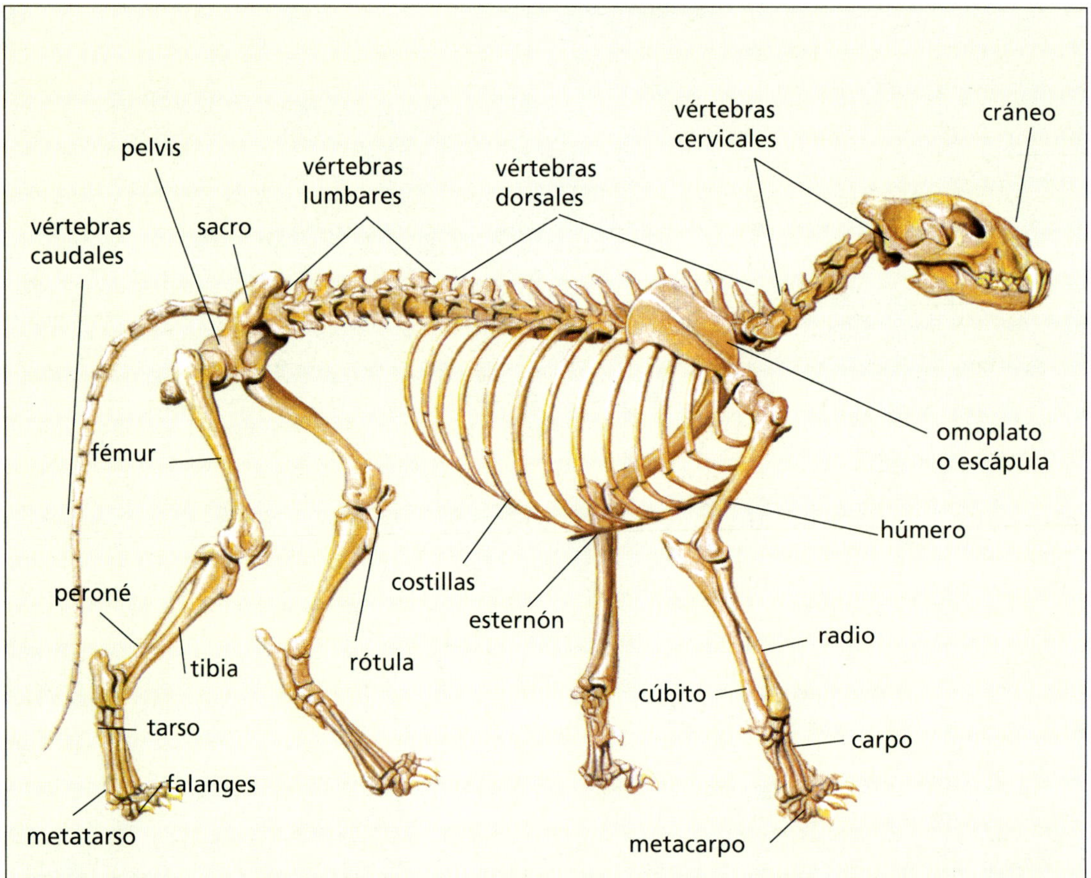

De entre las 36 especies que incluye esta familia, la gran excepción la constituye el perro vinagre *(Speothos venaticus)*, que tiene formas rechonchas y las patas muy cortas, aparentemente inaptas para desplazarse a la carrera. El perro vinagre es un animal muy esquivo y sus costumbres en libertad son muy poco conocidas. Según parece, caza en manadas de hasta diez individuos, que en ocasiones persiguen a presas mucho mayores que ellos. El perro vinagre es un habitante de las selvas y los linderos pantanosos de América tropical, cuya área de distribución se extiende desde Panamá hasta las Guayanas y todo Brasil.

La base de la alimentación de los cánidos son la presas de origen animal, incluida la carroña, pero casi todas las especies consumen materias vegetales ocasionalmente y algunas incluso bastante a menudo. Esta adaptabilidad se extiende a otros ámbitos, como la ecología y la conducta, lo que convierte a los cánidos en animales muy oportunistas que viven en una amplia gama de hábitats y se adaptan a cualquier tipo de climas. Si se exceptúan las islas del Pacífico, Madagascar y la Antártida, esta familia ocupa el mundo entero.

Lobos

Una de las especies más extendidas es el lobo común *(Canis lupus)*, que apareció en el registro fósil hace unos dos millones de años y que pocos miles de años después ya había colonizado Norteamérica, Groenlandia, Europa y Asia, y se había convertido en el depredador más ubicuo y extendido de la Tierra. Hoy, a pesar de la persecución de que ha sido objeto a lo largo de los siglos, el lobo común es todavía uno de los mamíferos más extendidos del planeta y, a excepción de las selvas tropicales y de los desiertos más áridos, continúa ocupando todos los biotopos y hábitats del hemisferio norte.

Una de las razones que mejor explican el éxito evolutivo del lobo común es la complejidad de su mundo social, fruto a su vez de una gran inteligencia. Este cánido vive en manadas muy jerarquizadas cuya organización social se articula en torno de la pareja dominante. En la mayoría de los casos, es el macho alfa o dominante el que dirige a la manada; sobre él recae la elección del territorio, la iniciativa en la caza y en los desplazamientos del grupo, la seguridad de los

En la imagen, dos lobos comunes (Canis lupus). *Muy pronto colonizó América del Norte, Groenlandia, Europa y Asia hasta convertirse en el depredador más extendido del mundo. Esta capacidad de adaptación se ha traducido en la existencia de numerosas subespecies. A pesar de la persecución de que ha sido objeto, el lobo todavía puede encontrarse en todos los biotopos y hábitats del hemisferio norte, excepto en las selvas tropicales y los desiertos más áridos.*

subordinados y el mantenimiento del orden. No obstante, siendo este líder quien decide si hay que desplazarse o no y qué direcciones deben seguirse, muchas veces es la hembra alfa o algún macho subordinado quien conduce a la manada hacia la presa. La jerarquía original no tarda en volver a instaurarse una vez abatida la víctima, ya que entonces es siempre el macho alfa quien empieza. Mientras éste come hasta saciarse, a su alrededor estalla la lucha para repartirse los restos de la presa en la que se impone el más fuerte. Una vez resueltas estas rencillas, se restablece la estructura jerárquica que se mantiene por medio de vocalizaciones —gañidos de amistad o de sumisión, ladridos de alerta y, por supuesto, el aullido típico—, de olores, de expresiones faciales y de posturas de dominancia o de sumisión.

Aunque cada uno de los lobos se somete al orden jerárquico que impera en la manada, ello no impide que tenga su propia personalidad. A decir verdad, no son tanto la edad, la fuerza o la agresividad sino más bien la inteligencia y la capacidad de mando las características que permiten que uno de ellos se imponga a todos los demás.

A algunos lobos les resulta difícil aceptar la estricta disciplina que se les impone y acaban convirtiéndose en animales solitarios. Suelen ser individuos jóvenes en busca de un territorio propio o de una hembra, algo que les resultaría difícil de conseguir en su manada original. Dentro de la manada, en efecto, la única con derecho a reproducirse es la hembra dominante y ésta es, casi siempre, estrictamente fiel a su macho alfa. Tan sólo después de duras peleas, el macho que se erige en subdominante consigue aparearse de manera furtiva con la hembra alfa. Durante la cópula, el lobo y la loba permanecen aprisionados por sus genitales de quince a treinta minutos. Al cabo de unos sesenta días, la hembra tiene una camada de tres a ocho crías que alcanzarán la madurez sexual hacia los dos (las hembras) o los tres años de edad.

La adaptación del lobo común a toda clase de ambientes se refleja en el número de sus subespecies, que, según algunos autores, llega a las 36. De estas subespecies, 17 son propias del continente americano; una de ellas, el lobo de las Grandes Praderas o lobo de Buffalo *(Canis lupus nubilus)*, ya está extinguida, mientras que otra vive lejos de toda amenaza humana. Esta última es el lobo del Ártico *(C. l. arctos)*, que habita en el norte de Canadá, en la isla de Ellesmere y en otras heladas soledades situadas por encima del paralelo 75°.

En Europa se encuentra la subespecie nominal *(C. l. lupus)*, de tamaño mediano y con el pelo corto y oscuro. En la península Ibérica, habita casi exclusivamente en el cuadrante Noroeste, aunque existen dos núcleos de cría en el sur, uno en la sierra de San Pedro (Extremadura) y otro en Sierra Morena. La población ibérica oscila en torno a los dos mil ejemplares, lo que representa el dos por ciento de la población mundial.

En el sur de Estados Unidos existía hasta los años sesenta otra especie muy próxima al lobo común, el lobo rojo *(Canis rufus)*, que se extinguió en estado salvaje no tanto por la persecución de que fue objeto, sino sobre todo por un problema de contaminación ge-

Ciertos indicios permiten suponer que ya en el Paleolítico los humanos que vivían en la vecindad de regiones heladas establecieron relaciones de caza con los lobos. Es muy verosímil que en ello se base el origen del perro (Canis familiaris). *Abajo, dos cocker spaniel, perro de caza y compañía.*

El origen del perro doméstico, pese a las investigaciones realizadas al respecto, continúa siendo una incógnita sin resolver. No obstante, la mayoría de los zoólogos aceptan la tesis de que los perros domésticos actuales descienden del lobo. La gran diversidad de razas caninas existentes en la actualidad es fruto de la selección inducida por el hombre, bien por la necesidad, bien por la casualidad o por el capricho. En la ilustración, un braco alemán, un ejemplar de perro de muestra.

nética con el coyote *(Canis latrans)*. Por fortuna, se lograron rescatar 14 animales genéticamente puros en el último momento, y en 1989, gracias a los programas de cría en cautividad, la población de esta especie ya había aumentado a 83 individuos.

Un animal muy distinto es el lobo de crin *(Chrysocyon brachyurus)*, así denominado por presentar los pelos superiores del cuello largos y negruzcos; en algunas zonas recibe el nombre de «lobo rojo», por su pelaje leonado rojizo, salvo las patas, que son negras, y la punta de la cola, que es blanca. Alcanza aproximadamente la alzada de un gran lobo, pero es mucho menos corpulento. Se le encuentra en el centro y sur de Brasil, Paraguay, norte de Argentina, este de Bolivia y sudeste de Perú, en hábitats de pradera y de matorral. De costumbres más bien nocturnas, es un animal tímido y oportunista, que sólo ataca a otros vertebrados más pequeños, tales como conejos, armadillos, roedores pequeños y, ocasionalmente, peces, reptiles e insectos; la mitad de su dieta se compone de frutos.

Perros

Pese a los estudios realizados al respecto, el origen del perro doméstico *(Canis familiaris)* continúa siendo una incógnita no resuelta. La idea más aceptada es que los perros domésticos actuales descienden del lobo.

Puede decirse que no hay en el mundo pueblo alguno que no posea perros domésticos. En unos lugares son utilizados para cazar, aprovechando sus instintos naturales, y en otros como animales de tiro, para el arrastre de trineos.

Cuatro o cinco mil años antes de Cristo, los egipcios tenían ya cuatro razas distintas de perros y otro tanto ocurría en China. Incluso en la primitiva Inglaterra existía hace 9 500 años un perro doméstico, concretamente el starr carr de Yorkshire.

De entre los perros domésticos actuales, uno de los más antiguos es el podenco ibicenco, el cual, junto con el cirneco del Etna y el perro del faraón, desciende en línea directa de los podencos africanos. La cabeza del perro del faraón, en concreto, parece

El coyote (Canis latrans) *puede considerarse el equivalente norteamericano y centroamericano de los chacales africanos. Como ellos, es un depredador oportunista que se alimenta de muchos tipos de presas y de carroña. Además de lagomorfos y roedores que constituyen lo esencial de su dieta, también comen fruta, insectos y otros vertebrados, a los que siempre caza en solitario. En ocasiones, cuando forma manadas, caza en grupo presas de mayor tamaño, como berrendos, carneros de las Rocosas o incluso ciervos.*

el vivo retrato de Anubis, el dios chacal que conducía las almas de los faraones difuntos, lo que denota su gran primitivismo.

Hoy día existen muchas razas caninas, creadas por la necesidad unas veces y otras por la casualidad o por el capricho. Para clasificarlas, se recurre, más que al parentesco que existe entre ellas, a sus aptitudes y al empleo que se les da.

En la actualidad, la mayoría de las sociedades caninas del mundo clasifican las distintas razas de perros en los diez grupos que se relacionan a continuación:

• Perros pastores y boyeros (excepto los perros boyeros suizos): bobtail, collie, pastor alemán, briard.

• Perros de tipo pinscher y schnauzer, molosoides y perros boyeros suizos: dogo argentino, bulldog inglés, Terranova, San Bernardo, boxer, doberman.

• Terriers: yorkshire terrier, fox terrier, scottish terrier.

• Teckels: teckel (dacschund o «salchicha») de pelo corto, teckel de pelo largo, etc.

• Perros de tipo spitz y de tipo primitivo: husky, alaskan malamute, samoyedo, perro de los faraones.

• Perros sabuesos y perros de rastro: basset hound, perro de San Huberto (bloodhound).

• Perros de muestra: épagneul bretón, setter irlandés, pointer.

• Perros cobradores de caza, perros levantadores de caza y perros de aguas: cocker, golden retriever, labrador.

• Perros de compañía: chihuahua, caniche, pequinés, bulldog francés.

• Lebreles y razas emparentadas: sloughi, lebrel afgano, galgo español, greyhound.

En Australia vive un cánido salvaje, el dingo *(Canis dingo),* que se parece más al perro doméstico que al lobo hasta el punto que muchos zoólogos lo consideran hoy una nueva subespecie de éste. Su aspecto, en efecto, es el de los perros parias que se encuentran en muchos puntos de Asia y norte de África.

Chacales

Los chacales son más pequeños y presentan algunas diferencias en la forma de los dientes. El chacal dorado *(Canis aureus)* es algo mayor que un zorro y tiene un pelaje pardo rojizo o gris amarillento, según las localidades. Habita en el norte y este de África, así como en el sur de Asia y sudeste de Europa, desde Birmania (Myanma) y la India hasta Siria, Asia Menor y la península Balcánica. Forma manadas bastante numerosas y se alimenta de pequeñas presas, tales como invertebrados, reptiles, anfibios, mamíferos y aves. También se nutre de frutas y no desdeña la carroña.

La región etiópica posee las dos especies más bonitas de chacales, que viven desde la zona de los Grandes Lagos hasta el extremo sur de África: el chacal de flancos rayados *(Canis adustus)* y el chacal de dorso negro *(Canis mesomelas).* Este último, sobre todo, es un bello animal de color leonado rojizo, con una especie de gualdrapa negra jaspeada de blanco y rojizo. Como otros chacales, se esconde bajo tierra durante el día, en agujeros que él mismo excava o que encuentra hechos. A menudo sigue a los leones para aprovecharse de los restos de su comida.

Coyote

En América del Norte y Central, el equivalente ecológico de los chacales es el coyote *(Canis latrans)*, cánido cuyo nombre deriva del término azteca *coyotl*. Como la mayoría de los cánidos, el coyote es un depredador muy oportunista y, si bien es cierto que el noventa por ciento de su dieta se compone

de mamíferos, también lo es que en este porcentaje entra una importante proporción de carroña y que no desdeña la fruta, los insectos y los pequeños vertebrados, a los que siempre caza en solitario. A veces, cuando el coyote abandona su práctica común de vivir solo o en pareja y constituye manadas, caza en grupo presas de mayor tamaño, tales como berrendos, carneros de las Rocosas o incluso ciervos. Tales ocasiones suelen presentarse cuando los jóvenes demoran su dispersión y se quedan como ayudantes junto a sus progenitores, formando verdaderas manadas, compuestas, como media, por seis adultos y varios ejemplares jóvenes, todos ellos emparentados entre sí. Los únicos reproductores de estas manadas son el macho y la hembra dominantes, pero las asociaciones entre coyotes son poco estables y tienden a disgregarse a medida que los jóvenes alcanzan la madurez (un año de edad).

Zorros

También los zorros pertenecen a la familia cánidos. Se caracterizan por su cola larga y poblada, por ciertas particularidades de su cráneo y por las pupilas de sus ojos, que ante la luz se contraen en una elipse vertical.

Zorro común o rojo. El zorro común *(Vulpes vulpes)* es el más cosmopolita de los cánidos salvajes, puesto que forma numerosas subespecies locales distribuidas por toda la región holártica, desde el Círculo Ártico hasta Centroamérica y los desiertos del norte de África, desde el norte de Siberia hasta las estepas asiáticas y el sur de Japón. Según los países, su coloración varía mucho, aunque los pies, las orejas y la cola son siempre del mismo color. Su longitud total suele pasar de 1 m, alcanzando la cola unos 35 cm. El zorro común vive en una amplia variedad de

De costumbres preferentemente nocturnas, el zorro común (Vulpes vulpes) *se comporta también como diurno en parajes deshabitados. Vive en una gran variedad de hábitats, desde los montes poco arbolados hasta las grandes sierras, pasando por las tierras cultivadas y las ciudades europeas, pero nunca en los bosques muy cerrados. Se alimenta de aves y mamíferos de pequeño tamaño, de reptiles pequeños, de insectos y de ciertas frutas, como uvas y bellotas.*

El fenec (Vulpes zerda), *habitante de los desiertos norteafricanos y de Arabia, Kuwait y sur de Irak, es un zorro de costumbres nocturnas que se guía por el olfato y el oído para localizar a sus presas. Es el cánido más pequeño: mide unos 40 cm de longitud, con una cola de 30 cm. La coloración de su pelo es de un suave color crema.*

hábitats, pero nunca en los bosques muy cerrados. En invierno, se refugia durante el día en cuevas y oquedades, en general antiguas conejeras que agranda para su uso, mientras que en verano prefiere encamarse entre las matas. Persigue a las aves y mamíferos de tamaño pequeño a mediano, sobre todo a los roedores y a los conejos, aunque también se nutre de reptiles pequeños, insectos y ciertas frutas: uvas, higos, bellotas. Cuando puede se introduce en los corrales de las zonas rurales, provocando grandes daños entre las aves domésticas. Come, además, la carne muerta, acudiendo allí donde se deja el cadáver de algún animal. En todos sus actos revela una extraordinaria sagacidad, gracias a la cual consigue en gran parte librarse de la persecución de que es objeto. Por ello es una especie que abunda incluso en las zonas más pobladas por el hombre. Estos animales entran en celo hacia el mes de enero y, tras una gestación de nueve semanas, la hembra da a luz de tres a seis zorritos.

Zorros americanos. En América del Sur, los zorros están representados por el género *Dusicyon*, exclusivo de este continente y que comprende ocho especies de pelaje gris a leonado grisáceo, a menudo con manchas negras. Destacan el zorro culpeo *(D. culpeus)*, que vive en montañas y pampas desde los Andes de Ecuador y Perú hasta la Tierra del Fuego; el zorro gris argentino *(D. griseus)*, que habita en Ecuador y en el norte de Chile a menores altitudes que el zorro culpeo; el zorro de Azara o zorro de las pampas *(D. gymnocercus)*, que se encuentra en las pampas de Paraguay, sudeste de Brasil y Argentina hasta Río Negro; el zorro kit *(D. microtis)*, propio de las selvas de Amazonia y Orinoquia; y el zorro cangrejero *(D. thous)*, que vive en la sabana, los llanos y los bosques de gran parte de América tropical, desde Colombia hasta Argentina y Paraguay.

Zorro polar o ártico. Otro cánido semejante a los zorros, aunque con un cráneo más parecido al de los chacales, es el zorro polar *(Alopex lagopus)*. Es un animal bastante más pequeño que el zorro común y está revestido de pelo fino, largo y espeso. Durante el verano, el color es pardo gris, pero al acercarse el otoño empieza a mudar el pelo poco a poco, siendo sustituido por un pelaje blanco como la nieve, que dura todo el invierno y que después se cae a grandes mechones. Algunos ejemplares ofrecen una coloración gris plomiza tanto en invierno como en verano, a pesar de que también experimentan las dos mudas de pelo. Estos individuos reciben el nombre de «zorros azules».

El zorro ártico se distribuye por todas las regiones boreales de Europa, Asia y América, donde resiste mejor que ningún otro animal terrestre las bajas temperaturas del invierno polar. En el estío, se alimenta de las aves marinas que invaden las costas árticas durante esta estación. En invierno, caza liebres polares o busca las sobras de los festines de los osos blancos. A veces, los restos de una ballena varada en el hielo pueden propor-

El licaón o perro salvaje africano (Lycaon pictus), *propio de la región etiópica, forma jaurías de hasta veinte individuos, que, en ocasiones, son capaces de derribar a una cebra adulta.*

cionar alimento durante más de un año a los zorros árticos, que acuden desde largas distancias. Más confiado que el zorro común, se acerca al hombre y siempre que puede se lleva provisiones de los campamentos de los viajeros o de las viviendas.

Zorros africanos. En el Sahara y el desierto de Libia se encuentra otra especie de zorro: el fenec *(Vulpes zerda)*, el más pequeño de todos los cánidos. No mide, en efecto, más que unos 40 cm de longitud, con una cola de 20, pero sus orejas son enormes, casi iguales que las del zorro común, lo que demuestra un oído muy agudo. Así como el zorro ártico es en invierno tan blanco como la nieve que cubre su hábitat, el pelaje del fenec, suave como la seda, es de un delicado color crema que armoniza con el de los vastos arenales en que vive. Los jerbos, los ratones desertícolas, los pequeños reptiles, las alondras y determinados insectos constituyen su alimento, aunque también le gustan los huevos y los dátiles maduros. El gran tamaño de las orejas, rasgo muy útil para facilitar la pérdida de calor, es todavía más acusado en el zorro orejudo *(Otocyon megalotis)*. Aunque sólo tiene el tamaño de un fox-terrier, en él estos órganos alcanzan 12 cm de longitud, es decir, casi la cuarta parte de lo que miden el cuerpo y la cabeza juntos. Este zorro habita en África oriental y austral, desde Somalia hasta El Cabo, y representa un género particular que se distingue por tener los molares, incluso los carniceros, pequeños y débiles, de modo que su dentadura parece más de insectívoro que de carnívoro. El régimen alimenticio del zorro orejudo consiste, sobre todo, en termes u hormigas blancas, langostas y otros insectos, aunque también consume pequeños ratones y otros vertebrados de similar tamaño cuando no encuentra su alimento preferido.

Perros salvajes

De todos los cánidos propios de la región etiópica, el más notable es el perro salvaje africano o licaón *(Lycaon pictus)*, propio de las sabanas y otros hábitats abiertos de África subsahariana, aunque se halla en peligro de extinción debido a la persecución de que ha sido objeto y su propensión a ser víctima de las epidemias. El licaón es un animal muy semejante en formas y corpulencia a un perro podenco, aunque su cabeza recuerda más bien a la de una hiena. Al igual que ésta, sólo posee cuatro dedos en las patas anteriores, en vez de cinco como los demás cánidos. Su pelaje aparece manchado de negro, leonado y blanco, no existiendo dos individuos iguales, aunque todos tienen negro el hocico, leonada la frente y blanca la punta de la cola. Los perros salvajes africanos cazan, descansan, se desplazan y se reproducen en manadas, compuestas por siete u ocho adultos como media, aunque este número puede variar desde dos hasta veinte y superar los

El diseño facial en antifaz es característico del mapache (Procyon lotor), *especie muy difundida por el sur de Canadá, Estados Unidos y América Central, e introducida en algunas zonas de Europa y Asia. Habita preferentemente en regiones muy arboladas, y es muy hábil trepando y nadando.*

treinta individuos si se incluyen los cachorros. Sus costumbres difieren mucho de las de los lobos y zorros. Cazan antílopes jóvenes o débiles, acosando unos a la res mientras otros procuran cortarle el paso. Algunas manadas de licaones se transmiten de generación en generación la técnica de cazar cebras adultas, unos ungulados cuyo peso es ocho veces superior al del cánido.

Familia prociónidos

Se compone de siete géneros y 19 especies que presentan una notable diversidad ecológica, ya que ocupan hábitats muy variados, desde los bosques templados hasta las pluviselvas tropicales, desde las espesuras de bambú del Himalaya hasta los campos de cultivo e incluso las ciudades. Esta diversidad ecológica se traduce en una gran variedad de formas. Tienen la cola bastante larga y los pies provistos de cinco dedos, que al andar apoyan casi por completo en el suelo, de modo que es posible calificarlos de semiplantígrados. Todos ellos son diestros trepadores y poseen una dentadura generalizada como corresponde a su dieta omnívora. La familia toma su nombre del género *Procyon*, cuya especie más común y difundida es el mapache *(Procyon lotor)*.

Mapaches

El mapache es un animal propio de la fauna norteamericana y centroamericana que ha sido introducido en algunas zonas de Europa y Asia. Más pequeño que un zorro, ofrece cierto parecido con éste en el aspecto de la cabeza, aunque su hocico es más corto. Sin embargo, su cuerpo es más rechoncho y sus patas tienen una forma muy distinta, con la planta pelada y los dedos muy separados, sobre todo los de las anteriores, que pueden extenderse y asir los objetos como lo haría un mono. Su tupido pelaje pardo, con una banda negra en la cara, a modo de antifaz, y la cola transversalmente rayada también de negro, varía de matiz según las localidades. Vive en parajes muy arbolados, siendo un hábil trepador.

El kinkajú (Potos flavus) *es un extraño prociónido de vida arborícola y nocturna. Se alimenta principalmente de frutos, aunque algunas veces come miel o captura insectos y pequeños vertebrados.*

Construye su morada en algún tronco hueco; prefiere las inmediaciones de las charcas y pantanos, pues si bien caza avecillas o pequeños mamíferos, muestra especial afición por los cangrejos, los peces de agua dulce, las tortugas pequeñas y los moluscos, cuyas valvas sabe abrir con notable destreza. También le gustan los frutos y la miel, pero su golosina predilecta es el maíz cuando empieza a madurar; entonces aprovecha las noches de luna para saquear las plantaciones, porque, como la mayoría de los carnívoros, es un animal nocturno.

En toda América tropical vive otra especie del mismo género, de pelaje más corto, basto y amarillento rojizo: el mapache cangrejero *(Procyon cancrivorus)*, que se alimenta de crustáceos. Otras especies mucho menos difundidas son: el mapache de las Tres Marías *(Procyon insularis)*, de la isla de María Madre, en México; el raro mapache de Barbados *(Procyon gloveranni)*; el mapache de Guadalupe *(Procyon minor)*; y el de la isla de Cozumel *(Procyon pygmaeus)*, que es el menor de todos.

Otras especies

A un género distinto pertenece el cacomistle o gato de cola anillada *(Bassariscus astutus)*, propio del oeste de Estados Unidos y de México, que por su tamaño y aspecto recuerda a la garduña. También pertenecen a esta familia los coatíes o guaches, que se reconocen por su hocico prolongado y movible, con el que lo husmean y hozan todo. El coatí común *(Nasua nasua)* es la más extendida de las tres especies y su área abarca desde el sudeste de Arizona hasta Argentina. Tiene el tamaño de un gato montés y el pelo pardo oscuro o pardo rojizo, largo, más áspero y menos sedoso que el coatí de Nelson *(N. nelsoni)*, que habita en la isla de Cozumel, frente a Yucatán, en México.

La tercera especie, el coatí de montaña *(Nasuella olivacea)* vive en los Andes de Venezuela, Colombia y Ecuador y se conoce muy poco de ella. Los coatíes son animales arborícolas, forman manadas numerosas y dedican la noche y parte del día a buscar huevos de pájaros, reptiles, ratones y diversos frutos.

En América tropical, desde Tamaulipas (México) hasta el Mato Grosso, vive el kinkajú *(Potos flavus)*. Por tamaño y figura recuerda a los lémures de Madagascar, y tie-

El coatí (Nasua nasua) *es tan activo de día como de noche. Cuando abunda la fruta, es casi exclusivamente frugívora; en otras épocas, las hembras y los jóvenes se nutren de invertebrados que capturan en el suelo del bosque, mientras que los machos adultos suelen depredar grandes roedores. Es una especie abundante y, por ser fácil de amaestrar, es posible convertirla en una interesante y original mascota. Es propio de América del Sur tropical, al este de los Andes.*

ne la cola prensil como ciertos monos americanos. Sólo se desplaza de noche para formar grupos en los árboles, registrando todo el follaje para buscar con paciencia los frutos de que se alimentan. En algunas zonas, la guayaba es uno de sus bocados predilectos y en cautividad se mantiene con plátanos. Su vida entera transcurre en los árboles, de ahí que sus costumbres resulten poco conocidas. Se sabe, eso sí, que a menudo utiliza su larga lengua para llegar hasta el fondo de las flores y lamer el néctar. Del mismo modo que los olingos *(Bassaricyon sp.)* de Centroamérica y Sudamérica, se alimenta de insectos, pequeños mamíferos y pájaros, además de la fruta y otros alimentos dulces que constituyen lo esencial de su dieta. La familia prociónidos también tiene un representante en Asia, el panda menor (*Ailurus fulgens*), animal de bello pelaje rojizo brillante —excepto la máscara facial blanca y negra y las orejas blancas— que vive en el Himalaya occidental y en las provincias chinas de Yunán y Sechuán.

Familia úrsidos

Los osos constituyen una familia de carnívoros que comprende tres géneros y ocho especies de gran tamaño, entre ellas las más grandes del orden, caracterizadas por tener formas pesadas, marcha plantígrada, cinco dedos en cada pata y una cola rudimentaria.

A pesar de ser animales robustos y fuertes, de naturaleza feroz, en especial durante la época de reproducción, muy pocas especies son realmente carnívoras. Casi todas son omnívoras, como lo demuestra su dentadura, en la que las muelas carniceras apenas ofrecen aspecto de tales y los tres primeros premolares son pequeños y caen en edad temprana.

Oso pardo europeo

El oso pardo *(Ursus arctos)* es la especie más común y extendida de la familia. Forma parte del género *Ursus,* que comprende a los osos propiamente dichos. Su área de distribución, muy amplia, se extiende por todo el

Los osos son animales carnívoros pertenecientes a la familia úrsidos; su aspecto es imponente y su fuerza física enorme. Pese a su fama de animal agresivo, llevan una vida pacífica y gran parte de su dieta es vegetariana. Existen diversas especies extendidas por todo el mundo. A la derecha, un oso pardo. No es especialmente peligroso para el hombre, a menos que éste le provoque. De todas formas, el aspecto de esta inmensa criatura es suficiente para intimidar a cualquiera.

El oso grizzly (Ursus arctos horribilis) *ocupaba antiguamente todo el occidente de América del Norte pero, debido a la persecución de que fue objeto hoy sólo se encuentra en los parques nacionales Yellowstone y Glacier, las Rocosas canadienses y las frías soledades de Alaska y de Canadá.*

noroeste de Norteamérica y por Eurasia, desde Escandinavia a la isla de Hondo, en Japón, y desde Siria hasta el Himalaya; también vive en las grandes cadenas montañosas europeas, como los Pirineos, el Sistema Cantábrico, los Alpes, los Abruzzos y los Cárpatos.

El oso pardo es un animal de movimientos por lo general lentos, pesado y pacífico por naturaleza, aunque se enoja con facilidad, y entonces sabe hacer buen uso de su fuerza. Silencioso de ordinario, cuando se enfurece lanza sordos rugidos y se apresta a la defensa levantándose sobre dos pies y tratando de asir a su adversario entre sus brazos, a la vez que le muerde con furia. La postura bípeda es natural en estos animales, que la adoptan en cuanto alguna cosa les produce sorpresa o alarma. Su alimento ordinario son las bellotas, los hayucos, las frutas maduras y los insectos, sobre todo las hormigas. La miel les gusta con delirio y también saquean los campos de maíz. Acosados por el hambre, atacan a la caza mayor y al ganado doméstico, pero no al hombre, salvo que éste les provoque.

Al llegar los fríos del invierno, el oso, tras haberse atiborrado de arándanos y otras bayas, castañas, hayucos, setas y tubérculos, se refugia en alguna cueva y entra en letargo invernal, aunque no en hibernación, ya que si bien su ritmo cardíaco se vuelve cinco veces más lento, su temperatura interna apenas disminuye. Este estado de letargo finaliza a principios de la primavera, quedando muy enflaquecido, aunque pronto engorda atracándose de hierbas suculentas, tubérculos, vertebrados pequeños y, ocasionalmente, mamíferos de tamaño mediano. La hembra sale acompañada de dos o tres oseznos, que han nacido algunas semanas antes y que tardan mucho en crecer.

Oso pardo americano

En la mayor parte de Eurasia vive el oso pardo de la subespecie nominal *(Ursus arctos arctos)*, que en casi toda Alaska, en el noroeste de Canadá y en los estados de Idaho, Wyoming y Washington (EE UU) está sustituida por el grizzly u oso pardo americano *(U. a. horribilis)*, subespecie de origen más reciente. En general, los osos pardos americanos son bastante más corpulentos que los europeos, pues su altura en la cruz llega a 1,10 m o más, y algunas veces su peso excede de 550 kg. Están considerados como los animales más peligrosos de América del Norte. Aunque el grizzly

El oso negro u oso americano (Ursus americanus), *de menor tamaño que el oso pardo, es propio de América del Norte, desde Alaska y el norte de Canadá hasta California y el norte de México.*

se alimenta de vegetales, también come carne. Al no encontrar ahora rebaños de bisontes en libertad, mata ganado vacuno, al que ataca de noche. Aunque ningún oso grizzly ataca al hombre sin ser provocado, cuando éste se introduce en sus dominios, el oso se convierte en un terrible antagonista.

A la misma especie pertenece el gigantesco oso kodiak *(U. a. middendorffi)*, el mayor de los carnívoros vivientes, que es casi tan grande como un buey y alcanza los 800 kg de peso. A pesar de su tamaño, es un ser esquivo que se alimenta de marmotas y otros roedores, y, al igual que su vecino el grizzly de Alaska, también de salmones, que pesca en la época en que estos peces remontan los ríos metiéndose en el agua para atraparlos. El oso kodiak habita únicamente en la isla homónima (Kodiak) y en las adyacentes Afognak y Shuyak, que están situadas frente a la península de Alaska.

Oso negro americano

En la mayor parte de América septentrional, desde Alaska y el norte de Canadá hasta California, vive, y en ocasiones abunda, el oso negro u oso negro americano *(Ursus americanus)*. Más pequeño que el oso pardo americano, tiene el pelo más corto que él, la espalda menos caída y una línea más convexa de cabeza y hocico. Su coloración varía del blanco (algunos individuos de la subespecie *U. a. kermodei*) hasta el negro intenso, pasando por el pardo y el gris azulado, según las subespecies —que suman 18— y los individuos. Por sus costumbres, el oso negro difiere muy poco de la especie europea, aunque algunas poblaciones son más carnívoras. También sube a los árboles con más frecuencia que el pardo y a veces se instala en algún tronco hueco. No obstante, en invierno prefiere ocultarse bajo algún árbol caído, socavando el suelo con las uñas.

Oso polar

En toda la zona circumpolar del hemisferio norte habita el oso polar *(Ursus maritimus)*, especie bien conocida por su pelaje blanco y sus grandes dimensiones que a veces se acercan a las del oso kodiak. Cubierto de una piel abundante y de una gruesa capa de grasa, el oso polar se encuentra a sus anchas en las blancas extensiones del Ártico. Su pelaje, además, es una de las obras maestras de la naturaleza. Al igual que el de muchos mamíferos boreales, está formado por una capa

exterior de pelo recio que protege otra interior de pelos más finos. El poder aislante de esta capa inferior se ve realzado todavía más por unos pelos huecos, llenos de aire. Los pelos exteriores son transparentes —parecen blancos porque reflejan todo el espectro visible—; una buena parte de la luz solar que en ellos incide se refleja hacia dentro y, tras un intrincado recorrido, llega hasta la piel negra del oso, la cual, debidamente cubierta por el «pelaje-invernadero», se convierte en el captor solar más eficiente del mundo.

El oso polar se distribuye por todo el océano Glacial Ártico, sobre la costra de hielo que cubre su superficie. En invierno estos animales pasan a tierra firme, entonces cubierta de nieve. Cuando llega la primavera, muchos de ellos quedan rezagados en las islas o en las costas septentrionales por el rápido deshielo, aunque algunos no vacilan en echarse al agua para alcanzar los hielos flotantes. En diversas ocasiones se han visto osos polares en alta mar, a 300 km de la costa más próxima. Para llegar tan lejos utilizan los bloques de hielo flotantes como balsas. En realidad, el oso blanco puede considerarse casi como un animal anfibio. Pasa a nado de un témpano a otro y en ocasiones se tira al agua movido por la curiosidad para acercarse a los barcos. Nada sólo con las manos y es capaz de alcanzar y de mantener durante un cierto tiempo una velocidad de 6,5 km/h; también bucea con frecuencia y parece disfrutar mientras gira en el agua. Durante el verano se dedica a cazar focas y jóvenes morsas, aunque no en su elemento, sino sorprendiéndolas cuando están durmiendo sobre el hielo o cuando salen a respirar por las grietas y agujeros del mismo. Pero en invierno, época en la que escasea el alimento, recorre largas distancias para buscarlo y, hostigado por el hambre, se vuelve muy peligroso, atreviéndose a atacar al hombre. Excepto entre los inuit, que desde hace siglos cazan al oso polar por su piel y su grasa, el encuentro entre osos y humanos es una circunstancia muy extraña. Durante el buen tiempo, el oso blanco huye casi siempre del hombre y si se acerca a él no es en actitud agresiva, sino movido por la curiosidad. Entonces es cuando los esquimales lo cazan, auxiliados por perros.

Entre noviembre y diciembre las hembras del oso polar excavan una guarida bajo la nieve para dar a luz. Entre diciembre y enero nacen uno o dos oseznos, que no salen de la guarida hasta fines de marzo o principios de abril y que luego no se separan de su madre hasta que llegen a ser casi tan grandes como ella.

El pelaje del oso polar (Ursus maritimus) *es un prodigio de la naturaleza. Está compuesto por dos capas, una exterior de pelos gruesos y transparentes (parecen blancos porque reflejan todo el espectro visible) y otra interior de pelos más finos. La capa interna, protegida por la externa, posee además unos pelos huecos llenos de aire, que aumentan su poder aislante. Parte de la luz solar que incide en los pelos exteriores se refleja hacia dentro, llegando hasta la piel negra del oso, la cual, revestida con este «pelaje-invernadero», se erige de este modo en el mejor captor solar del mundo.*

En la imagen, un oso negro asiático (Selenarctos thibetanus). *Este oso de tamaño mediano y alimentación vegetariana vive en bosques y en terrenos arbustivos, desde Irán hasta Japón pasando por el Himalaya.*

El pelaje suave y espeso del panda menor (Ailurus fulgens) *le confiere una gran belleza. Contrariamente al panda gigante, que es un úrsido, el menor es un prociónido.*

Oso malayo y oso negro asiático

Un úrsido de costumbres arborícolas es el oso malayo *(Ursus malayanus)*, que vive en Sumatra, Borneo y gran parte del Sudeste Asiático hasta Birmania (Myanma), Laos y el sur de China. Esta especie, no mucho más corpulenta que un mastín, tiene las orejas pequeñas, las manos vueltas hacia dentro y el pelo muy corto, como terciopelo negro, con el hocico leonado y una mancha de forma irregular, blanca o amarilla, en el pecho. Se alimenta sobre todo de frutas, preferentemente de cocos maduros, por lo que a veces se le denomina «oso de los cocoteros». Es una especie bastante mansa que se habitúa pronto a vivir en cautividad. Otro úrsido exclusivamente asiático es el oso negro asiático u oso de collar *(Selenarctos thibetanus)*, que ocupa un área bastante extensa desde Irán hasta el sudeste de Siberia y Japón, pasando por toda la cordillera del Himalaya. Tiene el pelaje negro azabache, con una mancha blanca en el pecho en figura de media luna, o más bien de «V» y sus costumbres son muy parecidas a las del oso negro americano. Al igual que él, es vegetariano, alimentándose sobre todo de nueces y frutas, y, en ocasiones, de huevos. Si bien tiende a rehuir al hombre, a veces también ataca a los animales de granja.

Oso de anteojos

En la cordillera de los Andes, desde el oeste de Venezuela hasta Bolivia, habita el oso de anteojos *(Tremarctos ornatus)*, llamado así porque presenta unas bandas blancas que le rodean los ojos, mientras que el resto del pelaje es negro. Es un oso muy arborícola que pasa gran parte de su vida en el ramaje, donde incluso se construye grandes plataformas con hojas y ramas rotas, a veces a gran altura, para alcanzar los frutos más altos e instalarse a comer. El oso de anteojos ha sido muy perseguido por su piel, su carne o su grasa, lo que, junto a la pérdida del hábitat selvático, lo ha convertido en una especie vulnerable.

Panda gigante

En unas cuantas localidades de montaña de las provincias de Gansu, Shaanxi y Sichuan, en el corazón de China, se encuentra el panda gigante *(Ailuropoda melanoleuca)*, emblema del Fondo Mundial para la Protección de la Naturaleza (WWF) y uno de los animales más populares del mundo. Conocido por los chinos desde hace más de cuatro milenios, el panda gigante no fue descubierto por la ciencia occidental hasta 1866, año en que el padre Armand David, misionero y na-

turalista francés, lo bautizó con el nombre de *Ursus melanoleuca* y envió un ejemplar muerto al Museo de Historia Natural de París. En 1872, el zóologo Alphonse Milne Edwards negó el parentesco del panda gigante con los osos y, cambiándole el nombre genérico por el de *Ailuropoda*, lo situó junto a los mapaches en la familia prociónidos. En 1988 Stephen O´Brien y sus colaboradores del National Cancer Institute de Estados Unidos elaboraron un árbol genealógico de los úrsidos y los prociónidos mediante técnicas de hibridación de ADN, demostrando el estrecho parentesco que une al panda gigante con los osos. De este modo, se eliminaba la familia *Ailuropodidae* en la que, durante un tiempo, se clasificó a esta especie y al panda menor *(Ailurus fulgens)*.

Aunque el panda gigante se parece mucho a los osos, posee algunos rasgos que lo diferencian de inmediato. En primer lugar, tiene las patas traseras más cortas que las delanteras, lo que le confiere una marcha cabizbaja. En segundo lugar, presenta en cada pata delantera un falso pulgar oponible que no es otra cosa que la prolongación o hipertrofia de un pequeño hueso del carpo. El panda se nutre casi exclusivamente de bambú y su «pulgar» o «sexto dedo» es una adaptación para agarrar y llevarse a la boca los tallos de esta planta. También constituye una adaptación alimenticia la existencia de unos músculos masticatorios muy poderosos y la dentición, la cual, con sus premolares y molares anchos y achatados, recuerda a la de un herbívoro.

Pese a estas adaptaciones, el panda gigante continúa siendo un carnívoro y su intestino, carente de la flora celulolítica necesaria, no está especializado para una dieta exclusivamente herbívora. Debido a ello, el panda apenas digiere el 17 por ciento del bambú que consume, lo que le obliga a comer unos 36 kg diarios de brotes, tallos y hojas de esta planta, es decir, cerca del cuarenta por ciento de su peso al día. Esta exigencia limita sus movimientos, por lo que este animal vive casi inmerso en su fuente de alimentación, donde completa su dieta con colas de caballo, gencianas, iris o crocus y otras plantas herbáceas, y ocasionalmente con pequeños roedores y peces. Muy bien protegido del frío y de la lluvia por su espeso pelaje, casi nunca abandona las espesuras de bambú que forman el sotobosque de su inaccesible hábitat. Este último ha ido menguando a lo largo de este siglo, por lo que en la actualidad el oso panda sólo subsiste en las alturas, bajo el bosque de coníferas o en la franja inmediatamente inferior (2 000-2 500 m).

El panda gigante es un animal solitario; ambos sexos sólo se aparean brevemente entre marzo y mayo. Después de un período de gestación que varía de tres a cinco meses y medio, según la duración de la implantación diferida, la hembra se aísla en una oquedad entre rocas o en el hueco de un árbol y pare de una a tres crías que pesan mil veces menos que su madre. Al nacer en un estado muy poco avanzado de desarrollo, las crías son muy frágiles y por lo general apenas sobrevive una. Por lo demás, el vínculo entre madre e hijo dura 18 meses, lo que significa que, en circunstancias óptimas, la hembra sólo puede criar a un cachorro cada dos años. Si a ello se suma la probabilidad, elevada en el caso de madres inexpertas, de que la cría sea devorada por una marta, un leopardo o un oso de collar, se comprende la fragilidad de esta especie que en 1976 vio reducida su población a apenas un millar de individuos y rozó, por tanto, su extinción definitiva.

El panda gigante (Ailuropoda melanoleuca) *es uno de los animales más raros y difíciles de ver en la actualidad. Por fortuna, las autoridades chinas lo protegen firmemente junto con el WWF, del que es emblema indiscutible.*

El ratel de El Cabo (Mellivora capensis) *se alimenta de miel, pero también come insectos y pequeños mamíferos.*

El tejón americano (Taxidea taxus), *mustélido de dieta carnívora y hábitos principalmente nocturnos, vive en América del Norte desde el sudoeste de Canadá hasta el centro de México.*

Familia mustélidos

Se compone de 23 géneros y 65 especies que se reconocen en seguida por su cuerpo alargado, con patas cortas, orejas pequeñas y pelaje espeso y casi siempre muy fino. A este grupo pertenecen la mayor parte de los animales de piel valiosa. Todos ellos tienen un solo molar superior a cada lado y en la región perineal, cerca del ano, presentan glándulas odoríferas. La familia consta de cinco subfamilias: *Mustelinae*, que comprende a las comadrejas, a las martas, a los visones y al glotón; *Mephitinae*, que incluye las mofetas, los skunks manchados y los zorrinos; *Lutrinae*, integrada por los seis géneros de nutrias; *Melinae*, que engloba a los seis géneros de tejones; y *Melivorinae*, compuesta únicamente por el ratel.

Subfamilia *Melinae*

Uno de los mustélidos de mayor tamaño es el tejón *(Meles meles)*, que mide unos 90 cm de longitud total, de los que sólo 15 corresponden a la cola. Su pelaje, largo y fuerte, presenta una mezcla de blanco sucio y negro en el lomo, mientras que en el vientre y las patas es negro, y en la cabeza, blanco, con dos bandas laterales negras que abarcan los ojos. Se encuentra en casi todas las zonas de bosque y de estepa de Eurasia templada, aunque se le ve muy poco debido a sus costumbres por lo general nocturnas. Habita en cuevas que construye él mismo. Se alimenta de raíces, cereales, frutas de las que se dan cerca del suelo, miel, insectos, pequeños reptiles y, sobre todo, lombrices.

En la región oriental existen cuatro géneros de la subfamilia *Melinae*, tres de ellos monoespecíficos. A estos últimos pertenecen: el tejón porcino *(Arctonyx collaris)* propio de las zonas boscosas de China, Indochina, Malaysia peninsular y Sumatra; el teledu *(Mydaus javanensis)* de las zonas montañosas de Borneo, Sumatra y Java; y el tejón de Palawan *(Suillotaxis marchei)*, que vive en la isla filipina homónima y en la vecina Busuanga, al nordeste de Borneo. El cuarto género, *Melogale*, comprende las tres especies de tejones cuyas áreas se extienden desde el subcontinente chino hasta el Sudeste Asiático *(M. personata, M. moschata)* y por la isla de Java y la de Borneo *(M. orientalis)*. Al igual que el teledu y el tejón de Palawan, estas tres especies se defienden como las mofetas, es decir, proyectando el contenido de sus glándulas anales contra el rostro del atacante. En Norteamérica, incluido México, la subfamilia está representada por el tejón de Labrador o tejón americano *(Taxidea taxus)*, bastante similar a la especie euroasiática aunque de costumbres más carnívoras —devora chipmunks, ardillas terrestres, ratones e incluso conejos, así como invertebrados y carroña—; esta especie en ocasiones se asocia con los coyotes solitarios para cazar.

Subfamilia *Melivorinae*

En África, desde el norte del Sahara hasta El Cabo, se encuentra el ratel, que tiene el pelaje gris claro en el dorso y negro en el rostro, las patas y las partes inferiores. El ratel de El Cabo *(Mellivora capensis)* presenta, además, una línea blanca que separa los dos colores, de modo que parece un animal negro que lleva una manta gris con borde blanco. Semejante distribución de colores se da pocas veces en los mamíferos; lo corriente es que el vientre ofrezca un tono más pálido que el dorso. El nombre genérico de este animal, *Mellivora*, que significa «comedor de miel», se debe a que esta sustancia es el alimento predilecto del ratel. En África existen unas aves, llamadas «indicadores», que gustan mucho de las larvas de abeja y gritan de un modo especial cuando descubren una colmena. En cuanto el ratel oye cantar al indicador, acude dispuesto a darse un atracón.

Subfamilia *Mephitinae*

Los representantes más notables de la familia mustélidos en el Nuevo Mundo son los zorrinos, skunks o mofetas, pequeños carnívoros de poblada cola y pelaje negro y blanco, cuyo carácter más notable consiste en poseer a la salida del recto un par de glándulas que segregan un líquido muy pestífero, el cual pueden expeler violentamente a modo de pulverizador para defenderse. El conepatl o skunk de nariz porcina *(Conepatus mesoleucus)*, del sur de Estados Unidos, México y América Central, y el chingue *(Conepatus chinga)*, de Chile, Argentina y Paraguay, son dos especies de este grupo de mustélidos malolientes. Ambos son animales casi tan grandes como las garduñas, con un hocico pelado que recuerda al de un lechón, fuertes uñas adecuadas para cavar y el dorso blanco o con dos bandas blancas a los lados del dorso, en contraste con el fondo negro o negruzco del pelaje. Se alimentan de vertebrados pequeños, como ranas, lagartos y, sobre todo, de insectos, que devoran en cantidad increíble.

La misma arma nauseabunda emplean las mofetas, que son los representantes de la subfamilia *Mephitinae* en América del Norte y que sólo se distinguen de ellos por su hocico más corto y su larga y pobladísima cola. De la mofeta común o mofeta rayada *(Mephitis mephitis)* contaba el naturalista Merriam que al aire libre su pestilencia se propaga hasta más de 1 600 m de distancia. Para expeler el líquido, todos estos animales levantan mucho la cola, lanzando con asombrosa puntería un chorro que se deshace en gotas y que puede llegar a cuatro o cinco metros. Otro mustélido del mismo grupo, aunque de un género distinto, es el skunk manchado del Sur, al que llaman en México cunicuí o itzquiepatl *(Spilogale angustifrons)*, mucho más pequeño que el anterior. Todas las especies de skunks y mofetas pueden ser portadoras de la rabia.

El tejón euroasiático (Meles meles), *habitante de los bosques y otras zonas de vegetación densa, vive en grupos sociales bien definidos que suelen contar con una docena de individuos. Durante el día, cada grupo de tejones comparte una madriguera subterránea principal y varias secundarias más pequeñas.*

Subfamilia *Mustelinae*

Género *Martes*. Entre los mustélidos propiamente dichos (subfamilia *Mustelinae*), el género europeo más notable es el de las martas, del cual existen en este continente dos especies: la marta *(Martes martes)* y la garduña *(Martes foina)*. Ambas son muy parecidas por su aspecto y tamaño, que viene a ser el de un gato doméstico, así como por su pelaje pardo oscuro, pero la primera tiene las orejas más grandes y una extensa mancha amarilla debajo del cuello, mientras que en la garduña aquéllas son más pequeñas y la mancha del cuello suele ser blanca. En España, la marta solamente se encuentra en los Pirineos y la cordillera Cantábrica, en tanto que la garduña llega hasta Andalucía. Esta última, en cambio, no existe en las Baleares, ni en las islas Británicas, donde sólo se encuentra la marta. Las costumbres de ambas especies también difieren bastante. Si bien las dos son diestras trepadoras y de índole sanguinaria, pues cazan conejos, ardillas y toda clase de aves, la marta habita en los grandes pinares solitarios y en los bosques de abetos y de hayas, mientras que la garduña prefiere los montes y bosques próximos a las granjas y poblaciones pequeñas.

En Siberia y en Asia central vive la marta cebellina *(Martes zibellina)*, famosa desde hace siglos por su valiosa piel, mucho más fina y de color más oscuro que la de otras martas. En América del Norte el género está representado por la marta norteamericana *(Martes americana)* y la de Pennant *(Martes pennant)*.

La garduña (Martes foina) *es muy parecida a la marta y se diferencia de ésta por sus orejas más pequeñas, su cola más larga y su pelaje más tosco. Vive en los bosques de coníferas y caducifolios, y también en zonas rocosas y abiertas, contrariamente a la marta, desde la península Ibérica hasta Asia central. A menudo se encuentra cerca de las viviendas humanas e incluso ha llegado a instalarse en algunas ciudades de Europa central. Buena trepadora y sanguinaria, la garduña da caza a conejos, ardillas y toda clase de aves. Antaño cometía grandes destrozos en los corrales de las granjas y de las poblaciones pequeñas.*

Géneros americanos. La fauna neotropical no cuenta con especies de este género, aunque sí con un mustélido que ocupa un nicho ecológico similar, la taira *(Eira barbara)*, animal muy parecido en tamaño y aspecto a la marta de Pennant, de pelo más corto y liso, y con cuatro premolares menos. Se le encuentra desde México hasta Argentina y es de un color pardo muy oscuro, casi negro, con la cabeza pardo clara y una mancha amarilla blanca en la garganta. Un género afín es el de los grisones *(Galictis)*, que se extiende desde Yucatán hasta el sur de Argentina. Estos mustélidos son bastante más pequeños que una marta. Con el pelo corto y basto, presentan, como el ratel, las partes superiores más claras que las inferiores. Cuando son molestados, exhalan un olor no tan pestilente como el de los zorrinos, pero sí desagradable. El género *Galictis* comprende dos especies, el grisón propiamente dicho *(G. vittata)*, que no se encuentra por encima de los 1 200 m, y el grisón pequeño *(G. cuja)*, que vive casi siempre a mayores altitudes y tiene el dorso amarillento o pardusco en lugar de gris. Otro género sudamericano es *Lyncodon*, cuya única especie, *L. patagonicus* (comadreja de la Patagonia) es propia de las pampas de Argentina y de Chile.

Género *Mustela*. Los mustélidos más pequeños constituyen el género *Mustela*, que se distingue por su cuerpo estrecho y alargado, por su cráneo con el rostro muy corto y la caja cerebral, en cambio, muy prolongada, y por tener a ambos lados de la mandíbula tres premolares, en vez de cuatro como las martas. Todas las especies de este género son animales esbeltos, de ágiles y graciosos movimientos.

En España está bastante extendida la comadreja común *(Mustela nivalis)*, que mide unos 30 cm de longitud, de los cuales cerca de 7 cm pertenecen a la cola. La hembra pesa la mitad que el macho, pero en ambos sexos los colores son los mismos, con una línea sinuosa e irregular que separa el canela del dorso del blanco del vientre. Esta especie se encuentra asimismo en el resto del Paleártico

La alimentación del turón europeo (Mustela putorius) *se basa en pequeños roedores, pero no desprecia anfibios, insectos, gusanos o incluso carroña, ni presas mayores, como los conejos.*

En la imagen, un armiño, que es un mustélido adaptado a las regiones circumpolares. Su pelaje se vuelve blanco en invierno, a excepción del extremo de la cola, que siempre permanece negro.

y en parte de Norteamérica. Estos animales viven tanto en los bosques y matorrales como en los campos de cultivo, e incluso en la periferia o dentro de algunas ciudades. Cazan conejos jóvenes y toda clase de roedores, sobre todo topillos, a los que siguen dentro de sus propias madrigueras. También atacan a las aves de pequeño tamaño y se comen sus huevos.

Otra especie del mismo género que habita en España es el armiño *(Mustela erminea)*, bastante mayor que las anteriores y con la cola más larga y terminada en un grueso pincel negro. En la península Ibérica, el armiño sólo existe en los Pirineos y en el norte del Duero. Por lo demás, presenta una distribución holártica, ya que vive en toda Eurasia al norte del Mediterráneo, del Cáucaso y del Himalaya, y en América del Norte, hasta California y Virginia. Durante el invierno, pierde su color pardo y se vuelve blanco, a excepción del extremo de la cola, que permanece siempre negro.

Muy parecido a las comadrejas, pero de mayor tamaño y con las partes inferiores negras, es el turón europeo *(Mustela putorius)*, mustélido propio de las zonas boscosas de Europa hasta los Urales, excepto la mayor parte de Escandinavia. En la península Ibérica, el turón europeo muestra perdilección por dos tipos de hábitat distintos: por un lado, los cursos y extensiones de agua y, por otro lado, los terrenos secos de bosque y matorral mediterráneo en los que abunda el conejo, que es allí su presa principal. A veces se le captura en los corrales y granjas donde acude a comer ratas o pequeños animales domésticos. El hurón *(Mustela putorius furo)* es la forma domesticada del turón europeo aunque, según algunos zoólogos, podría tratarse de una subespecie del turón de la estepa *(Mustela eversmanni)*, que habita en las estepas y semidesiertos de Europa oriental, Asia central, Mongolia y China.

El kolinski o visón de Siberia *(Mustela sibirica)* es un mustélido de piel muy estimada,

El hurón (Mustela putorius furo) *tiene el cuerpo muy estrecho y alargado, y las patas cortas. Aunque se considera una variedad domesticada del turón europeo, existen zoólogos que lo clasifican como una subespecie del turón de la estepa, que vive en la región esteparia que se extiende desde Austria hasta el Tíbet y Manchuria.*

de apariencia parecida a las comadrejas, pero de color leonado oscuro casi uniforme, que solamente vive en Siberia y países vecinos. Similares a él son los visones propiamente dichos, de costumbres semiacuáticas; una de sus especies, el visón americano *Mustela vison*, propio de América del Norte, proporciona las tan conocidas pieles de visón. El visón americano es objeto de cría intensiva en numerosos países europeos, entre ellos España; los animales que se escapan constituyen poblaciones salvajes que están amenazando a algunas especies, como el desmán de los Pirineos o el visón europeo *(Mustela lutreola)*.

Género *Gulo*. Junto a estos pequeños mustélidos se clasifican los gigantes de la familia, los glotones, los cuales, por su aspecto e incluso por ciertos caracteres del cráneo, muestran algún parecido con los osos. Son animales rechonchos, muy robustos, con fuertes patas armadas de afiladas garras y revestidos de un largo y espeso pelaje de color chocolate oscuro, más pálido en el dorso y sobre la cabeza, y con una banda todavía más clara a lo largo de los costados. Su cola está muy poblada y sólo tiene unos 15 cm de longitud, mientras que el cuerpo mide más de 80 cm.

Se conocen dos subespecies de glotón: el glotón euroasiático *(Gulo gulo gulo)*, que habita en el norte de Escandinavia y de Rusia, y en Siberia, y el uólverin o glotón americano *(Gulo gulo luscus)*, propio de América del Norte. Los dos son muy semejantes entre sí y tienen idénticas costumbres. Viven en los bosques más espesos, en los que siembran el terror entre los mamíferos herbívoros (incluidos renos y caribúes, que también entran en su dieta invernal, si bien más a menudo como carroña).

Subfamilia *Lutrinae*

Las nutrias, características por su cuerpo deprimido y sus pies palmeados, que revelan sus hábitos anfibios, forman la subfamilia *Lutrinae*, de la cual destaca la nutria eurosectos, pequeños vertebrados y huevos de ave que consigue capturar durante sus largas correrías nocturnas. Junto con las frutas y los vegetales, que son una fuente importante de agua, estas pequeñas presas constituyen una buena parte de su dieta.

La segunda especie del género es la hiena parda *(Hyaena brunnea)*, de color más oscuro y con la crin muy larga y negra, propia sólo de Sudáfrica.

Como su congénere la hiena rayada, la parda consume un gran número de invertebrados y de vertebrados pequeños a los que suele perseguir mediante el olfato, del mismo modo que olisquea las carroñas. Además de los olores, tanto a la hiena parda como a la rayada les atraen los sonidos que producen otros depredadores y sus presas moribundas; las hienas esperan entonces con paciencia para apoderarse de los restos y a veces, cuando se alimentan en grupo, son capaces de ahuyentar al dueño de la presa. Algunas poblaciones viven en las costas, donde devoran los restos de peces y otros animales marinos que dejan las olas. Una parte importante de la población de esta especie, que la UICN considera vulnerable, habita en el desierto del Kalahari, donde forma grupos familiares extensos de 4 a 14 individuos.

La hiena manchada (Crocuta crocuta) *suele cazar de noche, en grupos de número variable según el tipo de presa. Las víctimas más frecuentes suelen ser los ñus, a los que acosan de repente y después vigilan de cerca, tratando de localizar al más débil de la manada. A veces, las manadas de hienas manchadas llegan a usurpar sus presas a los leones. Esto se produce sobre todo en algunas zonas como el parque nacional Chobe de Botswana, pero mucho menos a menudo en otras.*

Género *Crocuta*

La hiena manchada *(Crocuta crocuta)*, perteneciente al género *Crocuta*, es más corpulenta que la rayada, con la crin y las orejas más cortas. Su coloración varía no sólo según las localidades, sino con la edad, pero siempre consiste en un fondo pálido manchado de oscuro. Especie etiópica, sólo habita en los países situados al sur del Sahara, desde el Senegal y el alto Nilo hasta la frontera de Sudáfrica si bien falta, como las demás hienas, en las regiones de selva espesa. Contrariamente a una opinión muy extendida, la hiena manchada no se alimenta sólo de carroña. Aunque, como las dos especies anteriores, es un carroñero notable, capaz de digerir despojos y restos que ningún otro mamífero ingeriría, su habilidad para la caza es tan impresionante o más que su forma de aprovechar dichos restos. Una sola hiena es capaz de abatir a un ñu de 170 kg después de perseguirlo durante 5 km a una velocidad que a veces alcanza los 60 km/h y, cuando se juntan varios individuos, abaten y devoran cebras adultas en cuestión de minutos. En algunas ocasiones, cuando el momento es propicio, las manadas de hienas manchadas no dudan en usurparles sus presas a los leones.

Género *Proteles*

La cuarta especie de la familia hiénidos es el proteles o lobo de tierra *(Proteles cristatus)*, que no es carroñera y se alimenta de insectos, sobre todo de termitas, a las que captura con su lengua larga, móvil y cubierta de una saliva pegajosa.

FAMILIA FÉLIDOS

Se compone de cuatro géneros y 37 especies. Son los carnívoros por excelencia, los más especializados, llamados gatos en el lenguaje corriente. Se trata de animales ágiles y musculosos, con la cabeza redondeada, el hocico corto y las extremidades digitígradas, las anteriores con cinco dedos y las posteriores con cuatro. Muchos de estos caracteres también los poseen los perros, pero los gatos difieren de éstos, no sólo por la forma más re-

En la imagen, un gato doméstico (Felis catus). La controversia sobre el origen del gato doméstico continúa siendo muy viva. Algunos lo consideraron descendiente del gato montés europeo, mientras que la mayoría de los zoólogos considera que su antecesor fue el gato montés africano. La discusión no ha sido zanjada del todo en favor de una u otra tesis y con frecuencia se combinan ambas.

dondeada del cráneo, sino por su dentadura, en la que únicamente hay un molar arriba y otro abajo, mientras que los premolares están reducidos a tres a cada lado de la mandíbula superior y dos a ambos lados de la inferior, a excepción de los félidos del género *Lynx* (linces) y gato de Pallas, que sólo tienen dos a cada lado de la superior. Además, si se exceptúa el guepardo, en todos los félidos las garras son retráctiles, permaneciendo de ordinario ocultas, y la lengua se halla revestida de papilas córneas puntiagudas e inclinadas hacia atrás, que la hacen áspera y rasposa como una lija.

Así como los cánidos están adaptados para correr, los félidos lo están para saltar y para caer de improviso sobre sus víctimas, a las que acechan y toman por sorpresa. Todos o casi todos son nocturnos y sus ojos poseen una pupila que, ante la luz del sol, se contrae en un punto o en una línea muy estrecha. No es cierto que los ojos de los félidos relumbren en la oscuridad. Lo que ocurre en los gatos, en los lobos, en los tigres, en los leopardos y en otros muchos mamíferos es que el fondo del ojo se encuentra cubierto de una membrana denominada *tapetum lucidum* («tapiz lúcido»), de superficie muy brillante; cuando la pupila se dilata en la oscuridad, el menor rayo luminoso que penetra por ella es reflejado, produciéndose entonces un extraño fulgor fosforescente de color verdoso, amarillo o rojizo.

Los félidos existen en todo el mundo, excepto en la región australiana, y constituyen varios géneros repartidos en tres grupos. Por un lado se encuentra el guepardo, cuyos pies, como los de los perros, llevan las uñas siempre fuera, y por otro, los demás gatos, que poseen uñas retráctiles. Dentro ya de éstos, conviene separar a los félidos maulladores de los félidos rugidores. Aunque a primera vista parece poco científico clasificar a los animales sólo por la voz, a la diferencia de voz corresponde una diferencia anatómica muy notable. En los félidos que maúllan, el hioides o hueso de la garganta (el que en el hombre se manifiesta exteriormente en la nuez) se articula de manera directa con el cráneo, mientras que en los félidos que rugen, dicho hueso se halla suspendido por medio de dos ligamentos elásticos. A causa de la estructura de su hioides, los félidos rugidores nunca producen ese ronquido o murmullo especial que los gatos dejan oír cuando están satisfechos.

Gato doméstico

Todos los félidos que rugen son animales de gran tamaño, en tanto que la mayoría de los que maúllan son especies pequeñas. De éstos, el más conocido es el gato doméstico *(Felis catus)*. Se ha discutido mucho acerca del origen de este animal. Buffon, que lo describe de manera poco halagüeña, lo consideraba descendiente del gato montés europeo *(F. sylvestris sylvestris)*, hipótesis que luego se abandonó en favor de otra que postulaba que era originario de Egipto y tenía su agriotipo o antecesor silvestre en el gato montés africano *(F. sylvestris lybica)*. Hoy la controversia sobre este tema continúa siendo viva y todavía no ha sido del todo zanjada en favor de una u otra teoría.

El gato montés (Felis sylvestris sylvestris) *se encuentra en toda Europa y Asia hasta la India, donde todavía abunda en algunas zonas solitarias de las montañas, así como en algunos bosques abiertos e incluso en las grandes llanuras pantanosas. Se alimenta de aves, ratones de monte, lirones y otros mamíferos pequeños o incluso medianos.*

Gato montés

No son raros los gatos caseros que huyen del hogar cuando viven en pleno campo. En este estado se convierten en animales más o menos salvajes y se propagan. Pero no hay que confundir a estos gatos cimarrones con el verdadero gato montés *(Felis sylvestris sylvestris)*, mayor y más robusto, con la cola muy gruesa, casi en forma de maza. Esta subespecie se encuentra en toda Europa y en Asia hasta la India, donde todavía abunda en algunos parajes solitarios de las montañas. En el monte establece su guarida entre las peñas o en las conejeras abandonadas, mientras que en los sitios bajos se refugia en los árboles huecos o en los cañaverales. Persigue a las aves, a los ratones de monte, a los lirones y a otros mamíferos pequeños o incluso medianos.

Gatos africanos

En África, la subespecie nominal del gato montés es sustituida por el gato montés africano *(Felis sylvestris lybica)*, una subespecie antes considerada especie que puebla todo el continente, excepto la gran selva ecuatorial, y que comprende numerosas razas locales, a veces designadas con los nombres de «gato enguantado», «gato calzado», «gato de Cafrería», etc. Algunas de estas denominaciones aluden al color negro de las plantas de los pies de esta subespecie, aunque su carácter más sobresaliente es el color exterior de las orejas, que es rojo ferruginoso bastante vivo.

Otras especies de gatos africanos son el serval *(Felis serval)*, de largas patas, orejas grandes y redondeadas, cola corta y piel moteada, o el gato dorado *(Felis aurata)*, que habita en África tropical desde Senegal hasta Kenia y norte de Angola.

Gatos asiáticos

En Asia se conocen también numerosas especies: una de las más notables por la apariencia de su cabeza, muy ancha y deprimida, y por su pupila, que se contrae en forma de círculo, es el gato de Pallas *(Felis manul)*. El manul es un gato de países fríos; se le encuentra en Asia central, desde Irán hasta el oeste de China. Se alimenta de roedores pequeños, sobre todo de espermófilos y pikas. Otra especie notable es el gato pescador de la India *(Felis viverrina)*, que vive en el sur de Asia, desde Pakistán hasta el sur de China, Indochina, Sumatra y Java. Mide unos 110 cm, incluyendo la cola de 30 cm. Su hábitat es la jungla, las marismas y las zonas pantanosas, y su dieta predilecta la constituyen serpientes, peces y moluscos que captura con agilidad y destreza. Otras especies asiáticas son el gato de Borneo *(Felis badia)*, que sólo habita en esta isla, entre la vegetación que crece sobre terrenos rocosos; el vulnerable gato dorado asiático *(Felis temmincki)*; el gato de la jungla *(Felis chaus)*, propio de los bosques y espesuras desde Egipto hasta Indochina y Sri Lanka; el raro gato de cabeza

En la imagen, un ocelote (Felis pardalis). *Este félido de gran tamaño vive en los bosques y en las estepas, y se alimenta de toda clase de animales pequeños, que persigue por los árboles, e incluso penetra en los corrales para llevarse las gallinas. De ahí que en Colombia reciba el nombre de «tigre gallinero».*

plana *(F. planiceps)*, que frecuenta las espesuras ribereñas de Borneo, Sumatra y Malaysia peninsular; y el amenazado gato iriomote *(F. iriomotensis)* de las islas Iriomotas, en el archipiélago japonés de Ryukyu.

Gatos americanos

El Nuevo Mundo posee también varios gatos silvestres, muy distintos entre sí. El tigrillo o gato atigrado *(Felis tigrina)*, por ejemplo, es un félido más bien pequeño, de larga cola y pelaje con manchas oceladas, mientras que el gato de las pampas *(Felis colocolo)* tiene la cola corta y bandas oblicuas en los flancos, y el gato de Geoffroy *(Felis geoffroyi)* está cubierto de numerosas manchitas pequeñas y negras. La primera de estas especies habita en los bosques de América tropical, desde Costa Rica hasta el norte de Argentina, en tanto que las otras dos viven en bosques y espesuras de zonas más frías: el gato de Geoffroy, en los bosques y espesuras de los altiplanos, desde Bolivia hasta la Patagonia; y el gato de las pampas, en los pastos, espesuras, cañaverales y bosques de montaña o de tierras australes, desde Ecuador hasta el sur de Argentina. La primera de estas tres especies también ha sido la más perseguida por la belleza de su pelaje, y hoy está considerada como vulnerable.

Otras especies que se encuentran, como el tigrillo, en peligro, son el ocelote y el margay. El ocelote *(Felis pardalis)* es un gato bastante grande (puede llegar a 1 m de longitud, sin contar los 45 cm de cola). El margay o gato de Margay *(Felis wiedi)* es más pequeño —la longitud de cabeza y cuerpo oscila entre 45 y 70 cm y la de la cola entre 35 y 50—. Vive o vivía en los bosques y en las zonas de monte bajo de casi toda América tropical y, por su piel muy vistosa, es, como el ocelote, muy apreciado en peletería. El futuro de estas tres especies, todavía muy perseguidas a causa de su piel manchada, no parece muy halagador a menos que se impongan medidas muy pronto. Por desgracia, tampoco está claro el futuro de otras que tienen un pelaje menos vistoso como, por ejemplo, el gato de Geoffroy, del que cada año se abaten más de 20 000 ejemplares y cuya piel se comercializa con el nombre algo engañoso de gato-tigre.

Una especie americana muy interesante es el eyrá o jaguarundí *(Felis yagouarundi)*, descubierto en las orillas del Río de la Plata por Azara y que se extiende hacia el norte hasta México y Texas. Su nombre específico deriva de dos voces guaraníes y quiere decir «gato-lagarto», debido a que el animal es corto de patas y muy largo de cuerpo, de modo que más que un félido parece una nutria. Pero lo más curioso de este gato es que ofrece dos fases de color diferentes, siendo algunos ejemplares leonado-rojizos y otros grises oscuros, lo que hizo creer durante mucho tiempo que se trataba de dos especies distintas. En América Central le llaman «león miquero», porque anda por el ramaje de los árboles persiguiendo a los monos, aunque sus presas más frecuentes son pájaros, conejos, roedores, peces y aves de corral.

En los mismos países que el jaguarundí habita uno de los félidos más bonitos, el ocelote *(Felis pardalis)*, caracterizado por la piel cubierta de manchas alargadas, pardas o rojizas, rodeadas de un borde negro. La forma más apreciada en peletería vive en los bosques y tiene un color amarillo anaranjado, mientras que los ocelotes de las estepas son más grises. Por lo general, persigue a toda clase de animales pequeños sobre los árboles e incluso penetra en los corrales para llevarse las gallinas, de ahí que en Colombia se le llame «tigre gallinero». En Costa Rica se le conoce como «manigordo», en Bolivia co-

El serval (Felis serval) *es un elegante animal, que tiene la apariencia de un gato grande, posee patas largas, orejas grandes y redondeadas, cola corta y piel moteada. Mide alrededor de 0,50 m de alzada y 1,5 m de longitud incluida la cola. Vive en las zonas de sabana de África subsahariana, hasta El Cabo. Prefiere las regiones ricas en agua, donde abundan las aves, roedores y pequeños ungulados, de los que se alimenta. Su piel es muy apreciada.*

El lince ibérico (Felis [Lynx] pardina) *es el único gran felino de la fauna mediterránea. Para marcar su territorio utiliza la orina, que es muy fuerte y tiende a solidificarse formando las llamadas piedras viboreras. Además de la destrucción de su hábitat por la conversión del bosque mediterráneo, son graves para esta especie los efectos de la caza: los cepos contra los conejos se cobran hoy en día un gran número de cabezas.*

mo «gato pantero», en el Paraguay como «chibiguazú» y en Texas como «gato tigre». Pero el nombre de ocelote, de origen azteca, es el más generalizado.

Linces

Los linces se distinguen de todas las demás especies de *Felis* por tener un premolar superior de menos, la cola algo más corta y las orejas adornadas con un característico pincel de pelos largos.

El nombre que aparece entre corchetes alude a una opinión compartida por algunos zoólogos según la cual los linces deberían clasificarse en un género aparte: *Lynx;* en esta obra, no obstante, consideramos que pertenecen al género *Felis*, si bien a un subgénero distinto *(Lynx)* del de otros gatos, excepto el puma, que también forma un subgénero distinto por sí solo *(Puma).*

Uno de los linces más interesantes por ser el único gran felino de la fauna mediterránea es el lince ibérico *(Felis [Lynx] pardina)*, especie amenazada de extinción que hace unos cincuenta años todavía era omnipresente en los montes de la mitad sur de la península Ibérica y que, tres siglos antes, habitaba en la práctica totalidad de la misma. Hace unos quince años, el lince ibérico se convirtió en el carnívoro más amenazado de Europa según la UICN y desde entonces figura en el Libro Rojo de los animales en peligro de extinción. Según un estudio realizado por los zoólogos Alejandro Rodríguez y Miguel Delibes, y publicado en 1990 por Icona-MAPA, en España sólo quedaban unos 1 100 ejemplares repartidos por

una decena de poblaciones aisladas entre sí, que se compartimentaban de forma acelerada. Las causas principales de esta situación eran: la caza, directa o indirecta; la destrucción del hábitat (sobre todo debido a la transformación del bosque mediterráneo en plantaciones de eucaliptos o pinos); y la mixomatosis y otras enfermedades que afectan a la población de conejos, sus principales presas. Especialmente graves son los efectos de la caza, sobre todo indirecta, ya que, si bien en el pasado las monterías se cobraron un gran número de cabezas, hoy es mucho más importante el impacto de los cepos contra los conejos o contra esta categoría tan absurda como anticuada de las llamadas «alimañas». Dichos cepos constituyen para este notable superdepredador una trampa casi ineluctable.

Antaño, el lince ibérico actuaba como controlador de las poblaciones de ciertos depredadores, en especial de los zorros que hoy tanto abundan en las zonas que hace algunos años los grandes felinos mediterráneos patrullaban sin tregua.

En la actualidad el lince ibérico sólo se encuentra en unos pocos macizos montañosos —Sierra Morena, Montes de Toledo, las Villuercas y parque de Monfragüe— y en el delta del Guadalquivir. A pesar de la estricta protección oficial, parece que sus poblaciones todavía continúan descendiendo, entre otras razones porque los únicos territorios protegidos oficialmente son los parques nacionales de Doñana, donde sobreviven 50 ejemplares, y los de Monfragüe y Cabañeros, donde viven unos 270.

Otras especies de linces mucho más extendidas que el ibérico son el lince boreal *(Felis [Lynx] lynx)*, que habita en casi toda Eurasia templada y fría, Alaska, Canadá y norte de Estados Unidos, y el lince rojo *(Felis [Lynx] rufus)*, algo más pequeño que aquél y de pelaje más rojizo, distribuido desde Canadá hasta el centro de México. Ambas especies se alimentan de liebres (de liebres árticas el boreal y de liebres americanas el rojo), de conejos, de roedores y de pequeños ungulados; a veces, cuando se presenta la ocasión, el primero se atreve incluso con ciervos y otros ungulados de gran tamaño, mientras que el segundo consume grandes aves terrestres.

Estos linces tienen el pelaje más o menos moteado. Pero en África y en el sur de Asia vive una especie de lince que los zoólogos

El lince rojo (Felis [Lynx] rufus), *félido nocturno y solitario, se alimenta de pequeños mamíferos y aves. Su área de distribución abarca gran parte de América del Norte.*

clasifican en otro subgénero *(Caracal)*, el caracal o lince de las estepas *(Felis caracal)*, que es de un color leonado rojizo uniforme, en armonía con las tonalidades de los terrenos donde habita. En algunas regiones de la India se le domestica para cazar gacelas, liebres, garzas y otros animales.

Puma

El puma o león de montaña *(Felis [Puma] concolor)* es el mayor de todos los félidos no rugidores. Su carácter más notable consiste en la coloración uniforme del pelaje en el animal adulto, mientras que los individuos muy jóvenes presentan manchas oscuras, que luego desaparecen poco a poco.

Distribución geográfica. El puma es el mamífero salvaje americano de distribución geográfica más extensa. Su área se extiende desde el sur de Canadá hasta el cabo de Hornos, y vive tanto en las escabrosidades de las Montañas Rocosas como en las pampas

El puma (Felis [Puma] concolor) *es sin duda el mamífero salvaje con el área de distribución más extensa de todo el hemisferio occidental; ésta abarca desde Canadá hasta el sur de Chile y la Patagonia de Argentina.*

de Argentina o en las espesas selvas del Amazonas. Por supuesto, los pumas de estas diversas regiones no son del todo iguales, sino que constituyen poblaciones locales bastante distintas en cuanto a tamaño y coloración. Un puma del Amazonas, por ejemplo, es poco mayor que un mastín y de color leonado rojizo, mientras que uno de Patagonia tiene casi doble corpulencia y su coloración tira más bien a gris pálido. En ninguna parte, sin embargo, existen pumas tan corpulentos como los leones, de modo que el nombre de león que dieron a este animal los primeros exploradores del Nuevo Mundo, conservado en casi toda América, es un tanto pretencioso. En Estados Unidos, se le llama también *panther* (pantera), aunque esta denominación se reserva sobre todo a la amenazada subespecie de Florida *(F. c. coryi).*

El puma es un animal ágil, vigoroso y extremadamente adaptable, que con la misma facilidad persigue sobre el ramaje de los árboles a los diestros monos americanos que se lanza a grandes saltos sobre los venados, los guanacos o los ñandúes. El naturalista Hudson, que pasó largo tiempo en la pampa argentina, lo describió como la más sanguinaria de las fieras. Ataca, en efecto, a toda clase de animales, lo mismo salvajes que domésticos, desde el agutí y el puerco espín americano hasta el alce, el ciervo mulo o el carnero montés, desde un ratón diminuto hasta un caballo adulto.

Cabe decir, no obstante, que este felino no acomete jamás al hombre y se bate en retirada si éste trata de atacarlo, circunstancia que concuerda con la facilidad con que se domestica.

La increíble fuerza del puma ha impresionado desde siempre a los biólogos. Superior a la de los leopardos o panteras, de tamaño similar, le permite abatir ciervos, uapitíes o alces cinco o incluso siete veces más pesados que él.

Reproducción. El puma hembra, después de 90 a 96 días de gestación, da a luz dos cachorros y algunas veces hasta cinco. Las jóvenes hembras alcanzarán la madurez hacia los dos años y medio de edad y los machos

Durante el día el león (Panthera leo) *permanece tendido en la maleza o sobre alguna roca. En África, los indígenas saben que tropezarse con un león en pleno día en un paraje despejado es poco peligroso si no se paran.*

después de los tres. Pasada esta edad, vivirán en solitario hasta el breve período de formación de la pareja, que nunca se extiende más allá de la fecundación.

León

El león *(Panthera leo)* sólo se parece al puma en su pelaje de color uniforme y en que sus cachorros nacen con manchas, que tardan mucho en desaparecer. Además de pertenecer al grupo de los félidos rugidores, se distingue del puma porque es mucho más corpulento, porque el macho adulto tiene la cabeza y el cuello rodeados de una crin o melena, y también por ser el único félido cuya cola termina en una borla de pelos, entre los cuales se esconde una punta córnea, a modo de uña.

Distribución geográfica. En nuestros días, sólo hay leones en África subsahariana y en la parte occidental de la India (unos 250 ejemplares en el bosque del Gir). En épocas pasadas, no obstante, el reino de este animal se extendía por el sur y el centro de Asia, por casi toda África y por el este de Europa; en tiempos de Aristóteles (siglo IV a.C.) incluso podía oírse el rugido de los leones en las puertas de Atenas.

El león varía bastante de coloración y tamaño según donde habite; en unos sitios es más gris y en otros más amarillento o más rojizo. De ahí que los naturalistas distingan varias subespecies o razas geográficas: el extinguido león de Berbería, el amenazado león de Senegal, el masai, el de El Cabo, el asiático, etc. Los leones del Atlas y de El Cabo, extinguidos por completo desde hace varios lustros, eran los mayores y los de melena más abundante, ya que el pelo largo se prolongaba por debajo del vientre. Alguno de estos leones llegaban a medir 2 m de longitud, con una cola de un metro. La abundancia o escasez de la melena no es un buen carácter diferencial. Los leones que viven entre matorrales y espinos poseen escasa melena, a veces poco más larga que la de las leonas, y, desde luego, nunca alcanza en los leones salvajes el desarrollo que presenta en los ejemplares enjaulados.

Se ha llamado al león «el rey de la selva», pero lo cierto es que en las selvas casi nunca hay leones. Este carnívoro vive en hábitats más bien abiertos, desde las sabanas con abundante pradera del este de África hasta las arenas del desierto de Kalahari, pasando por el *bushveld* del norte de Sudáfrica y por los tupidos bosques de galería que bordean los ríos en los parajes de sabana. Durante el día, permanece encamado en la maleza o tendido sobre alguna roca, siendo raro que acometa a nadie, ni siquiera a otro animal, a menos que esté muy hambriento.

Captura de las presas. Como los félidos en general, el león caza al acecho, no emboscándose y esperando a que llegue una víctima, sino arrastrándose a favor de los acci-

El león ha desarrollado tácticas complejas de caza, siendo muy frecuente la captura en equipo. Las hembras, ocultas entre la maleza, suelen ser las encargadas de matar, mientras un grupo de leones empuja la manada hacia ellas.

dentes del terreno hasta acercarse a la res elegida y cayendo sobre ella mediante un poderoso salto. Cuando la víctima es, como casi siempre ocurre, un animal de gran tamaño, procura caer sobre sus cuartos delanteros, poniéndole una zarpa sobre los hombros y otra en la cara y doblándole el pescuezo al tiempo que hunde los colmillos en las vértebras cervicales. El mordisco llega hasta la médula espinal o bien secciona el esófago y la tráquea, provocando una muerte instantánea.

El león mata y come toda clase de animales, a excepción del rinoceronte y el elefante (aunque en algunas zonas como el parque nacional Chabe de Botswana atacan a los elefantes jóvenes), a los que no podría vencer. Cuando no encuentra otras presas mayores, caza ratones, liebres y lagartos, y si halla una carroña, se ceba en ella como el más eficiente de los carroñeros. Sin embargo, sus presas más frecuentes son las cebras y los antílopes. También acomete a la jirafa y al búfalo cafre, aunque para esto necesitan reunirse varios leones; cuando un león acomete a una presa de estas dimensiones generalmente no consigue asfixiarla y se ve obligada a devorarla viva.

No es cierto que el león muestre inclinación por comer carne humana cuando es viejo. Cualquier león, aunque sea joven, se aficiona a matar personas en cuanto descubre que resulta más fácil que cazar cebras o búfalos, convirtiéndose entonces en «devorador de hombres», principalmente mujeres y niños. En estos casos, el felino utiliza cualquier medio para obtener su presa favorita; a veces llega a hacer intransitable un camino o provoca que una aldea sea abandonada por sus habitantes. Hoy, después de lustros de caza mayor, si bien no pesa sobre los leones una amenaza inminente de extinción, muchos de ellos todavía mueren ilegalmente a causa de las trampas preparadas para otros animales.

Reproducción. Los leones se reproducen en cualquier época del año. La gestación dura quince semanas y media, y el número de cachorros oscila entre uno y seis. Los cachorros, que nacen en un resalte rocoso o en un escondrijo de la maleza donde se refugia la hembra para evitar el posible canibalismo de los machos, no abren los ojos hasta los diez o quince días de edad. A las tres semanas les salen los dientes de leche y a las seis empiezan a saborear los primeros alimentos sólidos. Cuatro meses después, la madre y sus crías se unen a la manada, unidad básica en esta especie eminentemente social —la más social de toda la familia.

La manada suele constar de cuatro a doce hembras adultas, emparentadas entre sí, sus cachorros semidestetados y de uno a seis machos adultos, no emparentados con las hembras.

El margay (Felis wiedii) *es el más acrobático de los félidos: capaz de descender al galope de los árboles con la cabeza por delante, también trepa sin esfuerzo y salta de una rama a otra con gran agilidad. Sus pies anchos y lisos, con metatarsos móviles, y especialmente los posteriores que pueden girar 180°, le permiten todas estas proezas.*

Aunque de tendencias nocturnas, el tigre (Panthera tigris) *caza también de día. Cuando escasean sus presas naturales, diezma los rebaños de animales domésticos. Su amor por el baño es otras de sus características.*

Tigre

El tigre *(Panthera tigris)* es otro gran félido rugidor —de ahí su clasificación en el género *Panthera*—, cuyo carácter más notable consiste en tener el pelaje rayado transversalmente de negro sobre un fondo amarillo leonado, ocre rojizo o incluso blanco, sobre todo en la parte ventral. En cuanto a su tamaño, varía según los países.

Distribución geográfica. Sólo existen tigres en Asia, pero lejos de ser exclusivos de las selvas de la India, habitan en gran parte de aquel continente, desde Irán hasta Siberia y Manchuria, así como en las islas de Java y Sumatra. Al igual que ocurre con el león o con el puma, este félido es tanto más corpulento cuanto más lejos se halla del ecuador. Mientras que los tigres de Malaysia apenas alcanzan 80 cm de altura, en las márgenes del Amur se encuentra una subespecie gigante que mide más de 90 cm hasta la cruz y que se distingue, además, por su robustez y por su pelaje espeso y apretado, como corresponde al durísimo clima siberiano.

Una especie amenazada de extinción. Tras la fuerte persecución de que ha sido objeto durante siglos, el tigre se ha convertido hoy en una especie amenazada de extinción. El subcontinente indio, Indochina y, en menor medida, Sumatra son las únicas regiones en las que actualmente existen poblaciones. En el subcontinente indio quedan unos 5 000 ejemplares; en Indochina, de 1 800 a 2 000, y en Sumatra de 600 a 800. Las otras subespecies se hallan todavía más amenazadas: el tigre de Siberia cuenta apenas con 350 individuos en libertad; el de China meridional con una treintena, y los tigres del Caspio, de Bali y de Java se han extinguido por completo. En la India, con la puesta en marcha del Proyecto Tigre en 1972, se dio un paso muy importante para la conservación de este felino. Gracias a ello, se consiguió aumentar la población desde los 1 800 ejemplares de 1972 hasta los 4 015 de 1986. En los años sucesivos, la población total del tigre de Bengala fue creciendo a un ritmo muy esperanzador, pero en 1995 comenzó a disminuir al intensificarse la caza furtiva.

El tigre de Bengala *(Panthera tigris tigris)* ocupa una gran diversidad de hábitats, desde los bosques de coníferas del Himalaya hasta los manglares de los Sundarbans, pasando por los pantanosos cañizares de la cuenca del Ganges, las selvas húmedas del nordeste y del sur, y los bosques espinosos y áridos del Rajastán. En todos ellos es el superdepredador por excelencia. A diferencia de la subespecie siberiana, que a menudo caza de día, el tigre de Bengala es un animal sólo nocturno. Cuando el sol se esconde, comienza a avanzar en silencio, dejándose guiar por la vista y el oído; tan pronto como localiza a una presa, se pone al acecho, completamente inmóvil y camuflado entre la espesura gracias a su pelaje críptico. Si avanza, lo hace paso a paso, de manera furtiva y contra el viento, aunque por lo general prefiere que sea su víctima la que se le acerque. Cuando la distancia se acorta hasta unos 5 o 6 m, el tigre salta como un resorte sobre el lomo de su víctima y le rompe la espina dorsal de un mordisco; si la presa es demasiado grande, o cuando no consigue matarla con el primer mordisco, el tigre la derriba y le aprieta la tráquea con sus fauces hasta que muere de asfixia.

Aunque el ataque final siempre sigue estas dos grandes líneas, el tigre suele improvisar su asalto según la situación de la presa y la configuración del terreno. Cuando el ataque fracasa —lo que en muchas zonas sucede el 95 por ciento de las veces—, el felino no persigue a su presa, sino que prefiere buscar una nueva. Si la captura se salda con éxito, el tigre no devora a su víctima de inmediato, sino que la traslada a un sitio resguardado donde la come poco a poco, empezando por los cuartos traseros. El consumo de una presa de tamaño medio dura aproximadamente uno o dos días, mientras que la ingestión completa de un búfalo o de un gaúr —animales que a veces superan en un cincuenta por ciento el peso del felino— puede prolongarse hasta cuatro o cinco. Mientras dura este período, el tigre interrumpe con frecuencia su banquete para beber o para echar una breve siesta, no sin antes enterrar a su presa, hundirla en el agua o esconderla con maleza. Esta precaución es necesaria para protegerla de los carroñeros, en especial de los buitres que, cuando llegan en tropel, son capaces de devorar la presa en menos de media hora.

A pesar de sus hábitos solitarios, el tigre no es un animal insociable. Los estudios realizados por George Schaller durante los años sesenta revelaron que los animales que vivían en una cierta zona se conocían unos a otros y solían mantener relaciones amistosas. La organización social varía en función del tipo de hábitat y de la abundancia relativa de presas. Los machos adultos ocupan grandes territorios que marcan con su orina y con el olor penetrante de sus glándulas anales. Cuando la densidad de presas es alta, varias hembras ocupan el territorio del macho y defienden subterritorios que se excluyen mutuamente; ello les permite asegurar el suministro alimenticio propio y el de su progenie, así como la protección de sus cachorros frente a los demás machos rivales.

El tigre de Siberia (Panthera tigris altaica) *es el mayor felino de la actualidad. Como las otras subespecies, está seriamente amenazado de extinción y sólo sobreviven unos 350 individuos (aparte de los 600 cautivos) diseminados por la región del Ussuri (Siberia rusa), Manchuria y el norte de Corea.*

Reproducción. Los únicos encuentros afectivos entre machos y hembras se producen durante la época nupcial, un período que rara vez se prolonga más allá de diez días. Durante este breve idilio, comparten la caza y la comida, duermen juntos y copulan con frecuencia porque la hembra necesita ser estimulada sexualmente para ovular. Después de unos 105 días de gestación, la hembra pare dos o tres crías en una guarida situada entre las rocas o entre la densa vegetación. Las crías abren los ojos entre los seis y los catorce días de edad, son destetadas a los tres o cuatro meses y comienzan a seguir a su madre a los seis. A pesar de la ferocidad con que la madre los defiende, la mitad de los cachorros no sobreviven más de dos años y la otra mitad deberá esperar de uno a tres años para alcanzar la madurez.

Más pequeño que los anteriores felinos, el leopardo (Panthera pardus) *tiene, además, menos exigencias ambientales, lo que le permite ocupar hábitats variados, incluidos los alrededores de algunas ciudades. Se le puede encontrar tanto en la selva ecuatorial y otros grandes bosques como en las montañas y los terrenos abiertos.*

Leopardo

El leopardo o pantera *(Panthera pardus)* no sólo se encuentra en África, sino también en gran parte de Asia, desde Judea, Anatolia y el Cáucaso hasta Manchuria y las islas de Sri Lanka, Java y Sumatra. En el continente africano llega desde el Atlas (el casi extinguido leopardo de Berbería) hasta El Cabo, aunque está ausente de toda la franja sahariana-saheliana, donde habita tanto en grandes bosques como en terrenos abiertos o en montañas, siempre que existan zonas con buena cobertura vegetal. En la gran selva ecuatorial, donde no hay leones, es el superdepredador por excelencia. Como en muchos mamíferos de área geográfica muy extensa, pueden reconocerse en el leopardo diferentes subespecies locales. El de Anatolia *(P. p. tulliana)*, por ejemplo, difiere mucho en coloración y tamaño del que habita en África subsahariana y gran parte de Asia *(P. p. pardus)*, y éste a su vez del leopardo del Sinaí *(P. p. jarvis)*, de pelaje claro y con grandes manchas. Sea cual sea la subespecie, no alcanza nunca el tamaño del tigre; es más corto de patas y las hembras son mucho más pequeñas que los machos. Menos vigoroso que el tigre o el león, es, en cambio, más ágil, y tiene sobre ellos la ventaja de trepar con mucha destreza a los árboles.

El leopardo, carnívoro muy adaptable, caza una gran variedad de animales de tamaño mediano. Algunas veces ataca animales de mayor porte como bueyes o caballos, pero lo corriente es que capture jabalíes, monos, venados y antílopes, o que entre en los poblados para llevarse ovejas, cabras o perros. Al igual que los restantes grandes gatos, deja las sobras de un día para otro, con la particularidad de que, casi siempre, coloca el cadáver en las ramas de un árbol para ponerlo fuera del alcance de hienas y chacales. Aunque con mucha menor frecuencia que

el león o el tigre, el leopardo también puede convertirse en un devorador de hombres.

Las panteras negras, consideradas en otros tiempos como una especie distinta, son sólo leopardos afectados de melanismo.

Jaguar

El jaguar *(Panthera onca)* es más robusto y corpulento que el leopardo y presenta manchas mucho mayores, con varias manchitas en el centro de cada roseta. Posee, así mismo, un área de distribución muy extensa, pues desde Texas y México llega, a través de toda América Central y Meridional, hasta el norte de Argentina. El término jaguar, que es el más universalmente aceptado, procede del idioma guaraní. En Brasil suele llamársele «onza pintada» y en México se le denomina algunas veces «onza real».

Las costumbres del jaguar recuerdan en cierto modo a las del leopardo. En América del Sur, donde no existen mamíferos de gran tamaño, puede afirmarse que no se conoce ninguna especie animal que no sea su víctima. Son perseguidos por el felino americano desde el pesado tapir hasta los monos más ágiles, pasando por el perezoso, el agutí, aves, caimanes, tortugas, ranas y peces; cuando la ocasión lo permite el jaguar ataca al ganado doméstico. Como los demás grandes gatos, guarda las sobras de un día para otro y, dotado de una fuerza enorme, arrastra a su presa hacia lo más impenetrable de la espesura. Por lo general, se encuentra al jaguar cerca del agua, pues le gustan mucho los peces y las tortugas, así como los carpinchos o capibaras. Otro de sus bocados favoritos es el pécari; pero estos animales, que suelen ir en manadas numerosas,

El jaguar (Panthera onca) *se distingue del leopardo por ser más robusto y corpulento y por tener en la piel manchas mucho mayores, que presentan varias manchitas en el centro de cada roseta. Su área de distribución abarca una parte importante del Nuevo Mundo, desde Texas hasta en norte de Argentina. Sus presas son muy variadas, ya que captura tanto tapires como monos, aves, ranas, tortugas y peces, aunque los capibaras y los pecarís son los más frecuentes.*

En la imagen, pantera de las nieves (Panthera uncia). *Este félido, que vive en las montañas de Asia central, desde Afganistán hasta el lago Baikal y el este del Tíbet, llega durante el verano hasta los seis mil metros de altitud.*

El jaguar (Panthera onca) *es el felino de mayor tamaño que habita en América, donde es el equivalente ecológico de la pantera o leopardo. Su formidable fuerza muscular le permite arrastrar un venado grande durante un largo trecho. El naturalista español Félix de Azara relató cómo un jaguar que le mató un caballo lo arrastró hasta un río, cruzó con él a nado la corriente y lo sacó al otro lado, internándolo en el bosque. Posee un área de distribución muy extensa, pues desde Texas y México llega, a través de América Central y Meridional, hasta el norte de Argentina.*

saben defenderse bien y con frecuencia escarmientan a la fiera. Según parece, el jaguar no se convierte en devorador de hombres con la misma facilidad que otros félidos de gran tamaño.

También del jaguar existen varias subespecies locales; además, a veces se ven ejemplares negros.

El nombre de onza que se da en algunos sitios al jaguar se presta a confusiones, porque también se denominó así a la pantera de las nieves *(Panthera uncia)*, único representante del género *Panthera* que vive en las más altas montañas de Asia Central y cuyo pelaje, de un gris muy pálido con grandes manchas en roseta, es largo y lanoso, adaptado al ambiente que le rodea. En verano, el leopardo de las nieves llega hasta unos 6 000 m de altitud y en los inviernos más crudos no baja de los 1 800 m. Más pequeño que el leopardo, se alimenta de íbices, markhors, muflones, ciervos almizcleros, tahrs, marmotas, ratones y aves, y en invierno también de ciervos, jabalíes, gacelas y liebres.

El leopardo de las nieves suele acechar a sus presas y saltar sobre ellas, a menudo desde distancias de seis a quince metros.

Como el tigre y el jaguar, es un animal solitario excepto durante el período reproductor (de enero a mayo), cuando ambos sexos cazan juntos, o cuando la hembra se ocupa de criar a su camada. Es una especie amenazada de extinción debido a la demanda comercial de sus pieles.

Pantera nebulosa

Otro gran félido asiático que corre el peligro de convertirse en una especie amenazada —de momento, la UICN la clasifica tansólo como vulnerable— es la pantera nebulosa *(Neofelis nebulosa)*, una especie de cuerpo alargado, patas cortas y cola muy larga que habita en las selvas y bosques espesos del Sudeste Asiático, desde Nepal y el sudeste de China hasta Taiwán, Sumatra y Borneo. La pantera nebulosa es un félido intermedio entre las grandes especies del género *Panthera* (león, tigre, jaguar, etc.) y los gatos y linces del género *Felis*. De los grandes felinos le separa la existencia de un rígido hueso hioides en el aparato vocal, lo que le impide rugir y de los pequeños, su postura de descanso, con las patas delanteras extendidas y la cola estirada hacia atrás.

Hasta hace unos pocos años se consideraba que la pantera nebulosa era casi exclusivamente arbórea, pero investigaciones recientes sugieren que sus hábitos son mucho más terrestres y diurnos de lo que se creyó hasta entonces. Algunos zoólogos afirman incluso que casi siempre anda por el suelo del bosque para desplazarse y que sólo utiliza los árboles para descansar o dormir, lo que explicaría el hecho de que este félido capture a veces presas terrestres en puntos bastante alejados de las selvas que constituyen su hábitat. En todo caso, la pantera nebulosa no deja de ser un excelente trepador, capaz de bajar boca abajo por el tronco de un árbol y de encaramarse por las ramas, colgándose de ellas patas arriba mientras acecha a los monos, ardillas, aves y otras presas arbóreas. Como muchos félidos moteados, es una especie vulnerable debido a la destrucción del hábitat selvático y a la caza excesiva.

Guepardo

El guepardo es el animal más veloz de la Tierra; es capaz de correr a más de 110 km/h. Su cuerpo, de estilizada y elegante estruc-

El guepardo (Acinonyx jubatus) *es el animal más veloz de la Tierra. Es capaz de correr a más de 110 km/h, pero sólo mantiene esta velocidad prodigiosa durante trechos muy cortos. Desde muy antiguo, el guepardo fue domesticado para abatir piezas de caza. Los félidos se capturaban siempre adultos porque resultaba imposible enseñar a las crías a cazar. Una vez amaestrado el guepardo, generalmente con métodos bastante crueles que creaban en el animal una dependencia patológica de su amo, se utilizaban técnicas muy similares a las de cetrería.*

Las morsas, de la familia odobénidos, se caracterizan por su enorme tamaño (los machos adultos pueden pesar 1 700 kg y sobrepasar los 3,56 m de longitud), por su cuerpo, parecido a un gigantesco odre, y por su cabeza, pequeña y sin orejas, y provista de espesos bigotes y largos colmillos superiores, que a veces miden en el macho más de un metro.

tura, ofrece una imagen de rapidez y agilidad que la realidad no desmiente. Pero la flexible estructura de este félido y su increíble adaptación a la carrera, a la que no sólo contribuyen sus largas patas sino también sus garras semirretráctiles, es también su punto débil. Su resistencia limitada le obliga a cazar en terrenos despejados aunque con la cobertura vegetal suficiente para un acecho efectivo, lo que limita en gran medida la cantidad de hábitats posibles.

El guepardo fue domesticado y utilizado para abatir piezas de caza hace más de cuatro mil años. Tuvo este uso en el antiguo Egipto, en Sumeria y Asiria; más recientemente, fue utilizado por los miembros de la realeza en Europa, India, Arabia y Abisinia. Esta captura de ejemplares en edad reproductora contribuyó en gran medida al declive de la especie, sobre todo en Asia, donde el guepardo ha desaparecido casi por completo. El último guepardo de la India fue abatido a tiros en los años cincuenta y en la actualidad sólo sobreviven algunos individuos de la subespecie asiática *(A. j. venaticus)* en Irán y quizás en Pakistán o Afganistán.

En el continente africano, el guepardo aún se halla bastante difundido, pero ha desaparecido de casi toda África del sur y de gran parte de África oriental, donde ha sido diezmado por cazadores furtivos. Tan sólo en los grandes parques nacionales de Kenia y de algunos otros países africanos se mantienen sus poblaciones en bastante buen estado, ya que el guepardo ha demostrado un notable grado de adaptación ante la invasión turística. Una de los últimos cálculos de la población total de esta especie sitúa el número de individuos entre 10 000 y 15 000. Además de la caza furtiva debido al valor de su piel manchada, acechan al guepardo otras dos grandes amenazas: la desaparición de sus principales presas —antílopes y gacelas— bajo el fuego de los cazadores y el peligro de consanguinidad de sus últimas poblaciones.

FAMILIAS DEL ORDEN PINNÍPEDOS

ORDEN PINNÍPEDOS

Los pinnípedos son mamíferos placentarios del orden carnívoros, adaptados a la vida acuática. Presentan muchas convergencias anatómicas con los carnívoros terrestres, pero en su exterior son completamente distintos. La principal diferencia está en los miembros, que se encuentran incluidos en el tronco hasta más abajo del codo y de la rodilla, y terminan en extremidades modificadas en forma de aletas apropiadas para la natación, con los dedos unidos por la piel en toda su extensión y siempre en número de cinco. En estos animales la cola, bastante corta, se encuentra como escondida entre los miembros posteriores.

Además, numerosas especies carecen de orejas mientras que otras las tienen muy reducidas. Otra característica notable consiste en la configuración de las muelas, que son todas iguales entre sí, sin que existan dientes carniceros. El agua es su verdadero elemento, pues aunque salen a tierra con bastante frecuencia, se mueven en ella con dificultad y nunca se internan mucho. En el agua encuentran, además, su alimento, compuesto de peces, crustáceos y moluscos, que devoran en gran cantidad. La vida acuática impone una forma del cuerpo hidrodinámica, común a todos los pinnípedos. Pero existen entre los distintos grupos diferencias anatómicas externas muy aparentes. Algunos tienen orejas, mientras que la mayoría carece de ellas; entre estos últimos, unos presentan los caninos superiores muy desarrollados, formando largas defensas, y otros con caninos más bien cortos.

Orden pinnípedos
- Familia otaríidos
- Familia odobénidos
- Familia fócidos

Los leones marinos tienen la piel cubierta únicamente por un pelaje corto y sedoso, muy apretado. Por esta razón, en América del Sur se les conoce también como «lobos de un pelo», frente a los «lobos de dos pelos», que son los osos marinos. Para trasladarse en tierra, los leones marinos andan, en lugar de arrastrarse como hacen las focas. Vuelven las extremidades posteriores hacia adelante, lo que les permite levantarse sobre los cuatro miembros. En la imagen, león marino de Hooker (Phocarctos hookeri) *de Nueva Zelanda e islas adyacentes.*

Clasificación

Los pinnípedos se dividen en tres familias (otaríidos, odobénidos y fócidos), 18 géneros y 34 especies propias de los continentes helados y de las líneas de costa de los océanos polares y templados. Existe una especie que habita en áreas tropicales y otras que viven en ciertas masas de agua continentales.

Familia otaríidos

Esta familia se compone de siete géneros y 14 especies. Dos características importantes son que están provistos de orejas y que, durante la marcha, vuelven las extremidades posteriores hacia delante y andan en el verdadero sentido de la palabra, levantándose sobre los cuatro miembros en vez de arrastrarse como hacen las auténticas focas. Sus dedos, de aspecto extraño, presentan prolongaciones cutáneas que sobresalen mucho de las uñas, como los dedos de un guante vacíos. En algunos géneros de otaríidos *(Neophoca, Phocarctos, Otaria, Eumetopias, Zalophus)*, el pelaje sólo se compone de pelo corto y sedoso, muy apretado, mientras que en otros *(Callorhinus* y *Arctocephalus)* bajo el pelo hay una especie de borra o lana muy fina y espesa. Los primeros se denominan leones marinos, mientras que los segundos reciben el nombre de osos marinos. En América del Sur se los conoce respectivamente como «lobos de un pelo» y «lobos de dos pelos».

El león marino u otario de California (Zalophus californianus) *vive en la costa oeste de Norteamérica, desde la Columbia Británica hasta el mar de Cortés, y en las islas Galápagos. Muchos lo confunden con las verdaderas focas.*

Leones marinos

El león marino de Sudamérica *(Otaria flavescens)* es de gran tamaño: el macho adulto mide hasta 2,60 m de longitud. Se trata de un hermoso animal, de cuello muy grueso, cubierto por una corta melena, a la que debe su nombre y también el de «lobo peluca» que se le da en Uruguay. La hembra es bastante más pequeña y, como en el león terrestre, carece de melena. El color varía mucho, aunque siempre dentro de los matices pardos y leonados. Habita en las costas de Patagonia (Argentina), extendiéndose por las aguas del Atlántico hasta Recife das Torres (29° Sur), en Brasil, y por las del Pacífico hasta Perú (6° 30′ Sur). Existen otras especies representantes de géneros afines en la parte boreal del Pacífico, como el león marino de Steller *(Eumetopias jubatus)* y el otario o león marino de California *(Zalophus californianus)* que también se encuentra en las Galápagos. Todos ellos son animales gregarios: en ciertas épocas del año, en particular desde que comienza el celo hasta que las crías pueden seguir a sus madres a alta mar, se reúnen en número considerable en determinados puntos de la costa, denominadas en América del Sur «loberías». No es raro ver en una lobería entre 5 000 y 20 000 individuos, cuya presencia se advierte desde muy lejos por el bramido fuerte y prolongado de los machos y por el fuerte olor que se desprende de este amontonamiento de animales. En la primavera, que es cuando empiezan a reunirse, los machos luchan entre sí por la posesión de las hembras, procurando cada cual adjudicarse el mayor nú-

mero posible. De este modo, cada macho suele constituir un harén de 10 a 20 hembras; algunos, los más fuertes, reúnen hasta 50. En todo este tiempo, los leones marinos no acuden al agua, por lo que, como es en ésta donde obtienen su alimento, cuando termina el celo se hallan débiles y extenuados. Los cachorros, uno por cada madre, nacen entre diciembre y febrero (la mayoría a mediados de enero) y unos tres meses después de su nacimiento salen con sus madres al mar.

Fuera del período del celo, el león marino de Sudamérica no es peligroso, sino muy tímido y cobarde. Pero es muy voraz, calculándose que cada macho adulto devora al día unos ciento cincuenta peces de mediano tamaño; otras presas de esta especie son los cefalópodos y crustáceos, que en las Malvinas alcanzan una proporción considerable.

Osos marinos

Parecidas son las costumbres del oso marino del Norte *(Callorhinus ursinus)*, cuyo alimento, que varía según la temporada, la edad y la zona, consiste en gran parte en calamares y arenques. Cada uno de los machos, cinco veces más corpulentos que las hembras, suele tener más de un centenar de ellas. Su piel, muy valiosa por la fina lana que posee bajo el pelo, ha sido durante muchos años objeto de una importante industria. Las islas Pribilof, donde este oso marino posee sus mayores criaderos, fueron durante un siglo y medio escenario de verdaderas carnicerías. En la actualidad, la población de esta especie está bien administrada y se encuentra en condiciones satisfactorias, ya que superan el millón y medio de cabezas.

El oso marino de Sudamérica *(Arctocephalus australis)*, que tiene una distribución similar al león marino de Sudamérica, no fue perseguido con tal intensidad, aunque su explotación data de muy antiguo (se remonta al siglo XVI), pero también hubo que dictar leyes especiales para su protección a principios del siglo XX. Hoy su población total asciende a unos 320 000 ejemplares.

En la imagen, dos osos marinos de sudamérica (Arctocephalus australis). *Los osos marinos tienen los pabellones auditivos más desarrollados que los leones marinos y están menos evolucionados que ellos. Bajo el pelo poseen una especie de lana muy fina. El oso marino de Sudamérica vive en las costas del cono sur y en las Malvinas.*

En la imagen, dos morsas (Odobaenus rosmarus). *Las fuertes defensas de la morsa le sirven tanto para demostrar su posición en la jerarquía de dominio e informar sobre su sexo y su edad como para trepar por los témpanos de hielo.*

Familia odobénidos

La segunda familia de mamíferos marinos cuenta sólo con un género, que comprende una especie, la morsa común *(Odobaenus rosmarus)*, de la que se consideran dos subespecies distintas: la morsa del océano Atlántico *(Odobaenus rosmarus rosmarus)* y la morsa del Pacífico *(O. r. divergens)*, la primera confinada en el extremo boreal del océano Atlántico y el mar Ártico, y la segunda propia de los mares de Chukchi y de Bering. Su tamaño es enorme: un macho capturado en la Tierra de Francisco José medía más de 4 m de largo y pesaba 1 250 kg. Su cuerpo, que parece un gigantesco odre, está cubierto de una piel rugosa y muy gruesa que la protege contra los colmillos de otras morsas. Sus extremidades, conformadas como en los leones marinos, son muy pequeñas, de modo que el animal no puede levantarse sobre ellas y marcha sobre la tierra dando torpes saltos. Su cabeza, relativamente pequeña y sin orejas, ofrece un extraño aspecto a causa de sus recios y espesos bigotes y de sus largos colmillos superiores, que descienden fuera de la boca y que, en el caso del macho, superan a veces 1 m de longitud y 5 kg de peso.

A pesar de su formidable aspecto, las morsas son animales pacíficos, que huyen en cuanto divisan al hombre. Sin embargo, atacadas de cerca cuando están en el agua, procuran agarrarse a la borda de los botes con sus colmillos y hacerlos zozobrar. Viven reunidas en grupos numerosos, que se alejan muy poco de tierra, y se alimentan de moluscos, que desentierran hozando el fondo con el borde superior del hocico, o bien inyectando agua a presión en los escondrijos de los que se hallan a mayor profundidad. La antigua creencia según la cual las morsas excavan el sedimento con los colmillos o arrancan los moluscos de las rocas con estas defensas es absolutamente inexacta; el tamaño de los colmillos, cuya utilidad es sobre todo social, ayuda a establecer las relaciones de dominio del mismo modo que las astas de los ciervos o los cuernos de los carneros.

Los esquimales emplean la piel y la grasa de la morsa, se alimentan con su carne desde hace siglos y trabajan el marfil de sus colmillos, con el que elaboran diversos objetos. Esta actividad apenas afecta a las poblaciones de morsas, pero a partir del siglo XVI se comenzó a intensificar la explotación comercial del marfil; durante este siglo y el siguiente se sacrificaron miles de morsas. La matanza prosiguió hasta bien entrado el siglo XX; entre 1925 y 1931 se abatieron cientos de miles en las proximidades de la isla de Baffin, el último reducto importante de la subespecie atlántica. La protección legal llegó a tiempo para salvar de la extinción a las morsas atlánticas, pero las poblaciones no han podido restablecerse hasta niveles que garanticen su supervivencia. La subespecie del Pacífico empezó a sufrir la presión comercial en el siglo XVIII, aunque en 1980 la población total todavía llegaba a los 250 000 individuos. El mayor problema se presentó a finales de los ochenta con el incremento de la demanda de marfil de morsa debido a la disminución de los efectivos del elefante africano. Esta situación provocó un aumento considerable del furtivismo, por lo que en la actualidad el futuro de esta subespecie también parece ser preocupante.

Familia fócidos

La forman 10 géneros y 19 especies, distribuidas fundamentalmente por las líneas de costa de las partes templadas y polares de los océanos, aunque también se pueden encontrar en algunas aguas tropicales y continentales. Son las focas propiamente dichas, que se caracterizan por carecer de orejas y porque sus extremidades no presentan prolongaciones cutáneas en los dedos, de modo que éstos terminan bajo las uñas. Además, las extremidades posteriores se hallan siempre extendidas a los lados de la cola y resultan, por tanto, inútiles para andar. Otra diferencia anatómica estriba en el gran desarrollo de las vértebras lumbares y su gran flexibilidad, lo que permite una gran movilidad de la columna vertebral. Por el contrario, las focas no tienen las vértebras torácicas y cervicales bien desarrolladas, lo que dificulta su locomoción en tierra.

Foca común

Una de las especies más difundidas de la familia es la foca común *(Phoca vitulina)*, que se encuentra en la parte septentrional del Atlántico y del Pacífico. Por el sur llega has-

El elefante marino del Sur (Mirounga leonina) *se encuentra desde el límite de los hielos antárticos hasta la península Valdés. Los machos, mucho mayores que las hembras y dotados de una trompa eréctil, entablan feroces batallas para conservar el dominio sobre sus harenes.*

La foca común (Phoca vitulina) *vive en la zona septentrional del Atlántico y del Pacífico, en costas poco frecuentadas, sobre todo en bahías y estuarios. No es migratoria, pero realiza pequeños movimientos para alimentarse y para reproducirse, y los jóvenes se dispersan a veces hasta 300 km de distancia.*

ta Portugal y Carolina del Sur (Estados Unidos), y en el Pacífico, hasta Baja California y Hokkaido (Japón). Es una foca más bien pequeña; los machos miden 1,70 m de longitud, como máximo, excepto los de la subespecie *P. v. stejnegeri* de la Kuriles y Hokkaido, que alcanzan 2 m. Su pelaje, como en toda la familia, sólo consta de una clase de pelo y es de color gris pálido a gris oscuro, con pequeñas manchas negras. Las crías nacen cubiertas de un lanugo blanquecino, que se les cae a las pocas horas del parto o, con frecuencia, antes de nacer.

La foca común habita en las costas poco frecuentadas, con preferencia en las bahías y los estuarios. Suele formar grupos poco numerosos; como en las demás especies de fócidos, los machos son promiscuos y oportunistas. En tierra, sus movimientos son torpes, aunque rápidos, avanzando mediante una serie de saltos que cesan pronto si no la amenaza ningún peligro, pero en el agua nada con tanta agilidad como un delfín y persigue sin descanso a los peces. Durante el invierno, en las latitudes en que el mar se congela, pasa mucho tiempo debajo del hielo para buscar su alimento, pero procura mantener abiertos algunos agujeros para salir a respirar o a dormir, en los que se pone al acecho para cazarla el oso blanco, su más encarnizado enemigo. Los esquimales, que aprecian su carne, su grasa y su piel, también la aguardan en estos respiraderos, y en verano la arponean en el agua. En las costas de Europa, al comenzar el verano, la hembra de la foca común da a luz a una cría, que se echa al mar tras ella después de pasar cinco o seis semanas en su compañía.

Foca pía

La foca pía *(Phoca groenlandica)*, de pelaje blanco y negro, y de 1,7 m de longitud como media, cría frente a la costa nordeste de Terranova, alrededor de la isla Jan Mayen, en el golfo de San Lorenzo y cerca de la salida del mar Blanco. Durante el transcurso del verano se dispersa por los mares de Kara

La foca pía (Phoca groenlandica) *tenía una gran importancia industrial, ya que de ella se obtiene pelo, grasa y pieles; afortunadamente para esta especie, tanto en la CEE como en los EEUU está prohibida la importación de estos productos, lo que ha supuesto el cese de las matanzas. Durante el verano se la puede encontrar en las aguas cercanas a Groenlandia y al archipiélago Ártico de Canadá, así como en los mares de Kara y Barents.*

y Barents y por las aguas cercanas a Groenlandia y al archipiélago Ártico de Canadá.

Focas del Baikal y del Caspio

Al género *Phoca* también pertenecen dos especies de pequeño tamaño (150 cm de longitud como máximo) que pueblan los lagos del centro de Eurasia que en otros tiempos estuvieron unidos al mar. Se trata de la foca del Baikal *(Phoca sibirica)*, que vive sobre todo en las partes más profundas de este lago, y la foca del Caspio *(P. caspica)*, que durante la época de cría se concentra en el norte de este mar y durante el verano en aguas más frías del centro y del sur.

Foca barbuda

La foca barbuda *(Erignathus barbatus)*, de distribución circumpolar en aguas árticas y antárticas, mide 2,6 m de longitud como máximo en ambos sexos. En ciertas ocasiones se dispersa mucho más hacia el sur, hasta el punto de que se han observado ejemplares en la bahía de Tokio, en Normandía y en el norte de España.

Focas fraile

Mucha gente ignora que en el Mediterráneo existen focas y, menos aún, que las hay en Hawai y las hubo en el Caribe hasta 1952. Se trata de las focas fraile o focas del género *Monachus*, una de cuyas especies es la foca fraile *(Monachus monachus)*. Este animal, muy frecuente en otro tiempo en las costas del Levante español, se halla hoy en peligro de extinción —sólo quedan entre 500 y 1 000 ejemplares en todo el mundo—, con

Las focas están adaptadas a la vida marina y su cuerpo presenta forma de huso para favorecer la penetración en el agua al nadar.

Las crías de los fócidos son activas tan pronto como nacen; su crecimiento es muy rápido y la lactancia más bien corta. Los dientes de leche se reabsorben inmediatamente después del nacimiento o incluso antes. En algunos casos, los dientes permanentes de las crías cortan las encías antes de que se produzca el parto.

núcleos reproductores viables únicamente en Grecia, Turquía, Argelia, Marruecos y Mauritania.

La foca fraile de las Antillas *(Monachus tropicalis)*, descubierta en 1494 en la isla de Alta Vela por los marineros de Colón, fue a partir de entonces objeto de una intensa caza, lo que ha llevado a que la mayoría de los especialistas la consideren extinguida, aunque otros entendidos creen que aún sobreviven pequeñas poblaciones en algunas islas.

Foca de casco

En las costas de Groenlandia, del nordeste de Terranova, del golfo de San Lorenzo y del noroeste de la isla de Jan Mayen vive una foca de gran tamaño, la foca de casco *(Cystophora cristata)*, que ofrece la particularidad de tener sobre la cabeza una bolsa a modo de gorro, que se hincha cuando el animal demuestra su agresividad. Este carácter, que sólo presentan los machos, es el que le ha valido su nombre. A pesar de la persecución que sufrió en el pasado, en la actualidad la foca de casco continúa siendo una especie bastante abundante, ya que supera los 300 000 individuos.

Focas antárticas

Otras especies de esta misma familia son propias de las regiones antárticas. Una de ellas es la foca de Weddell *(Leptonychotes weddelli)*, la más meridional de la familia, ya que se reproduce en los hielos temporales que rodean la Antártida y en las islas situadas al norte de Georgia del Sur. Estas focas se alimentan de peces y su capacidad de inmersión es muy notable, pues se sabe que un ejemplar de 300 kg llegó a 580 m de profundidad en aguas subantárticas. Otra especie propia de aguas antárticas y subantárticas es la foca cangrejera *(Lobodon carcinophagus)*, la cual, con una población total que oscila entre quince y cuarenta millones de individuos, es el mamífero de gran tamaño más abundante del planeta. A pesar de su nombre, la foca cangrejera se alimenta principalmente de krill que filtra a través de sus dientes numerosos y puntiagudos. Una tercera especie antártica, la foca de Ross *(Ommatophoca rossi)*, se alimenta de ciertos moluscos cefalópodos como el calamar que acostumbra pescar a gran profundidad. Estas tres especies son, a su vez, presa de la foca leopardo *(Hydrurga leptonyx)*, el gran depredador del océano

Glacial Antártico. La foca leopardo es la mayor de las focas antárticas (el macho mide unos 3 m de longitud total y pesa unos 270 kg; la hembra, alcanza los 3,80 m de longitud y los 500 kg de peso) y la única que se alimenta con regularidad de animales homeotermos. Como muchos carnívoros, es un depredador oportunista en cuya dieta, muy variada, se incluyen krill, peces, calamares, pingüinos y otras aves marinas, además de focas.

Elefantes marinos

Los fócidos más notables son los elefantes marinos, que deben su nombre a su corpulencia y al hecho de que los machos poseen una trompa corta, pero gruesa y muy extensible. Después de los grandes cetáceos son los mayores mamíferos que se conocen, ya que algunos machos viejos miden hasta seis m de longitud. Su piel, desnuda, es gruesa y rugosa, y cubre una gruesa capa de grasa.

Especies de elefante marino. Se conocen dos especies: el elefante marino del Norte *(Mirounga angustirostris)*, de color plomizo y trompa muy desarrollada, y el elefante marino del Sur *(M. leonina)*, de color pardo y con la trompa más corta. Ambos fueron tan perseguidos que estuvieron a punto de extinguirse a finales del siglo pasado. Afortunadamente, la pérdida del interés económico por estas dos especies permitió que se recuperaran hasta niveles aceptables y los 55 000 elefantes marinos del Norte que existen hoy vuelven a criar en todas las islas situadas hasta el centro de Baja California, e incluso en algunos puntos del continente. Las poblaciones de la especie del Sur, por su parte, forman en la actualidad tres grupos separados (el cuarto grupo, el de la isla Juan Fernández, fue eliminado por completo): el primero cría en Georgia del Sur, en las Malvinas, en las Gough, en las Shetland del Sur, en la península Antártica e islas adyacentes, y en el norte de Patagonia hasta la península Valdés; el segundo en las islas Kerguelen, Heard, Marion y Crozet; y el tercero en las islas Macquaire y Campbell. En total suman unos 750 000 individuos, sin contar las crías del año.

Las focas habitan sobre todo en las líneas de costa de las regiones templadas y polares de los océanos. Se caracterizan por no tener orejas y porque sus extremidades carecen de prolongaciones cutáneas en los dedos, los cuales terminan bajo las uñas. Otro rasgo destacado de estos animales es que las extremidades se hallan siempre extendidas a ambos lados de la cola, por lo que no resultan aptas para andar. Abajo, una foca fraile (Monachus monachus), *especie amenzada de extinción que hoy sólo cría en Grecia, Turquía, las costas magrebíes y de Mauritania, y que se está intentando reintroducir en Canarias.*

El elefante marino del Sur (Mirounga leonina) *puede alcanzar hasta 6 m de longitud y pesar más de 3 tm y media. Se congrega en grandes colonias para la reproducción y la muda. Los machos llegan a tierra en agosto y septiembre y libran entre ellos feroces combates para establecer una jerarquía de dominio.*

Reproducción. Los enormes machos, cuyo peso triplica o cuatriplica al de las hembras, llegan a tierra en noviembre —la especie del Norte— y en septiembre —la del Sur— y, tras librar entre ellos sangrientos combates, establecen una jerarquía de dominio. Los pocos machos que alcanzan la categoría dominante monopolizan la cópula con las hembras que van llegando a tierra una vez establecida la jerarquía de los primeros. Los machos dominantes, en especial el macho alfa (el más dominante de todos), que es capaz de inseminar a más de 100 hembras en una sola temporada, las persiguen y copulan con ellas por la fuerza. Si la hembra intenta escapar o se resiste, el macho la sujeta y carga todo el peso de su cabeza y de sus cuartos delanteros sobre la espalda de ella, al tiempo que acentúa el mordisco sobre la nuca con el cual la había inmovilizado. La hembra, una vez fecundada, deberá ocuparse ella sola de su cría. Luego, cuando intente regresar al agua, habrá de atravesar el cerco de los machos que rodean la periferia del harén, a veces con peligro de su propia vida. Las energías del macho, por su parte, se concentrarán exclusivamente —aparte de copular lo máximo posible— en expulsar a los subordinados de su harén cuando se trate de un macho dominante o en intentar burlar la vigilancia de los dominantes cuando se trate de uno más débil. Los harenes del elefante marino del Sur cuentan a menudo con cincuenta hembras. En ocasiones, los machos «comparten» —si es que puede llamarse compartir a un reparto que supone incesantes luchas— grupos de hembras mucho más numerosos, pudiendo llegar la relación entre sexos hasta trescientas hembras por cada macho. El elefante marino boreal, por su parte, es capaz de proezas de otro tipo, tales como alcanzar los 890 m de profundidad en busca de sus presas aunque, por lo general, prefieren capturar peces rata a unos 460 m de profundidad.

MAMÍFEROS PLACENTARIOS

UNGULADOS: TUBULIDENTADOS, PROBOSCÍDEOS, HIRACOIDEOS Y SIRENIOS

TUBULIDENTADOS, PROBOSCÍDEOS, HIRACOIDEOS Y SIRENIOS

Los órdenes tubulidentados, proboscídeos, hiracoideos y sirenios, que, en conjunto, forman los ungulados primitivos, poseen una serie de rasgos anatómicos y morfológicos comunes que los relacionan entre sí.

El oricteropo o cerdo hormiguero (Orycteropus afer) *destruye con sus uñas los nidos de los termes, a los que atrapa con su lengua. Su piel es tan gruesa que a menudo le salva de los ataques de los depredadores. Por lo demás, su fuerza es tan prodigiosa que en una ocasión un hombre que estiraba a uno de estos animales por la cola y, a su vez era agarrado por otros dos hombres, tuvo que soltarlo para no desaparecer dentro de la madriguera. El oricteropo vive en las zonas de África con una presencia suficiente de termitas.*

ORDEN TUBULIDENTADOS

Este orden debe su nombre a la estructura de sus dientes, que están compuestos por prismas de dentina, cada uno de los cuales consta de multitud de tubitos o canalillos que irradian desde la cavidad central ocupada por la pulpa. En su aspecto exterior los tubulidentados se distinguen por sus formas rechonchas, por su hocico largo y cilíndrico, truncado en la punta, por sus orejas largas, como de liebre, por sus patas cortas, con robustas uñas idóneas para cavar, y por su cola larga y cónica. Al igual que en los pangolines y hormigueros, la lengua es larga, protráctil y viscosa.

El orden tubulidentados se compone de una única familia monoespecífica.

FAMILIA ORICTERÓPIDOS

La única especie actual vive en toda la parte meridional de África y se le conoce con el nombre de oricteropo o cerdo hormiguero *(Orycteropus afer)*. Mide unos 2 m de longitud, incluida la cola y pesa de 50 a 70 kg. Se le encuentra en todos los sitios donde abundan los termes o comejenes, cuyos grandes termiteros destruye con sus uñas, recogiendo con la lengua los insectos. Es de hábitos nocturnos y durante el día permanece escondido en el fondo de un profundo agujero que excava en el suelo.

ORDEN PROBOSCÍDEOS

Los más corpulentos de todos los animales terrestres son los elefantes, pertenecientes al orden proboscídeos, así llamados por su nariz, prolongada en una larga trompa o probóscide muscular, flexible y prensil, en cuyo extremo se abren los orificios nasales. Sus extremidades poseen cinco dedos, reunidos en una masa común y sostenidos detrás por una especie de almohadilla elástica; las pezuñas son anchas y planas; las orejas tienen un pabellón grande y aplastado contra el cuello, y la piel está casi desnuda.

Todo el mundo habla de los colmillos de elefante, pero, en realidad, estos animales carecen de ellos. Los que reciben este nombre son los incisivos, de los cuales no hay más que un par, situado en la mandíbula superior. Éstos son enormes, carecen de raíz, crecen siempre y están casi completamente compuestos de dentina, o marfil, pues el esmalte, que sólo existe en la punta, se desgasta con rapidez y desaparece. Los molares presentan numerosas crestas transversales, con los espacios intermedios rellenos de cemento, lo que da por resultado una corona plana; aunque el animal posee a cada lado de las mandíbulas seis muelas, entre premolares y molares, nunca hay a la vez más de tres, porque las primeras se van perdiendo a medida que aparecen las últimas.

CLASIFICACIÓN

Los proboscídeos se componen de una única familia con dos géneros y sendas especies,

En la imagen, dos elefantes asiáticos (Elephas maximus). *La piel de los elefantes está desprovista de glándulas sebáceas; quizá por ello el baño periódico constituye una necesidad a la vez que un placer. En ocasiones, cuando están lejos del agua, la regurgitan a su garganta, la toman con la trompa y se la esparcen sobre ellos.*

el elefante asiático y el africano, fáciles de distinguir por la forma de la trompa y las orejas.

Familia elefántidos

El elefante asiático *(Elephas maximus)* presenta las orejas relativamente pequeñas, su trompa termina en un pequeño apéndice puntiagudo, en forma de dedo, y sus pies posteriores tienen pezuñas en cuatro de los dedos. La altura de un elefante macho es de tres metros, o un poco más, y su peso normal es de unas tres toneladas, aunque se conocen ejemplares de hasta 6 700 kg.

Se ha exagerado mucho la edad que pueden alcanzar estos animales. A los veinticinco años han alcanzado todo su desarrollo; los cálculos más fidedignos no permiten asignarles más de ochenta o noventa años de vida. Esta especie habita en una amplia zona de la India y en Indochina. Existen tres subespecies del elefante asiático: el elefante indio *(Elephas maximus bengalensis)*, el elefante de Sri Lanka *(E. m. sumatrana)* y el de Malaysia *(E. m. hirsutus)*.

Los elefantes salvajes viven en los grandes bosques, sobre todo donde hay mucho bambú, formando manadas de treinta a noventa individuos de ambos sexos y de todas las edades. Algunos rebaños llegan a cien individuos, pero rara vez son tan numerosos. El jefe y guía de la manada es siempre una hembra. Algunas veces se encuentran machos solitarios; son individuos viejos con las piezas dentarias desgastadas que han de buscar parajes en donde crezca hierba tierna para poder alimentarse. La comida de estos animales consiste en hierba, tallos y hojas de bambú y de plátano, y hojas, ramas tiernas y corteza de higuera. Un elefante adulto consume de 300 a 350 kg de alimento por día y necesita beber dos veces, por lo general después de salir el sol y un poco antes del ocaso. Para beber, introduce la punta de la trompa en el agua, la llena succionando y después la vacía dentro de la boca. Por el mismo procedimiento se echan agua en el lomo para refrescarse cuando permanecen al sol; si no tienen agua a su disposición, se cubren con hierba. Les agrada mucho bañarse y revolcarse en el fango y nadan de modo admirable.

En general los elefantes salvajes son animales tímidos; únicamente los machos solitarios, los individuos en celo o las hembras que están criando pueden resultar peligro-

El elefante africano (Loxodonta africana) *difiere del elefante asiático por el mayor tamaño de su cuerpo, de sus orejas y de sus defensas, y también por la distinta forma de su trompa y de su cráneo. El elefante africano puede llegar a 3,5 m de altura, y la longitud de sus defensas puede superar los 3 m, mientras que el elefante asiático no supera los 3 m de altura. Su trompa es bilobulada en el extremo en tanto que la del elefante asiático termina en un dedo móvil. Así mismo, la frente del elefante asiático sigue un plano inclinado, de tal forma que el ápice del cráneo es el punto más alto del animal, mientras que la frente del africano es más convexa.*

Los elefantes, del orden proboscídeos, son herbívoros y alternan los pastos con el ramaje, las hojas, los frutos, los brotes, las raíces e incluso la corteza de los árboles. En la imagen, un elefante africano (Loxodonta africana).

Los damanes poseen muchas peculiaridades anatómicas, entre ellas el presentar un lóbulo en el iris que protege la retina de la acción directa de los rayos solares. Del tamaño de un conejo, presentan una dentadura parecida a la de los roedores y unos orificios nasales situados al final del rostro. Sus extremidades anteriores poseen cuatro dedos y las posteriores tres. En el damán de El Cabo (Procavia capensis), *en la imagen, sus pies constituyen verdaderas ventosas que le permiten sostenerse en superficies muy empinadas o correr por rocas resbaladizas.*

sos. El período de gestación dura 19 o 20 meses. La hembra da a luz a una sola cría, aunque se conocen casos de gemelos. El pequeño, al nacer, mide menos de un metro de altura y pesa unos 100 kg. La trompa, corta y poco flexible, la aparta a un lado para mamar, asiendo el pezón con la boca. En la actualidad, el elefante asiático se halla en peligro de extinción.

El elefante africano *(Loxodonta africana)* difiere del asiático por la anatomía de los molares, por sus orejas mucho más desarrolladas, por su trompa, que termina en dos apéndices digitiformes, y por sus pies posteriores, en los que, en general, sólo posee tres pezuñas. La alzada de esta especie alcanza los 3,55 m y puede llegar a pesar 7 500 kg.

Las defensas del elefante africano, en los ejemplares de mayor corpulencia, adquieren a veces un tamaño enorme. En el Museo Británico hay expuesta una que mide 3,07 m de longitud.

El elefante africano vive en toda clase de terrenos, tanto en las montañas, en sitios por donde parece imposible que pueda subir un animal de su tamaño, como en los grandes bosques o en las regiones pantanosas. En la actualidad se reconocen dos subespecies de elefante africano: el elefante de sabana *(Loxodonta africana africana)*, que habita en el este, centro y sur de África, y el elefante de selva *(Loxodonta africana cyclotis)*, del centro y oeste de África.

A veces, alarmados por cualquier motivo o impelidos por la sed, los elefantes emprenden largos viajes y recorren distancias considerables. Mientras permanecen detenidos en un punto, pasan la mayor parte del día comiendo. Se alimentan de frutos, hierba, cortezas, flores, brotes tiernos y hojas. Desarraigan los árboles, tumbándolos con la frente o arrodillándose y sacándolos con sus defensas de raíz; luego, con la trompa, arrancan todas las partes comestibles y mastican las ramas verdes para extraer la savia.

Desde muy antiguo el elefante de África ha sido perseguido por el marfil de sus defensas, aunque las grandes matanzas no empezaron hasta el siglo XIX, cuando los blancos se dedicaron a cazarlo y los indígenas recibieron de éstos las armas de fuego. Ante la destrucción de sus hábitats naturales y la presión de la caza excesiva, la conservación de los elefantes pasa por los parques naturales donde, en principio, estos factores están controlados. De todas formas, continúa habiendo furtivismo. Además, puede darse el caso de que se produzca una superpoblación de ejemplares que constituya una amenaza para el propio parque. Una solución a esto es la caza selectiva que se practica en numerosos parques naturales, o la repoblación de parques adyacentes a partir de los excedentes de las zonas superpobladas.

ORDEN HIRACOIDEOS

Se trata de pequeños mamíferos con cuatro dedos en las extremidades anteriores y tres en las posteriores, provistos de pequeñas pezuñas. La cola es corta y la planta de los pies presenta amplios cojinetes. Los orificios nasales del cráneo están localizados al final del rostro.

Las relaciones de los hiracoideos con los demás mamíferos han sido objeto de numerosas controversias. En la actualidad, la evidencia fósil indica que están relacionados con los ungulados primitivos, con los tubulidentados y con los sirenios.

Los primeros españoles llegados a América observaron que las hembras de los manatíes, para amamantar a sus crías, las sostenían con sus aletas, en brazos, por lo que les dieron este singular nombre, que significa dotado de manos. El manatí del Caribe (Trichechus manatus), en la imagen, vive en las Antillas, en las costas y ríos del golfo de México, en las costas de Centro y Sudamérica, desde el Caribe hasta el este de Brasil, y en la cuenca del Orinoco.

Clasificación

El orden hiracoideos comprende una única familia repartida por gran parte de África y por Arabia.

Familia procávidos

Consta de tres géneros y 11 especies, entre los que destacan los damanes propiamente dichos, que viven en las rocas (géneros *Procavia* y *Heterohyrax*), y las niebas, o damanes de los árboles, que son los únicos ungulados arborícolas (género *Dendrohyrax*).

El damán de El Cabo *(Procavia capensis)* vive en todas las colinas pedregosas de África austral, donde se alimenta de plantas rupestres y se refugia en las anfractuosidades de las peñas. Sus pies están dispuestos por debajo de tal manera, que forman verdaderas ventosas, gracias a las cuales puede correr por las peñas más escurridizas y sostenerse incluso en superficies casi verticales. Los bosquimanos, el leopardo y el águila son los principales enemigos de este mamífero.

En cuanto a las niebas, que se distinguen por su pelaje oscuro con una mancha blanca o amarillenta sobre el lomo, habitan en los grandes bosques, donde andan entre el ramaje y se cobijan en los agujeros de los troncos viejos. una de las tres especies del género *(Dendrohyrax dorsalis)* vive en las zonas forestales de África occidental, incluida la isla de Bioko.

ORDEN SIRENIOS

Los animales pertenecientes al orden sirenios son mamíferos acuáticos que han perdido las extremidades abdominales y tienen las torácicas transformadas en aletas, mientras que la cola, ancha y aplastada como una pala, forma también una especie de aleta caudal. Estos animales carecen de orejas y los orificios nasales están provistos de válvulas para impedir la entrada del agua. Su piel, aparte de algunas cerdas tiesas, aparece desnuda. Lo curioso es que, en su anatomía interna, estos mamíferos nadadores muestran gran parecido con los proboscídeos, a los que se asemejan por no presentar caninos y por la apariencia de sus muelas, así como por el hecho de que las hembras sólo poseen un par de mamas, situadas en el pecho. Los sirenios pasan su vida en el agua, tanto en las grandes bahías, como en los estuarios o los ríos caudalosos, ya que son

FAMILIAS
DEL ORDEN
SIRENIOS

incapaces de moverse en tierra firme. Se alimentan de plantas acuáticas y sus movimientos son lentos y pesados.

FAMILIA DUGÓNGIDOS

Está formada por una única especie viva en la actualidad, el dugón *(Dugong dugon)*, que habita en las zonas costeras de las regiones tropicales. Los dugones poseen la cola escotada en el centro, como la de un pez, y nunca presentan uñas rudimentarias. Se alimentan de plantas marinas del género *Cymodocea*. La gente de mar cuenta curiosas leyendas acerca de estos mamíferos marinos y atribuye mágicos poderes a los amuletos con figuras de dugón y a los brazaletes hechos con los gruesos incisivos del mismo animal. En ello influye, sin duda alguna, el remoto parecido que los sirenios ofrecen con seres humanos cuando surgen a medias del agua, con sus crías en brazos. Todo esto induce a creer que la leyenda de las sirenas en realidad está basada en estos mamíferos, o mejor dicho, en algún mito relativo a ellos, que en la antigüedad llegaría a Europa desde la India. En muchas áreas se han reducido drásticamente las poblaciones de dugón a causa de la caza intensiva de que ha sido objeto para aprovechar su carne. En la actualidad es una especie clasificada como vulnerable por la UICN.

A esta familia perteneció también la vaca marina *(Hydrodamalis gigas)* del mar de Bering, extinguida por completo en el siglo XVIII. Este mamífero fue descubierto en 1741 por el naturalista alemán Georg Wilhelm Steller, que formaba parte de la expedición del famoso navegante danés Bering, la cual, a consecuencia de un naufragio, hubo de pasar diez meses en las costas de la isla que hoy lleva el nombre de dicho navegante. La va-

Orden sirenios
- Familia dugóngidos
- Familia triquéquidos

El dugón (Dugong dugon), *sirenio que vive en las costas marinas tropicales, es casi exclusivamente herbívoro, aunque en ocasiones come cangrejos. Puede medir hasta 4 m de longitud, presentando una cola escotada en el centro, como la de un pez óseo. Se trata de la única especie superviviente de la familia dugóngidos. La caza intensiva de que ha sido objeto ha provocado una peligrosa reducción del número de ejemplares, hasta el punto de ser considerado como especie vulnerable.*

ca marina, animal inofensivo, confiado y fácil de cazar, suministró carne y grasa en abundancia a los náufragos. Pero al regresar éstos a Europa contaron tales cosas acerca de la riqueza de aquella isla en pieles finas, que, entre 1743 y 1763, salieron hacia ella nada menos que 19 expediciones. Los hombres que las componían se mantenían de carne de vaca marina y para obtenerla destruían los más hermosos ejemplares. En 1763 sobrevivían ya tan pocos, que se renunció a cazarlos. Cinco años más tarde se habían extinguido por completo.

Familia triquéquidos

Consta de tres especies del género *Trichechus*. Se les conoce con el nombre de manatíes. Tienen la cola redondeada o romboidal, y las aletas suelen presentar rudimentos, aunque poco visibles, de uñas. Nadan muy despacio y descienden al fondo del agua para buscar plantas, que comen sosteniéndolas entre sus aletas. Del mismo modo, para amamantar a su cría, la hembra se levanta verticalmente en el agua y la sostiene con sus aletas, en brazos, por decirlo así, como una mujer que da el pecho a su hijo. Los primeros españoles que observaron en América esta circunstancia llamaron por esta razón a seres tan singulares *manati*, que en latín viene a significar animal dotado de manos, de donde deriva el nombre actual.

El manatí del Caribe *(Trichechus manatus)* es propio de las Antillas de la costa de Centro y Sudamérica, desde el Caribe hasta el este de Brasil, de la cuenca del Orinoco, y de las costas y ríos del Golfo de México, donde se encuentra la subespecie denominada manatí floridano *(Trichechus manatus latirostris)*. En el río Amazonas habita el manatí del Amazonas *(Trichechus inunguis)*. En el Senegal vive la especie *Trichechus senegalensis*, sirenio de piel gris negruzca, dotado de diez molares a cada lado. Su ámbito preferido es la desembocadura de los ríos en las costas del occidente africano tropical. A causa de su docilidad extrema, de su carne deliciosa y de su baja capacidad reproductora, las tres especies de manatíes son consideradas como vulnerables por la UICN. Sobre el manatí del Caribe pende también la amenaza de la contaminación de los embalses que regulan el caudal de los ríos, así como las hélices de las embarcaciones deportivas.

Las hembras del manatí del Caribe o de las Antillas (Trichechus manatus) *tienen la costumbre de sujetar a sus crías con las aletas posteriores, circunstancia que indujo a los navegantes del primer viaje de Colón a confundirlas con sirenas. El estudio posterior de estos mamíferos cuyo rostro no destaca precisamente por su belleza reveló un lejano parentesco con los elefantes, en tanto que la confusión de los descubridores de América (y un mito similar relacionado con los dugongos) le valió al orden que los engloba el nombre de sirenios.*

FAMILIAS
DEL ORDEN
PERISODÁCTILOS

Los perisodáctilos y los artiodáctilos son mamíferos ungulados, esto es, que han sustituido las garras por pezuñas durante la evolución. Ambos grupos, como veremos en los apartados correspondientes, difieren en el número de dedos y en su tipo y grado de modificación.

Orden perisodáctilos
- Familia équidos
- Familia tapíridos
- Familia rinoceróntidos

PERISODÁCTILOS Y ARTIODÁCTILOS

El caballo de Przewalsky (Equus caballus przewalsky), *procedente de las estepas de Mongolia es el único caballo realmente salvaje que sobrevivió hasta nuestro siglo.*

Las pezuñas son envolturas córneas que resguardan por completo la punta de los dedos, en lugar de cubrir sólo su cara superior, como ocurre con las uñas. Por regla general, los ungulados son al mismo tiempo unguligrados, es decir, andan sobre las pezuñas levantando el resto del pie. En un buey o en un caballo, lo que llamamos la rodilla es en realidad el carpo o muñeca, y el corvejón es el talón; el codo y la verdadera rodilla en estos cuadrúpedos se hallan muy próximos al tronco. Podríamos decir que los ungulados son mamíferos que andan de puntillas. Esta posición del pie hace que, en la mayor parte de los casos, algunos dedos no toquen el suelo y acaben por desaparecer en el curso de la evolución de los diferentes grupos.

ORDEN PERISODÁCTILOS

Los perisodáctilos son ungulados en los que el eje del pie pasa por en medio del tercer dedo, que es mayor que los demás y simétrico en sí mismo. El número total de dedos es impar, por lo que el orden recibe el nombre de perisodáctilos, de la voz griega *perissos*, impar. Como sucede con los artiodáctilos, estos ungulados nunca poseen los cinco dedos completos; la mayoría sólo tiene tres e incluso uno solo.

Clasificación

El orden perisodáctilos se clasifica en tres familias con seis géneros y 17 especies que se distribuyen por el centro y sudeste de Asia, por África, y desde el sur de México hasta Argentina.

Familia équidos

La componen ocho especies del género *Equus*. Son los caballos, los asnos y las cebras. Se trata de perisodáctilos sin cuernos y con un solo dedo en cada pie, sobre cuya punta se sostienen (por lo que también se les denomina solípedos), adaptados para correr en extensos terrenos abiertos. En el esqueleto aún conservan vestigios de los dedos segundo y cuarto, representados por dos estiletes óseos, resto de los metacarpianos y metatarsianos.

El rinoceronte indio (Rhinoceros unicornis) *está amenazado de extinción por la absurda creencia de que su cuerno es afrodisíaco y hoy sólo mantiene poblaciones superiores a 500 individuos en los parques nacionales de Kaziranga (Assam, India) y de Chitwan (Nepal). Como indica el nombre científico, tiene un cuerno único y su hábitat preferido son las llanuras aluviales que bordean las marismas y los grandes ríos. Es poco social y, cuando dos individuos adultos se encuentran de frente, entablan feroces luchas en las que no utilizan el cuerno sino los afilados colmillos.*

Caballos

El caballo *(Equus caballus)* es, sin duda, uno de los animales domésticos que mayores servicios ha prestado a la humanidad y que más influencia ha tenido en su historia, desde que, en los tiempos primitivos, se domesticó para aprovechar su carne, hasta que se convirtió en un animal indispensable de silla, tiro y carga.

Hoy no quedan en parte alguna caballosde esta especie en estado salvaje. Los llamados caballos salvajes de América son, en realidad, cimarrones o alzados, descendientes de los caballos domésticos que se perdían o escapaban en la época de la colonización y que, bajo un clima propicio, se habituaron a la vida libre de las praderas y las pampas. También en algunos países de Europa viven, como en estado salvaje, caballos libres; así ocurre en algunos montes de Galitzia (Polonia) y en las estepas de Rusia. En las islas Shetland, al norte de Escocia, existe en el mismo estado libre una raza de jacas pequeñas, muy apreciadas a principios de siglo para el tiro de pequeños coches y para exhibirlas en los espectáculos circenses.

El único caballo salvaje es el caballo de Przewalski *(Equus przewalskii)*, considerado por varios autores como una simple variedad del caballo doméstico, que principalmente habitaba en las llanuras abiertas y semidesérticas de Mongolia, Kazakistán Sinkiang, y que hoy se está intentando reintroducir en el primero de estos países. Es un animal de escasa alzada, cabeza grande, crines hirsutas y pelaje bayo, muy largo en invierno. Vive en pequeñas manadas, conducidas por un viejo caballo macho.

Asnos

Existe otra especie de équido asiático que suele considerarse como asno, aunque sus formas son más elegantes que las del caballo de Przewalski, porque tiene las orejas lar-

El asno asiático o hemión (Equus hemionus), *équido salvaje, con las orejas largas y la cola provista de cerdas sólo en la punta, vive en zonas semiáridas o montañosas, donde forma manadas conducidas por un macho. El asno asiático es una especie muy vulnerable y comprende cuatro subespecies: el onagro, que habita en el norte de Irán, el kulán, propio del Turquestán y Mongolia, el kiang, que habita en Turkmenia y el Khur, que sólo se encuentra en el estado indio de Gujarat.*

gas y la cola sólo posee cerdas en la punta. Se trata del asno asiático o hemión *(Equus hemionus)*, con cuatro subespecies, entre ellas el onagro *(E. h. onagrus)*, propio de los desiertos del norte de Irán, el amenazadísimo E. H. Khur del Gujarat, en la India, y el kulán *(E. h. hemionus)*, del Turquestán y Mongolia. Una cuarta subespecie, el kiang *(E. h. kiang)*, es el más arrogante de los équidos salvajes; habita en Turkmenia, frecuenta las altiplanicies próximas a ríos o lagos y se alimenta de una hierba dura y amarillenta, de hojas muy cortantes.

En el sur de Sudán, Etiopía y Somalia vive todavía el verdadero asno salvaje *(Equus asinus)*, del que procede el asno doméstico. En su estado natural, este équido es mucho más hermoso y robusto que cuando está domesticado. El asno del Sudán es gris, mientras que el de Somalia presenta un color arenoso; no obstante, los dos poseen en las patas esas bandas o pulseras negras que con frecuencia se ven en los asnos domésticos. Desgraciadamente, este animal cuya población cuenta apenas con 3 000 ejemplares, está seriamente amenazado de extinción.

El verdadero asno sólo existe en África como animal salvaje, lo que el origen africano de los asnos domésticos, aparte de las muchas pruebas históricas que apoyan esta opinión. Egipto parece haber sido el primer país donde fueron utilizados, aunque algunos autores hablan de Mesopotamia, desde donde se llevaron a Siria y Arabia, y más tarde a Europa.

Cebras

Los équidos rayados, o cebras, son propios de modo exclusivo de la región etiópica; sólo se encuentran en las llanuras extensas, en las estepas o en las montañas, pero nunca en selvas vírgenes. Son varias las especies que se conocen ya desde la Antigüedad. Como tipo de cebras solía designarse a la cebra de montaña *(Equus zebra)*, por ser la que conocían los antiguos naturalistas. No es, sin embargo, la especie común, pues sólo habita en las montañas del sudoeste de África, donde su situación es vulnerable; la cebra de montaña forma pequeñas manadas, que corren por los desfiladeros y saltan entre las rocas casi con tanta agilidad como si fuesen cabras montesas. De noche, bajan a beber a los valles, pero antes de que amanezca se retiran de nuevo a la montaña. Tienen las orejas largas, casi como un asno, y la piel rayada transversalmente de negro sobre fondo blanco, de modo que las rayas forman en la parte posterior del lomo un dibujo parecido a una parrilla. La alzada es un poco superior a la de un asno ordinario.

La cebra que posee un área de dispersión más extensa es la cebra de Burchell *(Equus*

La cebra de montaña (Equus zebra) *vive en el SO de Angola, Namibia y S y O de Sudáfrica. Se distingue de la cebra común o de Burchell por sus rayas más numerosas y apretadas, excepto en los cuartos traseros. La subespecie nominal* (E. zebra zebra), *propia de Sudáfrica, está amenazada de extinción, en tanto que la otra subespecie o cebra de Hartmann* (E. z. hartmannae) *es vulnerable y sus pieles todavía se comercian legalmente. En la imagen, cebra de Hartmann en Namibia.*

La cebra de Grevy (Equus grevyi) *es el mayor de los équidos salvajes de la actualidad y, en opinión de muchos especialistas, la más hermosa de todas las cebras. Desgraciadamente, y como casi todos los équidos salvajes, está amenazada de extinción. Sólo se encuentra en unas pocas zonas semidesérticas del S y E de Etiopía, de Somalia y del N de Kenya, casi siempre en hábitats más áridos que los de la cebra común y nunca tan desérticos como los que ocupa el asno salvaje.*

burchelli), que vive desde el extremo meridional de África hasta la región de los Grandes Lagos y el Cuerno de África. También se llama cebra de los llanos, pues sus manadas se encuentran casi siempre en praderas extensas o en estepas llanas aunque a veces también ocupa terrenos montañosos hasta 4 400 m de altura. Esta especie carece de papada, sus orejas son más cortas que las de la cebra de las montañas y sus rayas negras forman un dibujo distinto y característico. Presenta una considerable variación geográfica que ha llevado a la descripción de varias subespecies, aunque la amplia gama de diversidad individual hace muy difícil delimitar las poblaciones, tanto que no es nada fácil encontrar dos cebras iguales, incluso en la misma manada. Sin embargo, hay una tendencia general a que las rayas de los cuartos traseros estén menos definidas cuanto más al sur de su área de distribución habiten las poblaciones.

La cebra de Burchell originaria *(E. b. burchelli)*, en la actualidad extinguida, procedía de un territorio comprendido entre Botswana meridional y el río Orange. Presentaba sombras de estrías numerosas en los cuartos traseros, una barriga casi blanca y las patas sin estrías por debajo del codo.

La cebra de Grant *(E. b. granti)* habita desde el norte de Sudán, Etiopía y Somalia hasta el sur de Tanzania. Posee rayas negras y espacios intermedios blancos y anchos. Las patas son rayadas hasta los cascos.

La cebra de Selous *(E. b. selousi)* se encuentra desde el Zambeze inferior y norte de Mozambique hasta el Limpopo, este de Zambia y Malawi. Tiene las rayas y los espacios intermedios más estrechos y numerosos. Las patas están rayadas hasta los cascos.

La cebra de Chapman *(E. b. antiquorum)* vive desde Benguela hasta el Transvaal. El color de fondo es amarillo cremoso apagado, con estrías oscuras menos numerosas, al-

ternado a menudo con sombras de estrías (zona rayada poco contrastada y con rasgos poco definidos), las cuales tienden a hacerse difusas en los cuartos traseros. Por debajo del codo las patas no están completamente estriadas.

El cuaga *(Equus b. quagga)*, que algunos autores consideran como especie independiente *(Equus quagga)*, era típico de la región de El Cabo y está extinguido desde 1883, fecha en que murió el último ejemplar, que vivía en cautividad en Amsterdam. Presentaba un rayado muy reducido, pues sólo tenía rayas bien definidas en la cabeza y el cuello.

La cebra real *(Equus grevyi)* se encuentra en Somalia, en el S y el E de Etiopía, y en la zona septentrional de Kenia. A veces, sus manadas pacen reunidas con la cebra de Burchell, pero las dos especies se distinguen muy bien incluso desde lejos, porque la cebra real tiene la alzada de un buen caballo y se reconoce en seguida por su cabeza, muy larga, y por sus rayas, muy estrechas y compactas.

Familia tapíridos

La componen cuatro especies del género *Tapirus* que viven en las regiones Oriental y Neotropical.

Estos perisodáctilos con cuatro dedos anteriores ofrecen un aspecto bastante parecido al de los cerdos, aunque son de mayor tamaño; no obstante, se caracterizan por tener un hocico prolongado, en forma de trompa corta y muy movible, con la que se ayudan para arrancar las hojas de los árboles y arbustos que constituyen su alimento.

El tapir amazónico *(Tapirus terrestris)*, al que los brasileños denominan *danta*, es rechoncho y con el pelaje muy corto y liso, de un color pardo oscuro. Se encuentra en las selvas de Sudamérica tropical, en las que, a fuerza de pasar siempre por un mismo sitio, forma pistas o pasos muy marcados, que conducen a algún río o charco, donde le agrada mucho bañarse. Nada muy bien y anda por el fondo, como los hipopótamos; al igual que éstos, se lanza al agua cuando le amenaza algún peligro. Su voz es un chillido penetrante. Su carne, bastante apreciada, y su piel, que proporciona un cuero de buena calidad, han provocado una intensa caza que amenaza el futuro de esta especie; sus pezuñas, pulverizadas, las usaban los indios del Orinoco como medicina. En la mitad norte de los Andes, desde Venezuela hasta el NO de Perú vive el pinchaque o tapir de montaña *(Tapirus pinchaque)* y, en América Central, el tapir norteño *(Tapinus bairdii)*, que también llega hasta el sur de México y hasta el oeste de Ecuador. Ambas especies han sufrido en gran medida la destrucción de su hábitat —bosque andino el primero y bosques pantanosos y montanos el segundo— y hoy se encuentran en situación vulnerable.

En el sur de Birmania (Myanma), Thailandia, la península Malaya y Sumatra habita el tapir asiático *(Tapirus indicus)*, una especie amenazada de extinción que en la actualidad raras veces se encuentra fuera del Taman Negara y de otros grandes parques nacionales.

Familia rinoceróntidos

Comprende cuatro géneros y cinco especies de África y Asia tropical. Los rinocerontes son animales de gran tamaño y pesadas formas, con tres dedos en cada pata y uno o dos cuernos encima del hocico. No se trata de cuernos con un núcleo óseo, como los de los rumiantes, sino de naturaleza dérmica, como los pelos o las pezuñas. La piel de estos perisodáctilos carece de pelo —o tiene un pelaje rojizo y muy ralo, en el caso del rinoceronte de Sumatra *(Dicerorhinus sumatrensis)*— y es muy gruesa; en algunas especies crea extraños pliegues en

El tapir norteño o de Baird (Tapirus bairdii) *no es tan selvático como las otras especies de su género, ya que también se encuentra en selvas secundarias bastante degradadas e incluso en bosques abiertos. Su extraordinario olfato le permite guiarse por las múltiples sendas que recorre regularmente y donde encuentra los frutos de los que se nutre durante la estación seca, así como las hojas y brotes tiernos que ramonea durante las épocas más húmedas.*

El rinoceronte blanco (Ceratotherium simum) *es la única de las cinco especies de la familia rinoceróntidos que no está amenazada de extinción (aunque sí lo está la subespecie norteña). También es la que tiene una estructura social más compleja. Se alimenta de noche, mientras que durante el día duerme a la sombra de algún árbol.*

las articulaciones, de modo que el animal parece estar cubierto con las diversas piezas de una armadura. Uno de los que muestran esta particularidad es el rinoceronte indio *(Rhinoceros unicornis)*, que vive en Assam y Nepal. Es un habitante de los bosques más espesos y sombríos y de los más cerrados cañaverales, de los que sólo sale durante la noche para ir a bañarse y a revolcarse en el cieno, como los jabalíes. Como indica su nombre científico, posee un solo cuerno, y no muy grande, apenas de unos 30 cm de altura.

El rinoceronte de Java *(Rhinocerus sondaicus)* habita en el Sudeste Asiático, en selvas tropicales de llanura. Es un ramoneador tanto diurno como nocturno.

En África oriental y meridional existen dos especies de rinocerontes, que representan otros tantos géneros diferentes. Ambas tienen dos cuernos y carecen de los grandes pliegues de la piel que presentan las especies asiáticas. La principal diferencia estriba en que el rinoceronte negro posee el labio superior largo, puntiagudo y movible como una pequeña trompa, como corresponde a un animal ramoneador de arbustos, mientras que, por el contrario, en el blanco es corto, ancho y obtuso.

El rinoceronte negro *(Diceros bicornis)* alcanza una talla de 1,5 m. Su cuerno anterior mide a veces cerca de un metro y el posterior la mitad, aunque en esto hay mucha variación, pues en algunos ejemplares el segundo cuerno es el más grande. Esta especie tiene fama de peligrosa por su costumbre de atacar al hombre o a otros animales en cuanto los huele o los ve de lejos.

El rinoceronte blanco *(Ceratotherium simum)* es bastante mayor que la otra especie (unos 2 m de alzada) y presenta un enorme cuerno anterior. Esta especie es más pacífica y tranquila que la negra. De noche pace la hierba en las llanuras y el día lo pasa dormido a la sombra de algún árbol, en actitud semejante a la de un cerdo gigantesco.

La carne del rinoceronte blanco es la más suculenta que se puede hallar en África; esto, unido a los diversos usos que tenía su gruesa piel y a lo fácil que resulta hacer blanco en un animal tan enorme y pesado, provocaron que esta especie rayara el umbral de la extinción hace unas cuantas décadas, pero en la actualidad, gracias a la protección, los rinocerontes blancos son más abundantes y se han repoblado en zonas donde vivía anteriormente. Hoy, lamentablemente, se hallan mucho más amenazadas las otras especies de rinocerontes, en especial el de Java, del que apenas quedan un centenar de ejemplares en el parque nacional de Ujung Kulon (al oeste de Java) y una o dos decenas en una población «redescubierta» en el centro de Vietnam. La mayor amenaza que pende sobre estas especies es el tráfico de cuernos para su uso como pretendido afrodisíaco en China, India y Sudeste Asiático, y como mango de daga —por tanto símbolo de estatus social— en Yemen. A menos que se encuentre un sistema realmente eficaz para controlar el furtivismo que genera esta absurda «ansia de cuernos», es posible que en fechas no muy lejanas las cuatro especies más amenazadas desaparezcan de la faz de la Tierra.

ORDEN ARTIODÁCTILOS

En este orden de ungulados falta siempre el primer dedo de cada extremidad; como consecuencia de ello, la estructura del pie ha sufrido una desviación, de manera que el eje o línea media, en lugar de corresponder al tercer dedo, pasa por entre éste y el cuarto, quedando los dedos repartidos en pares simétricos. De ahí que a estos mamíferos se

les denomine «artiodáctilos», palabra que en griego significa «con dedos pareados». Esta forma de las extremidades indica que los artiodáctilos están especialmente organizados para andar o correr, y que no son mamíferos trepadores. Su alimento consiste en hierba, raíces y hojas.

Clasificación

El orden artiodáctilos comprende dos grupos diferentes de animales: los suiformes (suborden suiformes), que incluyen a los cerdos, pecaríes e hipopótamos, animales de régimen alimentario omnívoro; y los artiodáctilos rumiantes, que engloban a los subórdenes tilópodos (camellos y similares) y rumiantes (ciervos, jirafas, antílopes, bisontes, búfalos, gacelas, cabras y carneros), y que son herbívoros especializados que han adquirido un estómago con varias cámaras y el hábito de rumiar para poder digerir las fibras vegetales.

En total el orden se compone de 10 familias, 81 géneros y 204 especies, repartidas por todo el mundo excepto Australia y la Antártida.

SUBORDEN SUIFORMES

Está formado por las familias suidos (cerdos), tayasuidos (pecaríes) e hipopotámidos (hipopótamos). Son animales de formas pesadas y piel muy gruesa, por lo que también se les ha llamado «paquidermos». Excepto los

Orden artiodáctilos
- Suborden suiformes
- Suborden tilópodos
- Suborden rumiantes

El jabalí (Sus scrofa) *entra en actividad al atardecer y descansa durante las horas de sol. Su hábitat preferido es el bosque espeso, con mucha maleza, o los parajes pantanosos rodeados por densos cañaverales.*

SUBÓRDENES DEL ORDEN ARTIODÁCTILOS
◄

El jabalí (Sus scrofa) *es el único suido salvaje de Europa. Su área de distribución es muy amplia, pues se extiende hasta Sumatra, China y Japón. Vive en grupos de hasta cincuenta individuos.*

pecaríes, poseen cuatro dedos en cada pie, los dos centrales más desarrollados que los laterales; tienen los colmillos fuertes, en muchos casos largos y encorvados por fuera de la boca, y sus muelas, romas, denotan un régimen omnívoro. Muchas especies, en efecto, no sólo comen vegetales, sino también insectos, reptiles y otros animales.

FAMILIAS DEL SUBORDEN SUIFORMES

Suborden suiformes
- Familia suidos
- Familia tayasuidos
- Familia hipopotámidos

FAMILIA SUIDOS

Consta de cinco géneros y nueve especies que se distribuyen por Europa, Asia y África, y que han sido introducidas por el hombre en numerosos lugares del planeta. Son los cerdos y jabalíes. Se reconocen por tres importantes características: su nariz se abre en el extremo del hocico, que es truncado, termina en un disco calloso y recibe el nombre de jeta; sus colmillos superiores están vueltos hacia arriba por fuera de la boca; y de los cuatro dedos de sus pies, sólo se apoyan en el suelo los dos del centro.

Jabalí

El primero que ocupa nuestra atención es el jabalí *(Sus scrofa)*, muy característico por su tosca figura, por su enorme cabeza con afilados y corvos colmillos, y por su abundante y cerdoso pelaje negruzco o pardo. El jabalí es uno de los mamíferos más corpulentos de la fauna salvaje ibérica. En los Pirineos y en los montes de Toledo existen ejemplares que alcanzan unos 65 cm de alzada, e incluso los hay mayores en el centro y este de Europa. Además de este continente, su área de distribución abarca el norte de África y gran parte de Asia hasta Japón, Taiwán y Sumatra. También ha sido introducido en Norteamerica y se utiliza como cerdo asilvestrado en Nueva Zelanda y otras islas oceánicas, así como en el continente americano.

Los parajes preferidos por el jabalí son los montes muy cerrados, o bien los lugares pantanosos con cañaverales muy espesos. En general, constituye pequeñas piaras, aunque los machos viejos acostumbran vivir solitarios. Más nocturno que diurno, el jabalí permanece durante el día encamado en la espesura, lejos de la luz del sol, y sale de noche a buscar su alimento y a bañarse, cosa que le agrada mucho. Si no dispone de agua, se revuelca en el cieno, que hoza y revuelve para extraer toda la humedad posible. Se alimenta de raíces y tubérculos, que saca escarbando con su duro hocico; también come frutos caídos, sobre todo bellotas, hayucos y madroños, así como maíz, trigo, cebada, melones y otras plantas cultivadas, insectos, lombrices y pequeños reptiles. Durante los meses de noviembre y diciembre los machos entran en celo y luchan entre sí, asestándose tremendas dentelladas; en marzo, la hembra da a luz de cuatro a diez jabatos, que nacen con la piel listada. Las jabalinas madres suelen reunirse en pequeñas colonias, en las que cada una ocupa con sus crías una cama de hojas secas, musgo y agujas de pino, escondida entre la maleza. Aunque tímido, el jabalí, cuando se ve acosado, se torna fiero, lo que convierte su caza en peligrosa.

Cerdo o jabalí doméstico

El cerdo se encontraba entre los animales que poseían los habitantes de los palafitos de los poblados suizos, lo que demuestra que su domesticación en el continente europeo es muy antigua. Sin embargo, en Asia no es así, por lo menos en Extremo Oriente, a pesar de la enorme importancia económica que reviste en estos países. En Japón se introdujo hacia 1868.

Otras especies

Las otras especies del género *Sus* son el jabalí enano *(Sus salvanicus)*, del Himalaya, el jabalí de Java *(Sus verrucosus)*, el jabalí de las Célebes *(Sus celebensis)* y el jabalí barbudo *(Sus barbatus)*, de Malaysia peninsular, Sumatra, Borneo, Bangka y Filipinas.

Entre los suidos exóticos pertenecientes a otros géneros, hay algunos muy interesantes como el vulnerable babirusa *(Babyrousa babyrussa)* de Célebes, Togian, Sulú y Burú (Indonesia), cuyos colmillos, en lugar de asomar por los lados de la boca, perforan la piel y salen por encima de la cara. El jabalí verrugoso o facoquero *(Phacochoerus aethiopicus)*, propio de las zonas de sabana del África subsahariana, es un animal con la cabeza enorme y aplastada, dos pares de gruesas verrugas en las mejillas y los colmillos superiores enormes, de unos 55 cm de longitud, vueltos hacia fuera y encorvados a modo de cuernos. Este jabalí, duran-

El babirusa (Babyrousa babyrussa) *sólo vive en Célebes (Indonesia) y algunas islas vecinas, y su hábitat preferido son las selvas húmedas y tupidas y los cañaverales a orillas de lagos y de ríos. Si a ello se añade el hecho de que la población total no cuenta con más de unos 4 000 individuos, así como la persecución de que es objeto por parte de los nativos, como fuente de alimento y como mascota, se comprende lo difícil que es observar y fotografiar a este extraño suido.*

En la imagen, dos hipopótamos enanos (Choeropsis liberiensis). *Aunque a simple vista pueda parecer una versión reducida del verdadero hipopótamo, existen marcadas diferencias estructurales y de hábitos entre uno y otro: el hipopótamo enano es menos acuático y tiene el cráneo muy redondeado; los ojos, no tan salientes, aparecen situados a ambos lados de la cabeza; además, sólo presenta dos incisivos en la mandíbula inferior. Es un animal raro, difícil de ver en libertad. Se encuentra en los bosques de Liberia y Costa de Marfil, y, en menor medida, en Sierra Leona y Guinea.*

te las horas de calor, se mete bajo tierra, construyéndose una cueva o aprovechando la de otro animal cavador; suele entrar de grupa, quedando de cara al exterior. A pesar de sus formidables defensas, es un animal huidizo, que, al menor asomo de peligro, huye corriendo con la cola levantada; pero, acosado de cerca, sabe defenderse y se le ha visto poner en fuga incluso al leopardo. Los lechones de esta especie nacen de color uniforme, como sus padres.

El cerdo de bosque africano potamoquero *(Potamochoerus porcus)*, que vive al sur del Sahara y en Madagascar en bosques de galería, selvas y otras zonas boscosas se reconoce por su abundante pelaje, por sus orejas muy puntiagudas y terminadas en un pincelillo de cerdas, y por sus colmillos pequeños.

En África, además del jabalí, el potamoquero y el facoquero, existe otro suido extraordinario, el cerdo gigante de selva o hiloquero *(Hylochoerus meinertzhageni)*, animal de pelaje negruzco, de considerable robustez (pesa unos 250 kilos) y peculiares características faciales. Éstas consisten en dos protuberancias suboculares y en una marca en forma de «Y» que va desde la frente a la nariz.

Familia tayasuidos

La familia tayasuidos está formada por dos géneros y tres especies de artiodáctilos de aspecto muy parecido a los suidos, pero con la cola atrofiada, sólo tres dedos en las extremidades posteriores (sólo dos en *Catagonus*) y, lo que resulta más curioso, una glándula en medio del lomo que segrega una sustancia de olor almizclado. Se encuentran desde el sudoeste de Estados Unidos hasta el centro de Argentina y se conocen con los nombres comunes de pecaríes o saínos.

El saíno común, pecarí de collar o taytetú *(Tayassu tajacu)*, mide 44 a 57 cm de altura en la cruz y es de color negruzco, con una banda casi blanca alrededor de los hombros. El pecarí barbiblanco, cariblanco o tañicati *(Tayassu pecari)* es algo mayor, de pelaje negro, con los labios y parte de la quijada blancos. Ambas especies habitan en la parte meridional de Norteamérica y en América Central y del Sur. Las dos tienen costumbres nocturnas y son omnívoras, como el jabalí europeo; sin embargo, a diferencia de éste, se reúnen en piaras de 50 e incluso más individuos (de 14 a 50 en la primera, de 50, 100 o más en la segunda).

El pecarí del Chaco *(Catagonus wagneri)* habita en la región del Gran Chaco de Bolivia, Paraguay y Argentina, y forma manadas más pequeñas que los otros dos (entre dos y diez individuos).

Familia hipopotámidos

La familia hipopotámidos está compuesta por dos géneros y dos especies propias de África. Son los hipopótamos, mamíferos africanos de cuerpo muy gordo, cubierto de piel gruesa y desnuda, patas muy cortas y terminadas en cuatro dedos, cola también reducida, y enorme cabeza acabada en un hocico ancho y redondo, con las ventanas de la nariz abiertas en su parte superior. El hipopótamo *(Hippopotamus amphibius)* es una enorme mole, con pequeñas orejas tiesas, ojos pequeños y situados en sendas prominencias craneanas, y boca rasgada hasta las mejillas. Un hipopótamo macho alcanza una longitud de 3 a 4 m, pero sólo 1,4 m de altura en la cruz. Su peso supera con frecuencia las tres toneladas. Sus dientes caninos son muy grandes, al igual que los incisivos, sobre todo los dos centrales inferiores, que se dirigen hacia adelante.

Se le encuentra en casi todos los ríos y lagos de África tropical, desde el límite meridional del Sahara y el Alto Nilo, si bien durante la segunda mitad del pasado siglo fue exterminado por completo en Sudáfrica. Forma grupos o pequeños rebaños de cuatro a veinte individuos que pasan la mayor parte del día en el agua. De vez en cuando salen a descansar sobre los islotes de arena. De noche acuden a tierra para comer. Sus enormes mandíbulas arrancan de una vez cantidades increíbles de hierba, cañas verdes, maíz o cualquier otro vegetal. A pesar de sus cortas patas, son animales bastante ligeros en tierra. El agua, sin embargo, es su verdadero elemento y hacia ella corren en cuanto observan cualquier motivo de alarma, siendo capaces de permanecer sumergidos durante cerca de cinco minutos sin respirar.

La hembra, tras una gestación de 32 a 34 semanas, da a luz una cría, a la cual, cuando se introduce en el agua, transporta sobre su lomo hasta que sabe nadar. Para darle de mamar, sale a tierra varias veces al día. Uno de los rasgos más extraordinarios del hipopótamo es que su sudor es encarnado, muy viscoso y alcalino, con aspecto de sangre; su función es la de proteger al animal de los temibles rayos de sol tropical y, probablemente, contra las infecciones bacterianas y fúngicas.

El pecarí de collar (Tayassu tajacu) *ocupa una gran variedad de hábitats, desde los semidesiertos hasta las pluvisilvas. El collar casi blanco que circunda sus hombros es el rasgo que mejor le diferencia de su congénere, el pécari barbiblanco.*

El hipopótamo enano o pigmeo *(Choeropsis liberiensis)* es bastante distinto del verdadero hipopótamo aunque tiene formas similares a este último aunque posee narinas que cierran herméticamente y glándulas que segregan un sudor rojizo. Solamente vive en los bosques de Liberia, Costa de Marfil y —con poblaciones mucho menores— en Sierra Leona y Guinea. Su tamaño corresponde al de un jabalí de mucha corpulencia y en su mandíbula inferior sólo hay dos incisivos. Sus costumbres son también muy parecidas a las de los jabalíes: le gusta revolcarse en el cieno, pero sólo se lanza al agua para bañarse o en caso de gran peligro. Esta especie está considerada por la UICN como vulnerable y según parece, siempre ha sido bastante rara.

SUBORDEN TILÓPODOS

El segundo grupo de artiodáctilos (subórdenes tilópodos y rumiantes) comprende un gran número de ungulados que tienen el estómago formado por varios compartimentos sucesivos, en los que los alimentos, después de haber llegado al primero de ellos y sufrido allí una fermentación previa, pueden volver a la boca y ser de nuevo masticados, para su posterior digestión definitiva. Este acto recibe el nombre de «rumia» y «rumiantes» los animales capaces de ejecutarlo.

Por regla general, las cavidades del estómago son cuatro, denominadas panza, redecilla, libro y cuajar, pero en algunos casos sólo hay tres. Otro carácter peculiar de los rumiantes consiste en la forma de sus molares, cuyas coronas presentan pliegues en figura de media luna. Los colmillos superiores faltan casi siempre y los inferiores suelen poseer la misma forma que los incisivos. Por último, los dedos segundo y quinto son rudimentarios o faltan por completo, y los metacarpianos y metatarsianos de los dedos tercero y cuarto se hallan fundidos en un hueso único, llamado «caña».

El primer suborden de los artiodáctilos rumiantes, los tilópodos, incluye una única familia, los camélidos.

Familia camélidos

Comprende tres géneros y seis especies repartidas por Asia central y Mongolia, la península Arábiga, África septentrional y la mitad sur de Sudamérica. Son los camellos, guanacos, llamas, alpacas y vicuñas.

La falta de cuernos es uno de los caracteres distintivos de esta familia. Sus representantes son de gran tamaño y presentan el labio superior peludo y partido en el centro. En los pies sólo poseen dos dedos, cuyas pezuñas son muy pequeñas y están reducidas casi a verdaderas uñas, dejando detrás un ancho espacio calloso, que descansa en el suelo y sobre el cual anda.

La joroba es un carácter del género *Camelus*, que engloba a los camélidos del mundo antiguo. Los del Nuevo Mundo (llamas y vicuñas) carecen de giba y se distinguen, además, por sus orejas largas y por tener una callosidad debajo de cada dedo, mientras que en los verdaderos camellos las orejas son cortas y los dedos están unidos en un callo único, ancho y redondo.

Sólo existen dos especies de camellos: el dromedario o camello común *(Camelus dromedarius)*, que presenta una sola joroba y sólo se conoce en estado doméstico (o cimarrón, es decir asilvestrado, en Australia) y el camello bactriano *(Camelus bactrianus)* o de dos jorobas, que debe su nombre al hecho de haber sido muy común en la antigua región de Bactriana, entre el Turquestán e Irán, y de cuya especie quedan algunos rebaños salvajes en los desiertos de Asia central.

Se cree que el dromedario es originario de Arabia, de donde fue llevado a Egipto y de allí al resto de África septentrional, extendiéndose por el este hasta los Grandes Lagos y por el norte hasta el Senegal. En los desiertos y grandes llanuras de aquellos países es el más precioso auxiliar que puede encontrar el hombre. Sus pies están perfectamente adaptados para marchar por la arena blanda sin hundirse, y su alimentación no plantea problemas, pues come tanto las espinosas palas de la chumbera como la más jugosa cebada, contentándose, en caso de necesidad, incluso con esparto seco o con la paja que rellena las albardas. Puede resistir largos períodos sin beber (hasta 10 meses si no realiza esfuerzos), lo que le permite realizar largas travesías por zonas desérticas. Cuendo bebe, llega a ingerir 135 l en poco tiempo. La conservación del agua la realiza gracias a varias adaptaciones: produce heces secas y muy poca orina, y suda poco; además, las ventanas de su nariz pueden cerrarse (lo que también evita la entrada de arena) y en sus cavidades nasales se humedece el aire que respiran. Los depósitos de grasa, rica en energía, que acumula en la joroba, le ayudan a sobrevivir durante largos períodos sin comida. En general los camellos son de carácter agresivo. En la época del celo, los machos lo

En la imagen, ejemplares de camello bactriano (Camelus bactrianus). *Los camellos son famosos por su gran adaptación a los ambientes áridos. La conservación del agua la logran mediante la emisión de una orina muy concentrada y una evaporación reducida. Se sabe que durante el día pueden acumular mucho calor y no suelen refrigerarse sudando, sino elevando la temperatura corporal y liberando el calor durante la noche. El camello bactriano es tan importante para los nómadas de Asia central como el dromedario para los de Arabia y el norte de África.*

son en mayor manera; braman emitiendo por la boca una especie de vejiga membranosa y exudan una sustancia fétida a través de una glándula que poseen detrás de la cabeza. La carga máxima que uno de estos rumiantes puede transportar es de unos 170 kg y, si el viaje es largo y penoso no se le ponen más de 130. Su resistencia es tan notable como su velocidad; con uno de estos camellos se pueden recorrer más de 100 km en un día.

Debido a la utilidad del dromedario en los países áridos se ha intentado aclimatarlo en diversas partes del mundo; pero sólo ha dado resultado en Canarias y Australia.

Para los pueblos nómadas de Asia central, el camello bactriano reviste la misma importancia que su congénere para los de Arabia y norte de África. Los mongoles poseen muchos de estos camellos de dos gibas, a los que emplean como animales de carga.

Camélidos americanos

En el Nuevo Mundo existen dos camélidos salvajes, el guanaco y la vicuña, pertenecientes a géneros distintos, y dos en domesticidad, la llama y la alpaca, considerados por algunos autores como derivados del guanaco.

Los Andes de Chile, Perú y Argentina, así como la Patagonia y la Tierra del Fuego son las regiones por donde se distribuye el guanaco *(Lama guanicoe)*; también se encuentra en las islas que cierran el estrecho de Magallanes, formando rebaños que pacen la escasa hierba de aquellas regiones y que, en algunos puntos, sólo pueden beber agua salada. El guanaco mide entre 1,10 y 1,15 m de altura en la cruz y está cubierto de un espeso pelaje lanoso de color leonado vivo, con las partes inferiores blancas y la cabeza gris oscura. Cuando alguien le ataca o le molesta, se defiende escupiendo, lanzando con el salivazo parte de su alimento

La enorme capacidad de resistencia del camello en el desierto lo ha convertido en la bestia de carga y cabalgadura preferente del hombre en este bioma. En la imagen, camello común o dromedario (Camelus dromedarius).

El guanaco (Lama guanicoe) *está emparentado con la llama y la alpaca pero, a diferencia de éstas, vive en estado salvaje. Como ellas, tiene un gran número de glóbulos rojos y su hemoglobina muestra gran afinidad por el oxígeno, lo que le permite alcanzar una velocidad de 56 km/h en grandes altitudes.*

La vicuña (Vicugna vicugna) *es algo menor que el guanaco y, si bien no es tan rápida (aunque es capaz de correr a 47 km/h a 4 500 m de altitud), sus movimientos son extremadamente gráciles, quizás más que los de cualquier otro animal con pezuñas. Su dieta se compone casi exclusivamente de la hierba perenne y baja que crece en los herbazales semiáridos de altura. Cerca de la mitad de los efectivos de esta especie vulnerable se encuentran en la Reserva Nacional Pampas Galeras, en Perú.*

medio digerido. La llama *(L. glama)* es muy parecida al guanaco, pero, como casi todos los animales domésticos, de color muy variable. Fue domesticada por los antiguos peruanos y todavía se usa mucho en los Andes centrales.

En la actualidad, los indios aymarás, de Bolivia y Perú, son los que crían más llamas y los que mejor saben servirse de ellas. El peso que se pone a cada llama oscila entre 25 y 60 kg; los animales, así cargados, son capaces de andar de 15 a 30 km diarios por terrenos abruptos situados a gran altitud.

La alpaca *(Lama pacos)* fue considerada por algunos autores como una variedad de la llama, de menor alzada y lana mucho más larga y fina. Ambas especies ya estaban domesticadas por los peruanos en la época de los conquistadores españoles; seguramente dejaron de existir como animales salvajes siglos antes de su llegada. La alpaca se sigue criando sobre todo para obtener su lana; se la esquila cada dos años y produce de tres a cinco kilos de fibra, siendo considerada como de superior calidad la que procede de animales de tres o cuatro años. Las alpacas más apreciadas son las del departamento de Puno.

La vicuña *(Vicugna vicugna),* más pequeña que el guanaco, de formas más esbeltas, y con la lana muy fina y de delicado color canela, habita en las mesetas de los Andes, en los prados de puna, hasta 5 700 m de altura, agrupadas en pequeños rebaños guiados por un macho; éste, al observar cualquier peligro, lanza una especie de silbido, a cuya señal huyen todas a gran velocidad. Los habitantes de aquellas montañas las cazaban y les daban muerte para quitarles la piel, disminuyendo su número radicalmente, hasta el punto de que a mediados de los años sesenta habían descendido a menos de 6 000 ejemplares, por lo que la especie fue incluida por la UICN en la lista de los animales en peligro. En la actualidad, la vicuña está totalmente protegida y sus poblaciones van en aumento. En 1987 la población mundial había llegado a 125 000 individuos, debido a lo cual la UICN la clasificó como especie vulnerable.

SUBORDEN RUMIANTES

Además de los caracteres de todos los artiodáctilos que rumían, los del suborden rumiantes suelen presentar cuernos, protube-

FAMILIAS DEL SUBORDEN RUMIANTES

rancias óseas del cráneo que unas veces están encerradas en una vaina córnea, denominada asta, y otras revestidas de piel, en cuyo caso la porción terminal puede perder esta envoltura dérmica y quedar desnuda, constituyendo lo que se llama una «cuerna». En su dentición faltan los incisivos superiores, mientras que los caninos inferiores tienen la misma forma que los incisivos.

Suborden rumiantes
- Familia tragúlidos
- Familia mósquidos
- Familia cérvidos
- Familia jiráfidos
- Familia antilocápridos
- Familia bóvidos

FAMILA TRAGÚLIDOS

La familia tragúlidos, una de las seis en las que se divide el suborden rumiantes, el más diversificado de los artiodáctilos, comprende dos géneros y cuatro especies que habitan en el oeste y centro de África y en el sur de Asia.

La especie más común de esta familia es el ciervo ratón menor o kanjil *(Tragulus javanicus)*, cuyas diversas razas se extienden por el Sudeste Asiático, Sumatra, Borneo y las islas de la Sonda. Es de un tamaño no mayor que una liebre y exhibe en el pecho una gran mancha negra dividida por tres rayas blancas divergentes, en forma de espina de pez. Del género *Tragulus* existen, además, otras especies, entre las que destacan las conocidas como ciervo ratón manchado *(Tragulus meminna)* y como ciervo ratón mayor *(Tragulus napu)*.

En la zona de selvas de llanura de África ecuatorial vive también un tragúlido denominado hiemosco *(Hyemoschus aquaticus)*, de hábitos nocturnos y de pelaje castaño vivo con manchas blancas.

FAMILIA MÓSQUIDOS

La familia mósquidos está formada por cuatro especies del género *Moschus* (ciervos almizcleros), propios de Asia. Se les denomina ciervos almizcleros debido a una glán-

La corzuela roja (Mazama gouazoubira) *es una de las cuatro especies de un género que se distribuye por gran parte de América tropical. Esta especie, concretamente, vive en Sudamérica desde Colombia y Venezuela hasta el norte de Argentina y Uruguay, y también en la isla panameña de San José. Como las otras corzuelas, es de pequeño tamaño y, pese a su actividad tanto diurna como nocturna, es muy difícil de ver debido a su timidez, su coloración protectora y su tendencia a quedarse absolutamente inmóvil tan pronto como siente algún peligro.*

El ciervo común (Cervus elaphus) *es el más bello animal de los bosques europeos y ha sido el símbolo de la caza mayor en todos los tiempos. Durante la berrea o celo, que comienza a principios del mes de septiembre y dura hasta mediados de octubre, los machos luchan encarnizadamente entre sí para defender su harén. La hembra del ciervo da a luz un solo cervato en los primeros días de junio, aislándose con él para criarlo. Al iniciarse el invierno el pequeño ciervo perderá su librea moteada.*

dula abdominal que presentan los machos y que segrega una sustancia, el almizcle propiamente dicho, que ha sido muy usada en perfumería (todavía lo es en la preparación de perfumes de lujo, ya que es el mejor fijador de perfumes conocido hasta la fecha) y en la preparación de determinados productos farmacéuticos. Los ciervos almizcleros tienen también largos caninos superiores, que sobresalen de la boca.

La especie más común —y también la más apreciada en perfumería— es *Moschus moschiferus*. Su tamaño es el de una cabra y posee un pelaje espeso, de color pardo rojizo con algunas manchas pálidas poco señaladas. Carece de cuernos y el estómago consta de cuatro cavidades.

Las otras tres especies a las que se ha aludido anteriormente son el ciervo almizclero enano *(M. berezorkii)*, el ciervo almizclero de montaña *(M. chrysogaster)* y el ciervo almizclero de Yunán *(M. fuscus)*.

Familia cérvidos

Se compone de cuatro subfamilias, 16 géneros y 36 especies que se distribuyen por toda América, Eurasia y norte de África. Se les conoce como ciervos.

Los cérvidos forman una de las familias de rumiantes con mayor número de especies, las cuales están provistas de cuernos, aunque tan sólo durante una parte del año. Los cuervos constan de dos partes: un pedúnculo duradero, cubierto de piel, y una porción terminal, por lo común ramificada, que nace así mismo revestida de una envoltura dérmica, a la que se da el nombre de terciopelo o correal. La existencia de los cuernos completos, que coincide con la época del celo, constituye a la vez un adorno y un arma que los machos emplean para luchar por la posesión de las hembras. Éstas no poseen cornamenta, excepto en los renos, y aun en esta especie sus cuernos son pequeños y débiles.

Una cuerna, o parte terminal desnuda, típica de cérvido, se compone de dos ramas, una dirigida hacia delante, llamada garceta, y otra hacia atrás, que es la que primero aparece y se denomina vara o estaca. En general, la garceta es sencilla, mientras que la vara presenta varios candiles o puntas accesorias.

SUBFAMILIAS DE LA FAMILIA CÉRVIDOS

Familia cérvidos
- Subfamilia hidropotinos
- Subfamilia muntiacinos
- Subfamilia cervinos
- Subfamilia odocoilinos

Subfamilia hidropotinos

Comprende únicamente al ciervo acuático chino *(Hydropotes inermis)*, propio de China y Corea. Carece de cuernos y tiene una altura que varía entre 45 y 55 cm y un peso de 30 kg). Vive cerca de las orillas de los ríos, alimentándose de la vegetación de ribera, aunque también frecuenta pastos de montaña y campos de cultivo. Los caninos superiores, sobre todo en el macho, están muy desarrollados, sobresaliendo de la boca.

Subfamilia muntiacinos

Son los muntjacs (género *Muntiacus*) y el eláfodo *(Elaphodus cephalophus)*, que se encuentran en China, Taiwán, Sumatra, Borneo, Sri Lanka, el Tíbet, la India, Birmania (Myanma), Thailandia, Malaysia peninsular y Vietnam (dos de las cinco especies de muntjacs han sido introducidas en Gran Bretaña y otros países). Los muntjacs presentan cuernos y tienen una longitud de 1,3 m y un peso máximo de 28 kg; el eláfodo tiene los cuernos muy pequeños, a menudo ocultos, mide 1,1 a 1,6 m de longitud y pesa 17 a 50 kg.

Subfamilia cervinos

Son los ciervos propiamente dichos. El representante más conocido de estos cérvidos es el ciervo común *(Cervus elaphus)*, especie extendida por casi toda la región Holártica, incluidos Mongolia, Manchuria y Corea, el Himalaya y el norte de México, y que cuenta con numerosas subespecies, entre ellas las amenzadas *C. c. corsicana* de Córcega y Cerdeña, y *C. c. barbarus* del norte de África.

Por regla general, el ciervo común habita en las sierras y en los montes ricos en vegetación, sobre todo en terrenos arbolados. Rara vez se le encuentra en el monte bajo o en las dehesas, salvo si hay cerca montañas, y jamás en las grandes alturas, fuera de la zona de los árboles. En los sitios donde vive en completa libertad, cambia de localidad según las estaciones. En verano prefiere la vertiente norte de las montañas y los sitios sombríos y húmedos, y al llegar el invierno pasa a la vertiente meridional, donde busca los puntos descubiertos y soleados. Sus costumbres son más bien nocturnas que diurnas, pero esto se debe sobre todo a la persecución de que es objeto. Es polígamo y forma pequeños grupos compuestos por un macho viejo y varias hembras, a los que en ocasiones se agregan algunos machos más jóvenes. Se alimenta de bellotas, hayucos, castañas, moras, madroños, flores silvestres, musgos, hongos, cortezas de árboles y, si se hallan a su alcance, centeno y cebada.

El celo o «brama» del ciervo empieza en las primeras semanas de septiembre y dura hasta mediados de octubre. En mayo o a principios de junio, la hembra pare un solo hijo, muy rara vez dos, y se aísla con él para criarlo. Los cervatos pierden su librea moteada al empezar el invierno.

La alzada y el peso del ciervo es bastante variable en función de las subespecies y la localidad. Los mayores ciervos llegan a medir 1,5 m de altura y a pesar 340 kg.

El alce americano (Alces alces) *es el cérvido de mayor tamaño. Destaca por sus magníficas astas palmeadas y por las adaptaciones al clima frío que comparte con el reno.*

Pese a su timidez, el corzo común (Capreolus capreolus) *es capaz de vivir en zonas parcialmente ajardinadas y rodeadas de una densa población humana. Aunque suele vivir solo o en pequeños grupos, no es raro que se formen grupos de hasta cien individuos en zonas favorables, especialmente en otoño e invierno o durante las migraciones.*

En América del Norte existe una subespecie mucho más corpulenta, el wapití o ciervo canadiense *(C.e. canadensis)*, que alcanza tanta altura como un caballo. Las cuernas de algunos wapitíes viejos miden 1,75 m de longitud. Hace más de un siglo, estos ciervos gigantes existían en gran parte de Estados Unidos y Canadá, pero, como consecuencia de la activa persecución de que fueron objeto, han quedado relegados a la parte occidental de estos países, sobre todo al pie de las Montañas Rocosas. En general, los wapitíes constituyen grandes rebaños, compuestos por numerosas hembras. En Asia existen numerosas especies de ciervos como el sámbar (*Cervus unicolor*), el sámbar de la Sonda (*C. timorensis*), el de Filipinas (*C. mariannus*), el barasingha (*C. duvauceli*), el ciervo sika (*C. nippon*), el bellísimo chital o ciervo moteado (*Axis axis*) y el ciervo porcino (*Axis porcinus*).

Una especie muy difundida es el gamo *(Dama dama)*, que presenta los cuernos con la vara ensanchada en forma de pala y, por lo general, el pelaje manchado de blanco en verano y de color pardo uniforme en invierno. Se le encuentra en estado salvaje en algunos montes de la península Ibérica, Grecia, Asia Menor, Irán e islas de Cerdeña y Rodas, y está «reaclimatado» en muchos parques y cotos de Europa e introducido en Canadá, EEUU, las Antillas, sur de Sudamérica, Sudáfrica, Japón, Tasmania, Madagascar en Australia y Nueva Zelanda. En España puebla el monte bajo, las grandes dehesas y las zonas de marjal, siempre que encuentre en ellos arbolado y matorral abundantes, pero poco espesos. Suele vivir en grupos más o menos numerosos, compuestos por individuos de un mismo sexo, aunque las hembras pueden ir acompañadas de algunos machos muy jóvenes, a los que todavía amamantan. En la época de cría, los machos realizan una especie de danza de cortejo, entablan luchas ritualizadas e incruentas, y berrean para atraer a las hembras en territorios muy concretos a los que algunos autores dan categoría de "leks" o arenas de cortejo.

Subfamilia odocoilinos

En Europa, Siberia, norte de Irán y China habitan los corzos *(Capreolus capreolus, C. pygarus)*, gráciles cérvidos del tamaño de una cabra, con el pelaje rojizo en verano y gris pardusco en invierno, y con sólo tres puntas en los cuernos. Los corzos viven en bosques, valles con arbolado disperso y zonas agrícolas con espesa vegetación en las lindes, en montañas ricas en vegetación, sobre todo en los grandes pinares con mucha jara, así como en bosques caducifolios espesos. Se alimentan de toda clase de hojas y hierbas, cortezas y brotes tiernos, y frutas silvestres. Son animales muy tímidos, aunque curiosos, y de índole pacífica y dulce.

En América existe un género de ciervos muy parecidos en aspecto, coloración y costumbres a los corzos euroasiáticos, pero de mayor alzada y con los cuernos más grandes, que presentan la garceta dirigida hacia dentro y la vara encorvada hacia delante y dividida en dos ramas, cada una de las cuales puede a su vez bifurcarse. A este género pertenecen el ciervo mulo *(Odocoileus hemionus)*, bastante frecuente en algunas zonas de México, de Estados Unidos, en la región comprendida entre el río Missouri y Sierra Nevada y de los estados canadienses Yukán y Manitoba, y cuyo nombre común procede de la enorme longitud de sus orejas, y el ciervo de Virginia *(Odocoileus virginianus)*, de Norteamérica, Centroamérica y norte y centrooriente de Sudamérica (e introducido en Nueva Zelanda y Escandinavia). El amenazado ciervo de las pampas *(Ozotoceros bezoarticus)* y el vulnerable ciervo de los pantanos *(Blastocerus dichotomus)* representan a este mismo grupo en Brasil, Bolivia, Paraguay, Uruguay, sudeste de Perú y Argentina; ya que numerosos autores clasifican estas dos especies dentro del género *Odocoileus* el último se distingue, por su gran tamaño y sus formas gráciles. Otros cérvidos sudamericanos, como el amenazado pudu o venadito de los páramos del sur *(Pudu puda)* de los Andes de Chile y Argentina, y la corzuela mexicana *(Mazama americana)*, que se distribuye desde México hasta Argentina; ambas especies tienen las cuernas reducidas a una simple clavija, sin candiles. Los altos páramos de los Andes poseen también sus ciervos, de cuernas bifurcadas simples y sin librea juvenil; uno de ellos es el vulnerable huemul o ciervo andino de Perú *(Hippocamelus antisensis)*, de Ecuador, Perú, Bolivia y norte de Argentina, y otro es el huemul o ciervo andino de Chile *(Hippocamelus bisulcus)*, propio de Chile y Argentina.

Los renos *(Rangifer tarandus)* son cérvidos propios de las regiones boreales, reconocibles por sus pezuñas grandes y muy abiertas, adecuadas para andar sobre la nieve, y por sus enormes cuernos, cuyas varas, dobladas hacia delante, se ensanchan en la punta y se ramifican de mil modos, al tiempo que una de las garcetas presenta también un ensanchamiento o palmeadura terminal. Son los únicos ciervos cuyas hembras poseen cuernos, aunque pequeños, y sus crías no son manchadas. En América del Norte se le conoce también como caribú. En las regiones más frías el reno se alimenta casi de modo exclusivo de musgos y líquenes, que en in-

El reno (Rangifer tarandus), *que vive en estado salvaje en el norte de Alaska, Canadá y norte de Idaho (EE UU), es el único representante de la familia de los cérvidos cuya hembra posee cuernos, aunque pequeños, y uno de los pocos cuyas crías no son manchadas. También es el único cérvido que el hombre ha podido domesticar completamente. Los pueblos más septentrionales de Europa y Asia lo utilizan como animal doméstico. Los lapones calculan su fortuna por el número de renos que poseen: los ricos suelen tener un millar, mientras que los más pobres tienen, por lo menos, una pareja.*

vierno busca escarbando en la nieve. Habita en estado salvaje en Noruega, Finlandia, Rusia (desde Carelia hasta Sajalín), Alaska, Canadá, Groenlandia e islas adyacentes, y lo tienen como animal doméstico los pueblos hiperbóreos de Europa y Asia.

El alce *(Alces alces)* es un cérvido de gran talla, que se encuentra en el norte de Europa, este de Siberia, Mongolia, Manchuria, Alaska, Canadá y norte de Estados Unidos (introducido en Nueva Zelanda). Tiene la cabeza enorme y terminada en un hocico ancho y abultado, casi como un principio de trompa, la garganta provista de un apéndice colgante, a modo de cencerro, y los cuernos muy grandes y ensanchados, formando enormes palas con numerosas puntas en el borde. El alce, llamado también danta y oriñal, puede alcanzar una altura de 2,35 m y sus cuernos llegan a tener una anchura total de 2 m.

Familia jiráfidos

Se compone de dos géneros y dos especies propias de África.

La jirafa *(Giraffa camelopardalis)* es un rumiante que se distingue por tener tan sólo dos dedos en cada pie, los cuernos persistentes y revestidos siempre de piel, largas patas, lomo en declive y cuello extremadamente largo. La piel la presenta ornamentada con manchas oscuras. Su nombre corriente procede del árabe *zerrafa*. Se la encuentra en todos los países de estepa o de monte muy abierto de África, desde el sur del Sahara hasta el desierto de Kalahari y el Zambeze. Se conocen varias subespecies, que difieren en ciertos detalles de la coloración. El dibujo y el color varían desde las grandes manchas regulares de color castaño separadas por una red de estrechas líneas blan-

El okapi (Okapia johnstoni) *es bastante menor que la jirafa y su hábitat preferido es la selva densa y húmeda. Es diurno y suele recorrer regularmente las mismas sendas pero, siendo extremadamente asustadizo y cauteloso, se precipita hacia el interior de la selva ante la menor sospecha de peligro.*

El largo cuello de las jirafas, adaptado para ramonear a mayor altura que el de los otros herbívoros, está constituido por el mismo número de vértebras que el de los demás mamíferos, es decir, siete. Estos animales muy rara vez pacen en el suelo; comen, sobre todo, las hojas y los brotes de las mimosas y de una especie de acacia llamada por antonomasia «acacia de jirafa». Además, esta extraordinaria talla les permite descubrir desde muy lejos cualquier peligro y su vista alcanza una gran distancia. Pero este cuello presenta también serios inconvenientes, como la dificultad que experimentan para abrevar, lo cual deben hacer doblando las patas delanteras. En la imagen, jirafas reticuladas en el parque nacional Samburu, Kenya.

cas en la jirafa reticulada, hasta las manchas muy irregulares, dentadas o en forma de estrella, en la jirafa masai.

El número de los cuernos es también variable, pues mientras que en unas sólo existen dos, otras presentan un tercer cuerno en medio de la frente y algunas poseen hasta cinco. La altura total de una jirafa macho, con el cuello estirado, es de unos cinco metros y medio.

Las jirafas viven en pequeños grupos de dos a diez individuos, aunque en el pasado podían verse rebaños de más de 100 jirafas. Suelen poblar sitios de arbolado muy esparcido y poco elevado, cuyo follaje les sirve de alimento. Comen, sobre todo, las hojas y brotes de las mimosas y de una especie de acacia llamada por antonomasia «acacia de jirafa». Muy rara vez pacen en el suelo, y si lo hacen, han de abrir mucho las patas anteriores, actitud similar a la que adoptan para beber. Su extraordinaria talla les permite descubrir desde muy lejos cualquier peligro y su vista alcanza una gran distancia. Por otra parte, este mamífero anda moviendo las dos patas de un mismo lado a la vez y no las extremidades opuestas en diagonal, como la mayoría de los cuadrúpedos. Si algo le alarma, huye galopando de modo extraño, con un movimiento parecido al de un caballo mecedor, y girando la cola. Aunque puede dar una coz a un enemigo que se le acerque demasiado, es un animal inofensivo.

En la selva ecuatorial de la R. D. de Congo habita un rumiante de la familia de las jirafas, desconocido de los científicos hasta el siglo pasado. Este animal es el okapi *(Okapia johnstoni)*, cuyo descubrimiento produjo en el mundo especializado una enorme sensación. El okapi no alcanza el tamaño gigantesco de la jirafa; de hecho, su alzada y proporciones vienen a ser las de un caballo mediano. El macho adulto presenta dos cuernos cubiertos de piel peluda y su pelaje ofrece una coloración extraña y elegante, entre negra y castaña en el cuerpo, amarillenta en la cabeza y rayada de negro y crema en las patas.

FAMILIA ANTILOCÁPRIDOS

Está compuesta por una única especie viviente, el berrendo *(Antilocapra americana)*, propio de las llanuras del norte de México y parte occidental de Estados Unidos y Canadá. El berrendo es un mamífero bastante singular. Su aspecto y pelaje recuerdan a los de los ciervos, mientras que sus pies, con sólo dos dedos, se parecen a los de las jirafas. Pero lo más notable son sus cuernos, que tienen dos puntas, una encorvada hacia atrás y otra, más baja, dirigida hacia delante. Todos los inviernos el berrendo muda los cuernos, pero éstos no se desprenden enteros, como en los ciervos, sino que lo único que cae es el estuche de asta, debajo del cual aparecen las clavijas óseas. Las hembras tienen cuernos más pequeños y, en ocasiones, hasta carecen de ellos.

El nyala (Tragelaphus angasi), *antílope de gran tamaño parecido al gran kudú y de más de 1 m de alzada, vive en el sudeste de África, en las zonas de matorral seco y en las espesuras de la ribera no muy alejado del agua.*

El berrendo, también llamado antílope americano, forma rebaños más o menos numerosos. Tiene una actividad tanto diurna como nocturna y suele cambiar de área de deambulación al agotarse o mermar los recursos alimentarios y el agua. A cada lado de la cola, en las ancas, presenta una extensa mancha blanca como la nieve. Cuando presiente algún peligro, los pelos que forman estas manchas se erizan, irradiando de un punto central, con lo que aquéllas toman el aspecto de dos enormes crisantemos y se hacen mucho más visibles. Tan pronto como los berrendos observan que se produce este fenómeno en uno de ellos, erizan igualmente los pelos blancos de sus ancas, repitiéndose la señal de unos a otros, y la manada entera emprende la fuga.

Familia bóvidos

Es la familia más extensa de artiodáctilos rumiantes, con cinco subfamilias, 47 géneros y 138 especies distribuidas por toda África, la mayor parte de Eurasia y América del Norte, y algunas islas del Ártico de Indonesia y Filipinas. Tienen los cuernos envueltos en una vaina córnea, que no mudan nunca. El animal nace sin cuernos, y cuando éstos empiezan a aparecer, salen ya con su estuche, creciendo sin los cambios que se producen en los ciervos o en el berrendo. Otro carácter distintivo estriba en que, aunque sólo poseen dos dedos, en varias especies quedan restos de los otros dos en unas pezuñas rudimentarias que penden detrás del pie. Sin embargo, estas pezuñas sólo están adheridas a la piel, sin que existan indicios de las falanges de los dedos correspondientes, como sucede en los ciervos o en los tragúlidos.

Subfamilia bovinos

Comprende los antílopes de cuernos espiralados, los antílopes de cuatro cuernos y los toros, bisontes, búfalos y similares.

Antílopes de cuernos espiralados

El gigante entre los antílopes es una especie africana, el eland común o de El Cabo *(Taurotragus oryx)*, de formas parecidas a las de los bueyes, incluso la papada colgante, y con una altura de 1,80 m. Sus cuernos, retorcidos a modo de barrena, son muy robustos y alcanzan unos 60 cm de longitud; la hembra los tiene algo más largos, pero más delgados. Este rumiante vive únicamente en reservas y ranchos de caza de algunas zonas de África oriental y meridional.

Otros grandes antílopes africanos son el gran kudú *(Tragelaphus strepsiceros)*, con el cuerpo listado de blanco, y los cuernos, sólo presentes en el macho, retorcidos en espiral; y el bongo *(Tragelaphus euryceros)*, uno de los animales de más brillante colorido, pues su pelaje, de un anaranjado cálido, está surcado por delgadas listas blancas, lo que contribuye a disimular su presencia en las selvas de llanura y los bosques de montaña, desde Sierra Leona hasta Kenia y el sur de Sudán.

Otras especies son el antílope jeroglífico o buschbuck *(Tragelaphus scriptus)*, que se distribuye de manera local por gran parte de África al sur del Sahara, el nyala *(T. angasi)* de Malawi, Mozambique, Zimbabwe y Sudáfrica, y el nyala de monte *(T. buxtoni)*, propio de los montes Bale y Arusi, en Etiopía.

SUBFAMILIAS DE LA FAMILIA BÓVIDOS

Familia bóvidos

- Subfamilia bovinos
- Subfamilia cefalofinos
- Subfamilia hipotraginos
- Subfamilia antilopinos
- Subfamilia caprinos

Antílopes de cuatro cuernos

En la India peninsular se encuentran dos especies de antílopes provistos de dos pares de cuernos. El nilghai *(Boselaphus tragocamelus)* habita en la India y el este de Pakistán, desde el pie del Himalaya hasta el sur de Maissur, en zonas cubiertas de monte bajo. Alcanza unos 2 m de longitud y 1,45 m de altura. El antílope de cuatro cuernos *(Tetracerus quadricornis)* propiamente dicho habita en tierras arboladas y con lomas cerca del agua, en la India y en Nepal.

El berrendo (Antilocapra americana) *es el mamífero más veloz del Nuevo Mundo. Capaz de alcanzar los 85 km/h a la carrera y de mantener durante mucho tiempo una velocidad de 48 km/h, también da podigiosos saltos que a veces superan los 6 m de longitud. Pese a estas aptitudes, su extraña costumbre de acercarse a todo objeto en movimiento, incluido el depredador humano (cuando éste no le alerta con su olor o sus movimientos bruscos), estuvo a punto de provocar su extinción durante la década de 1920.*

El bongo (Tragelaphus euryceros) *vive en selvas de llanura en casi toda su área de distribución, pero en Kenia vive en bosques de montaña entre 2 000 y 3 000 m de altitud. Es principalmente ramoneador pero también muestra gran predilección por la hierba que crece en la base de los árboles, así como por distintas raíces.*

El toro de lidia español (Bos taurus) *desciende del primitivo uro* (B. t. primigenius), *que se distribuían por Inglaterra, la península Ibérica y Asia oriental. Desde la época de los antiguos egipcios y cretenses hasta hoy día, el toro ha sido motivo de cultos y festejos en los pueblos de la cuenca mediterránea.*

Toros

Corresponden a las diferentes especies del género *Bos*, cacterizadas por tener el pelaje oscuro y corto (excepto el yak y algunos bovinos domésticos) y el núcleo de los cuernos de sección circular.

Como ocurre con la mayor parte de los animales domésticos, el toro *(Bos taurus)*, reducido a este estado desde las edades más remotas, ya no existe como animal salvaje. Los últimos ejemplares vivieron en la Europa Central hasta el siglo XVII. Sin embargo, en los tiempos neolíticos la especie estaba muy extendida por el continente y su imagen aparece con frecuencia en las pinturas rupestres que nos dejaron los pueblos primitivos. Es probable que de aquellos toros salvajes, que suelen designarse con el nombre de «uros», desciendan las numerosas razas que reconocen los zootécnicos en el toro doméstico. El área de dispersión del uro era muy extensa: abarcaba desde Inglaterra y la península Ibérica hasta Asia oriental, por lo que su domesticación pudo producirse en varios puntos aislados.

El cebú, también denominado vaca sagrada de la India o buey giboso de la India y de África, es una variedad del toro doméstico. Sin embargo, difiere de éste por la forma de los cuernos y las orejas y, además, por no estar sujeto a las mismas enfermedades, ni siquiera a los mismos parásitos. Por esta razón, se usa al cebú en gran parte de América tropical y se aconseja el cruzamiento del mismo con el ganado vacuno ordinario para obtener una descendencia a salvo de epizootias. En la India, el cebú se considera animal sagrado; en muchas ciudades se ven por las calles cebúes sueltos, que son respetados por todo el mundo.

En el nordeste de la India, en Nepal, en Birmania (Myanma) y en algunos puntos aislados de Indochina y Malaysia peninsular vive otro bóvido domesticable, el gaur o bisonte indio *(Bos gaurus)*, una especie vulnerable de gran tamaño (hasta 3,3 m de longitud y 2,2 m de altura en la cruz). Otro bóvido indochino, éste amenazado de extinción —hasta el punto de que, durante la guerra de Vietnam, se creyó que la especie se había extinguido por completo—, es el kouprey *(Bos sauveli)*, también de gran tamaño y color oscuro. Un tercer bóvido exclusivamente asiático es el banteng *(Bos javanicus)*, cuyas escasas poblaciones habitan en estado salvaje en Borneo, Java y unas pocas localidades de Indochina, Tailandia y Birmania. El banteng es el único bóvido doméstico de las islas de Bali y de Sumbawa y ha sido introducido y asilvestrado en el norte de Australia.

Mientras que estos bovinos indomalayos viven en los bosques o en los grandes juncales pantanosos, hay otra especie asiática,

El orix de El Cabo (Oryx gazella) *vive habitualmente en estepas y desiertos, donde se contenta con una vegetación escasa y se muestra capaz de pasar mucho tiempo sin beber agua. Los machos, provistos de larguísimos cuernos rectos y anillados, miden 1,5 m de alzada aproximadamente.*

nínsula y en el Sinaí; tras su extinción definitiva en estado salvaje, fue reintroducido hace unos años en Omán y en el sur de Judea. Otro antílope de los lugares desérticos más áridos y faltos de agua es el addax *(Addax nasomaculatus)*, con los cuernos retorcidos en larga espiral y los pelos del cuello muy largos, como una especie de melena. Antiguamente el addax habitaba en todo el Sahara. Hoy, las poblaciones residuales de esta especie amenazada se encuentran en localidades aisladas de Mauritania, siendo la única viable la del nordeste del Níger. Un género muy próximo a éstos es el de los hipotragos, hermosos antílopes de la alzada de un caballo, con cuernos gruesos, anillados desde la base y muy encorvados hacia atrás. El antílope sable *(Hippotragus niger)*, así como el antílope caballo o antílope roano *(Hippotragus equinus)* figuran entre los más bellos rumiantes de la fauna etiópica. Se los encuentra en los terrenos accidentados y de abundante vegetación, en grupos de 15 cabezas como máximo el antílope caballo, y de hasta 100 o más el sable. Son animales veloces en la carrera, los machos de ambos establecen una jerarquía de dominio luchando con los cuernos.

El alcelafo común *(Alcelaphus buselaphus)* vive en África al sur del Sahara. Existen varias subespecies que se distribuyen por diferentes zonas. Son antílopes muy ligeros y resistentes adaptados a la vida en sabanas secas y herbazales.

Un género parecido es *Damaliscus*, con tres especies de formas más graciosas y cuernos de curvatura más sencilla que el alcefalo, parecidos a los de las gacelas. Una de las especies más notables es *Damaliscus dorcas*, de África austral. Su nombre significa «antílope careto» debido a la gran mancha blanca que cubre su cara. Existen dos subespecies, el bontebok *(D. d. dorcas)*, que se distingue por una mancha blanca que presenta en la rabadilla y parte superior de la cola, y el blesbok *(D. d. phillipsi)*. El topi *(Damaliscus lunatus)* vive en praderas verdes de sabana abierta y llanuras pantanosas sujetas a inundaciones de la franja subsaheliana del este y del sur de África.

Con los hipotraguinos se incluyen a los ñus, animales de figura extraña, que por su

El impala (Aepyceros melampus) vive en rebaños de hasta cien hembras con sus crías, custodiados por un macho dominante durante la época de reproducción, y en manadas de machos solteros de todas las

crin y poblada cola recuerdan al caballo, por sus remos al ciervo y por su cornamenta al búfalo o al toro almizclado. El ñu negro o de cola blanca *(Connochaetes gnou)* sólo vive en Sudáfrica, mientras que el ñu azul o ñu de barba blanca *(C. taurinus)*, que no es azul sino de color pizarra, se extiende desde el norte de Sudáfrica hasta el sur de Kenia.

El cob acuático o antílope acuático *(Kobus ellipsiprymnus)*, que habita en las sabanas africanas al sur del Sahara, debe el calificativo a la afición que muestra a andar por sitios húmedos y a meterse en el agua cuando se siente amenazado por algún peligro. Existen dos grupos taxonómicos de esta especie, el grupo *ellipsiprymnus*, de color gris oscuro y que presenta una elipse blanca en los cuartos traseros, y el grupo *defassa*, de color rojizo y con una mancha blanca en los cuartos traseros.

Subfamilia antilopinos

La subfamilia antilopinos incluye al impala, a los antílopes enanos, a las gacelas y al antílope jirafa o gerenuk.

Es un antílope de mediano tamaño. El impala *(Aepyceros melampus)* característico de las llanuras abiertas del sur y el este africano, desde Namibia, Botswana, Sudáfrica y Zimbawe hasta Kenia. Nunca se le encuentra lejos del agua y es capaz de realizar saltos prodigiosos, a veces sin motivo aparente alguno.

El alcelafo común o bubal (Alcelaphus buselaphus) *es quizás el rumiante africano cuya área de distribución se ha visto más reducida, debido a la competencia que ejerce con el ganado y por la faciliad de su caza. Varias subespecies están amenazadas y la nominal o del Norte de África se extinguió hacia los años 20. Sin embargo, la especie continúa siendo común en varias zonas de Botswana, Namibia, Kenia y Tanzania.*

Antílopes enanos

Algunos antílopes son verdaderos pigmeos, como el diminuto dik-dik de Phillips *(Madoqua saltiana)*, apenas mayor que una liebre, o el antílope enano *(Neotragus pygmaeus)*, el más pequeño de los bóvidos, que habita en las selvas de tierras bajas de Ghana, Sierra Leona, Liberia y Costa de Marfil. Algunos de estos pequeños antílopes pueden vivir largo tiempo sin agua, obteniendo la necesaria humedad de la vegetación con que se nutren. En el desierto de Kalahari se encuentra otro antílope de pequeño tamaño, el steenbok o raficero común *(Raphicerus campestris)*, donde vive a una distancia incluso superior a 80 km del agua más próxima, aunque también se encuentra en parajes algo más arbolados, desde el sur de África hasta Tanzania y Kenia. Es evidente que es-

edades. Sólo los machos poseen cuernos. Este antílope habita en las sabanas y otras tierras abiertas de África oriental y meridional, y nunca se aleja mucho del agua, ya que necesita beber por lo menos una vez al día.

tos animales tienen suficiente alimento líquido con los jugos de los vegetales que comen y con el rocío que durante la noche cubre la vegetación de sus desiertos natales. El oribí *(Ourebia ourebi)* es un pequeño antílope que vive en hábitats muy fragmentados de gran parte de África subsahariana, en sabanas y herbazales con suficiente vegetación alta para esconderse y cerca del agua.

Gacelas

Se distribuyen por África y Asia, y se distinguen por su cornamenta, cubierta de anillos salientes y contorneada en forma de lira. Al ena o sasin *(Antilope cervicapra)* también se le llama antílope negro, aunque este color sólo lo presentan los machos ya que las hembras muestran un bonito matiz leonado. La especie se caracteriza por los largos cuernos divergentes y retorcidos de los machos, que a veces miden cerca de 80 cm. Habita en las llanuras del subcontinente indio, en rebaños compuestos por un macho adulto y de cuatro a 50 hembras, pero antiguamente, cuando era una especie más abundante, no resultaba raro ver manadas de ciento e incluso de mil cabezas.

La gacela común *(Gazella dorcas)*, incluidas las subespecies *G. d. Saudyia*, *G. d. Bennetti* que varios autores clasifican como especies, presentan una distribución muy extensa, desde Senegal hasta Marruecos y, por el Este, a través del norte de África e Irán,

En la imagen, ejemplares de ñu azul (Connochaetes taurinus). *Los ñus realizan periódicamente grandes migraciones en busca de pastos frescos. Esta especie, también denominada ñu de barba blanca, tiene una amplia distribución que se extiende desde el norte de Sudáfrica hasta el sur de Kenia. De talla mayor que el ñu de cola blanca, en realidad no es azul, sino que presenta un color pizarra.*

El gerenuk (Litocranius walleri), *debido a la gran longitud de su cuello, ha sido comparado a una pequeña jirafa. Para alcanzar su alimento consigue una altura adicional alzándose sobre sus patas posteriores. Vive en las sabanas, semidesiertos y desiertos del Cuerno de África, Kenia y noreste de Tanzania.*

hasta la India; ello no le impide hallarse en situación vulnerable a causa de la caza despiadada de que ha sido objeto. Es una de las gacelas más pequeñas, pues rara vez alcanza 60 cm de alzada; sobrevive en algunas zonas desérticas y de estepa, donde sólo crecen algunas plantas raquíticas y mimosas, a cuya sombra rumia durante las horas de más calor.

El edmi o gacela del Atlas *(Gazella cuvieri)*, de las montañas de Marruecos, Argelia y Tunicia, especie en peligro de extinción, es de mayor tamaño, lo mismo que la gacela de frente roja *(Gazella rufifrons)*, que habita en una estrecha franja que se extiende desde Senegal hasta Sudán. Todavía mayor es el mhor o gacela dama *(Gazella dama)*, hermoso antílope de 88 a 108 cm de alzada, con el pelaje rojizo en el cuello y el dorso, y blanco en las ancas y las partes inferiores; esta bella gacela vive en el Sahara y en el norte del Sahel, desde Mauritania hasta Sudán. Pero la más hermosa especie del género es el suara o gacela de Grant *(Gazella granti)*, que forma grandes rebaños en Tanzania, Kenia, algunas zonas de Etiopía, Somalia y Sudán; se distingue por el gran tamaño de los cuernos, cuya longitud llega en los machos a los 81 cm.

Otra gacela muy notable es el gerenuk o antílope jirafa *(Litocranius walleri)*, que se encuentra en el Cuerno de África, en Kenia y en Tanzania, y cuya enorme longitud de cuello ha hecho que se la comparase a una pequeña jirafa. Frecuenta las sabanas de matorral espinoso, los semidesiertos e incluso los desiertos con algunas matas.

El springbok o gacela saltarina *(Antidorcas marsupialis)* es un precioso rumiante del África austral, cuyo carácter más notable consiste en un largo pliegue que presenta en la parte posterior del lomo, revestido por dentro de largos pelos blancos, que el animal exhibe cuando se desplaza de modo característico, dando brincos. En ciertas épocas del año los springboks se reúnen en rebaños inmensos, que se desplazan de una región a otra, en busca de pasto fresco. Este antílope es altamente gregario y, si bien sus números han sido muy reducidos, aún pueden verse rebaños de hasta 1 500 individuos.

Subfamilia caprinos

Son bóvidos robustos y gregarios que viven en terrenos empinados. Presentan como caracteres más destacados el hocico peludo y hendido en el centro, y los cuernos rugosos o nudosos, mucho mayores en el macho que en la hembra (excepto los rupicaprinos) y, por lo común, retorcidos en espiral en el primero. Se distribuyen por Asia, sur de Europa, norte y centro de América y norte de África. Se distinguen cuatro tribus en la subfamilia caprinos: la primera incluye al saiga, la segunda al grupo de los rupicápridos, la tercera al toro almizclado y la cuarta al grupo de las cabras y carneros.

Saiga

El saiga *(Saiga tatarica)* que habita en las estepas del Volga y el Ural, así como en Kazakistán, sudoeste de Mongolia y en el Xinjiang, en China. Es un animal extraño, cuyos machos tienen los cuernos de color de caramelo (las hembras carecen de cuernos) y el hocico muy hinchado, parecido a la trompa de un tapir, con los orificios nasales abiertos hacia abajo (una adaptación al aire seco y frío de la estepa que, en verano, también permite la refrigeración). Los saigas viven en rebaños numerosos; aunque en distancias cortas son animales muy veloces, se cansan pronto.

Rupicápridos

Son bóvidos muy parecidos a las cabras, pero que nunca poseen los cuernos en espiral, muestran escaso dimorfismo sexual y presentan en el centro del hocico un pequeño espacio desnudo, como el rinario de los perros. Están representados en Europa por los rebecos: *Rupicapra rupicapra* de los Alpes, los Balcanes, Asia Menor y el Cáucaso y *R. pyrenaica* del sistema Cantábrico, los Pirineos y los Apeninos. Éste se distingue de todos los demás bóvidos por sus delgados cuernos, lisos, próximos entre sí, implantados verticalmente con respecto al plano de la base del cráneo y luego encorvados hacia atrás en forma de gancho. Detrás de los cuernos existen dos glándulas cutáneas, que en otoño, durante el celo, se hinchan y exhalan un humor espeso, de fuerte olor cabruno. Propios de las alturas escarpadas, estos rumiantes viven durante el verano en las cumbres más inaccesibles; en invierno y primavera descienden hasta la zona de los árboles para comer los líquenes y los brotes tiernos de las coníferas. Suelen andar en pequeños rebaños, guiados por un viejo macho, que en caso de peligro lanza un grito ronco, a cuya señal huyen todos corriendo con pasmosa ligereza por las cornisas de roca y saltando de peña en peña; a veces salvan cortaduras de más de 6 m.

En la fauna oriental, los rupicápridos se encuentran representados por los seraus seraus *(Capricornis sumatrensis y C. swinhoei)*, que habitan en el este de Asia tropical y subtropical, y por los gorals *(Nemorhaedus goral, N. baileyi y N. caudatus)*, cuya área se extiende desde el norte de la India y Birmania (Myanma) hasta el sudeste de Siberia, y por el sur hasta el oeste de Thailandia. Ambos géneros tienen los cuernos inclinados hacia atrás y sin formar gancho; se parecen mucho entre sí, pero mientras que los seraus poseen la alzada de un gamo y presentan glándulas delante de los ojos, los gorales sólo alcanzan la talla de una cabra doméstica y están desprovistos de glándulas, como las cabras. En Japón habita el serau japonés *(Capricornis crispus)*, que como los gorales está par-

El íbice (Capra ibex), *pese a sus delgadas y lisas pezuñas, mantiene el equilibrio en escarpados riscos, y salta de roca en roca con la precisión y la gracia de un acróbata.*

El rebeco blanco o cabra blanca (Oreamnos americanus) vive en los riscos y laderas empinadas de las Rocosas y de otros sistemas montañosos del noroeste de Norteamérica. Su habilidad de trepar y saltar por el hielo y las rocas más escarpadas se ve facilitada por la estructura de sus pezuñas provistas de una almohadilla interna blanda y de un borde muy duro.

De apariencia muy pesada, el toro almizclado o buey almizclero (Ovibos moschatus) *se muestra sumamente ágil cuando se ve acosado. Es un animal propio de las regiones árticas, siendo muy numeroso en Canadá y Groenlandia.*

En Oriente, el pastoreo de reses ovinas se remonta a los primeros días de la civilización. Una de las especies más características de carnero montés es el muflón (Ovis musimon), *considerado como un antecesor salvaje del carnero doméstico. Es un animal originario de Asia Menor, Irán, Chipre, Córcega y Cerdeña, y ha sido introducido en gran parte de Europa como especie cinegética. Alcanza unos 70 cm de altura en la cruz y tiene unos cuernos de más de 0,5 m de longitud.*

ticularmente adaptado a las bajas temperaturas y los climas nevosos.

En América del Norte, en los altos riscos de las Montañas Rocosas y en el parque nacional Olympic y en las islas Kodiak, Baranof y Chichagof de Alaska, existe también una especie de este grupo, el Rebeco o cabra blanca *(Oreamnos americanus)*, con pequeños cuernos negros y un largo pelaje blanco como la nieve. Adaptada a la nieve y al frío, la cabra blanca es capaz de trepar y saltar por las rocas más empinadas y de ascender a 460 m de altura sobre el punto inicial en menos de 20 minutos.

Toro almizclado y takín

A pesar de su aspecto, que recuerda un poco al de un un yak en miniatura, el toro almizclado *(Ovibos moschatus)* está emparentado con el takín, más que con ningún otro rumiante. Sus cuernos, que en los ejemplares viejos se juntan en la base, descienden por los lados de la cabeza y se encorvan luego hacia arriba; su pelaje es bastante largo, propio de un animal de las regiones árticas. Su hábitat, en efecto, son las tundras cercanas a los glaciares del extremo septentrional de América incluidas las islas árticas, Groenlandia Noruega, Svalbard, Rusia europea y Siberia.

El takín *(Budorcas taxicolor)* es un rumiante de 0,7 a 1,40 m de altura y con unos cuernos que, tras inclinarse hacia abajo y afuera, cambian de pronto de dirección y se inclinan hacia atrás. Vive en pequeños rebaños en las montañas del Tíbet oriental y del oeste de China, Birmania (Myanma), Assam, Sikkimm y Bután, donde se alimenta de hojas y pequeños tallos de arbustos y árboles.

Cabras y carneros

Aunque no existen grandes diferencias entre cabras y carneros, excepto si se comparan

En la imagen, cabra montés (Capra pyrenaica). *Muy emparentada con el íbice de los Alpes y a otras especies euroasiáticas, la cabra montés es característica de las montañas de la península Ibérica, donde vive en estado salvaje.*

a los dos géneros principales *Capra* y *Ovis*, puede decirse que las cabras tienen los cuernos dirigidos hacia arriba y atrás, mientras que los carneros los presentan enrollados a uno y otro lado de la cabeza, como rodeando las orejas. Otra distinción consiste en que estos últimos poseen en la cara, delante de los ojos, unas glándulas, a modo de lagrimales, que faltan en las cabras. Estos animales habitan en las montañas; de ahí el nombre de cabra montés que recibe en España la especie que vive en estado salvaje.

Cabras montesas europeas. Aunque las cabras montesas o ibéricas que habitan en la península Ibérica son de la misma especie *(Capra pyrenaica)*, se reconocen varias subespecies, pertenecientes a diferentes macizos montañosos. Así tenemos la cabra de los Pirineos o bucardo *(C. p. pyrenaica)*, la cabra de Sierra de Gredos *(C. p. victoriae)*, la de Sierra Morena *(C. p. cabrerae)* y la de las montañas del litoral mediterráneo, desde la Serranía de Ronda hasta los montes próximos a Tortosa *(C. p. hispanica)*, sin contar otra variedad que vivía en Galicia y en el norte de Portugal *(C. p. lusitanica)*, y que está extinguida por completo.

Cuando en los Pirineos abundaban las cabras montesas —en la actualidad son escasísimas—, solían bajar en invierno a pacer en los valles y praderas libres de nieve. Su descenso de las grandes alturas coincidía con el celo, que empezaba a principios de noviembre. En esta época, los machos luchaban con furia entre sí, y por lo bravos resultaban peligrosos para el ganado doméstico y a veces hasta para el hombre. En las primeras semanas de abril se iniciaba el regreso a los puntos elevados; poco después las hembras se separaban de los machos y se aislaban para criar. El parto se produce en el mes de mayo y en él nace un solo cabrito, rara vez dos. En la raza de Gredos, la reproducción es más temprana; el celo ocurre en septiembre u octubre, y los cabritos nacen en abril. La cabra de Sierra Morena muestra costumbres algo diferentes; lejos de vivir en las grandes alturas, prefiere permanecer entre los 1 200 y los 2 000 m, donde hay abundantes retamas, lentiscos y rododendros.

Cabras montesas asiáticas. En el Cáucaso habita una cabra montés, el tur del Cáucaso oriental *(Capra cylindricornis)*, bastante parecida a las de la península Ibérica, pero tan grande como un ciervo. Es un animal que vive en rebaños de veinte a cuarenta cabezas, a altitudes que varían entre 800 y 3 600 m, e incluso más en verano, cuando sube en busca de las nieves perpetuas. Otra especie asiática es el amenazado marjor *(C. falconeri)* de las montañas de Cachemira, Uzbekistán y Tadzikistán, Afganistán y Pakistán, cuyos cuernos están retorcidos como sacacorchos. En otras cabras cada cuerno se encorva sólo hacia atrás, en forma de alfanje, como ocurre en el íbice *(C. ibex)*, propia de las montañas del centro de Europa, Afganistán y Cachemira hasta el lago Baikal, y desde el norte de Etiopía hasta Palestina y Arabia; lo mismo sucede en el pasang o cabra salvaje *(C. aegagrus)*, que se encuentra en las montañas de Asia sudoccidental y algunas islas del Mediterráneo, considerada como agriotipo de la cabra doméstica *(C. hircus)*. Hoy se conocen numerosas razas de cabras domésticas, algunas de las cuales pueden ser el resultado de hibridaciones con las especies salvajes de los respectivos países. En general se las cría para utilizar su carne y su leche;

por esta última circunstancia sobresalen la cabra malagueña y la de Nubia. En Asia existen algunas razas, como la de Cachemira, cuyo pelo largo y sedoso tiene gran valor como fibra textil. La rusticidad y carácter arisco de la cabra hacen que vuelva con facilidad al estado salvaje.

Uno de los caracteres peculiares de las cabras es la barba que exhiben los machos. Este adorno falta, sin embargo, en el tahr himalayo *(Hemitragus jemlahicus)*, especie de cabra montés del Himalaya que tiene, en cambio, el cuello rodeado de una espesa melena (el macho), y cuyos cuernos son cortos y encorvados hacia atrás. Este animal vive en sitios donde la vegetación abunda. Los machos, que pasan la mayor parte del año lejos de las hembras, buscan los parajes más impenetrables y escabrosos.

Carnero doméstico. El carnero doméstico *(Ovis aries)* se encuentra en este estado desde épocas remotas y presenta gran número de razas, de las que se aprovechan la lana, la leche, la carne y el cuero. Las diferentes razas de carneros domésticos, a excepción del unia o carnero de pelea de la India, poseen la cola larga, mientras que en las especies salvajes la cola es siempre muy corta. Se cree que esto es una degeneración producida por la misma domesticidad, pues en ciertas razas asiáticas y africanas se observa la tendencia del rabo a aumentar de tamaño y a cargarse de grasa. Desde el punto de vista de la producción de lana, los mejores carneros son los merinos, raza creada en España a partir de los carneros traídos de África por los Beni Merín, en el siglo XVI.

Otras especies. Es corriente admitir como antecesor salvaje del carnero doméstico al muflón *(Ovis musimon)*, o carnero montés de Chipre, Cerdeña y Córcega, especie ampliamente introducida en Europa; pero cuando se considera que en Oriente el pastoreo de reses ovinas se remonta a los primeros días de la civilización, no puede dejar de pensarse que en este ganado existe algún elemento originario asiático, que bien pudiera ser el urial *(O. vignei)*, propio de los terrenos montañosos y de los desiertos de Irán, Afganistán, norte de Pakistán y Cachemira; o

El carnero de Dall o de Alaska (Ovis dalli), *que cuenta actualmente con unos 110 000 efectivos, goza de un envidiable estado de salud. Como indica el nombre común, la mayoría de estos animales viven en Alaska pero también existe una población más pequeña en el noroeste de Canadá.*

En la imagen, bighorn (Ovis canadensis). *Los grandes cuernos de este muflón son empleados por los machos en sus combates territoriales. El estruendo de los topetazos se oye a unos 3 km de distancia.*

con más razón aún, el muflón asiático *(O. orientalis)* de Asia Menor y O de Irán. Asia es el continente en el que existen más especies de carneros monteses, entre ellas el gigantesco argali o argal *(O. ammon)* de Mongolia, el Tíbet y el Pamir, cuyos cuernos alcanzan la talla récord de 1,69 m a lo largo de la espiral, y el kulja o carnero de Marco Polo *(Ovis poloi)*, de la meseta del Pamir, al que se ha dado este nombre en recuerdo del famoso viajero veneciano que por vez primera reveló al mundo occidental los encantos y misterios de gran parte de Asia. En América del Norte, cuya fauna tantos puntos de contacto presenta con la de Asia paleártica, habitan también varias especies del género, como el taye de las montañas de California *(Ovis cremnobates)*, descubierto en el siglo XVII por los jesuitas españoles, el hermoso carnero de Alaska o de Dall *(Ovis dalli)*, de pelaje tan blanco como la nieve que cubre su territorio (excepto en algunas subespecies negras, grises o manchadas) y el bighorn o carnero de las Montañas Rocosas *(Ovis canadensis)*, que se encuentra en el sudoeste de Canadá, el oeste de Estados Unidos y el norte de México.

Existen algunas variedades de bighorn, como el que vive en las cercanías del río Stickine, también en las Rocosas, denominado bighorn negro *(Ovis canadensis stonei)*, de pelaje oscuro y cuernos mucho más delgados.

La cordillera del Atlas y otros macizos montañosos del norte de África tienen también su carnero montés, el arruí o muflón del Atlas *(Ammotragus lervia)*, tan grande como un ciervo y con las patas anteriores envueltas en largos pelos que le cuelgan debajo del cuello. Una curiosa particularidad del arruí es que, a diferencia de los demás carneros, carece de glándulas delante de los ojos, de modo que viene a ser una especie de término medio entre los carneros y las cabras. También faltan estas glándulas en una especie asiática, el baral común *(Pseudois nayaur)*, propio del Himalaya y del altiplano del Tíbet, que habita entre 2 500 y 6 500 m de altitud. Las costumbres del baral se parecen a las de las cabras monteses, si bien carece de un carácter peculiar de todas las especies caprinas, y es el olor característico que se denomina cabruno, lo que clasifica a este animal entre los carneros.

ÍNDICE ANALÍTICO

HISTORIA NATURAL

Abejorro

A

Águila

Áloe

Anticlinal

Ardilla

Ascidia

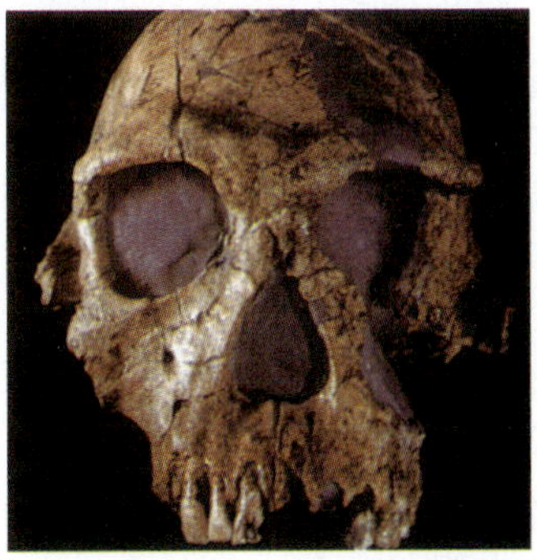
Australopithecus

B

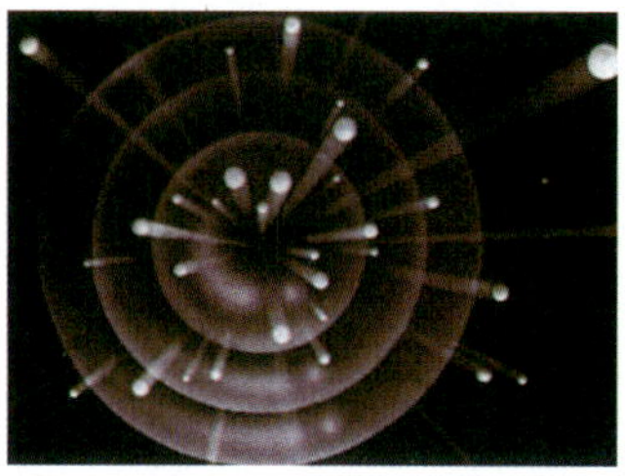
Big bang

Bromelia

C

Calcita

Carrizo

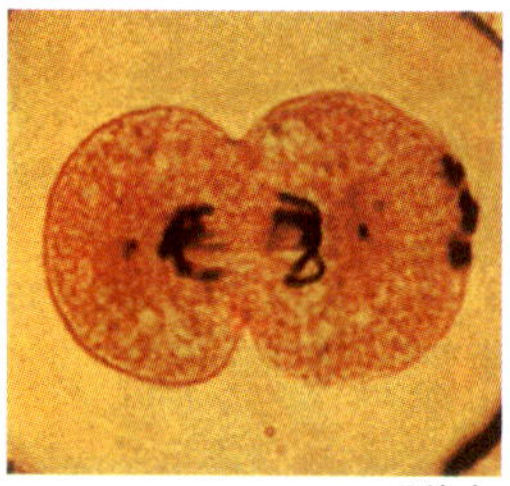
Célula

Chopos

Cigüeña

Cometa

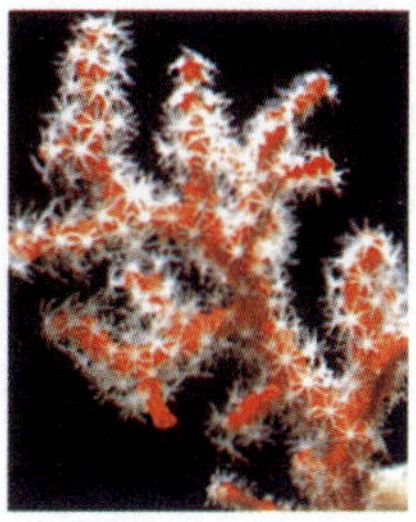
Coral

Crisálida

Cucos

Diamante

Diatomeas

Dunas

E

Eléboro

Equidos

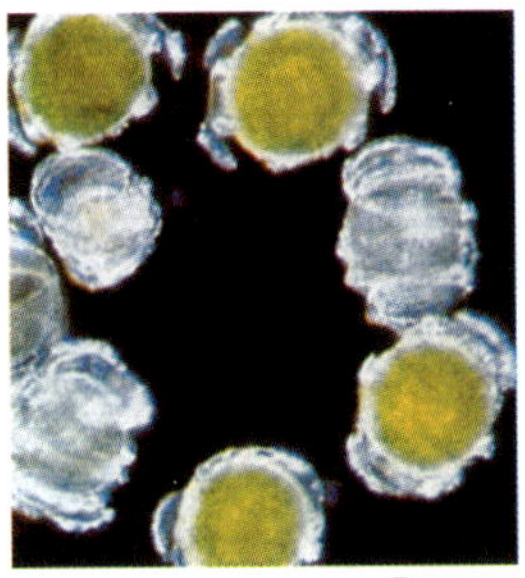
Esporas

F

Faisán

Fósil

G

Galliformes

Gasterópodos

Grulla

H

Hamster

Hortensia

I

Insecto

J

Jirafa

K

L

Laurel

Lepiota procera

Lobo

Magma

M

Mánidos

Mimosa

Molibdenita

Musaraña

Nautilus

N

Nutria

Ocas

Ñ

O

Pachymatisma

P

Pavo

Perdiz

Pez ángel

Pino piñonero

Plantígrado

Plegamientos

Pulgones

Pteridófitos

Q

R

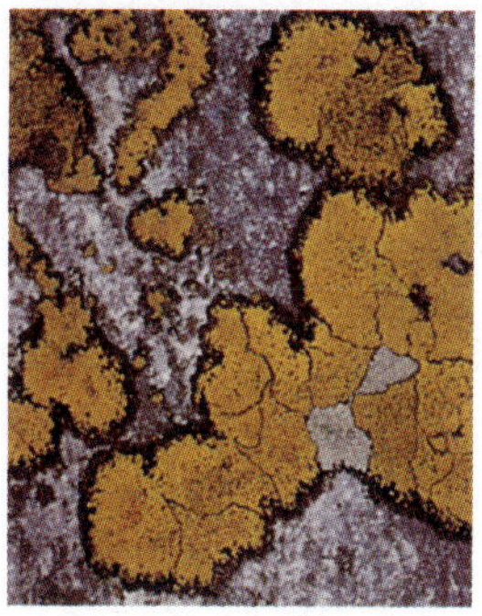

Rhizocarpon

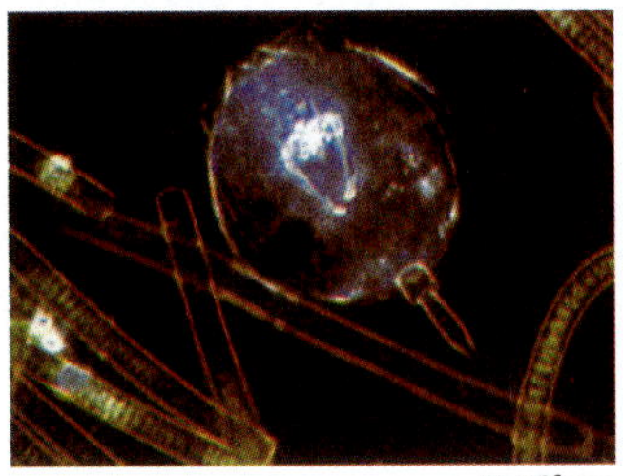

Rotífero

S

Sargo

Saxifraga

Serpiente

Solanum

Sulfatos

T

Termes

Tilia

Tuatera

U

V

Victoria regia

W

X

Y

Z

Zampullín

Zea mays

REFERENCIAS FOTOGRÁFICAS: ACI; AGE FOTOSTOCK; AGUILAR (Grau-Jover); ALAMANY, Oriol; ALFA-OMEGA; ARCHIVO OCEANO; BAJET, Francesc; BRUCE COLEMAN; CAMPS-VERDES; C.D. GALLERY; CHINCHILLA, M.; CONTIFOTO-SYGMA; CRIS (Asensi-Leiva); DEL HOYO-SARD; EYE-PRESS; FABBRI; FIRO-FOTO; FOTOTECA STONE; GILI-GARCIA; HERETER, Román; IMAGE BANK; INDEX; JACANA; MASO, Albert; MAZZA, Giuseppe; PALAUS, Xavier; PIJOAN, Ramón; ROVIRA, Ignasi; RUIZ, Xavier; SALMER; SANTOS GRANDE, Montserrat; SOSTOA, Adolfo de; STOCK PHOTOS; TRUEBA, Javier; VAUTIER, Mireille; VIDAL, Josep Anton; ZARDOYA